배관기능사
필기+실기
한권 완성

예문사

머리말

우리나라는 첨단 산업 및 중화학 공업의 발전과 더불어 관련 플랜트 산업의 규모 또한 커지면서 이 분야에 진입하려는 지원자들도 증가하고 있습니다.

플랜트 관련 산업에서 가장 많은 비중을 차지하고 있는 것이 배관 분야인데, 이는 각종 유체 및 기체의 운송을 담당하기 때문에 상당히 중요한 설비라는 것은 누구나 잘 알고 있을 것입니다.

또한 배관 분야 자격증은 조선, 플랜트 및 발전소, 각종 건설 현장과 인테리어, 금속 관련 제조업 등에서 꼭 필요한 것임에도 실상 현장에서는 그 중요성이 부각되지 못하고 있었던 것이 사실이나 최근 들어 다양한 산업체에서 실무자들에게 필수적으로 이 분야의 자격증을 요구하고 있는 분위기가 확산되고 있습니다. 배관기능사 자격증은 특별한 자격조건이 없으며 누구나 응시할 수 있는 기초적인 국가기술자격증으로써 이 책은 실무에서 반드시 숙지하여야 하는 내용들을 다루고 있습니다.

이 책은 국가직무능력표준(NCS)에서 규정하는 모듈의 내용과 단위 요소들을 고려하고 조합하여 구성하였으며 오직 '단기간 합격'이라는 목표를 설정하고 이에 충실한 내용을 전달할 수 있도록 다음과 같이 정리하였습니다.

첫째, 이론 부분은 시험에서 출제 빈도가 높은 내용들을 엄선하여 수록하였고 비전공자도 쉽게 이해할 수 있도록 참고 이미지를 최대한 많이 첨부하였습니다.

둘째, 필기시험 출제경향 분석 파트에서는 단기간 합격하고자 하는 수험자들을 위해 시험에서 반복적으로 출제되고 있는 핵심문제들을 엄선하여 수록하였습니다.

PREFACE

셋째, 수험자들이 어려워하는 계산문제는 별도로 정리하여 관련 연습문제도 충분히 풀어 볼 수 있도록 구성하였습니다.

끝으로 이 책으로 공부하는 모든 수험생들에게 합격의 영광이 함께하기를 기원하며 출판을 위해 애써주신 도서출판 예문사 임직원 여러분들께 깊은 감사를 드립니다.

저자 올림

시험 안내

■ **개요**

건축 배관 분야와 플랜트 배관 분야는 일상생활과 밀접한 설비로 급수설비, 배수 및 통기설비, 급탕설비, 냉·난방설비, 공기의 청정, 유통과정 등을 제어하는 공기조화설비 외에 위생기구설비, 주방설비, 소화설비 등과 발전소, 정유공장, 조선, 화학공장의 집진장치배관, 기송배관, 압축공기배관, 화학공업용 배관, 발전소배관 등의 제반 공장 배관설비에서 정확하고 효율적인 배관시설을 시공하여 생산성 및 안전성을 확보하기 위해 전문기능인력 양성이 필요함에 따라 배관기능사 자격 제도를 제정하게 되었다.

■ **수행직무**

생활환경의 수준 향상에 따른 각종 건축배관 설비(급배수, 통기 및 급탕, 냉난방 및 공기조화 설비, 소화설비, 가스설비 등)와 플랜트 설비에서의 생산배관인 프로세스배관 및 냉각수, 연료 등을 공급하는 유틸리티 배관 설비 등을 제도 및 재료를 산출하고, 시공, 검사 및 유지관리하는 직무를 수행한다.

■ **응시자격**

배관기능사는 연령, 학력, 경력, 성별, 지역 등에 제한이 없으며 누구나 응시가 가능하다. (단, 실기시험의 경우 반드시 필기시험에 합격한 자로서 필기시험에 합격한 날로부터 2년이 지나지 않아야 함)

■ **취득방법**

① 시행처 : 한국산업인력공단

② 관련 학과 : 실업계 고등학교의 배관, 배관용접, 산업설비, 공업설비 및 기계설비 등 관련 학과

③ 시험과목
- 필기 : 배관시공 및 안전관리, 배관공작 및 재료, 배관제도
- 실기 : 종합응용배관작업

④ 검정방법
- 필기 : 객관식 4지 택일형 60문항(60분)
- 실기 : 작업형(4시간, 100점)

⑤ 합격기준
- 필기 : 100점을 만점으로 하여 60점 이상
- 실기 : 100점을 만점으로 하여 60점 이상

■ **종목별 검정현황**

연도	필기			실기		
	응시	합격	합격률(%)	응시	합격	합격률(%)
2024	995	476	47.8	444	276	62.2
2023	952	453	47.6	443	291	65.7
2022	774	356	46	448	275	61.4
2021	811	391	48.2	442	292	66.1
2020	647	313	48.4	398	241	60.6
2019	782	367	46.9	456	311	68.2
2018	645	304	47.1	366	215	58.7
2017	702	311	44.3	344	173	50.3

출제기준 [필기]

직무분야	건설	중직무분야	건설배관	자격종목	배관기능사	적용기간	2025. 1. 1.~2027. 12. 31.

• 직무내용 : 건축배관 설비(급배수, 통기 및 급탕, 냉난방 및 공기조화설비, 가스설비 등)와 플랜트설비(프로세스 배관, 유틸리티 배관 등)를 제도, 시공 및 유지보수하는 직무이다.

필기검정방법	객관식	문제수	60	시험시간	1시간

필기과목명	문제수	주요항목	세부항목	세세항목
배관시공 및 안전관리, 배관공작 및 재료, 배관제도	60	1. 설비유지관리	1. 배관 기초 계산	1. 온도 및 열량 계산 2. 길이, 체적 및 압력계산 3. 유속 및 유량 계산
		2. 설비배관공사	1. 위생배관 시공	1. 급수배관 2. 급탕배관 3. 오·배수 및 통기배관
			2. 공조배관 시공	1. 공조배관
			3. 난방배관 시공	1. 난방배관
			4. 가스배관 시공	1. LPG배관 2. LNG배관 3. 기타 가스배관
		3. 보일러 설비 설치	1. 특수 배관 시공	1. 보일러 배관 2. 열교환기 배관 3. 석유화학공업 배관 4. 기송 및 압축공기 배관
		4. 배관 부대장치 시공	1. 지지장치 설치	1. 배관 지지장치
			2. 단열 시공	1. 보온 및 피복재료 2. 방청도료 3. 패킹재료 4. 배관단열
		5. 배관검사	1. 배관검사	1. 배관의 검사방법 2. 배관의 점검 및 보수방법 3. 세정제 및 세정법

필기과목명	문제수	주요항목	세부항목	세세항목
		6. 배관시공 안전관리	1. 배관 안전관리	1. 안전일반 2. 배관작업 안전 3. 용접작업 안전
		7. 배관 작업	1. 배관 공구 및 기계	1. 수공구와 측정공구 2. 배관공작용 공구 및 기계
			2. 배관 작업	1. 금속관의 이음 2. 비철금속관의 이음 3. 비금속관의 이음 4. 이종관의 이음 5. 용접 및 절단
		8. 배관 재료 준비	1. 배관 재료 준비	1. 금속관 및 이음쇠 2. 비철금속관 및 이음쇠 3. 비금속관 및 이음쇠 4. 신축관 이음쇠 5. 밸브와 트랩 6. 기타 부속 재료
		9. 배관 도면 해독	1. 배관 도면 해독	1. 재료 기호 2. 배관 및 용접 기호 3. 선의 종류 4. 투상법 및 도형의 표시방법 5. 체결용 기계요소 표시방법 6. 배관재료 산출

출제기준 [실기]

직무분야	건설	중직무분야	건설배관	자격종목	배관기능사	적용기간	2025. 1. 1.~2027. 12. 31.

- 직무내용 : 건축배관 설비(급배수, 통기 및 급탕, 냉난방 및 공기조화설비, 가스설비 등)와 플랜트설비(프로세스 배관, 유틸리티 배관 등)를 제도, 시공 및 유지보수하는 직무이다.
- 수행준거 : 1. 도면과 부속도서를 해독할 수 있다.
  2. 배관 재료특성을 파악하여 주재료, 이음재료, 부속기기 등을 준비할 수 있다.
  3. 도면, 시방서 및 작업 지시서를 보고 공구 및 기계를 사용하여 배관 작업을 할 수 있다.
  4. 도면, 시방서에 따라 배관의 지지장치, 부속장치 등을 적합하게 시공할 수 있다.
  5. 배관 작업 시 안전사고를 예방하여 안전하게 작업을 수행할 수 있다.

실기검정방법	작업형	시험시간	4시간 정도

실기과목명	주요항목	세부항목	세세항목
배관시공 실무	1. 배관 도면 해독	1. 배관 기호 파악하기	1. 도면을 보고 배관재료에 대한 기호를 해석할 수 있다. 2. 도면의 기호를 보고 접합방법을 파악할 수 있다. 3. 도면에 표기된 약어 및 보조기호의 내용을 파악할 수 있다.
		2. 배관 도면 기본지식 파악하기	1. 제도통칙에 따라 표제란의 내용을 파악할 수 있다. 2. 도면에 의해 배관의 기능과 용도를 파악할 수 있다. 3. 설계도와 부속도서에서 지시하는 작업방법 및 요구사항을 파악할 수 있다.
		3. 배관 도면 해독하기	1. 도면을 보고 시공 방법 및 순서를 파악할 수 있다. 2. 평면도를 보고 입체도를 만들 수 있다. 3. 도면과 시방서를 파악할 수 있다.
	2. 배관 재료 준비	1. 배관 주재료 준비하기	1. 배관 재료에 대하여 관련 법규와 표준규격, 설계도서와의 적합여부를 검토할 수 있다. 2. 배관 재료에 대하여 현장시공 가능성 여부를 파악할 수 있다. 3. 배관 공종별 시공 시 투입자재의 특성을 검토하여 자재선정의 오류를 사전에 조사할 수 있다. 4. 특이자재에 대한 품질관리 항목을 점검하여 오류를 예방할 수 있다.

실기과목명	주요항목	세부항목	세세항목
		2. 배관 이음재료 준비하기	1. 배관 용도에 맞는 이음재료와 지지장치 등을 파악하여 준비할 수 있다. 2. 배관 용도별로 밸브 및 계기장치를 파악하여 준비할 수 있다.
		3. 배관 재료 보관하기	1. 공사 종류에 따라 용도별 주재료, 이음재료. 부속장치를 구분할 수 있다. 2. 배관 재료의 성질에 따라 재료를 구분하여 보관할 수 있다. 3. 보관 환경을 고려하여 배관 주재료, 이음재료 및 밸브류, 부속장치를 규격에 맞게 보관할 수 있다. 4. 재료의 사용 내역을 파악하고 보관 내역서를 작성할 수 있다.
	3. 배관작업	1. 배관 공구 준비하기	1. 나사배관 작업을 위한 배관 공구를 준비할 수 있다. 2. 용접배관 작업을 위한 배관 공구를 준비할 수 있다. 3. 배관작업을 위한 기타 배관 공구를 파악하여 준비할 수 있다.
		2. 나사배관 작업하기	1. 배관 종류, 용도에 따라 관을 절단할 수 있다. 2. 동력용 나사 절삭기와 배관공구류를 사용할 수 있다. 3. 가공된 관과 용도에 맞는 연결부품을 사용하여 조립할 수 있다. 4. 나사용 플렌지를 사용하여 배관을 연결할 수 있다.
		3. 용접배관 작업하기	1. 용접 절차시방서(WPS)에 따라 시공 할 수 있다. 2. 피복아크 용접법을 사용하여 배관을 접합할 수 있다. 3. TIG 용접법을 사용하여 배관을 접합할 수 있다. 4. CO_2 용접법을 사용하여 배관을 접합할 수 있다. 5. 가스용접법을 사용하여 배관을 접합할 수 있다.
		4. 기타 배관 작업하기	1. PVC관을 접합할 수 있다. 2. PE관 및 PB관을 접합할 수 있다. 3. 이종재료 배관을 연결 할 수 있다. 4. 주철관을 접합할 수 있다.

출제기준 [실기]

실기과목명	주요항목	세부항목	세세항목
	4. 배관 부대장치 시공	1. 지지장치 설치하기	1. 지지장치를 설치하기 위해 장비, 인력, 자재 등을 파악할 수 있다. 2. 용도별 작업조건에 따라 시공방법을 파악할 수 있다. 3. 시공현장의 조건에 따라 지지대의 위치와 기능을 검토할 수 있다. 4. 지지장치를 적합한 방법으로 제작, 설치할 수 있다. 5. 시공완료 후 지지장치 본체와 부품의 조립상태를 조정할 수 있다.
		2. 단열 시공하기	1. 단열작업을 위해 장비, 인력, 자재 등을 파악할 수 있다. 2. 단열작업을 위한 작업대 및 보조 장치를 선정하고 설치할 수 있다. 3. 배관의 용도에 따라 단열 작업할 수 있다. 4. 단열재에 적합한 마감 작업을 할 수 있다.
		3. 부속장치 설치하기	1. 부속장치를 설치하기 위한 장비, 인력, 자재 등을 파악할 수 있다. 2. 배관 용도에 적합한 계측기를 구분하여 설치할 수 있다. 3. 배관 용도에 맞는 밸브류를 파악하여 설치할 수 있다.
	5. 배관시공 안전관리	1. 배관작업 안전교육하기	1. 안전관리의 필요성에 대해 설명할 수 있다. 2. 배관시공 시 관의 재료에 따른 안전작업 방법을 설명할 수 있다. 3. 산업 안전에 대한 안전교육과 산업안전관계 법규들을 설명할 수 있다. 4. 배관작업 시 안전 보호구 착용 방법 및 관리에 대하여 설명할 수 있다.
		2. 안전작업 수행하기	1. 안전규칙과 작업장 안전수칙을 준수하여 안전하게 작업할 수 있다. 2. 배관 재료 및 공구의 특성에 따라 안전하게 작업할 수 있다. 3. 유해물질, 가스 등 위험물을 안전하게 취급할 수 있다. 4. 배관 작업 시 작업장 환경을 잘 정리정돈 할 수 있다.

실기과목명	주요항목	세부항목	세세항목
		3. 안전사고 예방하기	1. 안전사고 발생 유형을 파악하여 안전사고 발생 요인을 제거할 수 있다. 2. 작업장 환경시설을 점검하여 안전과 관련된 위해 요인을 제거할 수 있다. 3. 안전사고를 유발할 수 있는 배관 작업 설비, 장비의 기계적, 전기적 결함을 사전에 발견할 수 있다.

{ 차 례 }

Part 01
배관기능사 필기

Chapter 01	배관시공 및 안전관리	3
	① 급배수 및 위생설비 시공	3
	② 소화 및 공기 조화 배관설비	11
	③ 산업배관설비	12
	④ 배관의 지지 및 방청	15
	⑤ 집진장치	20
	⑥ 가스배관설비	21

Chapter 02	배관 공작	25
	① 공구 및 기계의 용도와 사용법	25
	② 관의 이음 및 성형	28
	③ 용접	33

Chapter 03	배관 재료	42
	① 관 재료의 종류와 용도 및 특성	42
	② 관 이음 재료의 종류	46
	③ 보온, 피복 재료 및 기타 재료	48

CONTENTS

Chapter 04 기계 제도 ········· 52
  1 제도 통칙 등 ········· 52

Chapter 05 기초적인 계산문제 정리 ········· 76
  1 온도의 환산 ········· 76
  2 열량 구하기 ········· 77
  3 가스 용접봉의 지름 구하기 ········· 78
  4 단위시간당 유량 구하기 ········· 79
  5 파이프의 절단 길이 구하기 ········· 80
  6 산화조의 용적 ········· 81
  7 파이프 스케줄 번호 ········· 81
  8 파이프 벤딩 시 곡선부의 길이 ········· 82
  9 유속에 따른 단면적 ········· 82
  10 엔탈피 ········· 83
  11 정수두 ········· 84
  12 직접가열식 저탕조의 크기 ········· 84
  13 보일러 마력 ········· 85
  14 배관의 신축량 ········· 85

{ 차 례 }

Part 02
필기시험 출제경향 분석

Chapter 01	배관 시공 및 안전관리	89
Chapter 02	배관 공작	124
Chapter 03	배관 재료	136
Chapter 04	기계 제도(비절삭 부분)	146

Part 03
과년도 기출문제

2015년 1회차 시행 ·········· 153
2015년 4회차 시행 ·········· 164
2016년 1회차 시행 ·········· 174
2017년 1회차 시행 ·········· 184
2018년 3회차 시행 ·········· 193

2019년 1회차 시행 ……………………………………………………… 203
2020년 4회차 시행 ……………………………………………………… 213
2021년 2회차 시행 ……………………………………………………… 222
2022년 2회차 시행 ……………………………………………………… 231
2023년 2회차 시행 ……………………………………………………… 240
2024년 2회차 시행 ……………………………………………………… 249
2025년 2회차 시행 ……………………………………………………… 258

Part 04
CBT 실전 모의고사

CBT 모의고사 제1회 ……………………………………………………… 271
CBT 모의고사 제2회 ……………………………………………………… 279
CBT 모의고사 제1회 정답 및 해설 ……………………………………… 287
CBT 모의고사 제2회 정답 및 해설 ……………………………………… 292

{ 차 례 }

Part 05
배관기능사 실기

국가기술자격검정 실기시험문제 …………………………………………………… 299
지급 재료 목록 …………………………………………………………………………… 301
출제 도면 예시 1 ………………………………………………………………………… 302
출제 도면 예시 2 ………………………………………………………………………… 303
출제 도면 예시 3 ………………………………………………………………………… 304
출제 도면 예시 4 ………………………………………………………………………… 305

PART

01

배관기능사 필기

CHAPTER 01 배관 시공 및 안전관리
CHAPTER 02 배관 공작
CHAPTER 03 배관 재료
CHAPTER 04 기계 제도
CHAPTER 05 기초적인 계산문제 정리

CHAPTER 01 배관 시공 및 안전관리

SECTION 01 급배수 및 위생설비 시공

1. 배관 부속장치

1) 밸브

유체의 유량 조절, 흐름의 단속, 방향전환, 압력 등을 조절하는 데 사용한다.

(1) 정지 밸브

① 게이트 밸브, 슬루스 밸브(Gate Valve, Sluice Valve) [암기법] 슬게 밸브
   유체의 흐름을 차단(개폐)하는 밸브로서 가장 일반적으로 사용되는 밸브이다.

② 글로브 밸브, 스톱 밸브(Glove Valve, Stop Valve)
   [암기법] 글로브로 공을 받으니 공이 스톱했다.
   글로브 밸브는 게이트 밸브와 달리 유량 조절이 가능하나 마찰저항은 크다.

③ 앵글 밸브(Angle Valve)
   글로브 밸브의 일종으로 유체의 입구와 출구의 각이 90°로 되어 있는 것으로 유량의 조절 및 방향을 전환시켜주며 주로 방열기의 입구 연결 밸브나 보일러 수증기 밸브로 사용한다.

④ 체크 밸브(Check Valve)
   배관 내 유체의 역류를 방지하는 밸브이며 구조에 따라 다음과 같이 구분할 수 있다.
   ㉠ 스윙형 : 수직·수평배관에 사용한다.
   ㉡ 리프트형 : 수평배관에만 사용한다.

⑤ 볼 밸브(Ball Valve)
   밸브 내 볼에 구멍이 뚫려 있고 구멍의 방향에 따라 개폐 조작이 되는 밸브이며 90° 회전으로 개폐 및 조작도 용이하여 게이트 밸브 대신 많이 사용된다.
   TIP 밸브 내에 쇠구슬(볼)이 들어가 있다.

⑥ 버터플라이 밸브(Butterfly Valve, 나비 밸브)
   원통형의 몸체 속에 밸브봉을 축으로 하여 원형 평판이 회전함으로써 밸브가 개폐된다. 밸브의 개도를 알 수 있고 조작이 간편하며 경량이고, 설치공간을 작게 차지하므로 설치가 용이하다. 작동방법에 따라 레버식, 기어식 등이 있다.

⑦ 콕(Cock)

콕은 플러그 밸브라고도 하며 90° 회전으로 급속한 개폐가 가능하나 기밀성이 좋지 않아 고압 대유량에는 적당하지 않다.

게이트 밸브(슬루스 밸브)

글로브 밸브(스톱 밸브)

앵글 밸브

체크 밸브

볼 밸브

버터플라이 밸브

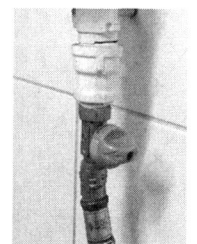
콕

▎정지 밸브 종류▎

(2) 조정 밸브

① 감압 밸브(Pressure Reducing Valve)

감압 밸브는 고압의 압력을 저압으로 유지시켜 주는 밸브로서 사용 유체에 따라 물과 증기용으로 분류된다.

② 안전 밸브(Safety Valve)

고압의 유체를 취급하는 고압용기나 보일러, 배관 등에 설치하여 압력이 규정한도 이상으로 되면 자동적으로 밸브가 열려 장치나 배관의 파손을 방지하는 밸브로서 스프링식과 중추식, 지렛대식이 있으며 일반적으로 스프링식 안전 밸브를 가장 많이 사용한다.

③ 전자 밸브(Solenoid Valve)

전자코일에 전류를 흘려서 전자력에 의한 플런저가 들어올려지는 전자석의 원리를 이용하여 밸브를 개폐시키는 밸브이다.

감압 밸브　　　　안전 밸브　　　　전자 밸브

┃조정 밸브 종류┃

2) 스트레이너(Strainer, 여과기)

배관에 설치하는 자동 조절 밸브, 증기 트랩, 펌프 등의 앞에 설치하여 유체 속에 섞여 있는 이물질을 제거하여 밸브 및 기기의 파손을 방지하는 기구로서 모양에 따라 Y형, U형, V형 등이 있으며 몸통의 내부에는 금속제 여과망(Mesh)이 내장되어 있어 주기적으로 청소를 해주어야 한다.

2. 통기관의 시공

1) 통기관의 설치목적

배수관 내 배수의 흐름을 원활히 하며 압력변동 폭을 작게 함으로써 트랩의 봉수를 보호한다. 또한 배관 내 신선한 공기를 유통시켜 환기를 시켜주며 관 내를 청결하게 한다.

2) 통기관의 시공

① 통기관은 최고 기구 수면 이상까지 올려 세운 뒤 통기관에 연결한다.
② 이중 트랩을 만들어서는 안 된다.
③ 가솔린 트랩의 통기관은 다른 일반 통기관에 연결하여 지붕 위까지 올려 세워 대기 중에 개구한다.
④ 빗물 수직관에 배수관을 연결하여서는 안 된다.
⑤ 통기수직관의 상부는 통기 관경을 줄이지 않고 그대로 연장하여 대기 중에 개방하거나 상층의 제일 높은 기구의 수면보다 150mm 이상 높이의 신정통기관에 연결한다.

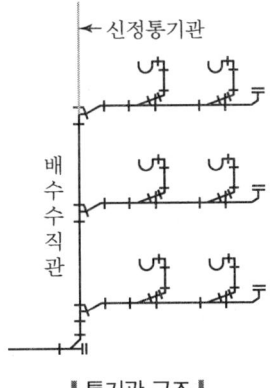

┃통기관 구조┃

3) 통기관의 종류와 관경

① 각개 통기관 : 기구배수관 또는 기기에 접속하는 배수관 관경의 1/2 이상
② 환상 통기관 : 배수 수평기관의 관경 또는 통기수직관 관경의 1/2 이상

3. 트랩(Trap)

1) 트랩의 설치 목적

배수관 속의 악취, 유독가스 및 벌레 등의 실내 침투 방지에 목적이 있다.

2) 트랩의 종류

(1) 사이펀식 트랩

자기 세정작용이 있는 트랩을 말한다.
① S 트랩 : 봉수감소가 용이하다.
② P 트랩 : S 트랩의 단점을 개선한 트랩(세면기에 사용)
③ U 트랩 : 메인 트랩, 가옥 트랩

(2) 비사이펀식 트랩

자기 세정작용이 없는 트랩을 말한다.
① 드럼 트랩 : 주방 싱크
② 벨 트랩(플로어 트랩) : 욕실 바닥
③ 저집기형 트랩

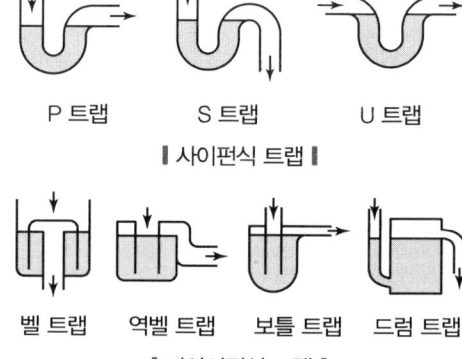

┃사이펀식 트랩┃

┃비사이펀식 트랩┃

3) 배수 트랩

배수 트랩은 하수본관 및 배수관 내에서 발생한 하수 가스가 위생기구를 통해 건물 내로 침입하는 것을 방지하기 위해 위생기구 본체 또는 배수관로에 설치하는 장치이다.

TIP 관 트랩의 종류 : U 트랩, P 트랩, S 트랩(일반가정의 세면대)

4) 증기 트랩

증기보일러에서 발생한 증기는 열사용 설비에서 일을 하고 나올 때 응축수로 배출된다. 이때 응축수는 배관 밖으로 자동배출시키고 증기는 차단하는 역할을 자동으로 하는 것이 증기 트랩(Steam Trap)이다.

(1) 목적
    ① 증기배관의 말단부에 설치하여 응축수 및 공기를 배출
    ② 증기 내의 응축수를 배출함으로써 수격작용 방지
    ③ 응축수 배출에 따른 부식방지

(2) 구비조건
    ① 마찰저항이 작을 것   ② 응축수를 연속적으로 배출
    ③ 내식성 및 내마모성이 뛰어날 것   ④ 압력 등의 변화에도 작동이 확실할 것

4. 급탕설비

1) 급탕의 개념

급탕(Hot-water Supply)이란 보일러 설비로 가열한 온수를 세면장, 욕탕, 주방 등 온수가 필요한 곳으로 공급하는 것을 말하며 배관의 시공 시 상향식 공급방식에서는 급탕 수평주관은 선상향 구배로 하고 복귀관은 선하향 구배로 한다.

2) 개별식 급탕법과 중앙식 급탕법의 비교

개별식	중앙식
• 긴 배관이 필요 없다. • 배관의 열손실이 적다. • 급탕 개소가 적을 경우 시설비가 저렴하다.	• 열원으로 값싼 석탄, 중유 등이 사용되며 연료비가 적게 든다. • 탕비장치가 대규모이며 열효율이 좋다. • 시설비가 고가이나 대규모 급탕 시 경제적이다.

5. 급수관 배관설비

1) 직결식 배관법

수도 본관 내의 압력을 이용하여 물을 급수하는 방식이다(수도 직결식, 우물 직결식).

2) 고가(옥상) 탱크방식

옥상 탱크식은 옥상에 설치된 탱크에 저장하는 방식으로 급수의 오염 가능성이 크며 제작비가 많이 든다는 단점을 가지고 있다. 수도 직결식으로 급수가 어려운 3층 이상의 건축물 및 고지대의 간접 급수방식으로 정전, 단수 시에도 일정시간 물 공급이 가능하다.

3) 압력 탱크방식

밀폐된 탱크 내부에 펌프로 물을 압입하면서 처음 탱크 안에 있었던 공기가 압축되어 물에 압력이 가해질 때 이 공기압을 이용해 상향 급수하는 방식이다.

6. 오물 정화조

오물 정화조의 처리는 부패조 → 예비 여과조 → 산화조 → 소독조 순이다.

[암기법] '부.예.산.소'로 암기한다.

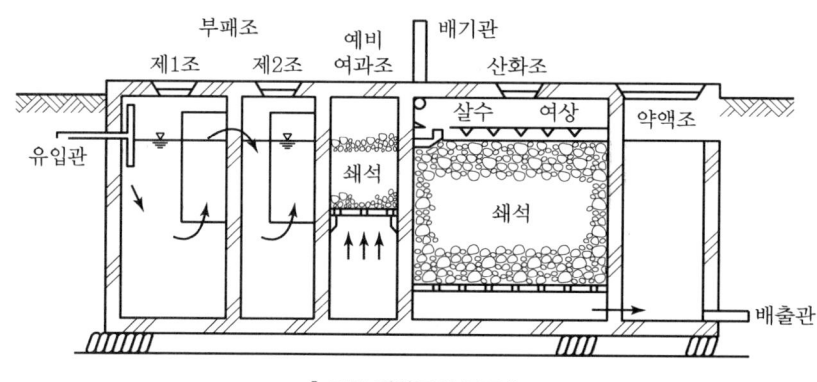

❙ 오물 정화조의 구조 ❙

7. 펌프

펌프는 압력작용을 이용하여 관을 통해 유체를 수송하는 기계이다.

1) 펌프의 종류

(1) 용적형 펌프

피스톤, 플런저 또는 모터 등의 압력 작용에 의해 액체를 압송하는 펌프이다.

① 왕복 펌프 : 피스톤의 왕복 운동에 의해 액체를 압송하는 펌프이다.
   ㉠ 피스톤 펌프
   ㉡ 플런저 펌프
   ㉢ 다이어프램 펌프
   ㉣ 기타
② 회전 펌프 : 스크루, 기어, 편심모터 등의 회전 운동에 의해 액체를 압송하는 펌프이다.
   ㉠ 기어 펌프

ⓛ 스크루 펌프
ⓒ 나사 펌프
② 캠 펌프
⑩ 베인 펌프

(2) 터보형 펌프

임펠러를 케이싱 내에서 회전시켜 액체에 에너지를 부여하는 펌프이다.

① **원심 펌프** : 임펠러의 원심력에 의해 액체에 압력과 속도에너지를 주는 펌프이다.
  ㉠ 볼류트 펌프 : 임펠러에서 나온 액체의 속도에너지를 압력에너지로 변환시키는 것을 볼류트로 행하는 것
  ㉡ 디퓨저 펌프 : 임펠러에서 나온 액체의 속도에너지를 압력에너지로 변환시키는 것을 안내 깃으로 행하는 것
② **사류 펌프** : 임펠러의 원심력과 양력에 의해 액체에 압력 및 속도에너지를 주는 펌프이다.
  ㉠ 볼류트 사류 펌프 : 사류 펌프는 안내 깃을 속도에너지에서 압력에너지로 변환시키는 것이 일반적이나 볼류트 펌프와 같이 볼류트에 의해 행하는 펌프
  ㉡ 사류 펌프 : 임펠러에서 나온 액체의 속도에너지를 압력에너지로 변환시키는 것을 안내 깃으로 행하는 펌프
③ **축류 펌프** : 깃의 양력에 의해 액체에 압력 및 속도에너지를 주고, 안내 깃을 통해 속도에너지를 압력에너지로 변환하는 펌프이다.

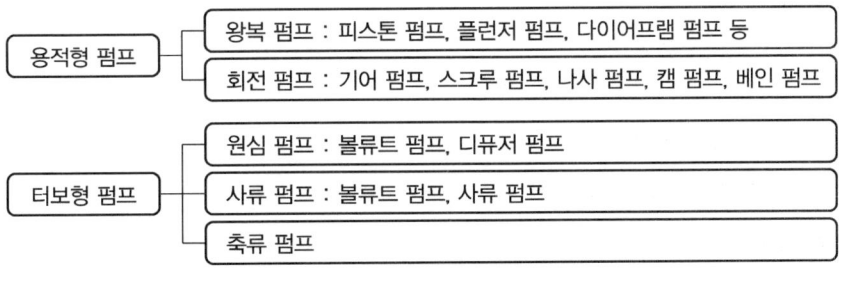

❙ 펌프의 종류 ❙

2) 펌프의 가동 시 발생하는 현상

(1) 수격작용(Water Hammering, 워터 해머링)

파이프의 밸브를 갑자기 닫는 경우와 같이 파이프 내에 순간적으로 압력이 발생하는 일종의 충격파 발생 현상을 말한다. 이를 방지하기 위해 파이프의 관경을 크게 하고 유속을 느리게 조정한다.

(2) 캐비테이션(Cavitation) 현상

공동현상이라고도 하며 원심펌프 등에서 액체가 고속 회전하는 경우 압력이 낮아지는 부분이 생기면서 기포가 생기는 것으로 진동과 소음을 유발하며 펌프의 효율을 낮게 하는 현상이다.

① 캐비테이션 발생원인 : 유체의 온도가 높은 경우, 흡입양정이 높을 경우, 날개 차의 원주속도가 클 경우, 날개 차의 모양이 적당하지 않을 경우

② 방지법
  ㉠ 펌프의 설치위치를 수원보다 낮게 설치
  ㉡ 펌프를 두 대 이상 설치
  ㉢ 흡입배관의 마찰 손실을 작게 유지
  ㉣ 지나친 고양정 펌프 사용 지양
  ㉤ 임펠러의 회전속도를 작게 유지
  ㉥ 흡입배관의 관경을 크게 설치

(3) 서징(Surging, 맥동) 현상

펌프의 운전 중에 압력계의 눈금이 주기를 가지고 큰 폭으로 흔들리며 주기적으로 진동과 소음을 수반하는 현상이다.

① 발생원인 : 배관 내 공기가 있는 경우 원심펌프를 저유량 영역에서 운전 시 유량과 압력이 주기적으로 변하여 불안정한 운전상태가 발생

② 영향
  ㉠ 불안정한 운전
  ㉡ 양수불능
  ㉢ 소음 및 진동발생
  ㉣ 각종 계기 떨림

③ 방지법
  ㉠ Surging Zone을 피해서 운전
  ㉡ 저유량 운전 시 바이패스 배관 사용
  ㉢ 배관 중 공기실 같은 에너지 저장 부분이 없도록 적용

SECTION 02 소화 및 공기 조화 배관설비

1. 소화설비

1) 스프링클러와 드렌처 설비의 비교

구분	스프링클러(Sprinkler)	드렌처(Drencher)
용도	건물 내 소화설비	건물 외부 소화설비
설치위치	천장 설치	건물 외벽 옥상 설치
사진		

2) 서지 옵서버(Surge Absorber, 수격방지기)

스프링클러의 기준 유속인 3m/sec를 유지하고, 신축성이 없는 배관 내부에서 발생되는 수격작용을 방지 또는 완화시키기 위해서 설치하는 장치

3) 소화전의 저수 탱크 방수용량

① 옥내소화전의 저수 탱크 : 소화전 1개당 방수량이 130L/min을 20분간 방수할 수 있는 용량
② 옥외 소화전의 저수 탱크 : 350L/min 이상

2. 공기조화설비

1) 공기조화설비의 개념

공기조화장치란 실내의 쾌적한 환경을 유지하기 위해 온도와 습도 등을 기계 설비를 이용하여 조정하는 장치를 의미한다.

> **TIP** 공기조화설비에서 일리미네이터(Eliminator)의 역할 : 일리미네이터는 분무된 물이 공기와 함께 비산되는 것을 방지하는 제습 작용을 한다.

2) 공기조화설비의 종류

(1) 물-공기방식
  ① 열의 매체로 물과 공기를 병용하는 방식이다.

② 종류
- ㉠ 덕트 병용 팬코일 유닛방식
- ㉡ 유인 유닛방식
- ㉢ 덕트 병용 복사 냉방방식

(2) 전 – 공기방식
① 실내의 열을 공급하는 매체로 공기를 사용한다.
② 종류
- ㉠ 단일덕트방식
- ㉡ 이중덕트방식
- ㉢ 멀티존 유닛방식
- ㉣ 각층 유닛방식

(3) 전 – 수방식
물만을 매체로 하여 실내유닛으로 공기를 냉각 가열하는 방식이다.

SECTION 03 산업배관설비

1. 보일러의 종류와 특징

1) 원통형

(1) 입형보일러
입형보일러에는 코크란보일러, 입형횡관식 보일러, 입형연관식 보일러 등이 있다.

(2) 횡형보일러
① **노통보일러** : 랭커셔보일러, 코니시보일러
② **연관보일러** : 횡형연관보일러, 기관차보일러, 케와니보일러
③ **노통연관식 보일러** : 스코치보일러, 노통연관식 패키지 보일러

| 입형보일러 | | 횡형보일러 |

2) 수관식 보일러

(1) 자연순환식 수관보일러

배브콕보일러, 스네기지보일러, 다쿠마보일러, 스털링보일러, 가르베보일러, 2동D형, 2동수관, 3동A형수관 등이 있다.

(2) 강제순환식 수관보일러

라몽트보일러, 벨록스보일러 등이 있다.

[암기법] 강.제.라.벨

(3) 관류보일러

벤슨보일러, 슐처보일러, 엣모스보일러, 람진보일러, 소형관류보일러 등이 있다.

| 수관보일러 | | 관류보일러 |

3) 보일러 마력

1보일러 마력(HP)은 1시간에 15.65kg의 상당증발량을 갖는 보일러의 능력을 말하며 약 8,435kcal/h(물의 증발잠열 539kcal×15.65kg)의 열을 흡수하여 증기를 발생할 수 있는 능력으로 표시된다.

2. 열교환기

1) 열교환기의 개념

열교환기는 고온과 저온의 두 유체 사이에 열의 교환이 원활하게 이루어지도록 도와주는 장치이다.

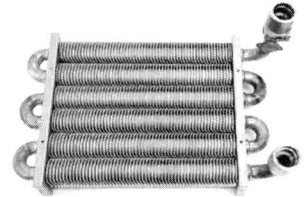

| 열교환기 |

2) 열교환기의 종류

다관형	단관식	특수식
• 고정관판형 • 유동두형 • U자관형 • 케틀형	• 트롬본형 • 탱크형 • 코일형	• 플레이트식 • 소용돌이식 • 재킷식

3) 열교환기의 사용목적에 따른 분류

① 가열기 : 유체를 가열하여 필요한 온도까지 유체의 온도 상승을 목적으로 사용되며 가열원은 폐열 유체가 사용된다.
② 예열기 : 유체를 가열하여 유체온도 상승을 목적으로 사용한다.
③ 과열기 : 가열된 유체를 다시 가열하여 과열상태로 만드는 열교환기이다.
④ 증발기 : 유체를 가열하여 잠열을 주어 증발시킨 후 발생한 증기를 사용하는 열교환기이다.
⑤ 응축기 : 응축성 기체를 사용하여 잠열을 제거해 액화시키는 열교환기이다.

3. 압축기(컴프레서, Compressor)

1) 압축기의 개념

압축기란 기체를 압축시켜 압력을 높이는 기계적 장치로 컴프레서라고도 한다.

2) 압축기의 종류

(1) 용적형
　① 왕복식　② 회전식
　③ 나사식　④ 다이어프램식

(2) 터보형
　① 원심식　② 축류식　③ 혼류식

| 압축기(컴프레서) |

3) 압축공기 배관설비의 부속장치

① 분리기 : 외부에서 흡입된 습기를 압축에 의해 분리한다.
② 공기 여과기 : 공기 속의 먼지를 제거한다.
③ 공기 흡입관 : 압축할 공기를 흡입한다.
④ 공기 탱크 : 압축공기를 모아두는 탱크이며 과잉압력을 방출하는 안전 밸브가 설치되어 있다.
⑤ 후부냉각기

4) 압축기에 의한 LP가스 이송방식의 특징

① 펌프에 비해 이송시간이 짧다.
② 잔가스 회수가 가능하다.
③ 베이퍼록 현상이 없다.
④ 부탄의 경우 재액화 현상이 일어난다.
⑤ 압축기 오일로 인한 드레인의 원인이 된다.

4. 난방법의 분류

분류	종류
개별식 난방법	소규모 난방법
중앙식 난방법	직접 난방법
	간접 난방법
	방사 난방법

SECTION 04 배관의 지지 및 방청

1. 배관의 지지장치

1) 지지장치의 정의

배관의 중량을 지지할 목적으로 설치하는 방법에는 여러 가지가 있으나 크게 두 가지로 나누면 관을 위에 고정하는 것이 행거(행어)이며 아래에서 받치는 것이 서포트이다.

(1) 행거(Hanger)

천장 배관 등의 하중을 위에서 당겨서 받치는 지지기구이다.

① 리지드 행거(Riged Hanger) : I 빔에 턴버클을 이용하여 지지한 것으로 상하방향으로 변위가 없는 곳에 사용한다.
② 스프링 행거(Spring Hanger) : 턴버클 대신 스프링을 사용한 것이다.
③ 콘스탄트 행거(Constant Hanger) : 배관의 상하이동에 관계없이 관지지력이 일정한 것으로 중추식과 스프링식이 있다.

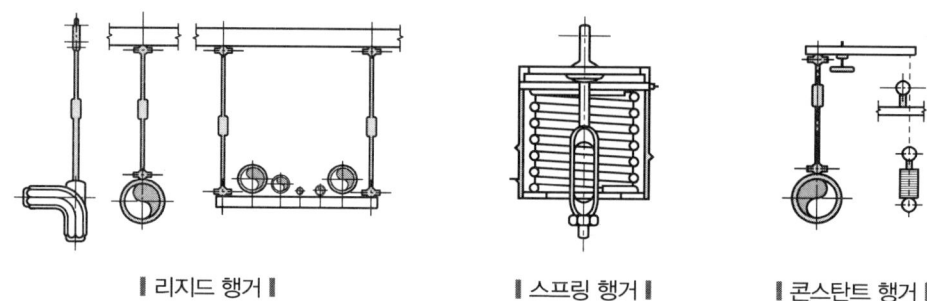

∥ 리지드 행거 ∥ ∥ 스프링 행거 ∥ ∥ 콘스탄트 행거 ∥

(2) 서포트(Support)

바닥 배관 등의 하중을 밑에서 위로 떠받치는 지지기구이다.

① 파이프 슈(Pipe Shoe) : 관에 직접 접속하는 지지기구로 수평배관과 수직배관의 연결부에 사용된다.
② 리지드 서포트(Riged Support) : H 빔이나 I 빔으로 받침을 만들어 지지한다.
③ 스프링 서포트(Spring Support) : 스프링의 탄성에 의해 상하 이동을 허용한 것이다.
④ 롤러 서포트(Roller Support) : 관의 축 방향 이동을 허용한 지지기구이다.

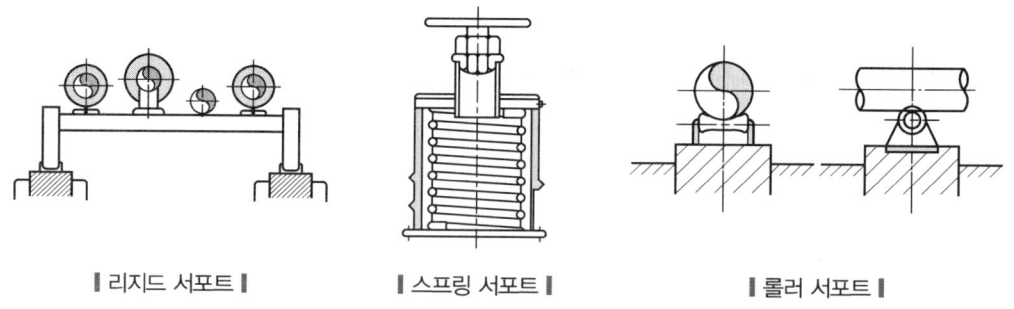

∥ 리지드 서포트 ∥ ∥ 스프링 서포트 ∥ ∥ 롤러 서포트 ∥

(3) 리스트레인트(Restraint)

열팽창에 의한 배관의 상하·좌우 이동을 구속 또는 제한하는 것이다.

① 앵커(Anchor) : 리지드 서포트의 일종으로 관의 이동 및 회전을 방지하기 위하여 지지점

에 완전히 고정하는 장치이다.
② **스톱(Stop)** : 배관의 일정한 방향과 회전만 구속하고 다른 방향은 자유롭게 이동하게 하는 장치이다.
③ **가이드(Guide)** : 배관의 곡관 부분이나 신축 조인트 부분에 설치하는 것으로 회전을 제한하거나 축방향의 이동을 허용하며 직각방향으로 구속하는 장치이다.

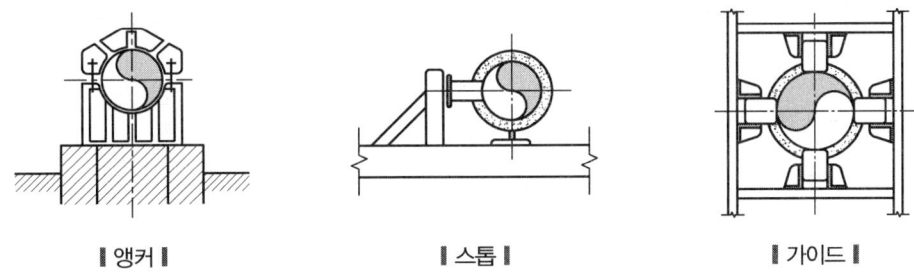

| 앵커 | | 스톱 | | 가이드 |

(4) 브레이스(Brace)

펌프, 압축기 등에서 발생하는 기계의 진동, 서징, 수격작용 등에 의한 진동, 충격 등을 완화하는 완충기이다. 스프링식과 유압식이 있다.

2. 전처리 작업

배관재료의 경우 내부식성(부식에 견디는 성질)을 부여하기 위해 아연이나 알루미늄 등의 재료로 배관재의 표면에 도금처리를 하는데, 시공 시 온도는 20℃ 내외로 하며 습도는 76% 정도를 유지하여야 한다.

3. 배관의 세정

1) 화학적 세정

배관의 화학 세정에 사용되는 약품은 산(무기산, 유기산), 알칼리, 특수세정제로 구분된다.

[무기산 화학 세정 약품의 종류]

구분	분류
무기산	염산
	황산
	인산
	설파민산

* 구연산은 유기산의 종류이다.

(1) 화학적 세정의 순서

물 세척(수세) → 탈지 세정(유분 제거 작업) → 물 세척(수세) → 산 세정 → 중화방청 → 물 세척 → 건조

[암기법] 물탄(탈)물은 산중 물건이다.

(2) 구연산

유기산의 일종으로 분말 성상으로 되어 있어 취급이 용이하고 용해 효과가 높아 화학 세정제로 많이 사용된다.

(3) 인히비터

인히비터(Inhibitor, 반응억제제)는 산처리로 인한 부식을 억제할 목적으로 산처리액에 첨가하여 산처리의 과잉을 방지하는 약품이다.

> **Reference**
> 화학 세정용 약품 중 산세정용 약품으로 가장 많이 사용되는 것은 염산이며, 암모니아의 경우 알칼리성 세정제로 분류된다.

2) 기계적 세정법의 종류

① 피그 세정법 : 배관 내부에 구형 또는 탄환형으로 생긴 피그를 삽입하고 고압수로 전진시켜 피그의 마찰력으로 배관의 스케일을 제거하는 공법이다.
② 물분사기 세정법 : 전방으로 고압 분사되는 물이 막힌 슬러지를 뚫고, 후방에 사선으로 고압 분사되는 물이 슬러지를 분쇄하여 밖으로 밀어내는 세척방법이다.
③ 샌드블라스트 세정법 : 모래 분사기를 이용해 고압으로 강재의 표면에 분사하여 물리적인 세정을 하는 법을 말하며 이러한 물리적인 세정 후 방청제로는 인산이 사용된다.
④ 쇼트블라스트 세정법 : 작은 강구입자(쇠구슬)를 고압으로 분사하여 녹이나 페인트, 스케일 등을 제거하는 방법이다.

4. 방청용 도료의 종류

1) 산화철 도료

산화철을 보일유 또는 아마인유로 갠 것으로 도막은 부드러우나 방청효과는 다소 떨어진다.

TIP 산화철이란 철 원자에 산소 원자 하나가 결합한 것으로, 화학식은 FeO이다. 상온에서 검은색 가루로 존재한다.

2) 알루미늄 도료
알루미늄 분말을 유성 바니스와 혼합한 도료로 방청 효과가 우수하다.

3) 타르 도료
관의 벽면과 물 사이에 내식성의 도막을 만들어 물과의 접촉을 막기 위해 쓰인다.

4) 광명단 도료
연단에 아마인유를 배합한 것으로 밀착력이 좋은 방청용 도료이다.

5) 합성수지 도료
① 요소 멜라민계 : 베이킹 도료로 사용한다.
② 실리콘 수지계 : 베이킹 도료로 사용한다.
③ 염화 비닐계 : 산에 강하고 열에 약하다.
④ 프탈산계 : 상온에서 도막을 건조시킨다.

> **Reference**
>
> **방청용 도료의 종류와 특징**
>
> | 종류 | 산화철 도료 | 광명단 도료 | 알루미늄 도료 | 합성수지 도료 |
> |---|---|---|---|---|
> | 특징 | 산화철과 아마인유 등을 혼합 사용하며 저렴하나 방청(녹방지)효과가 불량 | 연단과 아마인유 등을 혼합한 것으로 방청효과가 우수해 일반적으로 많이 사용됨 | 은분이라고도 하며 특유의 광택이 있고 내열성을 가짐 | 보일러, 압축기 등의 도장용으로 사용 |

5. 색채에 의한 배관의 식별
배관의 관리와 취급을 용이하게 하기 위해 배관 내부를 흐르는 유체의 종류별로 식별표시를 한다.

종류	식별색
물(Water)	청색
증기(Steam)	적색
공기(Air)	백색
가스(Gas)	황색

SECTION 05 집진장치

1. 집진장치의 개념

대기 속의 먼지나 매연을 한 곳에 모아서 제거하는 시설을 집진장치라고 한다.

2. 집진장치의 종류

1) 중력식 집진장치

분진의 자연 침강을 이용하여 분리시키는 방법으로 입자가 비교적 큰 것에 대하여 제거효과가 있고 제거효율이 낮아 연속식 소각로에서는 사용하지 않는다.

2) 원심력식(사이클론법) 집진장치

함진가스에 선회운동을 주어 분진입자에 작용하는 원심력에 의해 입자를 분리하는 방식이다.

TIP 함진가스 : 고체 및 액체의 작은 입자가 공기 중에 떠 있는 가스

3) 전기식 집진장치

전기집진기는 산업계에서 널리 이용되고 있는데, 운전비도 적게 들고 압력손실도 적으며 집진효율도 우수하다.

4) 관성력식 집진장치

함진가스를 방해판에 충돌시키거나 급격한 기류의 방향 전환을 일으켜 분진입자에 작용하는 관성력을 이용하여 배출가스의 흐름으로부터 입자를 분리 포집하는 방식으로 구조가 간단하고 안정적이나 미세입자의 집진이 어려우며 집진율이 낮다.

5) 여과식 집진장치

여과식 집진장치는 백 필터(Bag Filter)로 널리 알려져 있으며 전기집진기와 병렬로 설치하면 집진효율이 높아 일반적인 설비의 집진에는 가장 많이 이용되고 있다.

6) 세정식 집진장치

세정식 집진장치는 구조가 비교적 간단하고 조작이 용이하나 배출수 처리시설을 함께 설치해야 하기 때문에 운전비용이 많이 드는 단점이 있다.

> **Reference**
>
> 원심력식(사이클론) 집진기의 집진효율 향상 조건
> - 입구의 속도를 크게 할 것
> - 분진입자의 밀도를 크게 할 것
> - 분진입자의 지름을 크게 할 것
> - 동반되는 분진량을 많게 할 것
> - 큰 함진 풍량을 처리하는 경우 집진율을 증대시키기 위해 소구경의 사이클론을 병렬로 설치한다.

3. 집진장치의 배관법

① 지관(분기관)은 옆 또는 위에 접속하여 비스듬히 위에서 끼우는 것이 효과적이다.
② 지관을 주 덕트에 연결하는 경우는 최소 30°로 경사지게 접속한다.
③ 양측 지관을 주덕트에 연결할 때는 지그재그식으로 연결한다.
④ 덕트에는 청소 및 점검용의 삽입형 검사구를 설치한다.

4. 집진장치의 선택 시 고려해야 하는 사항

① 집진장치의 성능은 유입되는 가스 또는 물의 온도를 20℃ 내외로 하며 이 온도를 벗어나는 경우 장치의 성능에 미치는 영향을 고려하여 설치한다.
② 성능이 우수한 연소장치를 설치한다.
③ 설비 가동 시 공기비를 적절히 조정한다.

SECTION 06 가스배관설비

1. 가스 홀더

1) 가스 홀더의 개념

가스 홀더(Gas Holder)란 가스 수요의 시간적인 변동에 대해 안정적인 가스를 공급할 수 있도록 저장하며 가스의 질을 균일하게 유지하여 제조량과 수요량을 조절하는 저장 탱크의 한 종류이다.

2) 가스 홀더의 종류

① 유수식(습식) 가스 홀더 : 단층식과 다층식의 두 종류가 있으며 다층식의 경우 가스의 출입에 따라 상하로 움직여 가는 방식으로 일정한 압력을 유지하는 방식으로 작동한다.
② 무수식 가스 홀더 : 원통형 탱크 내 상하 이동하는 피스톤의 하부에 가스를 저장하는 방식이다.
③ 고압식 가스 홀더 : 구형, 원통형 탱크로 분류되며 가스를 압축하여 저장하는 방식이다.

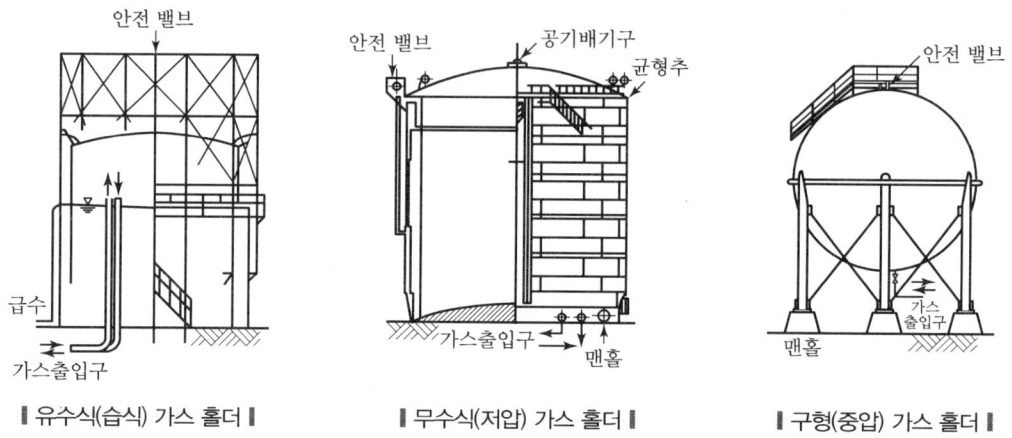

∥ 유수식(습식) 가스 홀더 ∥   ∥ 무수식(저압) 가스 홀더 ∥   ∥ 구형(중압) 가스 홀더 ∥

2. 가스미터

1) 가스미터의 개념

가스미터란 배관을 통하는 가스의 양을 표시하는 계기이다.

2) 가스미터의 종류

① 건식 가스 미터
② 습식 가스 미터
③ 루트식 가스 미터

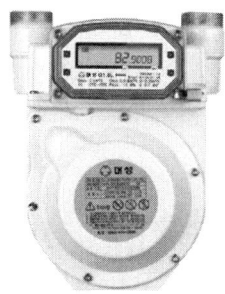

∥ 가스미터 ∥

3. 정압기

1) 정압기의 개념

정압기(Governor)는 '압력을 조정하는 기기' 또는 '고압의 가스를 소요압력으로 감압하는 데 쓰이는 기구'로 정의되고 있으며, 통상적으로 정압기란 압력조정기능, 즉 가스의 공급압력을 일정하게 유지시켜주는 단일기기이며 도시가스 시설에만 사용된다. 정압기의 장해 원인이 되는 불순물 제거를 위한 가스 필터가 사용된다.

2) 정압기의 종류

① 레이놀즈식　　　② 엠코정압기
③ 부종형 정압기　　④ 수요자 정압기

4. 유량계

1) 유량계의 개념

유량계(Flow Meter)란 배관 내에 흐르는 유체 혹은 기체를 측정하는 기기로 펌프 후단에 연결되어 펌프를 통해 관 내에 얼마만큼의 양이 전송되는지를 확인하는 계측기이다.

2) 유량계의 종류

① **차압식 유량계** : 오리피스식, 플로식, 벤투리식
② **유속식 유량계** : 피토관, 열선식 유량계
③ **용적식 유량계** : 오벌 유량계, 루츠식 가스미터, 로터리 피스톤
④ **면적식 유량계** : 플로트형, 피스톤형, 로터미터 이외의 와류식

> **TIP** 유량계의 종류로는 차압식 유량계, 면적식 유량계, 전자식 유량계, 초음파 유량계, 터빈 유량계, 용적식 유량계 등이 있으며 면적식 유량계의 경우 다른 유량방식에 비해 적은 유량 및 고점도 유량의 측정이 가능하다. 차압식 유량계는 차압을 발생시키는 조임부의 형상에 따라 오리피스식, 벤투리식, 노즐식 등이 있다.

5. 부취 설비

1) 부취 설비의 개념

가스가 누설될 경우 초기에 발견하여 중독과 폭발사고를 방지하기 위해 위험농도 이하에서도 냄새로 충분히 누설을 감지할 수 있도록 하는 장치이다.
부취제는 일종의 방향 화합물로 가스 등에 첨가하여 냄새로 확인이 가능하도록 하는 물질로 천연가스 등에 첨가하여, 누출 시 신속하게 이를 알아챌 수 있도록 하는 메르캅탄(Mercaptan) 등이 사용된다. 화학적으로 안정되면서 기구에 흡착이 되지 않아야 한다.

2) 부취제의 첨가 비율 : $\dfrac{1}{1,000}$

3) 부취제의 종류와 특징

부취제의 종류	THT	TBM	DMS
냄새	석탄가스 냄새	양파 썩는 냄새	마늘 냄새
토양 투과성	보통	우수	상당히 우수

4) 부취 설비의 종류

① 액체주입식(대규모 설비용)
② 증발식(소규모 설비용)

CHAPTER 02 배관 공작

SECTION 01 공구 및 기계의 용도와 사용법

1. 강관의 이음 및 성형

1) 벤딩기

벤딩기는 관을 구부릴 때 사용하는 공구로 다음과 같이 구분하여 사용한다.

(1) 램식 벤딩기(현장용)

현장에서 주로 사용하며 수동식(유압식)은 50A, 동력식은 100A 이하의 관을 상온에서 벤딩한다.

(2) 로터리식 벤딩기(공장용)

관의 구부림 반경은 관경의 2.5배 이상, 두께에 관계없이 강관, 스테인리스 강관, 동관 등의 벤딩이 가능하다.

┃롱 파이프 벤딩기┃   ┃유압식 파이프 벤딩기┃

2) 파이프 바이스

파이프를 고정하는 데 사용되는 공구이며 크기는 고정 가능한 파이프 지름의 치수로 나타낸다.

3) 수평 바이스

강관의 조립 분해 및 벤딩 시 고정하는 데 사용되며 크기는 조(Jaw)의 폭으로 치수를 나타낸다.

4) 파이프 렌치

부속을 조립, 분해하는 경우 사용되는 공구이며 200mm 이상의 강관은 체인 파이프렌치를 사용한다. 크기는 조를 최대로 벌렸을 때의 전체 길이로 한다.

5) 파이프 리머

파이프 내부의 거스러미(Burr)를 제거하는 공구이다.

6) 파이프 커터, 쇠톱

강관의 절단 시 사용하는 공구이다.

| 파이프 바이스 | | 수평 바이스 | | 파이프 렌치 |

| 파이프 리머 | | 파이프 커터 | | 쇠톱 |

7) 동력 나사 절삭기

① 다이헤드식 나사 절삭기 : 관의 절삭, 절단, 거스러미 제거 작업을 할 수 있다.
② 오스타식 나사 절삭기 : 사용이 간단하며 작은 관경의 나사 절삭에 사용된다.
③ 호브식 나사 절삭기 : 나사 절삭 작업만 가능하다.

8) 수동 나사 절삭기

① 오스터형 : 4개의 날이 1조로 구성되어 있다.
② 리드형 : 2개의 날이 1조로 구성되어 있다.

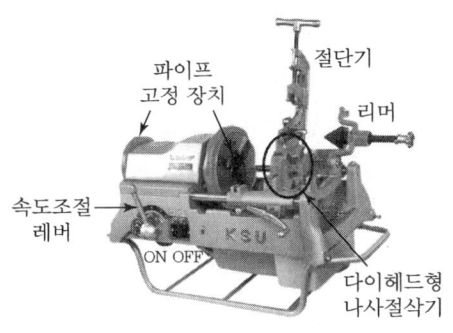  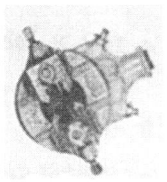

┃동력 나사 절삭기┃ ┃오스터형 수동 나사 절삭기┃ ┃리드형 수동 나사 절삭기┃

2. 동관용 공구

① 사이징 툴 : 동관의 끝을 정확하게 원형으로 가공하는 공구이다.
② 익스팬더(확관기) : 동관의 끝 부분을 확장하는 용도의 공구이다.
③ 플레어링 툴 : 동관의 압축 접합용 공구, 동관 끝을 나팔관 모양으로 확대하는 데 사용되며 20mm 이하 관에 적용한다.
④ 튜브커터 : 동관 절단용이다.

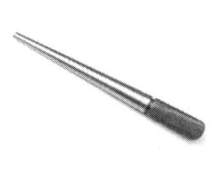   

┃사이징 툴┃ ┃익스팬더(확관기)┃ ┃플레어링 툴┃ ┃튜브커터┃

3. 연관용 공구

① 봄볼 : 주관에 구멍을 뚫을 때 사용하는 공구이다.
② 밴드밴 : 연관을 굽히는 경우 사용한다.

4. 주철관용 공구

① 링크형 파이프 커터 : 주철관 절단 전용공구이다.
② 코킹 정 : 소켓의 접합 시 다지기 작업용이다.

SECTION 02 관의 이음 및 성형

1. 강관의 이음

1) 나사 이음

일반적으로 2인치나 그 이하에서 사용되며 나사산을 따라 유체가 누설되는 것을 막기 위해 배관 밀봉 재료를 사용한다(예 테프론, 록타이트 등). 또한 배관의 이음과 분리를 용이하게 하기 위해 유니온(Union)이 사용되기도 한다.

2) 용접 이음

전기피복아크 용접, 불활성가스 텅스텐아크 용접(TIG), 산소-아세틸렌 용접 등의 방법을 사용하며 시공 환경에 따라 맞대기 이음과 슬리브 이음을 사용한다.

3) 플랜지 이음

배관 설치 후 점검/수리를 위해 배관을 다시 분해할 필요가 있는 2인치 이상 배관의 경우 많이 사용되는 배관 이음방법이다.

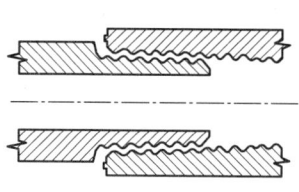

▮ 나사 이음 ▮

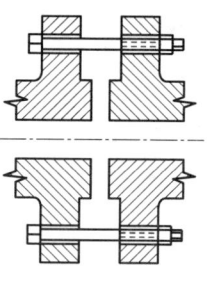

▮ 플랜지 이음 ▮

2. 주철관의 이음

주철관 접합법의 종류로는 소켓 접합, 플랜지 접합, 기계적 접합, 타이톤 접합, 빅토릭 접합 등이 있으며 이중 소켓 이음을 혁신적으로 개량한 노 허브 이음은 스테인리스 커플링과 고무링을 이용한 새로운 접합법이다.

1) 소켓 이음(Socket Joint, Hub-Type)

연납(Lead Joint)이라고도 하며, 주로 건축물의 배수배관 지름이 작은 관에 많이 사용한다. 주철관의 소켓(Hub) 쪽에 삽입구(Spigot)를 넣어 맞춘 다음 마(Yarn)를 단단히 꼬아 감고 정으로 다져 넣은 후 충분히 가열되어 표면의 산화물이 완전히 제거된 용융된 납(연)을 한 번에 충분히 부어 넣은 후 정을 이용하여 틈새를 코킹한다.

2) 노 허브 이음(No Hub Joint)

최근 소켓(허브) 이음의 단점을 개량한 것으로 스테인리스 커플링과 고무링만으로 쉽게 이음할 수 있는 방법이며 시공이 간편하고 경제성이 커 현재 오배수관에 많이 사용하고 있다.

3) 플랜지 이음(Flange Joint)

플랜지가 달린 주철관을 플랜지끼리 맞대고 그 사이에 패킹을 넣어 볼트와 너트로 이음한다.

4) 기계식 이음(Mechanical Joint)

고무링을 압륜으로 죄어 볼트로 체결한 것으로 소켓 이음과 플랜지 이음의 특징을 채택한 것이다.

5) 기계식 이음의 특징

① 수중 작업이 가능하다.
② 고압에 잘 견디고 기밀성이 좋다.
③ 간단한 공구로 신속하게 이음이 되며 숙련공을 요하지 않는다.
④ 지진 또는 기타 외압에 대하여 굽힘성이 풍부하므로 누수되지 않는다.

6) 타이톤 이음(Tyton Joint)

고무링 하나만으로 이음이 되고 소켓 내부 홈은 고무링을 고정시키고 돌기부는 고무링이 있는 홈 속에 들어맞게 되어 있으며 삽입구 끝은 테이퍼로 되어 있다.

7) 빅토릭 이음(Victoric Joint)

특수모양으로 된 주철관의 끝에 고무링과 가단 주철제의 칼라(Collar)를 죄어 이음하는 방법으로 배관 내의 압력이 높아지면 더욱 밀착되어 누설을 방지한다.

3. 동관의 이음

동관 이음에는 플레어 이음, 납땜 이음, 플랜지 이음 등이 있다.

1) 플레어 이음(압축 이음, Flare Joint)

압축 접합의 형태로 플레어링 툴셋을 이용하여 나팔관 모양으로 벌려서 접합하는 방식이며 20mm 이하 관에서 사용한다.

2) 납땜 이음(Soldering Joint)

확관된 관이나 부속 또는 스웨이징 작업을 한 동관을 끼워 모세관 현상에 의해 흡인되어 틈새 깊숙이 빨려드는 일종의 겹침 이음이다.

(1) 연납땜

사용압력이 낮은 곳에 사용하는 방식으로 익스팬더로 관을 확관하여 용제를 바른 뒤 플라스턴을 용해하여 틈새를 메우는 방법이다.

(2) 경납땜
① 고온, 고압에 사용하며 인동납, 은납을 틈새에 채워 접합하는 방법이다.
② 주로 산소+아세틸렌가스를 이용하여 용접한다.

3) 플랜지 이음(Flange Joint)

관 끝에 미리 꺾어진 동관을 용접하여 끼우고 플랜지 양쪽을 맞대어 패킹을 삽입한 후 볼트로 체결하는 방법으로서 재질이 다른 관을 연결할 때에는 동 절연플랜지를 사용하여 이음을 하는데, 이는 이종 금속 간의 부식을 방지하기 위한 것이다.

4. 연관 이음

1) 플라스턴 이음

플라스턴은 주석과 납의 합금으로 232℃의 열을 가해 녹여 접합한다.

2) 살붙임납땜 이음

땜납을 260℃ 정도로 녹인 납을 접합부에 부착시키는 접합법이다.

5. 경질염화비닐관(PVC)의 이음

1) 냉간 이음

냉간 이음은 관 또는 이음관의 어느 부분도 가열하지 않고 접착제를 발라 관 및 이음관의 표면을 녹여 붙여 이음하는 방법으로 TS식 조인트(Taper Sized Fitting)를 이용하며 가열이 필요 없고 시공 작업이 간단하여 시간이 절약된다. 또한 특별한 숙련이 필요 없는 경제적 이음방법으로 좁은 장소 또는 화기를 사용할 수 없는 장소에서 작업할 수 있다.

2) 열간 이음

열간 접합을 할 때에는 열가소성, 복원성 및 융착성을 이용해서 접합한다.

3) 용접 이음

염화비닐관을 용접으로 연결할 때에는 열풍용접기(Hot Jet Gun)를 사용하며 주로 대구경관의 분기 접합, T 접합 등에 사용한다.

6. 폴리에틸렌관(PE관)의 이음

폴리에틸렌관(PE관)은 용제에 잘 녹지 않으므로 염화비닐관과 같은 방법으로는 이음이 불가능하며 테이퍼조인트 이음, 인서트 이음, 플랜지 이음, 테이퍼코어 플랜지 이음, 융착 슬리브 이음, 나사 이음 등이 있으나 융착 슬리브 이음은 관 끝의 바깥쪽과 이음부속의 안쪽을 동시에 가열, 용융하여 이음하는 방법으로 이음부의 접합강도가 확실하고 안전한 방법으로 가장 많이 사용된다.

7. 폴리부틸렌관(PB관)의 이음

폴리부틸렌관은 강하고 가벼우며, 내구성 및 자외선에 대한 저항성, 화학작용에 대한 저항 등이 우수하여 온수온돌의 난방배관, 음용수 및 온수배관, 농업 및 원예용 배관, 화학배관 등에 사용된다. 나사 및 용접배관을 하지 않고 관을 연결구에 삽입하여 그래프링(Grapring)과 O-링(O-Ring)에 의해 쉽게 접합할 수 있다.

폴리부틸렌관(PB관)은 에이콘관이라고도 하며 약 100℃ 이하의 수도배관으로 사용된다. 관의 접합은 이음쇠 안쪽에 내장된 그래브링과 O-링을 삽입하여 접합한다.

8. 스테인리스강관 이음

1) 나사 이음
일반적으로 강관의 나사 이음과 동일하다.

2) 용접 이음
용접방법에는 피복금속아크 용접과 불활성가스 금속아크 용접법(TIG) 등이 있다.

3) 플랜지 이음
배관의 끝에 플랜지를 맞대어 볼트와 너트로 조립한다.

4) 몰코 이음(일명 SR 조인트)
① 작업이 단순해 숙련이 필요 없다.
② 화기를 사용하지 않아 화재의 위험이 없다.
③ 경량 배관 및 청결 배관을 할 수 잇다.
④ 몰코 이음쇠에 끼우고 전용 압착 공구로 10초간 압착해 주는 간단한 방식으로 접합이 이루어진다 (화기 이용하지 않음).

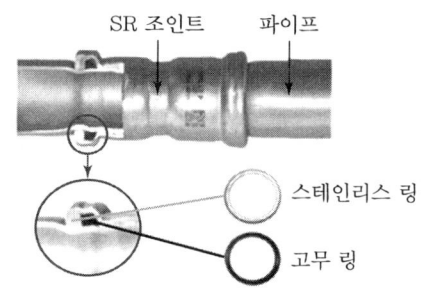

┃몰코 이음┃

5) MR 조인트 이음
관을 나사가공이나 압착(프레스)가공, 용접가공을 하지 않고, 청동 주물제 이음쇠 본체에 삽입하고 동합금제 링(Ring)을 캡너트(Cap Nut)로 죄어 고정시켜 접속하는 방법이다.

┃MR 조인트 이음쇠┃

9. 원심력 철근콘크리트관(흄관) 이음

흄관은 원심력 철근콘크리트관을 지칭하는 것으로 흄(Hume)이라는 사람이 고안하였다고 하여 이름 붙여진 관이다. 원형으로 조립된 철근을 강재형 형틀에 넣고 소정량의 콘크리트를 투입하여

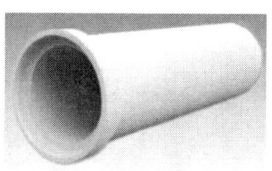

┃원심력 철근콘크리트관┃

제조한 관으로 형태에 따라 직관과 이형관으로 구분되는 관이다.

① 모르타르 접합(Mortar Joint)
② 칼라 이음(Collar Joint)

10. 석면시멘트관(에터너트관) 이음

석면시멘트관은 석면과 시멘트를 혼합하여 제조한 관으로 이터닛관(Eternit Pipe)이라고도 하며 접합법의 종류로는 심플렉스 이음, 기볼트 이음, 칼라 이음의 세 가지 종류가 있으며 특징은 다음과 같다.

▮ 석면시멘트관 ▮

① 기볼트 이음(Gibolt Joint) : 2개의 고무링, 2개의 플랜지, 1개의 슬리브를 사용하여 이음
② 칼라 이음(Collar Joint) : 주철소재 칼라를 이용한 접합
③ 심플렉스 이음(Simplex Joint) : 석면시멘트의 칼라와 2개의 고무링으로 이음. 굽힘성과 내식성이 우수

[암기법] 석면시멘트관 이음의 종류 '칼.심.기'

11. 도관의 이음

도관 이음에서 일반적으로 모르타르만을 채워서 이음하는 방법이 많이 사용되며 얀(Yarn)을 사용할 때는 단단히 꼬아서 소켓 속에 약 10mm 정도로 넣는다.

SECTION 03 용접

1. 금속 접합법의 종류

금속을 접합하는 방법은 크게 두 가지, 즉 기계적인 접합법과 야금학적인 접합법으로 분류된다.

1) 기계적 접합

외부의 힘을 이용하여 접합하는 것으로 볼트, 너트, 리벳 등이 사용된다.

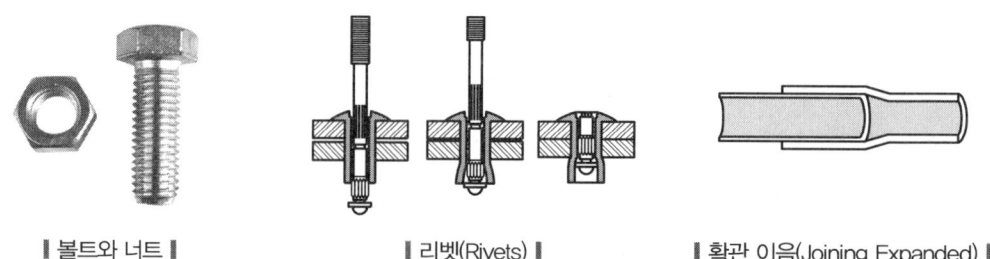

| 볼트와 너트 | | 리벳(Rivets) | | 확관 이음(Joining Expanded) |

2) 야금적 접합

야금적 접합은 접합 부위에 열에너지를 가하여 금속학적인 현상을 이용하여 접합하는 것으로 이를 대표하는 것이 용접(Welding)이다.

2. 용접의 개요

용접(鎔接, 녹여 붙임)은 영어로 웰딩(Welding)이라고 하며 금속, 유리, 플라스틱 등을 열과 압력으로 접합하는 기술을 뜻한다. 이것은 두 물질 사이의 원자 간 결합을 이루어 접합하는 것으로, 약 1Å(옹스트롬, 10^{-8}cm)의 거리에서 접합이 이루어진다.

1) 용접의 분류

용접은 크게 융접과 압접, 납땜의 세 가지로 분류된다.

(1) **융접(모재를 용융시킴)**

접합하고자 하는 두 금속의 부재, 즉 모재(Base Metal)의 접합부를 국부적으로 가열 용융시키고, 이것에 삽입금속인 용가재(Filler Metal)를 용융 첨가시켜 접합시키는 용접법이다.
  예 전기피복아크 용접, 불활성가스아크 용접, 탄산가스아크 용접 등

(2) **압접(가압 용접)**

금속의 접합부를 용융되지 않을 정도의 온도로 가열하여(반용융 상태) 기계적인 압력을 가하여 접합하는 방법이다.
  예 전기저항 용접, 초음파 용접, 가스압접 등

(3) **납땜(모재를 용융시키지 않음)**

450℃를 기준으로 이보다 높은 온도로 용접하는 것이 경납땜(Brazing, 브레이징), 이보다 낮은 온도로 용접하는 것을 연납땜(Soldering, 솔더링)이라 한다.

2) 용접 이음의 장점과 단점

용접 이음은 다른 기계적 이음에 비해 많은 장점을 가지고 있으나 열에 의한 변형과 잔류응력 발생 등의 단점도 가지고 있다.

[용접 이음의 장·단점]

장점	단점
• 재료를 절약할 수 있다. • 제품 성능과 수명이 향상된다. • 이음 효율이 높다. • 구조가 간단하다. • 재료 절약, 공정의 수가 감소된다. • 제작 원가가 절감된다. • 수밀, 기밀, 유밀성이 우수하다. • 자동화가 가능하다. • 이음 효율이 우수하다. • 두께 제한이 거의 없다. • 복잡한 모양도 제작이 가능하다.	• 열에 의해 금속의 재질이 변화한다. • 수축 변형 및 잔류 응력이 발생한다. • 검사가 어렵다. • 용접사의 기량에 의해 품질이 달라진다. • 저온 취성 및 균열이 발생한다.

3) 용접 자세의 종류와 기호

(1) 기본적인 용접 자세

자세명	아래보기자세	수평자세	수직자세	위보기자세
도면기호	F (Flat Position)	H (Horizontal Position)	V (Vertical Position)	O(OH) (Overhead Position)
AWS (미국용접학회)	1G	2G	3G	4G
특징	• 다른 자세에 비해 20% 정도 높은 전류 사용 가능 • 용접자세 중 작업 효율이 가장 좋음	모재를 수직(연직)으로 고정 후 용접선의 진행을 왼쪽에서 오른쪽 또는 오른쪽에서 왼쪽으로 용접	모재를 수직(연직)으로 고정 후 용접선의 진행을 위에서 아래로 또는 아래에서 위로 용접	모재를 수평으로 고정시킨 후 머리 위에 용접선을 형성시키며 위쪽으로 용접하는 자세 ※ 가스실드계인 E4311 용접봉(고셀룰로오스계)은 위보기 자세에 탁월함

(2) 파이프 용접에 사용되는 응용자세

그 밖에 네 가지의 기본자세를 모두 사용하는 전자세(AP : All Position) 용접법과 기본자세 두 가지 이상을 조합하여 용접하는 응용자세의 용접법이 있다.

2. 가스 용접법

1) 가스 용접의 개념

흔히 산소 용접이라고도 불리는 가스 용접법은 두 가지 가스, 즉 가연성가스와 지연성가스(조연성가스)를 혼합한 가스의 연소열을 이용한 용접법이며 산소-아세틸렌가스 용접(Oxygen-acetylene Gas Welding)이 일반적으로 많이 사용된다.

2) 가스 용접의 장점과 단점

장점	단점
• 전기가 필요 없음 • 응용 범위가 넓음 • 운반이 편리 • 아크 용접에 비해서 유해 광선의 발생이 적음 • 열량 조절이 자유로움(토치 손잡이에 유량 조절 밸브가 있어 용접 진행 중에 조절이 가능) • 시공비가 저렴하며 어느 곳에서나 설비가 쉬움	• 너무 두꺼운 판(후판)의 용접은 어려움 • 아크 용접에 비해서 불꽃의 온도가 낮음 • 열 집중성이 나쁘고 열의 효율이 낮아 효율적성이 떨어짐 • 폭발의 위험성이 있음 • 아크 용접에 비해 가열 범위가 커서 용접 응력이 크고, 가열 시간이 오래 걸림 • 금속의 탄화 및 산화될 가능성이 많음(용접 부위를 보호해 주는 장치가 없음)

3) 가스 용기의 취급방법

① 산소 용기 이동 시 밸브를 완전히 잠그고 캡을 씌운다.
② 용기는 눕혀서 보관하지 않는다.
③ 기름이 묻은 손이나 장갑을 끼고 취급하지 않는다.
④ 화기로부터 5m 이상 떨어져 사용한다.
⑤ 사용이 끝난 용기는 '빈병'이라 표시하고 새 병과 구분하여 보관한다.
⑥ 반드시 사용 전에 안전 검사(비눗물 검사 등)를 한다.
⑦ 기름이나 그리스(Grease) 등 기름류를 묻히거나 가까운 곳에 절대로 두지 않는다(산소 밸브, 압력 조정기, 도관 등에는 절대 주유금지).
⑧ 통풍이 잘 되고 직사광선이 없는 곳에 보관한다(보관온도는 40℃ 이하).
⑨ 용기 보관 시 반드시 고정용 장치(쇠사슬 등) 등을 이용하여 넘어지지 않도록 한다.

4) 가스 불꽃

(1) 산소–아세틸렌 불꽃의 구성

백심, 속불꽃, 겉불꽃으로 구성되며 불꽃은 백심 끝에서 2~3mm 부분(속불꽃)이 가장 높은데, 약 3,200~3,500℃ 정도이며, 이 부분으로 용접을 한다.

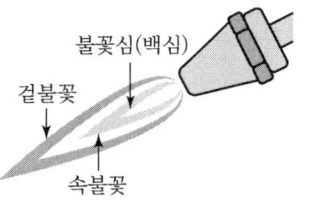

┃ 산소–아세틸렌 불꽃의 구성 ┃

(2) 산소–아세틸렌 불꽃의 종류

① **산화 불꽃(산소 과잉 불꽃)** : 산소의 양이 아세틸렌보다 많을 때 생기는 불꽃이다(구리(동)합금 용접에 사용). 온도가 가장 높은 불꽃이며 황동의 용접 시 사용된다.

② **탄화 불꽃(아세틸렌 과잉 불꽃)** : 산소보다 아세틸렌가스의 분출량이 많은 상태의 불꽃으로 백심 주위에 연한 제3의 불꽃(아세틸렌 깃=페더)이 있으며 경강(탄소의 함유량이 약 0.5%), 스테인리스강, 알루미늄의 용접 시 사용된다.

③ **중성 불꽃(표준 불꽃)** : 산소와 아세틸렌가스가 1 : 1로 혼합된 불꽃이며 연강(탄소의 함유량이 0.25% 이하인 저탄소강), 주철, 구리 용접 시 사용된다.

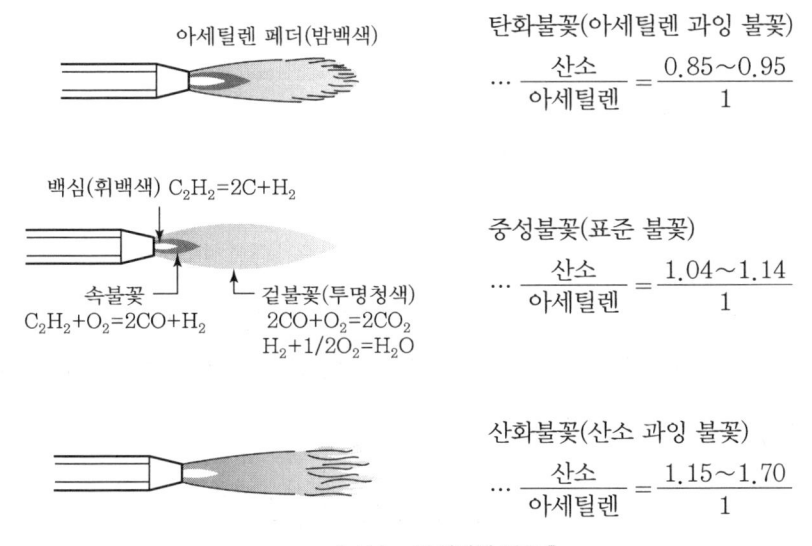

┃ 산소–아세틸렌 불꽃 ┃

5) 가스 용접의 용제(Flux)

용제는 금속 표면에 생긴 산화막을 제거해 주는 역할을 하며 산화막이 제거되어야 정상적인 용접이 가능하다(예 황동 파이프 용접 시 붕사를 사용).

[금속별 용제의 종류]

금속	용제
연강	사용하지 않는다.
알루미늄	염화나트륨, 염화칼륨, 염화리튬, 불화칼리, 황산칼리
주철	붕사, 탄산나트륨, 중탄산나트륨
동합금	붕사

※ 연강(탄소의 양이 적고 비교적 연한 탄소강으로 경강에 대응하는 말이며 탄소의 함유량이 0.2% 전후)은 용제를 사용하지 않음

6) 가스 용접 시 사용 가능한 용접봉의 두께를 구하는 관계식

$$D = \frac{T}{2} + 1$$

여기서, D : 용접봉의 지름, T : 모재의 두께

[예제] 모재의 두께가 8T인 경우 사용 가능한 가스 용접봉의 지름을 구하시오.

[풀이] $\frac{8}{2} + 1 = 5$이므로 사용 가능한 모재의 두께는 $\phi 5$이다.

3. 가스 절단법

1) 가스 절단의 원리

강재의 절단 부분을 산소-아세틸렌가스 불꽃으로 약 850~900℃가 될 때까지 예열한 후, 팁(Tip)의 중심에서 고압의 산소(절단 산소)를 불어넣으면 철은 연소 후 산화철이 되며 그 산화철이 용융됨과 동시에 절단이 된다.

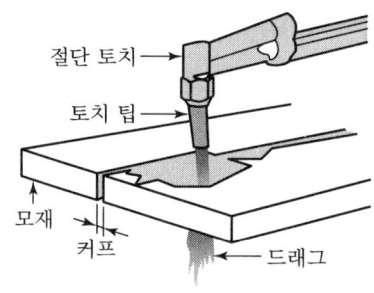

| 가스 절단 |

2) 드래그

가스 절단에서 절단 가스의 입구(절단재의 표면)와 출구(절단재의 이면) 사이의 수평 거리를 말한다. 드래그는 가급적 작은 것이 좋으며 표준 드래그 길이는 모재 두께의 약 20%(1/5)가 적당하다.

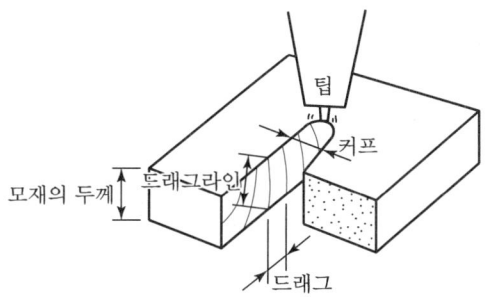

▍가스 절단 시 각 부의 명칭▍

3) 가스 절단이 잘되는 금속과 잘되지 않는 금속

가스 절단이 잘되는 금속	가스 절단이 잘되지 않는 금속
연강, 순철, 주강 등(강재 표면에 생기는 산화물의 용융 온도가 금속 용융 온도보다 낮고 유동성이 있는 강재)	주철, 구리, 황동, 알루미늄, 납, 주석, 아연 등(탄소의 함유량과 금속산화막의 방해작용으로 가스절단이 어려워 주로 분말절단 사용)

4. 아크 용접법

전기의 양극과 음극 사이 발생하는 아크방전에너지를 이용해서 용접하는 방법으로 금속과 금속 간의 용접에 쓰이며, 설비비가 싸고 용접이 간편하다.

1) 전기피복금속아크 용접

전기피복금속아크 용접법(SMAW : Shielded Metal Arc Welding)은 일반적으로 전기 용접이라고도 하며 아크 용접의 기본으로서 용접봉을 사용하는 용접을 말한다. 바람에 강하기 때문에 실외에서 아크 용접을 하는 경우 대체적으로 이 용접이 사용된다. 여러 용접법 중에서 가장 많이 사용되며 피복제를 바른 용접봉과 피용접물 사이에 발생하는 전기아크의 열을 이용하는 것으로 이때 발생되는 아크열은 약 3,500~5,000℃ 정도이다.

(1) 전기피복금속아크 용접 시 각 부의 명칭
① 용적(용융금속) : 용접봉이 녹아 모재 쪽으로 이동되는 물방울 형태의 용융금속

② 용융지(용융풀) : 아크열에 의하여 용접봉과 모재가 녹은 쇳물 부분
③ 용입 : 아크열에 의하여 모재가 녹은 깊이
④ 융착 : 용접봉이 녹아 용융지에 들어가는 것
⑤ 피복제(Flux, 플럭스) : 금속심선(Core Wire) 주위의 고착제로 두 가지 이상의 혼합물로 만들어진 비금속 물질을 붙여놓은 형태이다. 아크 발생을 쉽게 하고 용접부의 급랭을 막아주는 슬래그(Slag)가 되며 일부는 타서 가스를 발생시켜 용접부를 보호하는 역할을 한다.

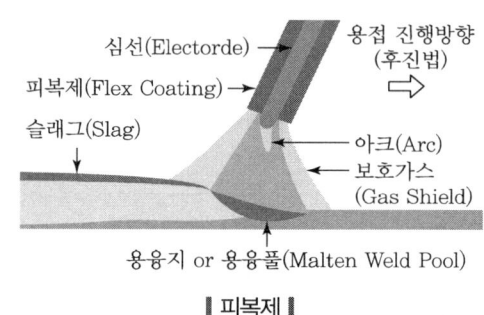

┃ 피복제 ┃

(2) 피복제의 역할 및 성분

피복제의 역할	목적	함유 성분
아크의 안정화	용접성 향상	산화티탄, 규산칼륨, 규산나트륨, 석회석 등
가스 발생	산화, 질화 방지	아교, 녹말, 목재 톱밥, 셀룰로오스 등
슬래그 생성	급랭 방지(서랭 유도)	산화철, 루틸, 일미나이트, 이산화망간, 석회석, 규사, 장석, 형석 등
합금원소 첨가	금속성질 개선	페로망간, 페로실리콘, 페로크롬, 니켈 등
고착제	피복제를 심선에 부착	물유리, 아교, 규산소다, 규산칼리 등
탈산제	융착금속 중 산소 제거	페로망간(Fe−Mn), 페로실리콘(Fe−Si), 알루미늄(Al) 등

(3) 피복아크 용접작업

① 모재 준비 및 청소

용접 부위에 남아 있는 페인트, 녹, 그리스 등의 유지류와 먼지 등을 제거하지 않으면 용접 시 균열과 기공 등의 발생 원인이 되기 때문에 와이어 브러시나 그라인더 등으로 충분히 청소작업을 해준다.

② 용접봉의 건조 온도와 시간

용접봉의 피복제는 개봉 후 공기 중에서 수분을 흡습하게 되면 용접부의 기공 등 심각한 결함이 발생할 수 있으므로 용접봉의 개봉 후에는 건조하여 사용하여야 한다.

> **TIP** 용접 비드(용접의 진행에 따라 만들어진 융착금속의 가늘고 긴 줄) 내기법의 종류
> - 직선 비드 내기
> - 위빙 비드 내기 : 용접봉을 좌우 또는 상하로 움직이면서 진행하는 방법으로 위빙 폭은 용접봉 심선 직경의 2~3배 정도로 하는 것이 원칙

③ 용접 설비 점검
 ㉠ 용접기 케이블의 접속 상태 확인 : 피복이 벗겨진 부분은 즉시 작업을 중단하고 보수한다.
 ㉡ 용접기 구동부는 적당하게 주유한다.
 ㉢ 전류 조정 : 모재의 두께 등 작업 환경에 맞는 전류를 조정한다(과대전류 시 용락, 언더컷 등이 발생하며, 과소전류 시 오버랩이 발생).

2) 불활성가스아크 용접

아르곤, 헬륨 등 고온에서 활성이 없는 가스를 용접 부위에 분사하며 용접으로 용제(Flux)를 사용하지 않고 피복을 입히지 않은 용접봉을 사용하는 것으로 TIG(불활성가스 텅스텐아크 용접) 용접과 MIG(불활성가스 금속아크 용접) 용접이 있다.

3) 이산화탄소금속아크 용접(CO_2 용접)

MIG 용접과 유사하게 전극 와이어가 자동으로 송급되어 용접이 진행되며 용접속도가 빠르고 용접 입열도 큰 것이 특징이다. 보호가스로 불활성가스는 아니지만 불연성가스인 CO_2가스가 사용된다.

CHAPTER 03 배관 재료

SECTION 01 관 재료의 종류와 용도 및 특성

1. 관의 재질별 분류

① 철금속관 : 강관, 주철관
② 비철금속관 : 동관, 연관(납, Pb), 알루미늄관, 스테인리스관(철, 크롬, 니켈 등의 합금강)
③ 비금속 : 석면시멘트관(에터니트관), 원심력철근콘크리트관(흄관), PVC관(경질염화비닐관), PE관(폴리에틸렌관)

2. 강관의 특징

① 관의 접합 작업이 용이하다.
② 주철관에 비해 내압성이 양호하다.
③ 연관, 주철관에 비해 가볍고, 인장강도가 크다.
④ 내충격성, 굴요성이 크다.

3. 강관의 종류

① 배관용 탄소강관 : SPP 10kgf/cm^2 이하의 증기, 물, 가스용 배관
② 압력 배관용 탄소강관 : SPPS 350℃ 이하, 10~100kgf/cm^2
③ 고압 배관용 탄소강관 : SPPH 350℃ 이하, 100kgf/cm^2 이상
④ 고온 배관용 탄소강관 : SPHT 350~450℃
⑤ 배관용 합금강관 : SPA
⑥ 저온 배관용 탄소강관 : SPLT(냉매배관용)
⑦ 수도용 아연도금 강관 : SPPW
⑧ 배관용 아크 용접 탄소강 강관 : SPW
⑨ 배관용 스테인리스강 강관 : STSXT
⑩ 보일러 열교환기용 탄소강 강관 : STH
⑪ 특수강관

4. 주철관

1) 주철의 개념

주철은 1.7~6.7%의 탄소와 철과의 합금으로 융점이 낮고 주조 시 흐름성이 좋은 것이 특징이다. 탄소의 함유량이 일반 강에 비해 많아 잘 깨지는 단점을 가지고 있어 이를 개선시킨 것이 구상흑연주철이다.

Reference

탄소강의 종류

강철 종류	탄소 함유량
저탄소강 또는 연강	0.003~0.30%
중탄소강	0.30~0.45%
고탄소강	0.45~0.75%
초고탄소강	0.75~1.50%

2) 주철관의 분류

① 수도용 수직형 주철관
② 수도용 원심력 사형 주철관(저압, 보통, 고압관)
③ 수도용 원심력 금형 주철관
④ 원심력 모르타르 라이닝 주철관(내부식이 가장 우수)
⑤ 배수용 주철관

3) 주철의 재질에 따라 분류

① **보통주철관** : 강도가 낮은 주철관(인장강도 15~20kgf/cm)
② **고급주철관** : 강도가 높은 주철관(인장강도 25kgf/cm 이상)
③ **구상흑연주철관** : 균열방지와 강도 및 연성을 보강한 주철관

4) 주철관의 특징

① 재질에 의해 보통주철, 고급주철, 구상흑연주철로 나뉜다(압력차에 의한 구분).
② 급수, 배수, 통기 및 오수, 가스공급, 화학공업 등 사용처가 다양하다.
③ 내구력 및 내식성이 좋다.
④ 일반 관에 비해 강도가 크다.
⑤ 매설 시 부식이 적어 매설 배관에 좋다.

⑥ 호칭지름은 관의 내경으로 한다.

5. 동(구리)관

1) 동관의 특징

① 열교환기용으로 우수하게 사용된다.
② 전연성이 풍부하고 가공이 용이하다.
③ 무게는 가벼우나 외부충격에 약하다.
④ 가격이 비싸다.
⑤ 알칼리에 강하다.

2) 동관의 종류

① 인탈산동관   ② 터프피치동관
③ 무산소동관   ④ 황동관

3) 동관의 두께에 따른 분류

① 두께가 두꺼울수록 고압에 사용된다.
② 동관은 두께별로 K형, L형, M형, N형의 4가지 종류가 있으며 두께가 두꺼운 순서는 K>L>M>N이다.

6. 스테인리스강관

① 철(Fe)에 크롬(Cr)과 니켈 등을 첨가하여 내식성과 내열성 등을 부여한 특수강이다.
② 스테인리스강 종류 : 배관용, 보일러 열교환기용, 일반배관용

7. 연관(Lead Pipe)

연관은 가장 오래전부터 사용되고 있는 배관으로 점성이 좋아 두드려 늘리기 용이하며 굴곡 및 가공성이 좋고 내산성도 있어 수도 연관 등 배수관에 널리 사용되고 있다.

1) 특징

① 전연성이 풍부하여 상온가공이 용이하다.

② 내식성이 일반 관에 비해 크다.
③ 중량이 무거워 수평배관에는 용이하지 않다.
④ 해수나 천연수도 안전하게 사용한다.

2) 연관의 종류

① 수도용
② 배수용
③ 일반공업용

8. 석면시멘트관(에테니트관)

석면시멘트관은 석면과 시멘트를 혼합하여 제조한 관으로 에테니트관(Eternit Pipe)이라고도 하며 접합법의 종류로는 심플렉스 이음, 기볼트 이음, 칼라 이음의 세 가지 종류가 있다. 이 중 심플렉스 이음은 칼라 속에 2개의 고무링을 넣은 이음으로 굽힘성과 내식성이 우수한 접합법이다.

[암기법] 석면시멘트관 '칼.심.기'

9. 원심력 철근콘크리트관(흄관)

원심력 철근콘크리트관은 흄관이라고도 하며 흄(Hume)이라는 사람이 고안하였다고 하여 이름 붙여진 관이다. 원형으로 조립된 철근을 강재형 형틀에 넣고 소정량의 콘크리트를 투입하여 제조한 관으로 형태에 따라 직관과 이형관으로 구분된다.

10. 도관(Vitrified-Clay Pipe)

도자기를 굽는 방법으로 흙을 빚어 구워 만든 관이다. 도관은 보통관, 후관, 특후관의 세 가지 종류로 나눈다.

① **보통관** : 주로 농업용, 일반 배수용
② **후관** : 도시 하수도관
③ **특후관** : 주로 철도 배수관으로서 사용

11. 합성수지관

1) 종류

① 경질 염화 비닐관(PVC관) : 저온취성이 발생한다.
② 폴리에틸렌관(PE관) : PVC관의 저온취성을 보완하여 한랭지 배관으로 적합하다.

2) 장점

① 내식성이 크고, 산, 알칼리, 염류 등의 부식에도 강하다.
② 가볍고 운반 및 취급이 편리하며, 기계적 강도는 높다.
③ 전기절연 및 열의 부도체이다.
④ 가격이 싸고 가공 및 접합이 용이하다.

3) 단점

① 열가소성 수지이므로 180℃ 정도에서 연화된다.
② 열팽창이 큼에 따라(철의 7~8배) 신축이 심해서 온수배관에 부적합하다.
③ 저온에 특히 약하다(저온취성=저온에서 깨지고 부스러진다).
④ 용재 및 아세톤에 침식된다.

SECTION 02 관 이음 재료의 종류

1. 관 이음 재료의 종류

① 관의 방향을 변경시키는 이음쇠 : 엘보(Elbow), 밴드(Bend)
② 관을 분기시키는 데 사용하는 이음쇠 : 티(Tee), 크로스(Cross), 와이(Y)
③ 관과 관 및 부속기기를 연결하는 이음쇠 : 소켓(Socket), 니플(Nipple), 유니온(Union)
④ 지름이 다른 관을 서로 연결하는 이음쇠 : 이경소켓, 부싱(Bushing), 리듀서(Reducer)

2. 신축 이음의 종류와 특징

1) 신축 이음(Expansion Joint)

신축 이음이란 배관이 온도의 변화에 따라 수축과 팽창을 하게 되는 경우 이에 따른 배관의 파손을 방지하기 위한 이음방법을 말한다.

2) 신축 이음의 종류

(1) 스위블형(Swivel Type)
2개 이상의 엘보를 사용하여 굴곡부를 만들어 신축을 흡수하며 급탕 주관의 분기관에 적합하다.

(2) 벨로스형(Bellows Ttype)
팩리스(Packless) 신축 이음쇠라고도 하며 벨로스의 변형에 의한 변위를 흡수한다.

① 설치 공간을 많이 차지하지 않는다.
② 고압배관에는 부적당하다.
③ 신축에 따른 자체 응력 및 누설이 없다.
④ 주름의 하부에 이물질이 쌓이면 부식의 우려가 있다.

(3) 슬리브형
슬리브와 본체 사이에 패킹을 넣어 온수와 증기가 새는 것을 방지하는 것으로 나사 결합식과 플랜지 결합식이 있다.

(4) 볼조인트형
입체적인 변위를 안전하게 흡수할 수 있는 이음이다.

(5) 루프형
관을 루프 모양으로 구부려서 배관의 신축을 흡수한다.
① 고온 고압의 옥외 배관에 설치한다.
② 설치장소를 많이 차지한다.
③ 신축에 따른 자체 응력이 발생한다.
④ 곡률반경은 관지름의 6배 이상으로 한다.

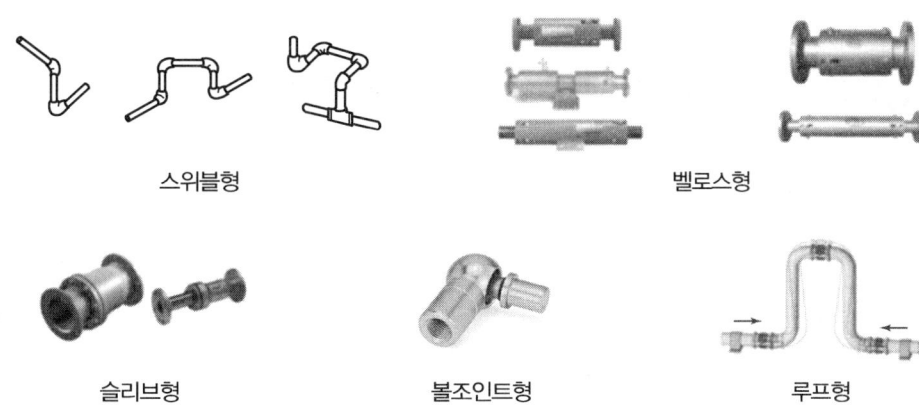

| 신축 이음의 종류 |

> **Reference**
>
> 신축 이음의 종류와 특징
>
> | 종류 | 스위블형 | 벨로스형 | 슬리브형 | 볼조인트형 | 루프형 |
> |---|---|---|---|---|---|
> | 특징 | 2개 이상의 엘보를 사용하여 굴곡부를 만들어 신축을 흡수 | 팩리스(Packless) 신축 이음쇠라고도 하며 벨로스의 변형에 의한 변위를 흡수, 고압배관에 부적당함 | 슬리브와 본체 사이에 패킹을 넣어 온수와 증기가 새는 것을 방지. 나사 결합식과 플랜지 결합식이 있음 | 입체적인 변위를 안전하게 흡수 | 관을 루프모양으로 구부려서 배관의 신축을 흡수, 고온 고압용 배관에 많이 사용 |

3. 이종관 이음

1) 이종관 이음의 개념

이종관 이음이란 서로 다른 재질의 파이프 이음을 하는 것이며 전해작용에 의해 부식 현상이 생기므로 주의해야 한다.

2) 특징

① 이종관 이음에는 다른 두 과의 신축량에 따른 재료의 성질을 충분히 이해하여야 한다.
② 이종관 이음은 관 내에서 전해작용에 의한 부식현상이 발생한다.
③ 이종관끼리의 작업 시에는 특수한 연결부속과 특수 시공법이 필요한 경우가 있다.
④ 이종관 이음에는 시공상 충분한 숙련을 필요로 한다.

SECTION 03 보온, 피복 재료 및 기타 재료

1. 보온재(단열재)

보온재란 배관, 덕트 등에 있어서 고온의 유체에서 저온의 유체로 열이 이동되는 것을 차단하여 열손실을 줄이는 것을 말한다.

1) 보온재의 구비조건

① 열전도율이 작을 것
② 안전사용온도 범위에 적합할 것
③ 부피, 비중이 작을 것
④ 불연성이고 내흡습성이 클 것
⑤ 다공질이며 기공이 균일할 것
⑥ 물리·화학적 강도가 크고 시공이 용이할 것

2) 보온재의 분류

(1) 유기질 보온재

구분	내용
펠트	양모펠트와 우모펠트가 있으며 아스팔트로 방습한 것을 -60℃ 정도까지 유지할 수 있어 보랭용에 사용하고 곡면 부분의 시공이 가능하다.
코르크	액체, 기체의 침투를 방지하는 작용이 있어 보랭, 보온효과가 좋다. 냉수, 냉매배관, 냉각기, 펌프 등의 보랭용으로 사용된다.
텍스류	톱밥, 목재, 펄프를 원료로 해서 압축판 모양으로 제작한 것으로 실내벽, 천장 등의 보온 및 방음용으로 사용한다.
기포성 수지	합성수지 또는 고무질 재료를 사용하여 다공질 제품으로 만든 것으로 열전도율이 극히 낮고 가벼우며 흡수성은 좋지 않으나 굽힘성은 풍부하다. 불에 잘 타지 않으며 보온성, 보랭성이 좋다.

(2) 무기질 보온재

구분	내용
석면	아스베스트질 섬유로 되어 있으며 400℃ 이하의 파이프, 탱크, 노벽 등의 보온재로 적합하다. 400℃ 이상에서는 탈수·분해되고, 800℃에서는 강도와 보온성을 잃게 된다. 석면은 사용 중 잘 갈라지지 않으므로 진동을 발생하는 장치의 보온재로 많이 사용된다.
암면	안산암, 현무암에 석회석을 섞어 용융하여 섬유 모양으로 만든 것으로 비교적 값이 싸지만 섬유가 거칠고 꺾어지기 쉬우며 보랭용으로 사용할 때에는 방습을 위해 아스팔트 가공을 한다.
규조토	규조토는 광물질의 잔해 퇴적물로서 규조토에 석면을 섞어 물반죽하여 시공하며 다른 보온재에 비해 단열효과가 낮으므로 다소 두껍게 시공한다. 500℃ 이하의 파이프, 탱크, 노벽 등에 사용하며 진동이 있는 곳에 사용을 피한다.
탄산마그네슘 ($MgCO_3$)	염기성 탄산마그네슘 85%와 석면 15%를 배합하여 물에 개어서 사용할 수 있고, 205℃ 이하의 파이프, 탱크의 보랭용으로 사용된다.

구분	내용
규산칼슘	규조토와 석회석을 주원료로 한 것으로 열전도율은 0.04kcal/m · h · ℃로서 보온재 중 가장 낮은 것 중의 하나이며 사용온도 범위는 600℃까지이다.
유리섬유 (Glass Wool)	용융 상태인 유리에 압축공기 또는 증기를 분사시켜 짧은 섬유 모양으로 만든 것으로 흡수성이 높아 습기에 주의하여야 하며 단열, 내열, 내구성이 좋고 가격도 저렴하여 많이 사용한다.
폼그라스	유리분말에 발포제를 가하여 가열 용융한 뒤 발포와 동시에 경화시켜 만들며 기계적 강도와 흡습성이 크다. 판이나 통으로 사용하고 사용온도는 300℃ 정도이다.
펄라이트	진주암, 흑요석(화산암의 일종) 등을 고온가열(1,000℃)하여 팽창시킨 것으로 가볍고 흡습성이 크며 내화도가 높고, 열전도율은 작으며 사용온도는 650℃이다.
실리카화이버	SiO_2가 주성분으로 압축성형했으며 안전사용온도는 1,100℃로 고온용이다.
세라믹화이버	ZrO_2가 주성분으로 압축성형했으며 안전사용온도는 1,300℃로 고온용이다.

(3) 금속질 보온재

금속 특유의 열 반사특성을 이용한 것으로 대표적으로 알루미늄박이 사용된다.

2. 패킹(Packing)

이음부나 회전부의 기밀을 유지하기 위한 것으로 나사용·플랜지·글랜드 패킹 등이 있다.

1) 나사용 패킹

① 페인트 : 페인트와 광명단을 혼합하여 사용하며 고온의 기름배관을 제외하고는 모든 배관에 사용할 수 있다.

② 일산화연 : 냉매배관에 많이 사용하며 빨리 응고되어 페인트에 일산화연을 조금 섞어서 사용한다.

③ 액상합성수지 : 화학약품에 강하고 내유성이 크며, 내열범위는 -30~130℃ 정도로 증기, 기름, 약품배관 등에 사용한다.

2) 플랜지 패킹

① 고무 패킹

㉠ 탄성이 우수하고 흡수성이 없다.

㉡ 산, 알칼리에 강하나 열과 기름에는 침식된다.

㉢ 천연고무는 100℃ 이상의 고온배관에는 사용할 수 없고 주로 급수, 배수, 공기 등에 사용할 수 있다.

㉣ 네오프렌의 합성고무는 내열범위가 -46~121℃로 증기배관에도 사용된다.

② 석면 조인트 시트 : 광물질의 미세한 섬유로 450℃까지의 고온배관에도 사용된다.
③ 합성수지 패킹 : 테프론은 가장 우수한 패킹 재료로서 약품이나 기름에도 침식되지 않으며 내열 범위는 −260~260℃이지만 탄성이 부족하여 석면, 고무, 금속 등과 조합하여 사용한다.
④ 금속 패킹 : 납, 구리, 연강, 스테인리스강 등이 있으며 탄성이 적어 누설의 우려가 있다.
⑤ 오일실 패킹 : 한지를 일정한 두께로 겹쳐서 내유가공한 것으로 내열도는 낮으나 펌프, 기어 박스 등에 사용한다.

3) 글랜드 패킹

밸브의 회전 부분에 사용하여 기밀을 유지하는 역할을 한다.

① 석면 각형 패킹 : 석면을 각형으로 짜서 흑연과 윤활유를 침투시킨 것으로 내열, 내산성이 좋아 대형 밸브에 사용한다.
② 석면 얀 패킹 : 석면실을 꼬아서 만든 것으로 소형 밸브에 사용한다.
③ 아마존 패킹 : 면포와 내열고무 콤파운드를 가공하여 성형한 것으로 압축기에 사용한다.
④ 몰드 패킹 : 석면, 흑연, 수지 등을 배합 성형하여 만든 것으로 밸브, 펌프 등에 사용한다.

CHAPTER 04 기계 제도

SECTION 01 제도 통칙 등

1. 제도의 일반사항

1) 제도의 정의

제도란 설계자의 요구사항을 제작자에게 정확하게 전달하기 위하여 일정한 규칙에 따라서 선과 문자 및 기호 등을 사용하여 생산품의 형상, 구조, 크기, 재료, 가공법 등을 제도규격에 맞추어 정확하고 간단명료하게 도면을 작성하는 과정이다.

2) 제도의 기본 요건

① 대상물의 도형과 함께 필요로 하는 형상이나 구조, 조립상태, 치수, 가공법, 재질, 투상법, 면의 표면 정도 등의 정보를 포함하여야 한다.
② 도면은 명확하고 이해하기 쉬운 방법으로 표현하며, 애매한 해석이 생기지 않도록 난해하거나 복잡한 부분은 단면도와 상세도로 충분히 표현하여야 한다.
③ 기술의 각 분야에 걸쳐 정확성, 보편성을 가져야 한다.
④ 무역 및 기술의 국제교류 입장에서 국제적으로 통용될 수 있어야 한다.
⑤ 컴퓨터 및 마이크로필름에 의한 도면의 보존관리, 복사, 검색 등이 용이하도록 도면 번호 부여와 일정양식에 의한 표제란 등록을 통하여 관리하여야 한다.

3) 제도의 표준규격

도면은 누가 작성하거나 보더라도 똑같은 모양과 형태가 되도록 한다. 또한 제도 규격에 의하여 작성된 도면으로 제품을 생산하게 되면 제품의 호환성, 품질 향상, 원가절감, 생산성 향상 등에 따라 소비자에게도 많은 편리함을 준다.

[국제 및 국가별 표준 규격과 기호]

국제 및 국가별 표준 규격	규격 기호
국제표준화기구	ISO(International Organization for Standardization)
한국산업규격	KS(Korean Industrial Standards)
영국 규격	BS(British Standards)
독일 규격	DIN(Deutsche Industrie Normen)
미국 규격	ANSI(American National Standards Institute)
스위스 규격	SNV(Schweitzerish Normen des Vereinigung)
프랑스 규격	NF(Norme Francaise)
일본공업규격	JIS(Japanese Industrial Standards)

4) 한국공업기준(KS)에 따른 분류

기호	부문
A	기본
B	기계
C	전기
D	금속

5) 도면의 크기와 양식

① 도면의 크기가 서로 다르면 보관과 관리에 불편하기 때문에 도면은 반드시 일정한 크기로 만들어야 하며 도면의 크기와 윤곽의 치수는 도형의 크기와 척도에 따라 결정한다.

② 제도 용지의 세로와 가로의 비는 $1 : \sqrt{2}$ 이고, A열 A0의 넓이는 약 $1m^2$이다. 큰 도면을 접을 때에는 A4의 크기로 접는 것을 원칙으로 한다.

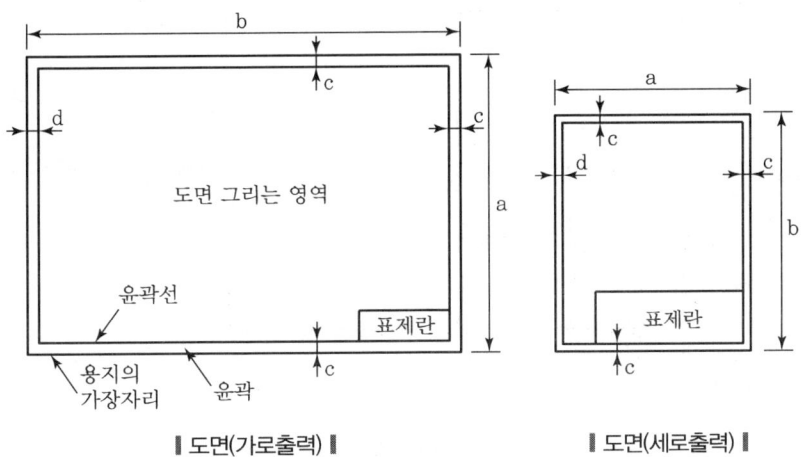

| 도면(가로출력) | | 도면(세로출력) |

[도면의 윤곽 치수]   (단위 : mm)

크기의 호칭		A0	A1	A2	A3	A4
a×b		841×1,189	594×841	420×594	297×420	210×297
c(최소)		20	20	10	10	10
d (최소)	철하지 않을 때	20	20	10	10	10
	철할 때	25	25	25	25	25

※ 비고 : d 부분은 도면을 철하기 위하여 접었을 때로, 표제란의 왼쪽이 되는 곳에 마련한다.

③ 도면에는 윤곽선, 표제란, 중심마크를 표기해야 한다.

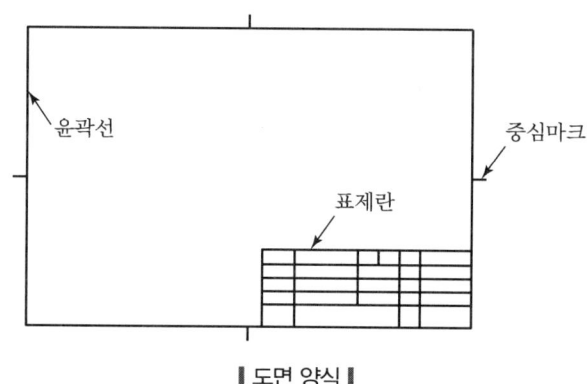

∥ 도면 양식 ∥

[도면의 크기와 치수]

제도지의 치수	A0	A1	A2	A3	A4	A5
세로×가로	841×1,189	594×841	420×594	297×420	210×297	148×210

④ A0를 반으로 자른 것이 A1, A1을 다시 반으로 자른 것이 A2이고, A4는 A0를 16등분(16절)한 것이다.

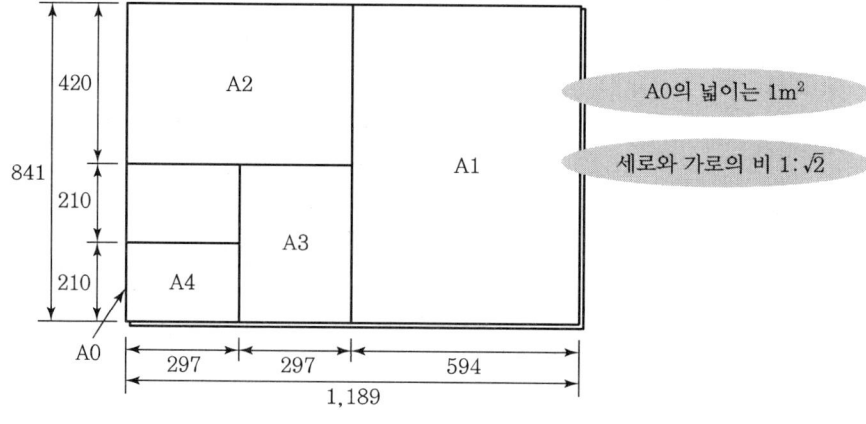

∥ 도면의 호칭 ∥

[도면의 치수]

호칭	A0	A1	A2	A3	A4
A열(a×b)	841×1,189	594×841	420×594	297×420	210×297

6) 물체의 크기에 따른 척도의 종류

도면은 실물과 같은 크기의 현척으로 그리는 것이 원칙이나, 축척 또는 배척인 경우에는 다음 표에서와 같이 정해진 척도 값에서 결정하여 도면에 표시해야 한다.

[축척, 현척 및 배척의 값]

척도의 종류	난	척도값
축척	1	1:2, 1:5, 1:10, 1:20, 1:50, 1:100, 1:200
	2	1:$\sqrt{2}$, 1:2.5, 1:$\sqrt[2]{2}$, 1:3, 1:4, 1:$\sqrt[5]{2}$, 1:25, 1:250
현척	–	1:1
배척	1	2:1, 5:1, 10:1, 20:1, 50:1
	2	$\sqrt{2}$:1, $\sqrt[2.5]{2}$:1, 100:1

주) 1란의 척도값을 우선적으로 사용한다.

(1) **현척(Full Scale)**

도형을 실물과 같은 크기로 그리는 경우에 사용하며, 도형을 제도하기 가장 쉽기 때문에 보편적으로 사용한다.

(2) **축척(Contraction Scale, Reduction Scale)**

도면에 도형을 실물보다 작게 제도하는 경우에 사용하며, 축척으로 그린 도면의 치수는 실물의 실제 치수를 기입한다.

(3) **배척(Enlarged Scale, Enlargement Scale)**

도면에 도형을 실물보다 크게 제도하는 경우에 사용하며, 치수 기입은 축척과 마찬가지로 실물의 실제 치수를 기입한다.

7) 척도의 표시방법

척도는 다음과 같이 A : B로 표시하며 현척의 경우에는 A와 B를 다같이 1, 축척의 경우에는 A를 1, 배척의 경우에는 B를 1로 하여 나타낸다.

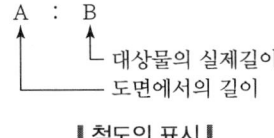

‖ 척도의 표시 ‖

8) 척도의 기입방법

도면을 그리는 데 공통적으로 사용한 척도는 표제란에 기입한다. 그러나 같은 도면에서 서로 다른 척도를 사용한 경우에는 해당 그림 부근에 적용한 척도를 표시하며, 표제란이 없는 경우에는 그 도면의 명칭 또는 번호 부근에 척도를 표시한다. 특별한 경우로서 도면을 정해진 척도값으로 그리지 못하거나 비례하지 않을 때에는 '비례척이 아님' 또는 'NS(None Scale)'로 표시한다.

9) 표제란과 부품표

① 표제란 : 도면상에 도면 번호, 도면 명칭, 기업(단체)명, 책임자, 도면 작성 연월일, 척도, 투상법 등이 기재되어 있는 난을 말한다.
② 부품표 : 부품 번호, 부품명, 재질, 수량, 중량, 공정 등을 기재한 표로서 도면에 그려진 부품에 대하여 모든 조건을 기재하는 표이다.

10) 도면의 종류

① 사용 목적에 따른 분류 : 계획도, 제작도, 주문도, 승인도, 견적도, 설명도
② 내용에 따른 분류 : 조립도, 부분조립도, 부품도, 상세도, 공정도, 접속도, 배선도, 배관도, 계통도, 기초도, 설치도, 배치도, 장치도, 외형도, 구조선도, 곡면선도, 구조도, 전개도
③ 도면 성질에 따른 분류 : 원도, 트레이스도, 복사도(트레이스도를 복사한 것)

11) 제도 용구

① 컴퍼스 : 원 또는 원호를 그리는 데 사용
② 디바이더 : 치수를 옮기거나 선, 원 등의 간격을 등분할 때 사용
③ 운형자 : 작은 곡선을 그리는 데 사용

2. 선의 종류

1) 제도에서 사용되는 선의 종류

(1) 선의 굵기와 모양에 따른 분류

선의 굵기에 따른 분류	선의 모양에 따른 분류
가는 선(0.18~0.35mm)	실선(연속적으로 그어진 선) 예 가는 실선, 굵은 실선

선의 굵기에 따른 분류	선의 모양에 따른 분류
굵은 선(가는 선의 2배 정도)	파선(일정한 길이로 반복되게 그어진 선) 예 숨은선
아주 굵은 선(가는 선의 4배 정도)	쇄선(길고 짧은 길이로 반복되게 그어진 선) 예 가는 1점 쇄선, 가는 2점 쇄선

주) 선 굵기의 비율 = 아주 굵은 선 : 굵은 선 : 가는 선 = 4 : 2 : 1

(2) 선의 종류와 용도

선의 명칭	선의 종류		선의 용도
외형선	굵은 실선	———	대상물이 보이는 부분의 모양을 표시하는 데 쓰인다.
치수선	가는 실선		치수를 기입하는 데 쓰인다.
치수보조선			치수를 기입하기 위하여 도형으로부터 끌어내는 데 쓰인다.
지시선			기술, 기호 등을 표시하기 위하여 끌어내는 데 쓰인다.
회전단면선			도형 내에 그 부분의 끊은 곳을 90° 회전하여 표시하는 데 쓰인다.
중심선			도형의 중심선을 간략하게 표시하는 데 쓰인다.
수준면선			수면, 유면 등의 위치를 표시하는 데 쓰인다.
숨은선	가는 파선	-------	대상물의 보이지 않는 부분의 모양을 표시하는 데 쓰인다.
	굵은 파선	-------	
중심선	가는 1점 쇄선	—·—·—	• 도형의 중심을 표시하는 데 쓰인다. • 도형이 이동한 중심궤적을 표시하는 데 쓰인다.
기준선			특히 위치 결정의 근거가 된다는 것을 명시할 때 쓰인다.
피치선			되풀이되는 도형의 피치를 취하는 기준을 표시하는 데 쓰인다.
특수지정선	굵은 1점 쇄선	—·—·—	특수한 가공을 하는 부분 등 특별히 요구사항을 적용할 수 있는 범위를 표시하는 데 쓰인다.
가상선	가는 2점 쇄선	—··—··—	• 인접 부분을 참고로 표시하는 데 쓰인다. • 공구, 지그 등의 위치를 참고로 나타내는 데 사용된다. • 가동 부분을 이동 중의 특정한 위치 또는 이동한계의 위치로 표시하는 데 사용된다. • 가공 전 또는 가공 후의 모양을 표시하는 데 사용된다. • 되풀이 되는 것을 나타내는 데 사용된다. • 도시된 단면의 앞쪽에 있는 부분을 표시하는 데 사용된다.
무게중심선			단면의 무게 중심을 연결한 선을 표시하는 데 사용된다.
파단선	가는 실선	～～	대상물의 일부를 파단한 경계선 또는 일부를 떼어낸 경계를 표시하는 데 사용된다.
	지그재그선	～∧～	
절단선	가는 1점 쇄선	⌐·⌐	단면도를 그리는 경우 그 절단 위치를 대응하는 그림에 표시하는 데 사용된다.

선의 명칭	선의 종류		선의 용도
해칭	가는 실선	/////////	도형의 한정된 특정 부분을 다른 부분과 구별하는 데 사용된다.
특수한 용도의 선	가는 실선	———	• 외형선 및 숨은선의 연장을 표시할 때 사용한다. • 평면이란 것을 나타내는 데 사용된다. • 위치를 명시하는 데 사용된다.
	아주 굵은 실선	━━━	얇은 부분의 단선 도시를 명시하는 데 사용된다.

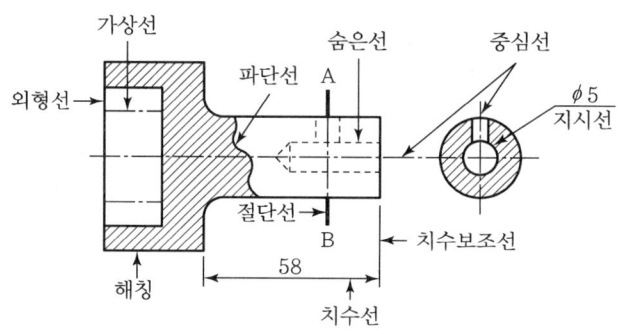

┃ 선의 종류와 용도 ┃

2) 두 종류 이상의 선이 중복되는 경우 선의 우선순위

외형선 > 숨은선 > 절단선 > 중심선 > 무게중심선 > 치수보조선

3) 해칭(Hatching)과 스머징(Smudging)

단면도의 경우 절단면을 표시하기 위한 방법으로 해칭과 스머징을 한다. 해칭의 경우 45°(45°가 아니어도 관계없음)의 사선으로 단면부의 면적에 일정한 간격으로 가는 실선을 긋는다. 경우에 따라 각도는 변경이 가능하다. 해칭할 부분이 너무 큰 경우 해칭선 대신 단면 둘레에 청색 또는 적색 연필로 엷게 칠할 수 있는데, 이것을 스머징이라 한다.

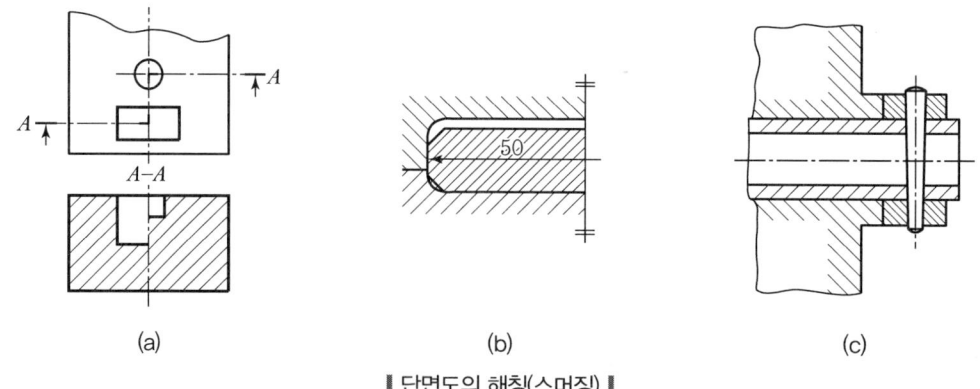

┃ 단면도의 해칭(스머징) ┃

3. 치수 기입법

1) 치수 기입의 원칙

① 가능한 한 치수는 정면도에 기입하도록 한다.
② 치수는 중복해서 기입하지 않는다.
③ 참고치수에 대해서는 치수 수치에 괄호를 붙인다.
④ 단위는 밀리미터(mm)를 사용하며 단위 기호는 생략한다.
⑤ 치수 숫자는 자리수가 많아도 3자리마다 콤마(,)를 쓰지 않는다.
⑥ 비례척에 따르지 않을 때는 치수 밑에 밑줄을 긋거나, 표제란의 척도란에 NS(Non Scale) 또는 비례척이 아님을 도면에 표시한다.
⑦ 치수선 양단에서 직각이 되는 치수보조선은 2~3mm 정도 지나게 긋는다.

2) 치수 기입방법

① 치수 기입에는 치수, 치수선, 치수보조선, 지시선, 화살표, 치수 숫자 등이 쓰인다.
  ㉠ 치수선
    - 치수선은 0.2mm 이하의 가는 실선을 치수보조선에 직각으로 긋는다.
    - 치수선은 외형선에서 10~15mm쯤 떨어져서 긋는다.
    - 많은 치수선을 평행하게 그을 때는 간격을 서로 같게 한다.
  ㉡ 치수보조선
    - 치수를 표시하는 부분의 양 끝의 치수선에 직각이 되도록 긋는다.
    - 치수선의 길이는 치수선보다 2~3mm 정도 넘게 그린다.
    - 치수선과 교차되지 않도록 긋는다.

② 치수에 사용되는 기호

기호	설명	기호	설명
ϕ	지름 기호	구면(s) R	구면의 반지름 기호
□	정사각 기호	C	45° 모따기 기호
R	반지름 기호	P	피치(Pitch) 기호
구면(s) ϕ	구면의 지름 기호	t	판의 두께 기호

  ㉠ 치수 숫자와 같은 크기로 치수 숫자 앞에 기입한다.
  ㉡ 평면을 나타낼 때는 가는 실선으로 대각선을 그어 표시한다.

3) 여러 가지 치수의 기입

(1) 지름의 치수 기입

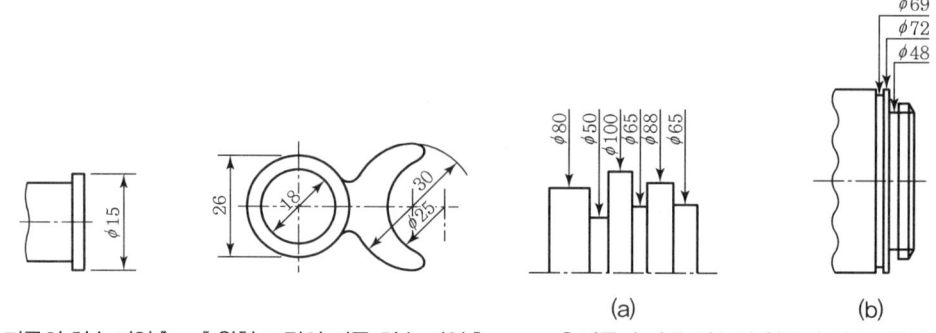

| 지름의 치수 기입 | | 원형 그림의 지름 치수 기입 | | 지름이 다른 연속된 원통의 치수 기입 |

(2) 반지름의 치수 기입

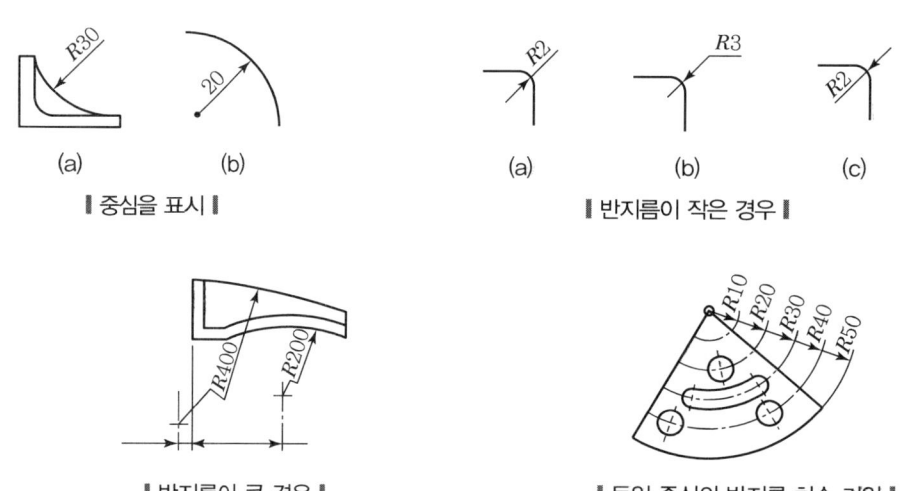

| 중심을 표시 | | 반지름이 작은 경우 |

| 반지름이 큰 경우 | | 동일 중심의 반지름 치수 기입 |

(3) 구의 지름 또는 반지름의 표시방법

치수 수치 앞에 구의 기호(Sφ) 또는 구면의 반지름 기호(SR)를 기입하여 표시한다.

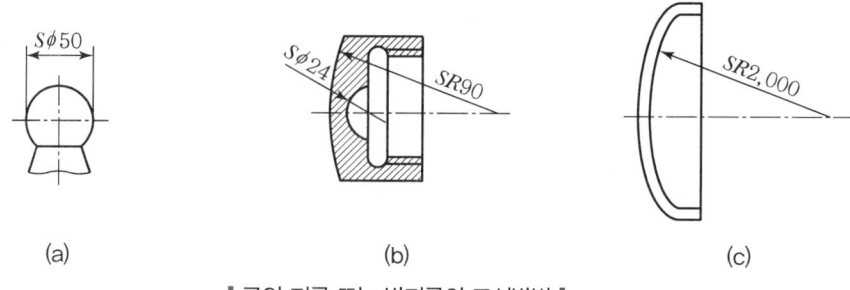

| 구의 지름 또는 반지름의 표시방법 |

(4) 현, 원호, 각도의 치수 기입

현의 길이는 현에 수직으로 치수보조선을 긋고 현에 평행한 치수선을 사용하여 표시한다. 원호의 길이는 현과 같은 치수보조선을 긋고 그 원호와 같은 중심의 원호를 치수선으로 하며, 치수 수치의 위에 원호를 표시하는 기호(⌒)를 붙인다.

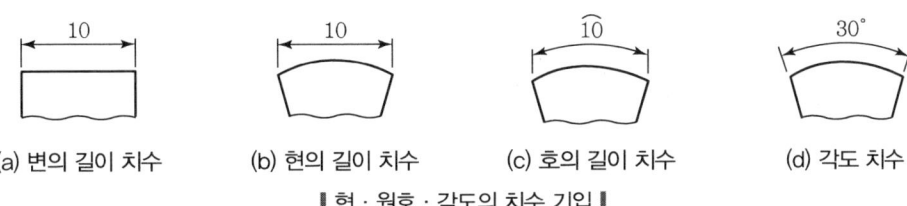

| 현·원호·각도의 치수 기입 |

(5) 테이퍼와 기울기의 기입

중심선에 대하여 대칭으로 된 원뿔선의 경사를 테이퍼라 하고 치수는 기준면에 대한 경사면의 경사를 기울기(구배, Slope)라 한다. 치수는 다음 그림과 같이 나타낸다.

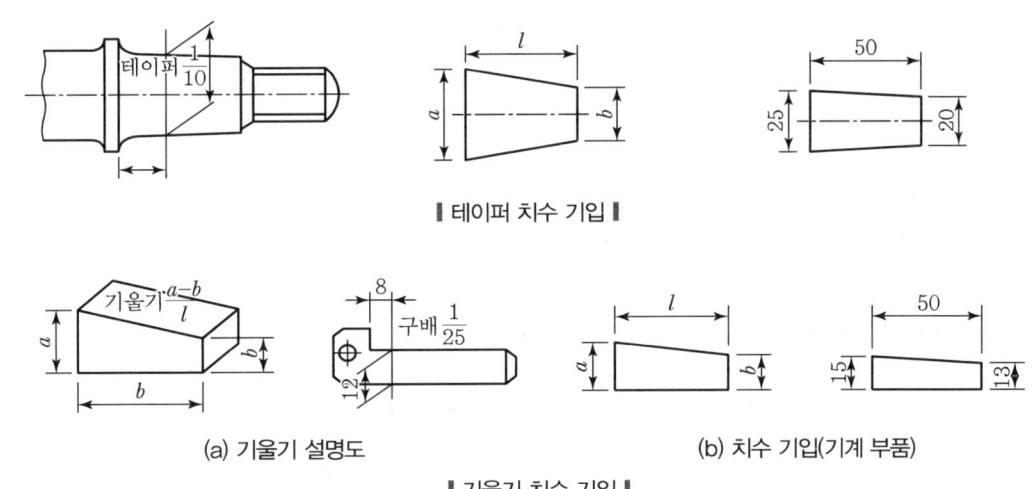

| 기울기 치수 기입 |

(6) 구멍의 표시방법

드릴 구멍, 펀칭 구멍, 코어 구멍 등 구멍의 가공방법을 표시할 필요가 있을 때에는 치수 수치 뒤에 가공방법의 용어를 표시한다.

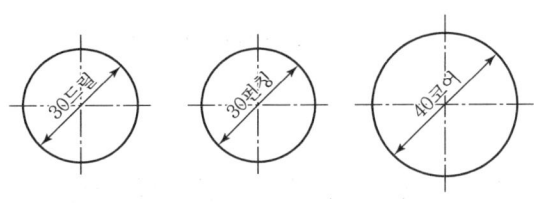

| 구멍의 표시 |

여러 개의 같은 치수의 볼트 구멍, 핀 구멍 등의 치수 표시는 그림과 같이 구멍의 수를 나타내는 숫자 다음에 구멍의 치수를 기입한다. 또한 구멍의 깊이를 지시할 때에는 구멍의 지름을 나타내는 치수 다음에 '깊이'라고 쓴 후 그 치수를 기입한다. 단, 구멍이 관통되었을 때에는 깊이를 기입하지 않는다.

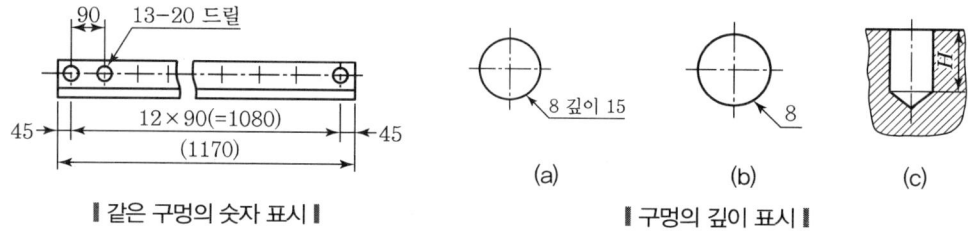

❙ 같은 구멍의 숫자 표시 ❙　　❙ 구멍의 깊이 표시 ❙

4. 투상도법

물체를 직교하는 두 개의 평면 사이에 놓고 투상할 때 직교하는 두 평면을 투상면이라고 하며 투상면에 투상된 물체의 투상면을 투상도라고 한다.

① **정면도** : 물체의 특징이 가장 잘 나타나 있는 도면
② **우측면도** : 정면도를 기준으로 우측에서 본 도면
③ **좌측면도** : 정면도를 기준으로 좌측에서 본 도면
④ **평면도** : 정면도를 기준으로 위에서 본 도면
⑤ **저면도** : 정면도를 기준으로 아래에서 본 도면
⑥ **배면도** : 정면도를 기준으로 뒤에서 본 도면

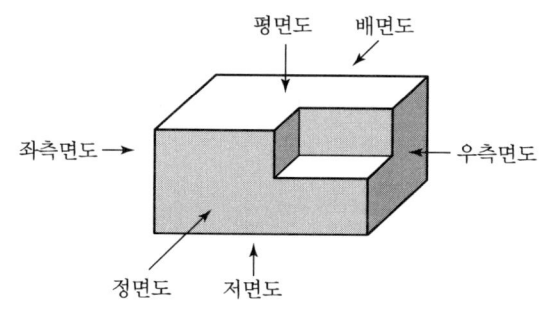

❙ 정투상도의 입면도 위치 ❙

1) 투상도법의 종류

투상도법에는 정투상도법, 사투상도법, 투시도법, 축측 투상법의 4종류가 있다.

(1) 정투상도법(제1각법, 제3각법)

입체의 각방향의 면에 화면을 두고 투상된 면을 전개하는 도법이다.

① 제1각법
　㉠ 제1각법은 영국에서 발달한 정투상도법으로 토목이나 선박제도 등에 쓰인다.
　㉡ 화면의 앞쪽에 물체를 놓게 되므로 우측면도는 정면도 왼쪽에, 좌측면도는 정면도의 오른쪽, 저면도는 정면도의 위에 그리고 평면도는 정면도의 아래쪽에 그린다.
　㉢ 제1각법의 투상 : 눈 → 물체 → 투상면

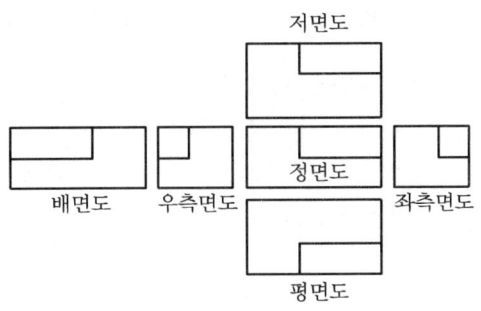

∥제1각법∥

② 제3각법
　㉠ 가장 많이 사용되는 정투상도법으로 우리나라에서도 제도 통칙으로 사용하고 있다.
　㉡ 화면의 뒤쪽에 물체를 놓는 것으로 정면도를 기준하여 그 상, 하, 좌, 우에서 모양을 본 쪽에서 그리는 것이기 때문에 투상도의 상호 관계 및 위치를 보기 쉽다.
　㉢ 제3각법의 투상 : 눈 → 투상면 → 물체

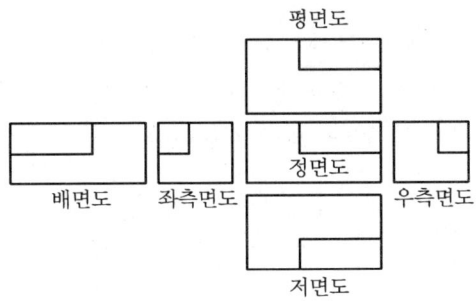

∥제3각법∥

③ 투상각의 기호

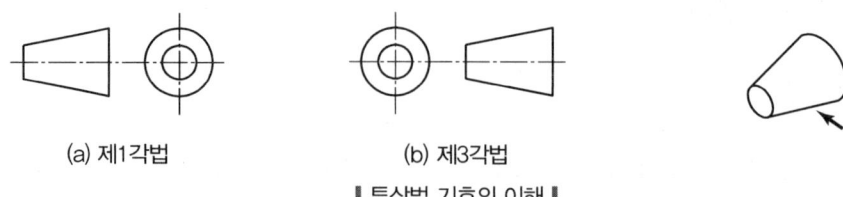

(a) 제1각법　　　　　(b) 제3각법

┃투상법 기호의 이해┃

(2) 축측 투상법

경사진 광선에 의해 투상하는 것으로 등각 투상도와 부등각 투상도법이 있다.

① 등각 투상도 : 3면(정면, 평면, 측면)을 하나의 투상면 위에 동시에 볼 수 있도록 표현된 투상도이며, 밑면의 모서리 선은 수평선과 좌우 각각 30°씩 이루며, 세 축이 120°의 등각이 되도록 입체도로 투상한 것이다. X, Y, Z축이 서로 120°씩 등각으로 하고 α, β의 경사각은 30°로 투상시킨 것이다.

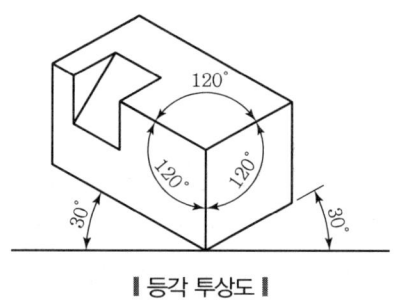

┃등각 투상도┃

② 부등각 투상도 : 화면의 중심으로 좌우와 상하의 각도가 각기 다른 축측 투상을 말한다. 세 개의 모서리 중 두 모서리는 같은 척도로 그리고 나머지 한 모서리는 현척으로 그리거나 1/2 또는 3/4으로 축소하여 시각적 효과를 달리하여 나타내는 방법이다. 수평선과 이루는 각은 30°와 60°를 많이 사용한다.

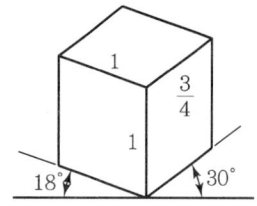 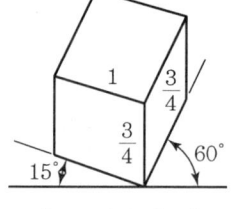 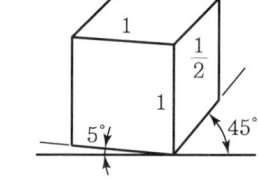

┃부등각 투상도┃

(3) 사투상도

정투상도에서 정면도의 크기와 모양은 그대로 사용하고, 평면도, 우측면도를 경사시켜 그리는 투상법이다.

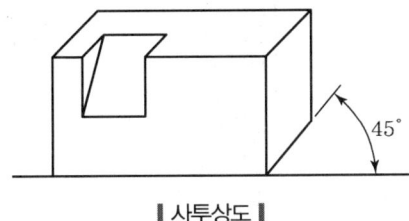

| 사투상도 |

(4) 투시도법

시점과 물체의 각 점을 연결하여 원근감을 잘 나타내지만 실제의 크기가 잘 나타나지 않으므로 제작도에는 잘 쓰이지 않고, 설명도나 건축 제도의 조감도 등에 사용한다.

2) 보조투상법

보조투상도는 정투상의 방법으로 알아보기 힘든 경우 정투상을 보조하여 그리는 투상도이다.

(1) 회전투상도

각도를 가진 물체의 그 실제 모양을 나타내기 위해서 그 부분을 회전시켜 실제 모양을 나타낸 것이다. 원통의 형체를 가진 부품 중에서 중심으로부터 어느 각도를 이루는 방향으로 암, 보강판 및 손잡이가 나와 있는 부품의 투상도를 그릴 때, 그것들을 회전시켜서 일직선으로 정렬하여 그리며 회전단면도와 동일한 개념이다.

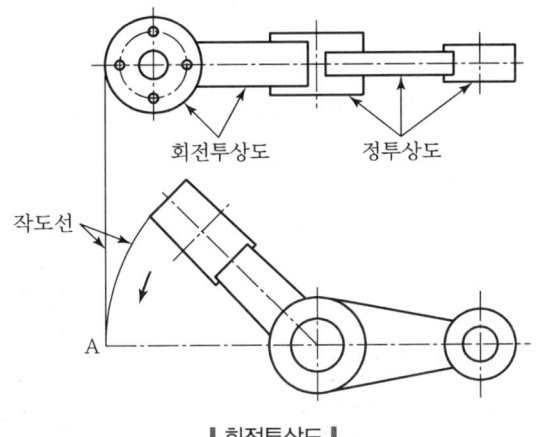

| 회전투상도 |

(2) 부분확대도

특정한 부분의 도형이 작아서 그 부분을 자세하게 나타낼 수 없거나 치수 기입을 할 수 없을 때에는 그 부분을 가는 실선으로 둘러싼 후 표시한다.

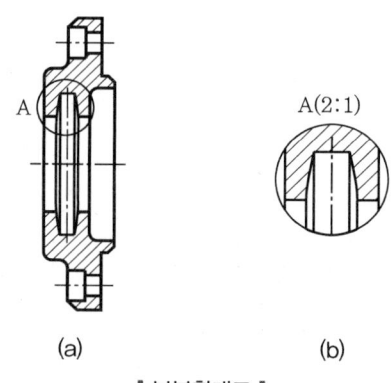

| 부분확대도 |

(3) 보조투상도

경사면을 지니고 있는 물체는 그 경사면의 실제 모양을 표시할 필요가 있는데, 이 경우 보이는 부분의 전체 또는 일부분을 나타낸다.

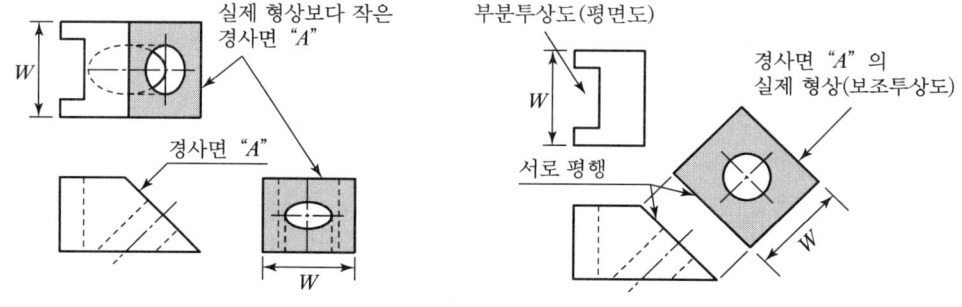

| 보조투상도 |

(4) 부분투상도

그림의 일부를 도시하는 것만으로도 충분한 경우에는 필요한 부분만을 투상하여 그린다.

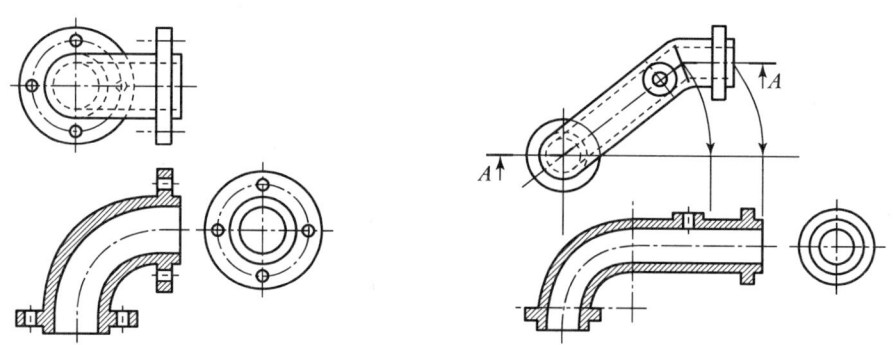

| 부분투상도 |

(5) 국부투상도

부분투상도와 같은 개념으로 대상물의 구멍, 홈 등과 같이 한 부분의 모양만을 투상도의 바로 옆에 도시하는 것이다.

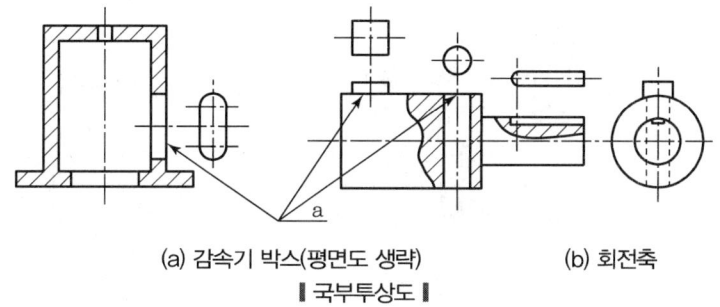

(a) 감속기 박스(평면도 생략)　　　　(b) 회전축
┃국부투상도┃

5. 단면도

어떤 물체를 평면으로 잘랐다고 가정하고 그 내부 구조와 모양을 그림으로 그린 것을 단면도라 한다. 일반 투상법으로 나타내는 경우 많은 은선 때문에 도면을 읽기 어려운 경우가 있을 수 있는데, 이와 같은 경우 어느 면을 절단하여 형상을 나타낸다. 단면을 도시할 때는 해칭(Hatching)이나 스머징(Smudging)을 한다.

1) 단면도의 종류

① **전단면도(온단면도)** : 중심선을 기준으로 대칭인 경우 물체를 2개로 절단(1/2)하여 도면 전체를 단면으로 나타낸 것으로 절단 평형이 물체를 완전히 절단하여 전체 투상도가 단면도로 표시되는 도법이다.
② **반단면도** : 물체의 1/4을 잘라내고 도면의 반쪽을 단면으로 나타내는 방법이다.
③ **부분 단면도** : 필요한 곳 일부만 절단하여 나타낸 것을 부분 단면도라 한다.
④ **계단 단면도** : 절단한 부분이 동일 평면 내에 있지 않을 때, 2개 이상의 평면으로 절단하여 나타낸다.
⑤ **회전 단면도** : 절단한 부분의 단면을 90° 회전한 단면의 형상으로 나타낸다.

2) 단면을 도시하지 않는 부품

① **속이 찬 원기둥 및 모기둥 모양의 부품** : 축, 볼트, 너트, 핀, 와셔, 리벳, 키, 나사, 볼 베어링의 볼
② **얇은 부분** : 리브, 웨브
③ **부품의 특수한 부분** : 기어의 이, 풀리의 암

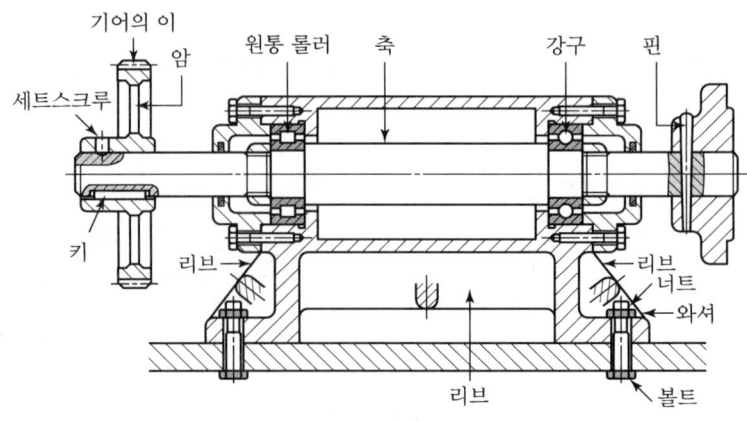

| 단면을 도시하지 않는 부품 |

6. 도면 해독

1) 재료 기호

(1) 기계재료의 표시방법

재료 기호는 일반적으로 3위(부분) 기호로 표시한다.

[기계재료의 표시방법 예시]

SS50(일반구조용 압연강재 5종)
- S : Steel(강) → 1위 기호(재질)
- S : 일반구조용 압연강재 → 2위 기호(규격)
- 50 : 최저인장강도(50kgf/mm² 이상) → 3위 기호

SM45C(기계구조용 탄소강재)
- S : Steel(강) → 1위 기호(재질)
- M : 기계구조용 → 2위 기호(규격)
- 45C : 탄소함유량(0.40~0.50%) → 3위 기호

(2) 첫째 자리 : 재질

기호	기호의 뜻	기호	기호의 뜻
Al	알루미늄(원소 기호)	PB	인청동(Phosphor Bronze)
B	청동(Bronze)	Pb	납(원소 기호)
Bs	황동(Brass)	S	강(Steel)
Cu	구리(원소 기호)	W	화이트 메탈(White Metal)
Fe	철(Ferrum)	Zn	아연(원소 기호)
K	켈밋(Kelmet Alloy)		

(3) 둘째 자리 : 제품명, 규격

기호	의미	기호	의미
B	바 또는 보일러	FM	단조재
BMC	흑심가단주철	K	공구강
WMC	백심가단주철	SKH	고속도강

(4) 셋째 자리

최저인장강도, 탄소 함유량, 열처리 종류 등을 표시한다.

(5) 기계재료의 표시 기호

명칭	KS 기호	명칭	KS 기호
일반구조용 압연강재	SB	기계구조용 탄소강재	SM
일반배관용 압연강재	SPP	합금 공구강(주로 절삭, 내충격용)	STS
냉간압연강관 및 강재	SBC	탄소 주강품	SC
용접구조용 압연강재	SWS	일반구조용 탄소강관	SPS
기계구조용 탄소강관	STKM	회주철품	GC
고속도 공구강재	SKH	구상흑연주철	DC
탄소공구강	STC	흑심 가단주철	BMC
탄소강 단조품	SF	백심 가단주철	WMC
보일러용 압연강재	SBB	스프링강	SPS

> **Reference**
> - SM(용접구조용 압연강재) : Steel Marine
> - SB(보일러용압력용기용 탄소강) : Steel Boiler
> - SPHC(열간압연강판) : Steel Plate Hot Commercial
> - STB(보일러용 합금강) : Steel Tube Boiler
> - STK(일반구조용 탄소강) : Steel Tube 구조
> - STKM(기계구조용 탄소강관) : Steel Tube 구조 Machine
> - STC(실린더튜브용 탄소강관) : Steel Tube Cylinder
> - STBL(저온열교환기용 강관) : Steel Tube Boiler Low Temperature
> - STS(고압배관용 탄소강관) : Steel Tube Special Pressure

알아두기

- 기계구조용 탄소강재(SM)는 탄소량을 나타내는 숫자를 S(Steel)와 C(Carbon) 사이에 써서 표시 (예 SM35C)
- 용접구조용 압연강재(SM)는 SM 기호 뒤에 최소인장강도를 표시하고 맨 뒤의 A는 충격시험방법을 의미(예 SM490A)

(6) 각종 밸브의 도시 기호

밸브·콕의 종류	그림 기호	밸브·콕의 종류	그림 기호
밸브 일반	⋈	앵글 밸브	⊿
게이트 밸브	⋈	3방향 밸브	⋈
글로브 밸브	⋈	안전 밸브	⋈ (스프링)
체크 밸브	▶◁ 또는 ▷|		⋈ (스프링)
볼 밸브	⊠	콕 일반	⋈
버터플라이 밸브	⋈		

7. 기계요소의 표시법

1) 나사의 호칭 표기법

> [나사의 감은 방향] + [나사산의 줄 수] + [나사의 호칭] + [나사의 등급]
> 좌   2줄   M16×2   2
>
> ※ 좌 2줄 M16×2 −2 : 좌 두 줄 미터 보통나사 2급

① 오른 나사와 왼나사 : 축 방향으로 시계 방향으로 돌려서 앞으로 나아가거나, 잠기는 나사를 오른 나사, 반대의 경우를 왼나사라고 한다.
② 나사의 잠김 방향이 왼나사인 경우 '좌'라고 표시하지만, 오른 나사의 경우에는 생략하고 한줄 나사의 경우 줄 수 기입은 하지 않는다.

2) 나사의 종류

구분	나사의 종류	기호	호칭표기
일반용	미터 보통나사	M	M8
	미터 가는 나사	M	M8×1
	유니파이 보통나사	UNC	3/8−16 UNC
	유니파이 가는 나사	UNF	No.8−36 UNF

3) 볼트와 너트

(1) 볼트의 호칭

규격 번호는 생략 가능하며 지정 사항은 자리 붙이기, 나사부의 길이, 나사 끝 모양, 표면 처리 등을 필요에 따라 표기한다.

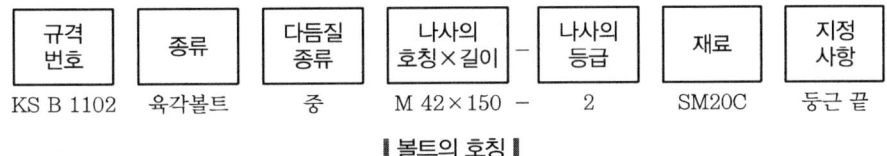

| 볼트의 호칭 |

(2) 너트의 호칭

규격 번호는 생략 가능하며 지정 사항은 나사의 바깥지름과 동일한 너트의 높이(H), 한 계단 더 큰 부분의 맞변 거리(B), 표면 처리 등을 필요에 따라 표기한다.

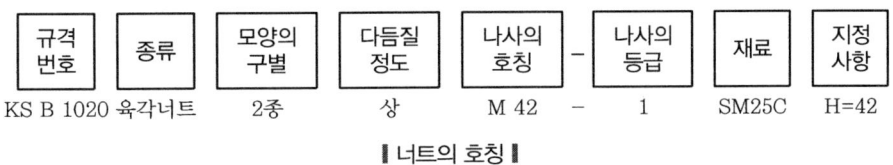

| 너트의 호칭 |

4) 리벳의 종류와 호칭

① 용도별 : 일반용, 보일러용, 선박용 등
② 리벳 머리의 종류 : 둥근머리, 접시머리, 납작머리, 둥근 접시머리, 얇은 납작머리, 냄비머리 등
③ 리벳의 호칭

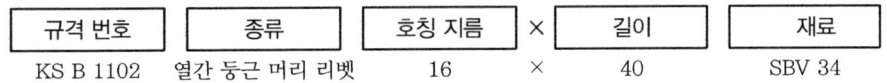

TIP 접시머리 리벳 : 접시머리 리벳은 전체의 길이, 즉 머리 부분까지 재료에 파묻히기 때문에 머리부의 전체를 포함해서 호칭 길이를 나타낸다.

8. 가공법의 표시 기호

가공방법	약호	
선반 가공	L	선반
밀링 가공	M	밀링

가공방법	약호	
줄 다듬질	FF	줄
연삭 가공	G	연삭
주조	C	주조

9. 압연형강의 호칭 표기

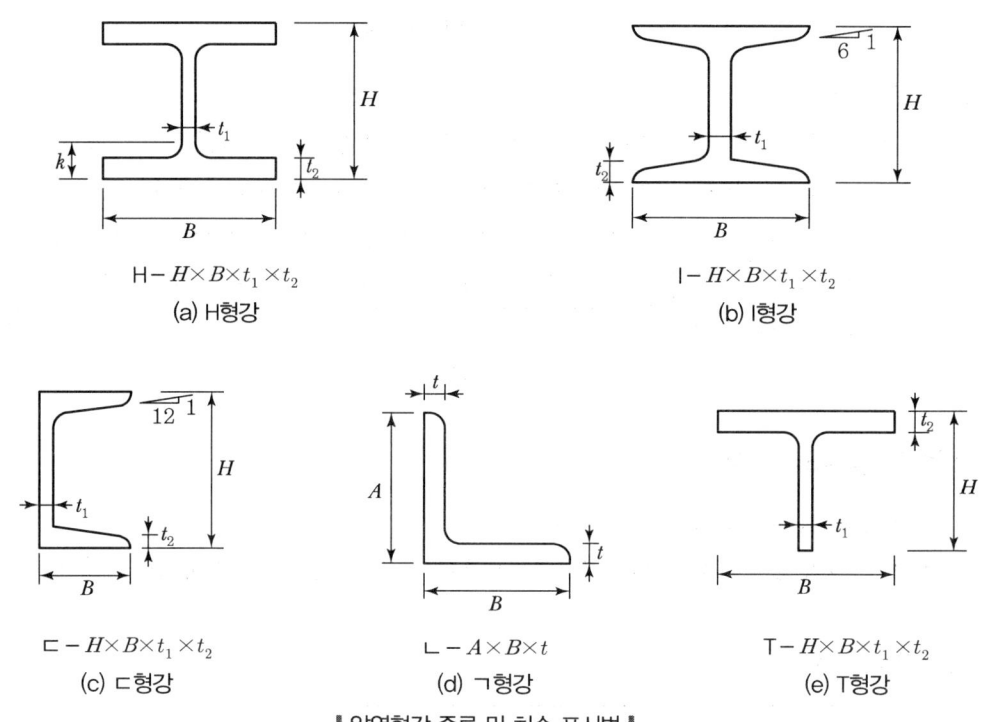

∥ 압연형강 종류 및 치수 표시법 ∥

10. 용접부의 기호 판독

① 기준선은 실선으로, 동일선은 파선으로 표시하며, 동일선인 파선은 기준선 위 또는 아래 중 어느 쪽에나 표시할 수 있다.
② 화살표 및 기준선과 동일선에는 모든 관련 기호를 붙인다. 또한 꼬리 부분에는 용접방법, 허용수준, 용접자세, 용가재 등 상세항목을 표시하는 경우가 있다.

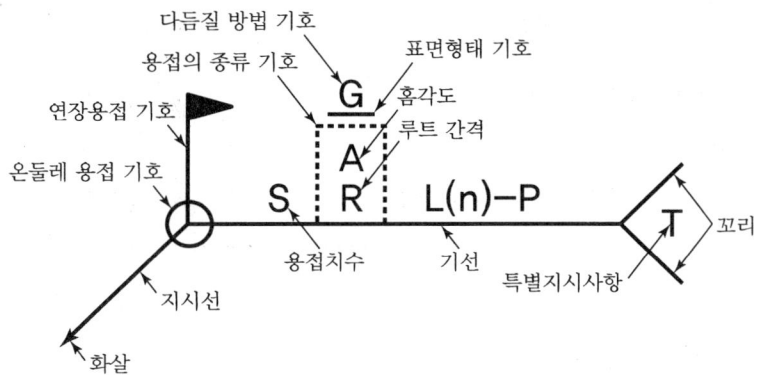

- S : 용접부의 단면 치수 또는 강도(그루브의 깊이, 필릿의 다리 길이, 플러그 구멍의 지름, 슬롯 홈의 나비, 심의 나비, 점용접의 너깃 지름 또는 한 점의 강도 등)
- R : 루트 간격
- A : 그루브 각도
- L : 단속 필릿 용접의 용접 길이, 슬롯 용접의 홈 길이, 또는 필요한 경우 용접 길이
- n : 단속 필릿 용접의 수
- P : 단속 필릿 용접, 플러그 용접, 슬롯 용접, 점용접 등의 피치(피치 : 용접부의 중앙선과 인접 용접부의 중앙선과의 거리)
- T : 특별 지시사항(J형, U형 등의 루트 반지름, 용접방법, 비파괴 시험의 보조 기호, 기타)
- - : 표면 모양의 보조 기호
- G : 다듬질방법의 보조 기호

┃용접부의 기호┃

11. 기준선에 대한 기호의 위치

① 용접의 기본 기호는 기준선의 위 또는 아래에 표시할 수 있다.
② 용접부가 이음의 화살표 쪽에 있는 경우 용접 기호는 실선 쪽의 기준선에 기입한다.
③ 용접부가 이음의 화살표 반대쪽에 있는 경우 용접 기호는 파선 쪽의 기준선에 기입한다.

[용접부의 명칭 및 기호]

번호	명칭	그림	기호
1	돌출된 모서리를 가진 평판 사이의 맞대기 용접		八
2	평행(I형) 맞대기 용접		||
3	V형 맞대기 용접		V

번호	명칭	그림	기호
4	일면 개선형 맞대기 용접		∨
5	넓은 루트면이 있는 V형 맞대기 용접		Y

12. 필릿 용접의 도면 표시법

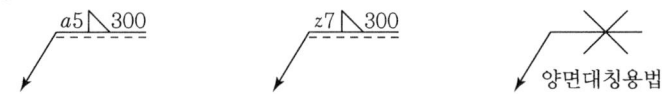

13. 전개도법

1) 평행선 전개법

평행선을 이용한 전개도법은 각기둥, 원기둥 등 평행체의 전개도를 그릴 때 사용하는 것으로, 모서리나 중심축에 평행선을 그어 전개한다.

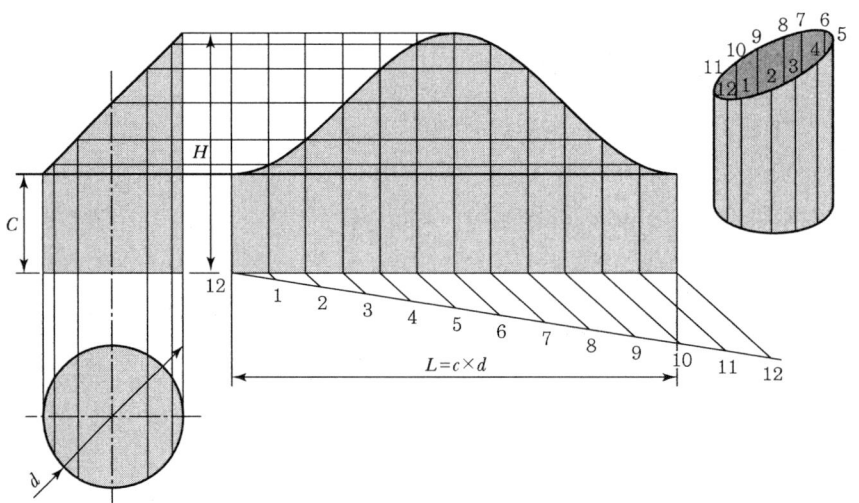

┃ 평행선 전개법 ┃

2) 방사선 전개법

원뿔, 각뿔 등의 경우 꼭짓점을 기준으로 하여 부채꼴 모양으로 펼쳐서 전개하는 방법이다.

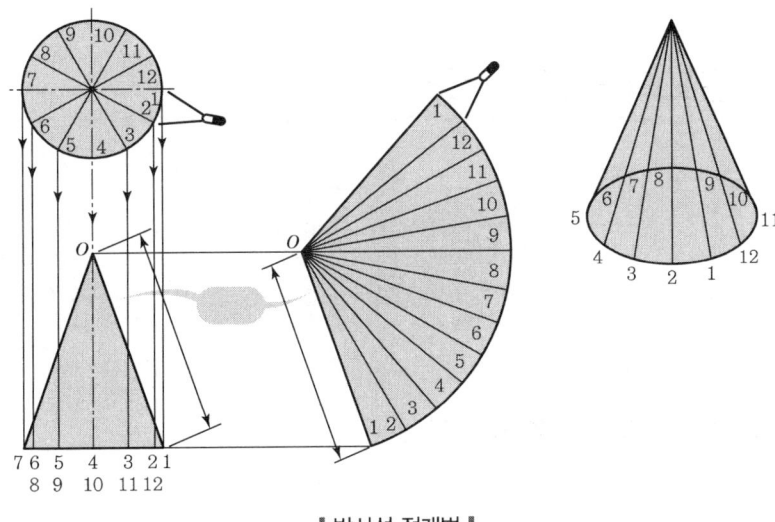

▌방사선 전개법 ▌

3) 삼각형 전개법

삼각형을 이용한 전개도법은 꼭짓점이 너무 멀리 떨어져 있어서 방사선법을 이용하기 어려운 원뿔이나 편심 원뿔, 각뿔 등의 전개도를 그릴 때 많이 사용한다. 입체의 표면을 여러 개의 삼각형으로 나누어 전개한다.

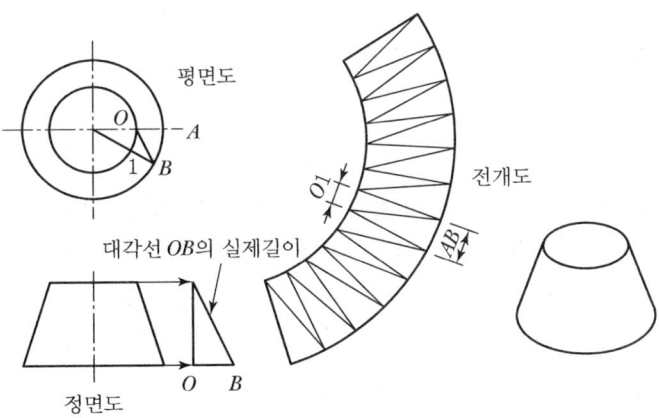

▌삼각형 전개법 ▌

CHAPTER 05 기초적인 계산문제 정리

SECTION 01 온도의 환산

$$°C(섭씨온도) = \frac{5}{9}(°F - 32)$$

$$°F(화씨온도) = \frac{9}{5}°C + 32$$

01 섭씨온도 30℃는 화씨온도로 몇 도인가?

① 62℃ ② 68℃ ③ 84℃ ④ 86℃

[해설] • 섭씨온도(℃) : 표준대기압하에서 물의 빙점 0℃, 비점을 100℃로 하여 그 사이를 100등분한 것
• 화씨온도(°F) : 표준대기압하에서 물의 빙점 32°F, 비점을 212°F로 하여 그 사이를 180등분한 것

$$\frac{9}{5} \times 30 + 32 = 86°F$$

[정답] ④

02 화씨 23°F와 가장 가까운 섭씨온도는 얼마인가?

① 19℃ ② -19℃ ③ -5℃ ④ 5℃

[해설] $°C(섭씨온도) = \frac{5}{9}(°F - 32)$ 이므로 $\frac{5}{9}(23 - 32) = -4.95℃$

[정답] ③

03 섭씨온도는 물이 어는점을 0℃, 물이 끓는점을 100℃로 정하고 그 사이를 100등분하여 1눈금을 1℃로 하였다. 화씨온도에서 물의 어는점과 끓는점은 각각 얼마인가?

① 어는점 18°F, 끓는점 100°F
② 어는점 18°F, 끓는점 212°F
③ 어는점 32°F, 끓는점 100°F
④ 어는점 32°F, 끓는점 212°F

[해설] • 섭씨온도(℃) : 표준대기압하에서 물의 빙점 0℃, 비점을 100℃로 하여 그 사이를 100등분한 것
• 화씨온도(°F) : 표준대기압하에서 물의 빙점 32°F, 비점을 212°F로 하여 그 사이를 180등분한 것

[정답] ④

SECTION 02 열량 구하기

$$Q = G \times C \times (t_1 - t_2)$$
여기서, Q=열량, G=질량, C=비열

01 20℃의 물 20kg을 72℃ 올리려면 몇 kcal의 열량이 필요한가?

① 1,040   ② 1,280   ③ 1,340   ④ 1,440

[해설] $Q = G \times C \times (t_1 - t_2)$
20kg×1(물의 비열)×(72−20) = 1,040kcal

[정답] ①

02 섭씨 5℃의 물 1L를 화씨 185°F로 올리는 데 필요한 열량은 몇 kcal인가?

① 80   ② 81   ③ 82   ④ 83

[해설] ℃ = $\frac{5}{9}$(°F − 32)이므로
185°F = $\frac{5}{9}$(185 − 32) = 85℃
$Q = G \times C \times (t_1 - t_2)$
$Q = 1 \times 1 \times (85 - 5) = 80$

[정답] ①

03 20℃의 물 10L를 80℃로 올리는 데 필요한 열량은?

① 60kcal   ② 600kcal   ③ 160kcal   ④ 1,600kcal

[해설] $Q = G \times C \times (t_2 - t_1)$
$Q = 10 \times 1 \times (80 - 20) = 600$kcal

[정답] ②

04 50kg의 소금물을 10℃에서 50℃까지 높이는 데 필요한 열량은 몇 kcal인가?(단, 소금물의 비열은 1.2kcal/kg · ℃이다.)

① 240   ② 300   ③ 2,400   ④ 3,000

[해설] $Q = G \times C \times (t_2 - t_1)$
$Q = 50 \times 1.2 \times (50 - 10) = 2,400$kcal

[정답] ③

05 공기가 가열코일 속을 통과하면서 열을 받아 10℃에서 90℃까지 높아졌다면 200kg의 공기에 공급된 열량은 얼마인가?(단, 공기의 비열은 0.240kcal/kg · ℃이다.)

① 2,040kcal   ② 2,780kcal
③ 3,840kcal   ④ 4,860kcal

[해설] $Q = G \times C \times (t_2 - t_1)$
200kg × 0.24(공기의 비열) × (90 − 10) = 3,840kcal

[정답] ③

06 세면용 온수를 공급하기 위해 급탕 탱크 내에 있는 10℃ 온수 40L의 물 전량을 40℃로 올리고자 한다. 이때 필요로 하는 열량은 약 몇 kcal인가?

① 300   ② 1,200
③ 2,000   ④ 2,800

[해설] $Q = G \times C \times (t_2 - t_1)$
40L × 1(물의 비열) × (40 − 10) = 1,200kcal

[정답] ②

SECTION 03 가스 용접봉의 지름 구하기

$$\text{용접봉의 지름}(\phi) = \frac{\text{모재의 두께}(T)}{2} + 1$$

01 모재 두께가 3.2mm인 연강판을 가스 용접하려 할 때 용접봉의 지름은 얼마 정도가 가장 적당한가?

① ϕ1.6mm   ② ϕ2.6mm
③ ϕ3.2mm   ④ ϕ3.6mm

[해설] 용접봉의 지름 $= \frac{3.2}{2} + 1 = 2.6$

[정답] ②

SECTION 04 단위시간당 유량 구하기

유량(Q) = 관의 단면적(A) × V(유속)

01 평균 유속이 2m/s, 파이프 내경이 30mm일 때 한 시간당 유량은 약 몇 m³/h인가?

① 0.08 ② 5.09 ③ 0.84 ④ 306.36

해설 관의 단면적(원의 면적)은 $\frac{\pi d^2}{4}$ 이므로 $\frac{3.14 \times 0.03^2}{4} = 7.065 \times 10^{-4}$

평균유속 = 2m/sec(초당유속)이나 문제에서 시간당 유량을 요구하기 때문에
시간당 유속 = 2m/sec × 60 × 60 = 7,200
따라서, $7.065 \times 10^{-4} \times 7,200 = 5.0868$

정답 ②

02 평균 유속이 3m/s, 파이프 내경이 30mm일 때 한 시간당 유량은 약 몇 m³/h인가?

① 0.08 ② 0.84 ③ 7.63 ④ 306.36

해설 유량(Q) = 관의 단면적(A) × V(유속)이며

관의 단면적은 $\frac{\pi d^2}{4}$ 이므로 $\frac{3.14 \times 0.03^2}{4} = 7.065 \times 10^{-4}$

평균유속 = 3m/sec(초당유속)이나 문제에서 시간당 유량을 요구하고 있기 때문에
시간당 유속 = 3m/sec × 60 × 60 = 10,800
따라서, $7.065 \times 10^{-4} \times 10,800 = 7.6302$

정답 ③

03 관경이 20mm, 평균 유속이 5m/s일 때 유량은 약 얼마인가?

① 0.000157m³/s ② 0.0157m³/s
③ 0.157m³/s ④ 0.00157m³/s

해설 유량(Q) = 관의 단면적(A) × V(유속)이며

관의 단면적(원의 면적)은 $\frac{\pi d^2}{4}$ 이므로 $\frac{3.14 \times 0.02^2 \times 5}{4} = 1.57 \times 10^{-3}$

정답 ④

SECTION 05 파이프의 절단 길이 구하기

파이프의 실소요 길이(절단해야 하는 길이) = 도면상 파이프의 길이 − 양측 부속의 공간길이

※ 양측 부속의 공간길이 = 부속 중심선에서 단면까지 거리 − 나사부 물리는 최소길이

01 그림과 같이 배관 중심 간의 길이를 300mm로 조립하고자 한다. 파이프 호칭 지름이 $20A$일 때 파이프의 절단 길이로 가장 적당한 것은?(단, $20A$ 엘보 중심선에서 엘보 단면까지 거리는 $A = 32mm$이고, 나사가 물리는 최소길이는 13mm이다.)

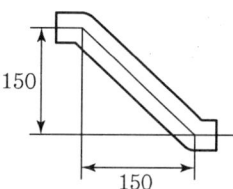

① 262mm ② 236mm
③ 274mm ④ 255mm

해설 부속의 공간길이는 부속 중심선에서 단면까지의 거리 − 나사부 물리는 최소길이이므로 32 − 13 = 19mm이다. 즉, 300 − (19 + 19) = 262mm

정답 ①

02 $25A$ 강관의 배관길이를 80cm로 하려고 한다. 관의 양쪽에 90° 엘보 2개를 사용할 때 파이프 실제 길이는 얼마인가?(단, 엘보 단면까지 길이 38mm, 나사가 물리는 최소 길이는 15mm이다.)

① 754mm ② 838mm
③ 785mm ④ 815mm

해설 우선 배관길이의 단위는 mm로 환산한다. 배관 전체의 길이에서 양측에 결합되는 부속의 공간길이(부속 단면의 길이 − 나사가 물리는 최소길이)를 빼주면 절단해야 하는 파이프의 실제 길이 값이 나온다. 즉, 800 − (23 + 23) = 754mm

정답 ①

SECTION 06 산화조의 용적

부패조 용량 V는 $V \geqq 1.5 + 0.1(n-5)\text{m}^3$이고, 산화조 용량은 부패조의 1/2

01 상주 인원이 $n = 200$명인 아파트의 오수정화조에서 산화조의 용적은 약 몇 m^3 이상으로 하면 적당하겠는가?(단, 부패조 용량 V는 $V \geqq 1.5 + 0.1(n-5)\text{m}^3$이고, 산화조 용량은 부패조의 1/2이다.)

① 1.5　　　② 7.0　　　③ 10.5　　　④ 28.5

[해설] 문제에서 주어진 공식에 그대로 대입을 한다.
부패조의 용량 $= 1.5 + 0.1(200-5) = 21$이며 산화조의 용량은 부패조용량의 1/2이므로 산화조의 용적은 약 10.5m^3로 한다.

[정답] ③

SECTION 07 파이프 스케줄 번호

$$\text{스케줄 번호} = \frac{\text{사용압력}(\text{kgf}/\text{cm}^2)}{\text{허용응력}(\text{kgf}/\text{mm}^2)} \times 10$$

01 관의 허용응력이 $10\text{kgf}/\text{mm}^2$이고, 사용압력이 $80\text{kgf}/\text{cm}^2$일 때, 관의 스케줄 번호로 가장 적합한 것은?

① 40　　　② 60　　　③ 80　　　④ 125

[해설] 스케줄 번호(Schedule No)란 허용응력(S)에 대한 사용압력(P)의 비를 이용하여 배관의 두께를 나타내는 번호이며

스케줄 번호 $= \dfrac{\text{사용압력}(\text{kgf}/\text{cm}^2)}{\text{허용응력}(\text{kgf}/\text{mm}^2)} \times 10$이므로

$= \dfrac{80}{10} \times 10 = 80$이다.

[정답] ③

SECTION 08 파이프 벤딩 시 곡선부의 길이

$$90° \text{ 구부림을 하는 경우 곡선부의 길이} = 2 \times \pi \times r \times \frac{90}{360}$$
여기서, $\pi = 3.14$, $r = $ 구부림 반경

01 호칭지름 20A의 강관을 110R로 90° 구부릴 경우 곡선부 길이는 약 몇 mm인가?
① 86 ② 173 ③ 260 ④ 310

[해설] 90° 구부림을 하는 경우 곡선부의 길이 $= 2 \times \pi \times r \times \frac{90}{360} = 2 \times 3.14 \times 110 \times \frac{90}{360} = 172.7$

[정답] ②

02 호칭지름 20A인 강관을 곡률반지름 100mm로 90° 구부릴 경우 곡선부 길이는 약 몇 mm인가?
① 137 ② 157 ③ 274 ④ 314

[해설] 90° 구부림을 하는 경우 곡선부의 길이 $= 2 \times \pi \times r \times \frac{\theta}{360} = 2 \times 3.14 \times 100 \times \frac{90}{360} = 157$

[정답] ②

SECTION 09 유속에 따른 단면적

$$Q = A_1 V_1 = A_2 V_2$$
여기서, A : 단면적, V : 유속

01 그림과 같이 B단면에서의 유속이 8m/s이고, 단면적이 0.8m²이면 A단면에서 유속이 2m/s일 때 A단면의 면적은?

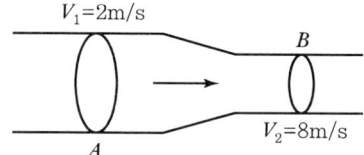

① $2m^2$ ② $3.2m^2$ ③ $20m^2$ ④ $32m^2$

[해설] $Q = A_1 V_1 = A_2 V_2$
$A_1 \times 2m/sec = 0.8m^2 \times 8m/sec$
$A_1 = 3.2m^2$

[정답] ②

02 직경이 10cm인 관에 물이 4m/s의 속도로 흐르고 있다. 이 관에 출구 직경이 2cm인 노즐을 장치한다면 노즐에서 분출되는 유속은 몇 m/s인가?

① 80 ② 100 ③ 120 ④ 125

[해설] $Q = A_1 V_1 = A_2 V_2$ 이며, 원의 단면적 $= \dfrac{\pi d^2}{4}$

$\dfrac{3.14 \times (0.1)^2}{4} \times 4m/sec = \dfrac{3.14 \times (0.02)^2}{4} \times V_2$

$0.00785m^2 \times 4m/sec = 0.000314m^2 \times V_2$

$0.0314m^3/sec = 0.000314m^2 \times V_2$

$\dfrac{0.0314m^3/sec}{0.000314m^2} = V_2$

$100m/sec = V_2$

[정답] ②

SECTION 10 엔탈피

엔탈피 = 내부에너지(U) + (압력(P) × 체적(V))

01 내부에너지 400kJ, 압력 320kPa, 체적 $2m^3$인 계의 엔탈피는 몇 kJ인가?

① 720kJ ② 1,020kJ ③ 1,040kJ ④ 1,120kJ

[해설] 엔탈피 = 내부에너지(U) + (압력(P) × 체적(V))이므로
$= 400kJ + (320kPa \times 2m^3) = 1,040kJ$

[정답] ③

SECTION 11 정수두

정수두(m) = 10 × 게이지 압력(kgf/cm²)

01 게이지 압력이 1.4기압(kgf/cm²)일 때 정수두는 몇 m인가?
① 0.14
② 1.4
③ 14
④ 140

[해설] 정수두란 물이 정지 상태에 있을 때 상하수면의 높이차를 말한다.
정수두(m) = 10 × 게이지 압력(kgf/cm²) = 10 × 1.4 = 14m

[정답] ③

SECTION 12 직접가열식 저탕조의 크기

(시간당 최대사용량 − 온수보일러의 탕량) × 1.25 = 저탕조의 크기

01 급탕설비의 직접 가열식 저탕조에 있어서 최대사용량이 3,500L/h이고, 온수 보일러의 탕량이 1,500L일 때, 저탕조의 크기로 가장 적합한 것은?
① 1,500L
② 2,000L
③ 2,500L
④ 3,000L

[해설] (시간당 최대사용량 − 온수보일러의 탕량) × 1.25 = 저탕조의 크기
저탕조의 크기 = (3,500 − 1,500) × 1.25 = 2,500L

[정답] ③

SECTION 13 보일러 마력

1보일러 마력(HP) = 8,435kcal/h

※ 1시간에 15.65kg의 상당증발량을 갖는 보일러의 능력을 말하며 약 8,435kcal/h(물의 증발잠열 539kcal × 15.65kg)의 열을 흡수하여 증기를 발생시킬 수 있는 능력으로 표시된다.

01 보일러 1마력이라 함은 100℃의 물 15.65kg을 1시간 동안에 100℃의 증기로 만들 수 있는 능력이다. 보일러 5마력을 열량으로 환산하면 약 몇 kcal/h인가?

① 8,435 ② 12,500 ③ 42,177 ④ 53,900

[해설] 8,435kcal/h(1보일러 마력) × 5HP = 약 42,176.75kcal/h

[정답] ③

SECTION 14 배관의 신축량

배관의 신축량(ΔL) = 재료의 팽창계수(강관의 팽창계수 : 11.5×10^{-6} m/m·℃)
× 온도의 변화량($t_2 - t_1$) × 배관의 길이(L)

01 온도 20℃일 때 설치한 20m 길이의 강관에 100℃ 유체를 수송할 경우 배관의 신축량은 얼마인가?(단, 강관의 팽창계수는 11.5×10^{-6} m/m·℃이다.)

① 9.2×10^{-3}m ② 14.6×10^{-3}m ③ 18.4×10^{-3}m ④ 36.8×10^{-3}m

[해설] 배관의 신축량(ΔL) = 재료의 팽창계수(강관의 팽창계수 : 11.5×10^{-6} m/m·℃) × 온도의 변화량($t_2 - t_1$) × 배관의 길이(L) × 10^3이므로 11.5×10^{-6} m/m·℃ × (100 - 20) × 20 = 18.4×10^{-3}m

[정답] ③

PART

02

필기시험 출제경향 분석

CHAPTER 01 배관 시공 및 안전관리
CHAPTER 02 배관 공작
CHAPTER 03 배관 재료
CHAPTER 04 기계 제도(비절삭 부분)

CHAPTER 01 배관 시공 및 안전관리

01 기초적인 계산

01 다음 그림은 엘보를 2개 사용하여 나사 이음 할 때의 치수를 나타낸 것으로 배관 중심선 간의 길이를 구하는 식으로 맞는 것은?(단, L = 배관의 중심선 간 길이, l = 관의 길이, A = 이음쇠의 중심에서 단면 끝까지의 거리, a = 나사가 물리는 최소 길이)

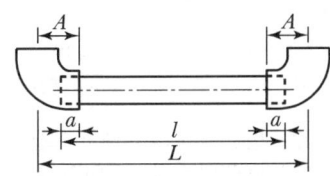

① $L = a + 2(l - A)$
② $L = A + 2(l - a)$
③ $L = l + 2(A - a)$
④ $L = l - 2(A + a)$

02 200kg의 공기가 가열코일 속을 통과하면서 열을 받아 10℃에서 90℃까지 높아졌다면 공기에 공급된 열량은 얼마인가?(단, 공기의 비열은 0.240kcal/kg · ℃이다.)

① 2,040kcal
② 2,780kcal
③ 3,840kcal
④ 4,860kcal

Guide $Q = G \times C \times (t_1 - t_2)$
= 200kg × 0.24(공기의 비열) × (90 − 10)
= 3,840kcal

03 20℃의 물 10L를 80℃로 올리는 데 필요한 열량은?

① 60kcal
② 600kcal
③ 160kcal
④ 1,600kcal

Guide $Q = G \times C \times (t_2 - t_1)$
(Q : 열량, G : 질량, C : 비열)
$Q = 10 \times 1 \times (80 - 20) = 600$kcal

04 물체의 온도 변화는 없이 상태 변화를 일으키는 데 이용된 열량을 무엇이라 하는가?

① 잠열
② 감열
③ 비열
④ 반응열

Guide
- 잠열 : 물체의 상태 변화만을 일으키는 데 이용된 열량(온도 변화 없음)
- 감열(현열) : 물체의 온도 변화만을 일으키는 데 이용된 열량(상태 변화 없음)

05 게이지 압력이 1.4기압(kgf/cm²)일 때 정수두는 몇 m인가?

① 0.14
② 1.4
③ 14
④ 140

Guide 정수두란 물이 정지상태에 있을 때 상하수면의 높이차를 말한다.
정수두(m) = 10 × 게이지 압력(kgf/cm²)
= 10 × 1.4 = 14m

06 내부 에너지 400kJ, 압력 320kPa, 체적 2m³ 인 계의 엔탈피는 몇 KJ인가?

① 720kJ
② 1,020kJ
③ 1,040kJ
④ 1,120kJ

정답 01 ③ 02 ③ 03 ② 04 ① 05 ③ 06 ③

Guide 엔탈피
= 내부에너지(U) + (압력(P) × 체적(V))이므로
= 400kJ + (320kPa × 2m³) = 1,040kJ

07 내부용적 40L의 산소병에 90kgf/cm²의 압력이 게이지에 나타났다면 이때 산소병에 들어 있는 산소의 양은?

① 9,000L　　② 3,600L
③ 4,000L　　④ 5,200L

Guide 산소병에 들어 있는 산소의 양(L)
= 가스용기의 내부용적(L) × 충전 압력(kgf/cm²)
= 40 × 90 = 3,600L

08 세면용 온수를 공급하기 위해 급탕 탱크 내에 있는 10℃ 온수 40L의 물 전량을 40℃로 올리고자 한다. 이때 필요로 하는 열량은 약 몇 kcal인가?

① 300　　② 1,200
③ 2,000　　④ 2,800

Guide $Q = G \times C \times (t_1 - t_2)$
= 40L × 1(물의 비열) × (40 - 10)
= 1,200kcal

09 섭씨 40℃는 화씨 몇 도인가?

① -40°F　　② 32°F
③ 72°F　　④ 104°F

Guide °F(화씨온도) = $\frac{9}{5} \times 40 + 32 = 104$°F

°C(섭씨온도) = $\frac{5}{9}$(°F - 32)

°F(화씨온도) = $\frac{9}{5}$°C + 32

10 섭씨 5℃의 물 1L를 화씨 185°F로 올리는 데 필요한 열량은 몇 kcal인가?

① 80　　② 81
③ 82　　④ 83

Guide °C = $\frac{5}{9}$(°F - 32)이므로

185°F = $\frac{5}{9}(185 - 32) = 85$℃

$Q = G \times C \times (t_1 - t_2)$
$Q = 1 \times 1 \times (85 - 5) = 80$

11 관의 허용응력이 10kgf/mm²이고, 사용압력이 80kgf/cm²일 때, 관의 스케줄 번호로 가장 적합한 것은?

① 40　　② 60
③ 80　　④ 125

Guide 스케줄 번호(Schedule No)란 허용응력(S)에 대한 사용압력(P)의 비를 이용하여 배관의 두께를 나타내는 번호이며 스케줄 번호는

= $\frac{\text{사용압력(kgf/cm}^2\text{)}}{\text{허용응력(kgf/mm}^2\text{)}} \times 10$로 나타내며

= $\frac{80}{10} \times 10 = 80$이다.

12 호칭지름 20A인 강관을 곡률반지름 100mm로 90° 구부림할 경우 곡선부 길이는 약 몇 mm인가?

① 137　　② 157
③ 274　　④ 314

Guide 90° 구부림을 하는 경우 곡선부의 길이

= $2 \times \pi \times r \times \frac{\theta}{360}$

= $2 \times 3.14 \times 100 \times \frac{90}{360} = 157$

정답 07 ②　08 ②　09 ④　10 ①　11 ③　12 ②

13 강관의 굽힘작업 시 곡률반지름이 200mm일 때 360°로 굽히고자 할 경우 관의 곡선길이는 얼마인가?

① 628mm　② 1,256mm
③ 2,524mm　④ 845mm

Guide 강관을 360°로 굽히고자 할 경우 관의 곡선길이를 산출하는 공식은 다음과 같다.
$$2 \times \pi \times r \times \frac{\theta}{360}$$
$$= 2 \times 3.14 \times 200 \times \frac{360}{360} = 1,256$$

14 20℃의 물 20kg을 72℃로 올리려면 몇 kcal의 열량이 필요한가?

① 1,040　② 1,280
③ 1,340　④ 1,440

Guide $Q = G \times C \times (t_1 - t_2)$
　　 = 20kg × 1(물의 비열) × (72 - 20)
　　 = 1,040kcal

15 관 제작 시 중심각이 90°인 5편 마이터의 절단각은 몇 도인가?

① 30°　② 22.5°
③ 15°　④ 11.25°

Guide 마이터의 절단각
$$= \frac{중심각}{2(편수-1)}$$
$$= \frac{90°}{2(5-1)} = 11.25°$$

16 다음 중 1보일러 마력의 발열량(kcal/h)으로 가장 적합한 것은?

① 539　② 5,390
③ 8,435　④ 33,470

Guide 1보일러 마력(HP)은 1시간에 15.65kg의 상당증발량을 갖는 보일러의 능력을 말하며 약 8,435kcal/h(물의 증발잠열 539kcal × 15.65kg)의 열을 흡수하여 증기를 발생할 수 있는 능력으로 표시된다.

17 내부에너지 400kJ, 압력 300kPa, 체적 2m³인 계의 엔탈피는 몇 KJ인가?

① 700　② 800
③ 900　④ 1,000

Guide 엔탈피
= 내부에너지(U) + (압력(P) × 체적(V))이므로
= 400kJ + (300kPa × 2m³) = 1,000kJ

02 급배수 및 위생설비 시공

01 급탕 배관에서 급탕관과 순환관 내의 수온차로 인한 밀도차로 대류작용을 일으켜 자연순환시키는 방식은?

① 대류식　② 중력식
③ 기계식　④ 강제식

Guide 중력식
수온차로 인한 밀도차가 야기하는 대류작용이 만들어 내는 자연 순환방식이다.

02 위생기구의 수면 아래에서 배수관(수평)을 작업하는 경우에 통기 수평 분기관을 수직관에 연결하기 전에 배수 계통의 위생기구의 수면보다 몇 mm 이상 위쪽으로 연결하여 작업해야 하는가?

① 10　② 150
③ 500　④ 1,000

Guide 통기관은 배수관 내의 배수와 공기가 잘 흐르게 하여 흐름이 원활하도록 배수관에 고정시켜 대기로 개방하는데, 이때 통기 수직관의 상부는 최상층의 제일 높은 기구의 수면보다 150mm 이상의 높이에 연결하여 설치한다(커다란 물통에서 물을 배출시키는 경우 물통의 윗 부분에 구멍을 내면 물의 배출이 더 원활해지는 원리).

정답　13 ②　14 ①　15 ④　16 ③　17 ④　/　01 ②　02 ②

03 오물 정화조의 구조와 설치 순서가 올바른 것은?

① 부패조 → 여과조 → 산화조 → 소독조
② 부패조 → 산화조 → 여과조 → 소독조
③ 소독조 → 여과조 → 산화조 → 부패조
④ 소독조 → 산화조 → 여과조 → 부패조

Guide 정화조의 오물정화 처리(설치) 순서
부패조 → 여과조 → 산화조 → 소독조
[암기법] 부.여.산.소

04 단수(斷水)가 되는 경우에도 일정 시간 동안 수전(물이 나오도록 만든 장치)과 각 기구에 일정한 압력으로 물을 공급할 수 있도록 하는 급수방식은?

① 수도직결식　　② 옥상 탱크식
③ 압력 탱크식　　④ 부스터식

Guide 옥상 탱크식
수도 직결식으로는 급수가 어려운 3층 이상의 건축물 및 고지대의 간접적으로 급수하는 방식이며 정전, 단수 시에도 일정시간 물 공급이 가능하다.

05 하이 – 탱크식 대변기 세정급수장치의 종류 중 시스턴 밸브식에 대해 설명한 것 중 틀린 것은?

① 사이펀관 대신 시스턴 밸브를 부착한 것이다.
② 탱크에는 볼 탭의 작용으로 일정한 물을 저장한다.
③ 밸브는 변기에서 40~50cm 떨어진 곳에 부착한다.
④ 수압이 낮으므로 세정관의 지름을 크게 하여 단시간에 많은 물을 분출한다.

Guide 하이 탱크식 세정급수장치
• 시스턴 밸브식 : 높은 곳에 설치되어 수압이 높고 급수관이 가늘어도 된다.
• 사이펀식 : 급수관의 지름이 작아도 되며 수압이 작아도 된다.

06 급탕배관의 환수관에는 역류방지를 위해 어떤 밸브를 설치하는가?

① 2방향 밸브　　② 감압 밸브
③ 안전 밸브　　　④ 체크 밸브

Guide 환수관에는 유체의 역류방지를 위한 체크 밸브를 설치한다.

07 보일러 등의 내부를 청소하기 위해 임의로 만들어 놓은 구멍인 청소구의 경우 몇 m마다 1개소씩 설치하는가?(단, 배수 관경이 100A 이하)

① 15　　　　　　② 40
③ 50　　　　　　④ 80

Guide 청소구란 보일러 등의 내부 청소를 위하여 임의로 만들어 놓은 구멍이며 배수 관경이 100A 이하인 경우 15m마다 1개소씩 설치한다.

08 원심 펌프 등에서 액체가 고속 회전할 때 압력이 낮아지는 부분이 생기면서 기포가 발생하는 현상으로 진동과 소음을 유발하며, 효율을 떨어뜨리고 관련 설비에 부식작용까지 일으키는 현상은?

① 수격현상　　　② 공동현상
③ 증발현상　　　④ 경화현상

Guide 캐비테이션 또는 공동현상이라고도 하며 원심펌프 등에서 액체가 고속회전하는 경우 압력이 낮아지는 부분이 생기면서 기포가 발생한다. 진동과 소음을 유발하며 효율을 떨어뜨린다.

09 펌프에서 캐비테이션(Cavitation)이 발생하는 조건이 아닌 것은?

① 흡입 양정이 짧을 경우
② 유체의 온도가 높을 경우
③ 날개 차의 원주 속도가 클 경우
④ 날개 차의 모양이 적당하지 않을 경우

정답　03 ①　04 ②　05 ④　06 ④　07 ①　08 ②　09 ①

Guide 캐비테이션 발생원인
유체의 온도가 높은 경우, 흡입양정이 높을 경우, 날개 차의 원주속도가 클 경우, 날개 차의 모양이 적당하지 않을 경우

참고
- 캐비테이션 현상은 공동현상이라고도 하며 원심펌프 등에서 액체가 고속 회전하는 경우 압력이 낮아지는 부분이 생기면서 기포가 발생하는 것으로 진동과 소음을 유발하며 펌프의 효율을 떨어뜨린다.
- 대체적으로 온도가 높고 속도가 큰 경우 발생한다.

10 루프 통기식 배관의 경우 통기수직 주관과 최상류 기구까지의 루프 통기관 연장 거리는 몇 m 이내로 하여야 하는가?

① 50∼100mm 이내 ② 60∼170mm 이내
③ 7.5m 이내 ④ 25m 정도

Guide 루프 통기식 배관에서 수직 주관과 최상류 기구까지의 루프 통기관의 연장거리는 7.5m 이내로 한다.

11 오수 정화시설에서 폭기 시설을 설치하는 이유는 무엇인가?

① 산소가 충분히 공급되게 하기 위하여
② 고형물을 가라앉히기 위하여
③ 혐기성 박테리아의 촉진을 위하여
④ 소독을 원활하게 하기 위하여

Guide 호기성 미생물에 의한 유기물의 산화분해를 촉진시키기 위해 산소가 충분히 공급되도록 폭기 시설을 설치한다.

12 급탕 배관을 시공할 때의 주의사항 중 배관 구배에 관한 설명으로 옳은 것은?

① 상향식 공급방식에서는 급탕 수평주관은 선상향 구배로 하고 복귀관은 선하향 구배로 한다.
② 상향식 공급방식에서는 급탕 수평주관은 선하향 구배로 하고 복귀관은 선상향 구배로 한다.
③ 상향식 공급방식에서는 급탕 수평주관과 복귀관 모두 선상향 구배로 한다.
④ 상향식 공급방식에서는 급탕 수평주관과 복귀관 모두 선하향구배로 한다.

Guide 급탕(Hot-water Supply)이란 보일러 설비로 가열한 온수를 세면장, 욕탕, 주방 등 온수가 필요한 곳으로 공급하는 것을 말하며 배관의 시공 시 상향식 공급방식에서는 급탕 수평주관은 선상향 구배로 하고 복귀관은 선하향 구배로 한다.

암기법 상향식 공급/선상향/선하향

13 2층 이하의 낮은 건물에 일반적으로 사용되는 상수도 급수 배관방식은?

① 고가 탱크식 배관법
② 압력 탱크식 배관법
③ 수도 직결식 배관법
④ 로 탱크식 배관법

Guide 수도 직결식 배관법은 1, 2층 정도의 낮은 건물의 급수에 사용되며 도로에 매설된 수도 본관의 수압을 이용하여 직접 급수하는 방법이다.

14 다음 중 펌프의 공동현상(캐비테이션)을 방지하는 방법이 아닌 것은?

① 펌프의 회전수를 낮춘다.
② 흡입 양정을 짧게 한다.
③ 관경을 작게 한다.
④ 두 대 이상의 펌프를 사용한다.

Guide 공동현상(Cavitation, 캐비테이션)을 방지하기 위해서는 흡입관의 손실을 줄여야 하므로 관경을 굵게 하거나 굽힘 개소를 줄인다.

15 급수설비에서 급수방식의 종류에 해당하지 않는 것은?

① 상·하향 혼합식 ② 수도 직결식
③ 부스터식 ④ 압력 탱크식

Guide 급수방식의 종류
수도 직결식, 압력 탱크식, 부스터식, 옥상 탱크식

정답 10 ③ 11 ① 12 ① 13 ③ 14 ③ 15 ①

16 파이프 내에 흐르는 유체의 문자 기호에서 W가 의미하는 것은?

① 물 ② 증기
③ 기름 ④ 공기

Guide O(Oil, 기름), A(Air, 공기), C(Cool Water, 냉수), S(Steam, 증기), W(Water, 물)

17 제일 위쪽의 배수 수평관이 수직관에 접속된 위치보다도 위쪽으로 배수 수직관을 끌어올려 대기 중에 개방하도록 한 통기관으로 각 층이 동일한 평면으로 된 공동주택 등에 일반적으로 사용되는 통기관은?

① 신정 통기관 ② 연합 통기관
③ 회로 통기관 ④ 환상 통기관

Guide 신정 통기관은 배수 수직관을 동일 관경으로 그대로 연장하여 대기 중에 개방하는 통기관이다.

18 정화조의 오물정화 처리 순서로 올바른 것은?

① 부패조 → 소독조 → 예비 여과조 → 산화조
② 예비 여과조 → 부패조 → 소독조 → 산화조
③ 소독조 → 부패조 → 예비 여과조 → 산화조
④ 부패조 → 예비 여과조 → 산화조 → 소독조

Guide 정화조의 오물정화 처리 순서
부패조 → 예비 여과조 → 산화조 → 소독조
[암기법] 부.예.산.소

19 부패정화조에서 약액조를 설치해야 하는 곳은 어느 곳인가?

① 부패조 ② 예비 여과조
③ 산화조 ④ 소독조

Guide 배설물 정화조의 오물정화 처리 순서
부패조 → 예비 여과조 → 산화조 → **소독조(약액조 설치)**

[참고] 소독조의 약액조에서 오수 중 각종 세균을 치아염소산소다, 치아염소산칼슘 등과 같은 소독액으로 소독
[암기법] 부.예.산.소

20 펌프의 입구와 출구에 연결된 진공계 또는 압력계의 바늘이 심하게 흔들리고, 송출유량이 변하는 이상 현상은 무엇인가?

① 수격 작용 ② 포밍 현상
③ 캐비테이션 ④ 서징 현상

Guide 서징(Surging, 맥동) 현상
펌프의 운전 중에 압력계의 눈금이 주기를 가지고 큰 폭으로 흔들리며 주기적으로 진동과 소음을 수반하는 현상이다.

21 물을 깨끗하게 정수하는 방법 중 수중의 부유물질이 중력에 의해 가라앉는 현상은?

① 여과 ② 침전
③ 소독 ④ 부식

Guide 수중의 부유물질이 중력에 의해 침강하는 현상을 침전(가라앉는 현상)이라 한다.

22 급탕 배관시공법의 설명 중 잘못된 것은?

① 건물의 벽을 관통하는 부분의 배관에는 슬리브를 끼운다.
② 급탕 밸브나 플랜지 등의 패킹은 내열성 재료를 선택하여 시공한다.
③ 팽창 탱크(Expansion Tank)의 높이는 최고층 급탕 콕보다 5m 이상 높은 곳에 설치한다.
④ 중력 순환식의 배관구배는 1/200로, 강제 순환식의 배관구배는 1/150로 하여 시공한다.

Guide 급탕 시공 시 배관의 구배는 중력 순환식의 경우 1/150, 강제 순환식은 1/200로 한다.

[참고] 구배란 수평을 기준으로 한 경사의 정도를 의미한다.

정답 16 ① 17 ① 18 ④ 19 ④ 20 ④ 21 ② 22 ④

23 급수 배관을 설치하는 경우 워터 헤머링을 방지하기 위해 공기실을 설치한다. 공기실의 가장 적합한 설치 위치는 어디인가?

① 급속 개폐식 수전 앞쪽
② 펌프의 토출구 수평배관 끝 부분
③ 급수관의 긴 끝 부분
④ 팽창 탱크의 최고 상단

> Guide 수격작용이란 워터 헤머링(Water Hammering)이라고도 하며 배관 내의 유체가 갑자기 멈추거나 방향을 바꿀 때 발생하는 순간적인 압력이 배관을 타격하는 현상이다. 급수 배관에서는 이를 방지하기 위해 급속 개폐식 수전의 앞쪽에 설치를 한다.

24 배수관에 트랩을 설치하는 이유는 무엇 때문인가?

① 유해가스의 역류를 방지하기 위해
② 배수관의 부식을 방지하기 위하여
③ 유해가스의 통기 작용을 돕기 위해
④ 배수 속도를 일정하게 하기 위하여

> Guide 세면대 아래쪽 U자형으로 구부러진 배관에는 늘 물이 차 있으며 이는 유해가스의 역류를 방지하기 위한 일종의 트랩장치이다.

25 고양정 급수용으로 사용되며 주로 고압의 급수용으로 사용되는 펌프는?

① 피스톤 펌프 ② 터빈 펌프
③ 인젝터 ④ 플런저 펌프

> Guide 터빈 펌프는 원심 펌프의 한 종류로 임펠러 내부에 안내 날개를 가지고 있는 고양정 급수용 펌프이다.

26 펌프 배관에 대한 설명 중 틀린 것은?

① 흡입관은 되도록 길게 하고 굴곡 부분이 되도록 크게 하여야 한다.
② 수평관에서 관경을 바꿀 경우 편심 리듀서를 사용해서 파이프 내부에 공기가 차지 않도록 한다.
③ 풋 밸브는 동수위면보다 흡입 관경의 2배 이상 물속에 들어가야 한다.
④ 흡입 쪽의 수평관은 펌프 쪽으로 올림 구배를 한다.

> Guide 펌프 배관의 시공 시 흡입관과 굴곡 부분은 가급적 짧고, 작게 하여야 유체의 저항을 최소화하여 효율을 높일 수 있다.

27 아래 그림과 같은 KS 배관 도시 기호가 나타내는 것은?

① 체크 밸브 ② 전동 밸브
③ 스톱 밸브 ④ 슬루스 밸브

> Guide 배관부속의 종류와 기호
>
> | 부속의 종류 | 기호 | 부속의 종류 | 기호 |
> |---|---|---|---|
> | 엘보 | └ | 밸브 일반 | ⋈ |
> | 티 | ┬ | 콕 일반 | ⋈ |
> | 리듀서 | ▷ | 체크 밸브 | ◤◣ 또는 ⌐⌐ |
> | 슬루스 밸브 (게이트 밸브) | ⋈ | 앵글 밸브 | △ |
> | 글로브 밸브 (스톱 밸브) | ⋈ | 안전 밸브 | ⋈ |

28 순수한 물의 일반적인 성질에 관한 설명으로 틀린 것은?

① 물은 1기압하에서 4℃일 때 가장 무겁고 그 부피는 최소가 된다.
② $1cm^3$의 무게는 1g, 1t의 무게는 1,000kg이다.
③ 100℃의 물이 100℃ 증기로 변할 때는 체적이 1,700배로 팽창한다.

정답 23 ① 24 ① 25 ② 26 ① 27 ① 28 ④

④ 물은 0℃에서 얼게 되며 약 9% 정도 체적이 수축한다.

Guide 물이 얼게 되면 약 4.3% 정도 체적이 팽창한다. 겨울에 수도관이 파열되는 원인도 이 때문이다.

29 배설물 정화조에서 예비 여과조의 설치 위치는?

① 제1부패조와 제2부패조의 중간
② 산화조와 소독조의 중간
③ 제2부패조와 산화조의 중간
④ 소독조와 배기관의 중간

Guide 배설물 정화조에서 예비 여과조는 제2부패조와 산화조의 중간에 설치한다.

30 호텔 또는 주택 등에서 일반적으로 사용하는 변기의 세정장치로 탱크의 물이 로(통)에 저장되어 있는 방식은?

① 세정 탱크식
② 로 탱크식
③ 세정 밸브식
④ 기압 탱크식

Guide 로 탱크식은 대변기의 세정 급수방식으로 탱크 내의 물이 로(통)에 저장되어 있는 방식이다.

31 통기관의 배관작업을 설명한 것으로 가장 올바른 것은?

① 통기관은 실내 환기용 덕트에 연결한다.
② 오물정화조의 배기관은 단독으로 대기 중에 개구해서는 안 된다.
③ 환상 통기관의 관경은 통기 수직관의 1/2 이상으로 한다.
④ 통기관의 관경을 결정할 때는 배수의 종류가 가장 중요한 요소가 된다.

Guide 통기관의 종류와 관경
- 각개 통기관 : 기구배수관 또는 기기에 접속하는 배수관 관경의 1/2 이상
- 환상 통기관 : 배수 수평기관의 관경 또는 통기 수직관 관경의 1/2 이상

32 정화조 시설의 부패 정화조 유입구에 T자관을 설치하는 가장 중요한 이유로 맞는 것은?

① 오수면의 흔들림을 줄이고 오수에 공기가 섞이는 것을 방지하기 위하여
② 공기를 원활히 공급하여 부패를 촉진시키기 위하여
③ 호기성 박테리아의 촉진을 위하여
④ 오수의 유입을 원활히 하기 위하여

Guide 정화조 시설의 부패 정화조 유입구에는 오수면의 흔들림을 줄이고 오수에 공기가 섞이는 것을 방지하기 위해 T자관을 설치한다.

33 일반적인 경우 중앙식 급탕기와 비교한 개별식 급탕법의 장점으로 가장 적합한 것은?

① 배관길이가 짧아 열손실이 적다.
② 값싼 중유, 벙커C유 등의 연료를 사용하여 급탕비가 적게 든다.
③ 대규모 설비이므로 열효율이 좋다.
④ 기계실에 설치되므로 관리가 쉽다.

Guide 개별식 급탕법은 긴 배관이 필요치 않으며 급탕 개소가 적을 경우 시설비가 경제적인 장점이 있다. (예 순간온수기)

34 급수설비에서 많이 발생하는 수격작용 방지법으로 틀린 것은?

① 관경을 작게 하고 유속을 빠르게 한다.
② 수전류 등의 폐쇄하는 시간을 느리게 한다.
③ 굴곡배관을 억제하고 될 수 있는 대로 직선배관으로 한다.
④ 기구류 가까이에 공기실을 설치한다.

정답 29 ③ 30 ② 31 ③ 32 ① 33 ① 34 ①

Guide 수격작용(Water Hammering, 워터해머링)은 파이프의 밸브를 갑자기 닫는 경우와 같이 파이프 내에 순간적인 압력이 발생하는 일종의 충격파 발생 현상을 말한다. 이를 방지하기 위해 파이프의 관경을 크게 하고 유속을 느리게 조정한다.

35 급수설비에서 일정한 압력으로 급수할 수 있고, 일정량의 저수량을 확보할 수 있으며 대규모 급수설비에 많이 채택되는 급수방식은 어느 것인가?

① 수도 직결식
② 옥상 탱크식
③ 압력 탱크식
④ 양수 펌프식

Guide 옥상 탱크식은 일정한 압력의 급수가 가능하며 대규모 급수설비에 사용된다. 반면 옥상에 설치된 탱크에서 급수가 오염될 가능성이 크며 제작비가 많이 든다는 단점을 가지고 있다.

36 배수관을 설계하는 경우 고려해야 할 사항으로 틀린 것은?

① 배수관이 막히는 현상이 없을 것
② 중력 흐름식으로 할 것
③ 배수할 때 유체의 저항을 최대화할 것
④ 배수할 때 배수관에서 소음이 일어나지 않을 것

Guide 배수관의 계통 설계 시 유체의 저항은 최소화될 수 있도록 한다.

37 펌프를 설치하거나 취급하는 경우 주의사항으로 틀린 것은?

① 펌프와 전동기의 축 중심을 일직선상에 정확하게 일치시킨 후 체결한다.
② 수평관에서 관경을 변경할 경우에는 동심 리듀서를 사용한다.
③ 흡입양정은 되도록 짧게, 굴곡배관은 되도록 피한다.
④ 풋 밸브는 동수위면보다 흡입관경의 2배 이상 물속에 들어가게 한다.

Guide 수평관에서 관경을 변경하는 경우에는 이경 리듀서를 사용한다.

38 펌프 배관에 대한 설명 중 틀린 것은?

① 흡입관은 되도록 짧게 하고 굴곡 부분이 되도록 작게 하여야 한다.
② 수평관에서 관경을 바꿀 경우, 동심 리듀서를 사용해서 파이프 내에 공기가 차지 않도록 한다.
③ 풋 밸브는 동수위면보다 흡입 관경의 2배 이상 물속에 들어가야 한다.
④ 흡입 쪽의 수평관은 펌프 쪽으로 올림구배를 한다.

Guide ② 수평관에서 관경을 변경하는 경우에는 이경 리듀서를 사용한다.

39 급수 배관을 설치하는 방식에는 수도 직결식, 옥상 탱크식, 압력 탱크식의 세 가지 방식이 있다. 이때 수도 본관의 수압을 이용하여 소규모 건축물에 급수하는 방식은 어떤 방식인가?

① 수도 직결식   ② 옥상 탱크식
③ 압력 탱크식   ④ 왕복 펌프식

Guide 급수 배관법의 종류
• 수도 직결식 : 상수도 본관의 압력으로 건물에 급수(소형 건물에 사용)
• 옥상 탱크식 : 옥상에 설치된 고가수조에 물을 저장 후 중력을 이용하여 물을 공급(대규모 급수에 적합)
• 압력 탱크식 : 압력 탱크의 힘으로 물을 공급(정전 시 급수 불가)

정답 35 ② 36 ③ 37 ② 38 ② 39 ①

40 온수난방의 배관을 시공하는 경우 배관의 구배는 얼마 이상으로 하는가?

① 1/100　　② 1/150
③ 1/200　　④ 1/250

> **Guide** 구배란 재료의 기준면에 대한 경사를 말하며 온수 배관 시공 시 배관의 구배는 1/250 이상으로 한다.

41 상주 인원이 $n=300$명인 아파트의 오수 정화조에서 산화조의 용적은 약 몇 m^3 이상으로 하면 적당하겠는가?(단, 부패조의 용량 V는 $V \geq 1.5 + 0.1(n-5)m^3$이고, 산화조 용량은 부패조의 1/2이다.)

① 1.5　　② 7.0
③ 10.5　　④ 15.5

> **Guide** 문제에서 주어진 공식에 그대로 대입을 한다.
> 부패조의 용량 = $1.5 + 0.1(300-5) = 31$이며 산화조의 용량은 부패조 용량의 1/2이므로 산화조의 용적은 약 15.5m^3이다.

42 통기 수직관의 상부는 상층의 가장 높은 기구의 수면보다 몇 mm 이상 높이의 신정 통기관에 연결하여야 하는가?

① 10　　② 50
③ 100　　④ 150

> **Guide** 통기관은 배수관 내의 배수와 공기가 잘 흐르게 하여 흐름이 원활하도록 배수관에 고정시켜 대기로 개방하는데, 이때 통기 수직관의 상부는 최상층의 제일 높은 기구의 수면보다 150mm 이상의 높이에 연결하여 설치한다(커다란 물통에서 물을 배출시키는 경우 물통의 윗 부분에 구멍을 내면 물의 배출이 더 원활해지는 원리).

43 일반적인 경우 중앙식 급탕기와 비교한 개별식 급탕법의 장점으로 가장 적합한 것은?

① 배관길이가 짧아 열손실이 적다.
② 값싼 중유, 벙커C유 등의 연료를 사용하여 급탕비가 적게 든다.
③ 대규모 설비이므로 열효율이 좋다.
④ 기계실에 설치되므로 관리가 쉽다.

> **Guide** 개별식 급탕법은 긴 배관이 필요치 않으며 급탕 개소가 적을 경우 시설비가 경제적인 장점이 있다.
> (예 순간온수기)

03 소화 및 공조배관

01 옥내 소화전의 동시 개구수가 5개 설치되어 있을 때 필요한 수원의 수량은 얼마인가? (단, 표준 방수량은 120L/min, 방수 시간은 10분으로 한다.)

① 650L　　② 13,000L
③ 2,600L　　④ 6,000L

> **Guide** 소화전 5개×120L×10분=6,000L

02 진공 환수식 증기난방에 대한 설명으로 틀린 것은?

① 응축수의 유속이 빠르므로 환수관경을 작게 할 수 있다.
② 중력식에 비해 배관구배를 작게 할 수 있다.
③ 낮은 쪽의 응축수를 높은 곳으로 올릴 수 있는 리프트 피팅(Lift Fitting)이 가능하다.
④ 방열기 설치 위치에 제한을 받는다.

> **Guide** 진공 환수식 증기난방은 방열기의 설치 위치에 제한을 받지 않는다.

정답　40 ④　41 ④　42 ④　43 ①　/　01 ④　02 ④

03 공기조화방식의 분류에서 물-공기방식에 속하지 않는 것은?

① 덕트 병용 팬코일 유닛방식
② 이중 덕트방식
③ 유인 유닛방식
④ 덕트 병용 복사 냉방방식

> **Guide** 이중 덕트방식은 전공기방식에 속한다.

04 진공 환수식 증기 난방법의 설명으로 맞는 것은?

① 응축수의 유속이 느려 환수관의 관경을 크게 하여야 한다.
② 자연순환식보다 증기의 순환이 느리다.
③ 방열기 설치장소에 제한을 받지 않는다.
④ 방열기 밸브의 개폐도 조절이 어려워 방열량을 조절하기 어렵다.

> **Guide** 진공 환수식 증기 난방법
> 환수관의 직경을 작게 할 수 있으며 방열량의 조절이 용이하고 방열기 설치 장소에 제한을 받지 않는다.

05 창이나 벽, 처마, 지붕에 물을 뿌려 수막을 형성함으로써 인접 건물에 화재가 발생했을 때 본 건물의 화재 발생을 예방하는 소화설비를 무엇이라 하는가?

① 스프링클러   ② 드렌처
③ 옥외 소화전   ④ 연결 수송관

> **Guide** 스프링클러와 드렌처 설비의 비교
>
> | 구분 | 스프링클러
(Sprinkler) | 드렌처
(Drencher) |
> |---|---|---|
> | 용도 | 건물 내 소화설비 | 건물 외부 소화설비 |
> | 설치 위치 | 천장 설치 | 건물 외벽 옥상 설치 |

06 먼지나 매연을 제거하고 습도를 조절하는 기능이 있으며 입구에는 루버, 출구에는 일리미네이터라는 것이 있는 공기조화장치는?

① 가습기   ② 공기 송풍기
③ 공기 여과기   ④ 공기 세정기

> **Guide** 공기세정기
> 공기 중의 먼지나 매연을 제거하며 공기를 세척(세정)하는 기기

07 복사난방에 관한 설명으로 올바른 것은?

① 저온식은 패널의 표면 온도가 80~90℃ 이다.
② 실내 공기의 대류가 심하고 공기가 오염되기 쉽다.
③ 홀이나 공회당과 같이 천장이 높은 방에 적합하다.
④ 적외선식 복사난방은 공장이나 창고 또는 실외에서의 제한된 일부 구역을 난방할 수 없다.

> **Guide** 복사난방은 우리나라의 전통적인 난방방식인 온돌난방이 좋은 예이다. 바닥이나 벽, 천장 등에 온수가 통하는 파이프를 매립하는 방식의 난방법으로 천장이 높은 방에 적합하다.

08 소화설비에서 드렌처의 제어 밸브 설치 시 바닥면에서의 적당한 높이는 몇 m인가?

① 0.5m 이상 1.0m 이하
② 0.8m 이상 1.5m 이하
③ 1.5m 이상 2.0m 이하
④ 2.5m 이상

> **Guide** 드렌처(Drencher) 제어 밸브는 바닥면에서 0.8m 이상 1.5m 이하로 한다(성인이 쉽게 조작할 수 있는 높이).

정답 03 ② 04 ③ 05 ② 06 ④ 07 ③ 08 ②

09 다음 중 방열기 설치방법으로 옳은 것은?

① 방열기를 벽에서 50~60mm 정도 간격으로 설치한다.
② 방열기를 벽체 내에 은폐하여 설치할 때 전체 방열량 중 50~70%가 손실된다.
③ 방열기는 대류작용을 위하여 바닥에서 75mm 간격으로 설치한다.
④ 방열기는 외기를 접하지 않는 창문 반대쪽에 설치한다.

Guide 방열기는 온수나 증기 등을 이용하여 열을 전달하는 난방기의 한 종류이며 보통 오래된 건물의 라디에이터가 대표적인 방열기라 할 수 있다. 방열기의 설치 시 열손실이 가장 많은 외벽의 창 밑에 설치하며 벽에서 약 50~60mm 정도 간격을 두고 설치한다.

10 덕트 시공 시 고려사항을 열거한 것 중 틀린 것은?

① 공기의 흐름에 따른 마찰저항을 적게 한다.
② 소음이나 진동이 발생하지 않도록 한다.
③ 덕트 내의 압력차에 의해 덕트가 변형되도록 한다.
④ 벽 등을 관통할 때는 반드시 천정 또는 보에 현수 지지구를 사용하여 고정한다.

Guide 덕트의 시공 시 덕트 내 압력차에 의한 덕트의 변형을 방지해야 한다.

11 스프링클러 설비의 특징에 대한 설명으로 가장 거리가 먼 것은?

① 초기 진화에 절대적인 효과가 있다.
② 조작이 간편하고 안전하다.
③ 시공이 간단하고 초기 시설비가 적게 든다.
④ 소화 후 복구가 용이하다.

Guide 스프링클러 설비는 화재의 초기 진화에 절대적인 효과가 있으나 시설비가 많이 들며 시공과 점검 보수에 따른 어려움이 있다.

12 온수난방 설비에 관한 설명 중 옳지 않은 것은?

① 중력 순환식의 경우 방열기로 분기할 때는 상향 분기하여 스위블 이음을 거쳐 공급하도록 한다.
② 강제 순환식의 경우 순환 펌프는 공급관에 연결하는 것이 가장 좋으며, 안전관은 흡입관 하부에 접속한다.
③ 팽창 탱크는 온수의 온도변화에 따른 팽창에 대응하기 위해 설치하는 것이다.
④ 단관식에서 동일 주관에 연결되어 있는 방열기 하나를 휴지시키면 직접적인 영향을 인접 방열기에 준다.

Guide 강제순환식의 경우 순환 펌프는 환수관의 보일러 측 말단에 부착하며 안전관은 급수관 상부에 접속한다.

13 중앙식 급탕법에 비교한 개별식 급탕법의 특징이 아닌 것은?

① 배관의 길이가 짧아 열손실이 적다.
② 필요한 즉시 높은 온도의 물을 쓸 수 있다.
③ 사용이 쉽고 시설이 편리하다.
④ 연료비가 적게 든다.

Guide 개별식/중앙식 급탕법의 비교

개별식	중앙식
• 긴 배관이 필요 없다. • 배관의 열손실이 적다. • 급탕 개소가 적을 경우 시설비가 저렴하다.	• 열원으로 값싼 석탄, 중유 등이 사용되며 연료비가 적게 든다. • 탕비장치가 대규모이며 열효율이 좋다. • 시설비가 고가이나 대규모 급탕 시 경제적이다.

정답 09 ① 10 ③ 11 ③ 12 ② 13 ④

14 중력 환수식 증기난방법에서 단관식의 설명으로 틀린 것은?

① 보일러에서 먼 곳에 있는 방열기는 난방이 불완전하여 소규모 난방에 이용된다.
② 복관식에 비해 배관의 길이는 짧아진다.
③ 환수관이 있기 때문에 충분한 난방을 위해 공기빼기 밸브를 설치할 필요가 없다.
④ 방열기 밸브는 응축수가 체류되지 않는 것을 선택하여 설치하여야 한다.

Guide 단관식은 환수관이 없기 때문에 공기빼기 밸브를 설치해야 한다.

15 다음 중 소방용 수원의 수위가 펌프보다 아래에 있을 때 설치하는 것은?

① 가압 송수장치 ② 프라이밍 물 탱크
③ 옥상 물 탱크   ④ 스프링클러 설비

Guide 수원의 수위가 펌프보다 아래에 있는 경우 펌프의 흡입 배관 속에 물이 없으면 펌프가 회전을 해도 양수가 되지 않는다. 이를 방지하기 위해 미리 물을 주입하는 프라이밍을 위한 물 탱크를 설치한다.

16 온수 보일러 팽창 탱크와 팽창관 설치 시 주의사항으로 틀린 것은?

① 난방인 경우 개방형 팽창 탱크는 방열기나 방열 코일의 최고위보다 1m 이상 높게 설치한다.
② 밀폐형 팽창 탱크는 보일러실의 적당한 위치에 설치한다.
③ 팽창 탱크에 연결된 팽창관에는 체크 밸브를 설치해야 한다.
④ 팽창관을 팽창 탱크에 접속시킬 때는 수평 부분에 상향 구배를 준다.

Guide 보일러수의 온도 상승으로 물의 체적이 팽창하게 되는데, 그에 따른 압력을 흡수하기 위해 팽창 탱크를 설치한다.

17 주로 대형 덕트에 사용되며 일명 루버댐퍼라고도 하고 날개가 여러 장으로 구성된 댐퍼의 명칭은 무엇인가?

① 1매 댐퍼   ② 다익 댐퍼
③ 스프리트 댐퍼 ④ 방화 댐퍼

Guide 댐퍼(Damper)란 덕트에서 공기의 흐름을 제어할 수 있는 부품이다.

18 공기조화장치에서 일리미네이터(Eliminator)의 주된 역할은?

① 공기를 냉각시킨다.
② 가습작용을 한다.
③ 먼지를 제거한다.
④ 분무된 물이 공기와 함께 비산되는 것을 방지한다.

Guide 공기조화장치에서 일리미네이터는 공기 속에 포함된 물을 분리하는 역할을 하는 장치이다.

19 소화설비에서 스프링클러 설비에 대한 설명으로 틀린 것은?

① 습식설비는 헤드에 물이 채워져 있다.
② 건식설비는 동결의 위험이 많은 지방에서 사용된다.
③ 전구동설비는 건식설비와 같으나 프리액션 밸브를 거쳐 급수본관에 연결된 방식이다.
④ 헤드에 강열 부분이 없는 폐쇄형 스프링클러는 프리액션 설비라고도 한다.

Guide 폐쇄형 스프링클러란 정상상태에서 방수구를 막고 있는 감열체가 일정 온도에서 자동적으로 파괴·용해 또는 이탈됨으로써 방수구가 개방되는 스프링클러를 말한다.

정답 14 ③ 15 ② 16 ③ 17 ② 18 ④ 19 ④

20 방열기는 온수나 증기 등을 이용하여 열을 전달하는 난방기의 한 종류이며 보통 오래된 건물의 라디에이터가 대표적인 방열기라 할 수 있다. 방열기를 설치하는 경우 열손실이 가장 많은 외벽의 창 밑에 설치하게 되는데 이때 벽으로부터 이격해야 하는 거리는 약 몇 mm 정도인가?

① 10~20mm
② 50~60mm
③ 90~100mm
④ 120mm 이상

Guide 방열기의 설치 시 열손실이 가장 많은 외벽의 창 밑에 설치하며 벽에서 약 50~60mm 정도 간격을 두고 설치한다.

21 공기조화방식의 분류에서 물-공기방식에 속하지 않는 것은?

① 덕트 병용 팬 코일 유닛방식
② 이중 덕트방식
③ 유인 유닛방식
④ 복사 냉난방방식

Guide 이중 덕트방식은 전공기방식에 속한다.

22 옥내소화전의 저수 탱크 용량은 소화전 1개당 방수량을 어느 정도로 하는가?

① 130L/min을 20분간 방수할 수 있는 용량
② 150L/min을 30분간 방수할 수 있는 용량
③ 160L/min을 1시간 이상 방수할 수 있는 용량
④ 100L/min을 2시간 이상 방수할 수 있는 용량

Guide
- 옥내소화전의 저수 탱크 : 소화전 1개당 130L/min을 20분간 방수할 수 있는 용량
- 옥외소화전의 저수 탱크 : 350L/min 이상

23 증기, 온수 등의 배관을 이용하여 각 방으로 열을 공급하는 난방법으로 주로 지하 기계실에 설치된 보일러를 작동하며 직접, 간접, 방사난방법으로 분류되는 난방법은?

① 진공식 난방법
② 개별식 난방법
③ 흡수식 난방법
④ 중앙식 난방법

Guide 난방법의 분류

분류	종류
개별식 난방법	소규모 난방법(가정용)
중앙식 난방법	직접 난방법
	간접 난방법
	방사 난방법

24 스프링클러를 설치할 때 기준 유속(3m/sec)을 유지하고, 신축성이 없는 배관 내부에서 발생하는 수격작용을 방지 또는 완화시키기 위해서 설치하는 것은 무엇인가?

① 리터딩 챔버
② 시험 밸브
③ 서지 옵서버
④ 알람 밸브

Guide 스프링클러의 기준유속(3m/sec)을 유지하며 신축성이 없는 배관 내부에서 발생되는 수격작용을 방지·완화시키기 위해 서지 옵서버를 설치한다.

25 공기조화설비방식은 개별식과 중앙식으로 분류된다. 개별식 공기조화설비방식에 속하는 것은?

① 전공기방식
② 수-공기방식
③ 냉매방식
④ 수방식

Guide 공기조화설비방식의 분류

구분	열의 운반 매체
개별식	전수방식
	냉매방식
중앙식	전공기방식
	수(水), 공기방식

정답 20 ② 21 ② 22 ① 23 ④ 24 ③ 25 ③

26 LPG 저장설비 중 구형 저장 탱크의 특징을 열거한 것이다. 아닌 것은?

① 강도가 크고 동일 용량으로는 표면적이 가장 크다.
② 구조가 간단하고 시설비가 싸다.
③ 드레인(Drain)이 쉽고 악천후에도 유지 관리가 용이하다.
④ 단열성이 높아서 −50℃ 이하의 산소, 질소, 메탄, 에틸렌 등의 액화가스 저장에 적합하다.

Guide 구형 저장 탱크(Spherical Tank, Ball Tank, 원형 저장 탱크)는 동일 용량으로 표면적이 작아 압력을 쉽게 분산시킬 수 있는 구조이기 때문에 프로판이나 부탄 등 LPG 저장시설 등에 사용되고 있다.

27 가스를 공급하는 방식 중 하나로 대용량의 가스를 안전하게 원거리 수송, 공급할 수 있는 방식이며, 고압으로 압송된 가스를 고압 정압기에 의해 중압으로 감압하여 공장 등에 공급하고, 지구정압기에서 저압으로 감압하여 수요자에게 공급하는 가스 공급방식은 무엇인가?

① 저압 공급   ② 고압 공급
③ 중압 공급   ④ 중간압 공급

Guide 가스의 공급방식으로는 저압, 중압, 고압의 공급방식이 있으며 이 중 고압 공급방식은 대용량, 원거리 수송에 안전하게 가스를 공급할 수 있는 방식이다.

28 도시가스 배관 시 유의할 사항을 잘못 설명한 것은?

① 내식성이 있는 관이라 하더라도 절대 지중에 매설하지 않는다.
② 공동주택 등의 부지에서 배관을 지중에 매설할 때에는 지면으로부터 60cm 이상의 깊이에 설치한다.
③ 가스배관은 가능하면 곡선 배관을 피하고 직선 배관을 한다.
④ 가스설비를 완성한 후에는 반드시 설비의 완성검사를 행해야 한다.

Guide 도시가스 배관의 경우 내식성(부식에 견디는 성질)이 있는 배관은 지중(地中, 땅속)에 매설한다.

04 가스배관설비

01 공장에서 제조 정제된 가스를 저장했다가 공급하기 위한 압력 탱크로 가스압력을 균일하게 하며, 급격한 수요 변화에도 제조량과 소비량을 조절하는 것은?

① 압축기   ② 정압기
③ 오리피스   ④ 가스 홀더

Guide 가스 홀더란 가스 수요의 시간적인 변동에 대해 안정적인 가스를 공급할 수 있도록 저장하며 가스의 질을 균일하게 유지하여 궁극적으로는 제조량과 수요량을 조절하는 저장 탱크이다. 그 종류로는 유수식 가스 홀더와 무수식 가스 홀더, 고압식 가스 홀더 등이 있다.

02 가스미터의 종류에 속하지 않는 것은?

① 다이어프램식   ② 레이놀즈식
③ 습식   ④ 루트식

Guide 가스미터란 배관을 통하는 가스의 양을 표시하는 계기이며 그 종류로는 건식 가스미터, 습식 가스미터, 루트식 등이 있다. 레이놀즈식은 도시가스용 정압기의 한 종류이다.

03 다음은 도시가스의 공급방식이다. ( ) 안에 알맞은 것은?

원료 → 제조 → (Ⓐ) → 저장 → (Ⓑ) → 소비처

정답 26 ① 27 ② 28 ① / 01 ④ 02 ② 03 ②

① Ⓐ 압송, Ⓑ 온도 조절
② Ⓐ 압송, Ⓑ 압력조정
③ Ⓐ 온도 조절, Ⓑ 압송
④ Ⓐ 압력조정, Ⓑ 압송

Guide 도시가스는 제조한 가스를 압송기를 통해 저장 탱크로 저장한 후 필요한 양만큼 압력을 조정하여 소비처로 공급할 수 있다.

04 LPG 가스배관 경로를 선정할 때 유의사항으로 잘못된 것은?

① 배관 거리를 최단 거리로 한다.
② 배관을 구부러지게 하거나 오르내림을 적게 한다.
③ 배관을 은폐하거나 매설하는 것을 피한다.
④ 가능한 한 배관을 옥내에 설치한다.

Guide ④ 안전상 LPG 가스배관은 가능한 한 옥외에 설치하는 것이 좋다.

05 LP가스 공급방식 중 부탄을 고온의 촉매로 분해하여 메탄, 수소, 일산화탄소 등의 가스로 공급하는 방식으로 금속의 열처리나 특수 제품의 가열 등 특수 용도에 사용되는 방식은 무엇인가?

① 자연 기화방식
② 공기혼합가스 공급방식
③ 생가스 공급방식
④ 변성가스 공급방식

Guide **LP가스 공급방식**
- 자연기화식 : 소량소비에 적당하며 가스 조성의 변화와 발열량 변화가 큼
- 생가스 공급방식(강제기화식) : 기화기에서 기화한 가스를 그대로 사용
- 변성가스 공급방식 : 부탄을 고온 촉매로 분해하여 저급탄화수소를 변성시켜 공급하는 방법
- 공기혼합 공급방식 : 공기혼합 목적(재액화 방지, 발열량 조절, 연소효율증대, 누설 시 손실량 감소)

06 산소병(Bombe)의 메인 밸브가 얼었을 때 녹이는 방법으로 가장 적합한 방법은?

① 100℃ 이상의 끓는 물을 붓는다.
② 가스 용접기의 불꽃으로 녹인다.
③ 40℃ 이하의 따뜻한 물로 녹인다.
④ 비눗물로 녹인다.

Guide 산소용기가 동결되었을 경우에는 40℃ 이하의 물을 이용하여 녹인다.

07 도시가스 공급설비에서 사용하는 부취제(付臭劑)에 관한 설명으로 올바른 것은?

① 냄새를 제거하여 누설을 쉽게 감지할 수 없도록 하기 위함이다.
② 독성이 없고, 낮은 농도에서는 냄새 식별이 되지 않아야 한다.
③ 사용되는 부취제는 가스의 종류와 공급지역에 따라 차이가 없도록 한다.
④ 가스의 누설을 초기에 발견하여 중독 및 폭발사고를 방지하기 위함이다.

Guide **부취제**
- 부취제는 일종의 방향 화합물로 가스 등에 첨가하여 냄새로 확인이 가능하도록 하는 물질로 천연가스 등에 첨가하여, 누출 시 신속하게 이를 알아챌 수 있도록 하는 메르캅탄(Mercaptan) 등이 사용된다.
- 부취제의 첨가 비율 : $\dfrac{1}{1,000}$

부취제의 종류와 특징

부취제의 종류	THT	TBM	DMS
냄새	석탄가스 냄새	양파 썩는 냄새	마늘 냄새
토양 투과성	보통	우수	상당히 우수

정답 04 ④ 05 ④ 06 ③ 07 ④

08 다음은 도시가스의 공급방식이다. ( ) 안에 알맞은 것은?

> 원료 → 제조 → (Ⓐ) → 저장 → (Ⓑ) → 소비처

① Ⓐ 압송, Ⓑ 온도 조절
② Ⓐ 압송, Ⓑ 압력조정
③ Ⓐ 온도 조절, Ⓑ 압송
④ Ⓐ 압력조정, Ⓑ 압송

Guide 도시가스는 제조한 가스를 압송기를 통해 저장 탱크로 저장 후 필요한 양만큼 압력을 조정하여 소비처로 공급한다.

09 집진장치의 선택을 위한 제반 기본사항을 열거한 것으로 틀린 것은?

① 설치시간
② 예상 집진효율
③ 사업의 종류
④ 분진입자의 크기와 그 양

Guide 집진장치의 선택 시 예상 집진효율, 사업의 종류, 분진입자의 크기와 양 등 용도에 적합하며 비용면에서도 적절한 방식을 선택하여야 한다.

10 사이클론법이라고도 하며 함진가스에 선회운동을 주어 입자를 분리하는 것은?

① 여과식 집진법
② 원심력식 집진법
③ 전기 집진법
④ 관성력식 집진법

Guide 대기 속의 먼지나 매연을 한 곳에 모아서 제거하는 시설인 집진설비에 대한 종류를 묻는 문제이다. 집진장치의 종류로는 보기의 방식 외에 여과식, 세정식 등의 방식이 있으며 원심력식 집진법의 경우 사이클론법이라고도 하며 함진가스(고체 및 액체의 작은 입자가 공기 중에 떠 있는 가스)에 선회운동을 주어 분진입자에 작용하는 원심력에 의해 입자를 분리하는 장치이다.

11 가스미터의 종류에 속하지 않는 것은?

① 다이어프램식 ② 레이놀즈식
③ 습식   ④ 루트식

Guide ② 레이놀즈식은 도시가스용 정압기의 한 종류이다.

참고 가스미터란 배관을 통하는 가스의 양을 표시하는 계기이며 그 종류로는 건식 가스미터, 습식 가스미터, 루트식 등이 있다.

12 배관의 중간이나 밸브, 펌프, 열교환기 각종 기기의 접속 및 기타 보수 점검을 위하여 관의 해체, 교환을 필요로 하는 곳에 사용되는 이음쇠는?

① 티   ② 엘보
③ 니플 ④ 플랜지

Guide 플랜지
기기의 접속, 보수 점검을 위해 관의 해체 교환을 필요로 하는 곳에 사용하는 이음쇠이다.

13 LPG(Liquified Petroleum Gas)의 성분에 속하는 것이 아닌 것은?

① 프로판   ② 부탄
③ 프로필렌 ④ 메탄

Guide ④ 메탄(CH_4)은 LNG(천연가스)의 주성분이며 LPG의 성분이 아니다.

참고 LPG의 성분으로는 프로판(C_3H_8), 부탄(C_4H_{10}), 프로필렌(C_3H_6), 에틸렌(C_2H_6) 등이 있다.

14 용적식(체적식) 유량계의 종류가 아닌 것은 무엇인가?

① 로터리형   ② 오벌기어형
③ 피토관형   ④ 건식가스미터형

Guide
• 용적식 유량계 : 오벌기어형, 루츠식, 로터리식, 피스톤식, 건식 가스미터형
• 유속식 유량계 : 피토관, 열선식

정답 08 ② 09 ① 10 ② 11 ② 12 ④ 13 ④ 14 ③

15 LNG 기화장치의 기화방식이 아닌 것은?

① 해수가열방식
② 연소방식
③ 중간매체방식
④ 열 이용방식

Guide **LNG 기화장치의 기화방식**
해수가열방식, 연소방식, 중간매체방식
[암기법] 해수를 가열하는 것은 **연.중.**행사이다.

16 가스배관 시공 시 유의사항으로 틀린 것은?

① 가능한 한 굴곡부를 없앤다.
② 분기관이 필요한 장소에 드레인 밸브를 부착한다.
③ 분기관은 주관의 하단부에서 분기한다.
④ 배관의 지지는 장치의 운전, 보수에 지장을 주지 않는 장소를 선정하여 고정한다.

Guide 가스배관의 시공 시 가능한 굴곡부를 없애 마찰저항을 줄이고 배관의 지지는 장치의 운전, 보수에 지장을 주지 않는 장소를 선정한다.

17 정압기의 부속설비 중 정압기의 장해 원인이 되는 먼지, 흙, 물, 가스 등의 불순물을 제거하기 위하여 사용하는 장치는?

① 가스 필터
② 자동 중압장치
③ 수동식 안정기
④ 이상압력 상승 방지장치

Guide **정압기(Governor)**
정압기는 '압력을 조정하는 기기' 또는 '고압의 가스를 소요압력으로 감압하는 데 쓰이는 기구'로 정의되고 있으며, 통상적으로 정압기란 압력조정기능, 즉 가스의 공급압력을 일정하게 유지시켜주는 단일기기이며 도시가스 시설에만 사용된다. 가스 필터는 정압기의 장해 원인이 되는 불순물 제거를 위한 장치로 사용된다.

18 LPG(Liquefied Petroleum Gas)란?

① 액화석유가스   ② 액화천연가스
③ 오프 가스   ④ 나프타 가스

Guide LPG는 액화석유가스의 영문표기이다.
[참고] LNG(액화천연가스)

19 가스배관 재료의 구비조건에 대한 내용으로 틀린 것은?

① 접합이 용이할 것
② 토양수, 지하수 등에 대한 흡수성을 지닐 것
③ 내압 및 외압 등에 견디는 강도를 가질 것
④ 관 내의 가스 유통이 원활할 것

Guide 가스배관에 토양수, 지하수 등이 흡수되어 관에 부식이 발생하게 되면 가스 누출로 인한 사고가 발생할 수 있다.

20 대용량, 원거리 수송에 적합한 안전한 가스 공급방식으로 고압으로 압송된 가스를 고압 정압기에 의해 중압으로 감압하여 공장 등에 공급하고 또 지구정압기에서 저압으로 감압하여 수요자에게 공급하는 방식은 무엇인가?

① 저압공급   ② 고압공급
③ 중압공급   ④ 중간압공급

Guide 도시가스는 저압/중압/고압을 이용한 강제 공급방식을 이용해 소비자에게 공급된다.

21 석유계 저급탄화수소의 혼합물이며, 주요 성분으로는 프로판, 부탄, 부틸렌, 메탄, 에탄 등으로 이루어진 액화석유가스의 약자는?

① CNG   ② LPG
③ LCG   ④ LNG

Guide **액화석유가스(LPG)**
LPG란 프로판, 부탄, 프로필렌, 부틸렌 등을 주성분으로 하는 석유계 저급 탄화수소 혼합물을 말하며, 통상 LPG는 프로판과 부탄을 지칭한다.

정답 15 ④ 16 ③ 17 ① 18 ① 19 ② 20 ② 21 ②

참고 LPG의 일반적 성질
- 공기보다 무겁기 때문에 누설 시 대기 중으로 확산되지 않고 낮은 곳으로 체류하여 인화하기 쉽다.
- 액체 상태의 LPG는 물보다 가볍다.
- 기화, 액화가 용이하다.
- 기화하면 체적이 커진다(프로판은 약 250배, 부탄은 약 230배).
- 증발 잠열(기화열)이 크다.

22 액화천연가스에 관한 설명으로 옳지 않은 것은?
① 공기보다 무겁다.
② 액화 온도는 −162℃이다.
③ 메탄(CH_4)이 주성분이다.
④ 대규모 저장 시설이 필요하다.

Guide 액화천연가스(LNG)는 메탄(CH_4)을 주성분으로 하고 있으며 LPG(액화석유가스)와 다르게 공기보다 가볍다.

23 도시가스, 석유화학의 원료로 널리 사용되고 원유의 상압 증류에 의해 얻어지는 비점이 200℃ 이하의 유분을 무엇이라고 하는가?
① 나프타   ② 정유가스
③ 부타디엔 ④ 프로필렌

Guide 나프타는 도시가스, 석유화학의 원료로 널리 사용되며, 끓는점이 가솔린보다 높고 등유보다 낮은 석유류의 물질이다.

24 LP가스 이송설비방식 중 압축기에 의한 이송방식의 특징이 아닌 것은?
① 펌프에 비해 이송시간이 짧다.
② 베이퍼 록 현상의 염려가 없다.
③ 부탄의 경우 저온에서 재액화될 염려가 없다.
④ 잔가스 회수가 용이하다.

Guide 압축기에 의한 LP가스 이송방식의 특징
- 펌프에 비해 이송시간이 짧다.
- 잔가스 회수가 가능하다.
- 베이퍼 록 현상이 없다.
- 부탄의 경우 재액화 현상이 일어난다.
- 압축기 오일로 인한 드레인의 원인이 된다.

25 유수식(流水式) 가스 홀더(Gas Holder)에 관한 설명 중 잘못된 것은?
① 물 탱크와 가스 탱크로 구성되어 있다.
② 단층식과 다층식으로 구분된다.
③ 다층식은 각 층의 연결부를 봉수로 차단하여 누기를 방지한다.
④ 다층식은 고정된 원통형 탱크를 사용하므로 가스량이 변화하면 압력이 변화한다.

Guide 유수식 가스 홀더
습식 가스 홀더라고도 하며 단층식과 다층식의 두 종류가 있으며 다층식의 경우 가스의 출입에 따라 상하로 움직여 가는 방식으로 일정한 압력을 유지하며 작동한다.

26 도시가스 부취(付臭) 설비에서 증발식 부취에 대한 설명으로 틀린 것은?
① 부취제의 증기를 가스 흐름 중에 혼합하는 방식으로 시설비가 싸다.
② 설치장소는 압력 및 온도의 변화가 적고 관 내의 유속이 빠른 곳이 적당하다.
③ 부취제 첨가율을 일정하게 유지할 수 있으므로 가스량 변동이 큰 대규모 설비에 사용된다.
④ 바이패스방식을 이용하므로 가스량의 변화로 부취제 농도를 조절하여 조절범위가 한정되고 혼합 부취제는 쓸 수 없다.

Guide 부취설비는 가스가 누설될 경우, 이를 초기에 발견하여 중독과 폭발사고를 방지하기 위해 위험농도 이하에서도 냄새로 충분히 누설을 감지할 수 있도록 하는 장치이다. 종류로는 액체주입식(대규모 설비용), 증발식(소규모 설비용) 등이 있다.

[암기법] 증발하면 그 양이 소(小)소해진다.
− 소규모 설비용

정답 22 ① 23 ① 24 ③ 25 ④ 26 ③

05 산업배관설비

01 오토매틱 워터 밸브 설명으로 틀린 것은?

① 주 밸브와 보조 밸브로 구성되어 있다.
② 유체가 흐르지 않은 상태에서는 주 밸브의 자체중량과 스프링의 힘으로 닫혀져 있다.
③ 적용 유체의 자체압력을 이용한 것으로 수위 조절 밸브, 감압 밸브, 1차 압력 조절 밸브에 사용된다.
④ 중추식 안전 밸브와 지렛대식 안전 밸브가 대표적인 오토매틱 워터 밸브이다.

Guide 오토매틱 워터 밸브(정수위 조절 밸브)는 주 밸브와 보조 밸브로 구성되어 있으며 일정 수위를 유지하는 역할을 하는 밸브이다.

02 압력 탱크식 급수법에서 사용되는 압력 탱크 주변 설비용 부속품이 아닌 것은?

① 압력계　　　② 오버플로관
③ 수면계　　　④ 안전 밸브

Guide 오버플로관(Overflow Pipe)은 탱크 내 액체가 과잉 공급되는 경우 이를 외부로 흘려보내기 위한 관으로 압력 탱크 주변 설비용 부속품에 해당되지 않는다.

03 자연수 정수방법 중 폭기법에 해당되지 않는 것은?

① 공기 중에 분수시키는 방법
② 코크스나 모래층 속을 방울방울 흘러내리게 하는 방법
③ 다수의 작은 구멍을 통하여 샤워 모양으로 물을 낙하시키는 방법
④ 물을 여과지의 모래층에 통과시켜 수중의 부유물, 세균 등을 제거하는 방법

Guide 폭기법
하수를 처리할 때나 물을 정수하는 경우 물속에 공기를 주입하는 방식이다. 탄산가스 및 황화수소 등을 제거하는 가장 효과적인 방법으로 사용된다.

04 플레이트판식 열교환기의 설명으로 맞는 것은?

① 유체가 판층 사이로 흐르고 열 교환량을 조정할 수 있지만 유로면적이 적다.
② 2장의 전열판을 소용돌이 모양으로 감은 것으로 큰 열팽창을 감쇠시킬 수 있다.
③ 파형판과 평판을 교대로 겹쳐 배열한 것으로 전열면적이 크고 무게가 가볍다.
④ 전열관 외면에 공기를 강제 통풍시켜 내부 유체를 냉각시키는 구조이다.

Guide 플레이트판식 열교환기
파형판과 평판을 겹친 형태로 전열면적이 크고 무게가 가벼운 것이 특징이다.

05 화학 배관설비에서 화학장치용 재료가 갖추어야 할 조건으로 틀린 것은?

① 사용유체에 대한 내식성이 커야 한다.
② 크리프(Creep) 강도가 적어야 한다.
③ 저온에서 재료의 열화가 없어야 한다.
④ 가공이 용이하고 가격이 저렴해야 한다.

Guide 크리프 강도란 재료에 일정한 온도를 가했을 경우의 기계적인 강도를 말하며 화학배관설비에 사용되는 재료는 크리프 강도가 커야 한다.

06 기송배관을 형식에 따라 분류하였을 때 해당되지 않는 것은?

① 진공식 배관
② 송풍 펌프식 배관
③ 압송식 배관
④ 진공 압송식 배관

Guide 기송배관의 일반적인 형식
• 진공식
• 압송식
• 진공 압송식

[암기법] 진.압.진압

정답 01 ④　02 ②　03 ④　04 ③　05 ②　06 ②

07 집진장치 설비에서 집진 배관법(덕트 이음법)에 대한 설명으로 올바른 것은?

① 지관을 주 덕트에 연결하는 경우에는 아래쪽에 최대 30° 이하로 경사지게 접속한다.
② 지관은 옆 또는 위에 접속하여 비스듬히 위에서 끼우는 것이 효과적이다.
③ 양측 지관을 주 덕트에 연결할 때에는 대칭으로 연결하여야 한다.
④ 덕트에는 청소 및 점검용의 삽입형 검사구를 설치해서는 안 된다.

Guide 집진장치의 배관법
- 지관(분기관)은 옆 또는 위에 접속하여 비스듬히 위에서 끼우는 것이 효과적이다.
- 지관을 주 덕트에 연결하는 경우는 최소 30° 이하로 경사지게 접속한다.
- 양측 지관을 주 덕트에 연결할 때에는 지그재그식으로 연결한다.
- 덕트에는 청소 및 점검용의 삽입형 검사구를 설치한다.

08 석유·화학 제조공정에서 점도가 높은 유체를 펌프로 수송하려면 열을 가해 점도를 낮추어야 한다. 이를 위한 장치로 관을 2중으로 하여 내관으로 유체를 흐르게 하고 내관과 외관 사이로 증기를 보내는 가열 배관의 형식은 무엇인가?

① 외부 나선 포관 가열관
② 재킷(2중관) 가열관
③ 외측 포관 가열관
④ U자형 가열관

Guide 재킷(2중관) 가열관
관을 2중으로 하여 내관으로 유체를 흐르게 하고 내관과 외관 사이로 고온의 증기를 보내는 가열 배관이다.

09 자연 순환식 수관 보일러의 종류에 속하지 않는 것은?

① 다쿠마 보일러   ② 스털링 보일러
③ 야로 보일러   ④ 벨로스 보일러

Guide ④ 벨로스 보일러는 강제 순환식 수관 보일러이다.
[암기법] 강.제.라.벨

10 증발기에서 증발한 냉매를 기계적인 압축이 아닌 용액으로의 흡수 및 방출에 의해 냉동시키는 것은?

① 압축식 냉동기
② 흡수식 냉동기
③ 흡착식 냉동기
④ 증기분사식 냉동기

11 사이클론 집진기의 치수 설정 시 유의사항으로 틀린 것은?

① 사이클론의 내면은 부자연적인 유체의 난류를 피하기 위해 가급적 매끄럽게 처리한다.
② 사이클론의 하단은 원추부로 끝내지 말고 집진실을 설치한다.
③ 큰 함진 풍량을 처리하는 경우에는 소형 사이클론 몇 개를 직렬로 조합한다.
④ 더블클론, 테트라클론, 멀티클론을 선택할 때 분진의 성질, 희망집진율, 설비의 용적을 고려하여 결정한다.

Guide ③ 큰 함진 풍량을 처리하는 경우 집진율을 증대시키기 위해 소구경의 사이클론을 병렬로 설치한다.

참고 집진기란 대기 속의 먼지나 매연을 한 곳에 모아서 제거하는 시설을 말하며 그 종류로는 중력식, 관성력식, 원심력식(사이클론법), 여과식, 세정식, 전기식 등의 방법이 있다.

정답 07 ② 08 ② 09 ④ 10 ② 11 ③

12 가스 또는 분진을 비산하는 옥내 작업장에서 공기의 농도를 적당히 유지하기 위한 조치로 적당하지 않은 것은?

① 배기장치 설치
② 분진 발생장치의 밀폐
③ 방화문의 설치
④ 생산 설비의 개선

Guide 가스와 분진을 비산하는 옥내 작업장에서는 배기장치의 설치와 분진 발생장치의 밀폐, 생산 설비의 개선 등의 조치가 필요하다.

13 기송배관의 형식 분류에 대한 설명으로 틀린 것은?

① 진공식 배관은 흡인식이라고도 한다.
② 진공식은 고진공식과 저진공식으로 분류한다.
③ 진공 압송식 배관은 진공식과 압송식으로 분류한다.
④ 압송식 배관은 고압송식과 저압송식으로 분류한다.

Guide ③ 진공 압송식 배관은 진공식에 압송식을 접목시킨 방식이다.

참고 기송배관(氣送配管)이란 공기를 이용하여 분말형태의 재료를 수송하는 것으로 기송배관의 마지막 부분에는 분리기가 설치되며 흡출식과 압출식의 2종류가 있다.

14 집진효율이 가장 우수하고 함진가스의 처리량이 많아 대용량 고성능 집진장치로 적합한 집진방법은?

① 세정식 집진법   ② 전기식 집진법
③ 여과식 집진법   ④ 원심력식 집진법

Guide 대기 중에 포함된 먼지를 제거하는 집진장치의 종류로는 전기식, 중력식, 관성식, 원심력식, 여과식 등이 있으며 이 중 집진효율이 가장 우수하며 함진가스의 처리량이 많아 대용량 고성능 집진장치로 적합한 것은 전기식 집진법이다.

15 열교환기의 배관 시공상 유의사항으로 틀린 것은?

① 밸브는 가급적 열교환기의 노즐에서 멀리 부착하는 것이 좋다.
② 배관은 가급적 짧게 하고 불필요한 루프나 에어 포켓은 피한다.
③ 다관 원통형 열교환기에서 연속된 열교환기는 2단으로 겹쳐 설치하나, 3단으로 겹치는 것은 열응력을 고려해야 한다.
④ 열교환기는 보통 집단적으로 배치된다. 따라서 일관성과 보수공간이 필요하다.

Guide ① 열교환기의 밸브는 노즐에서 가까운 곳에 부착하여 쉽게 조작할 수 있는 구조로 한다.

16 스팀 사일런서(Steam Silenser)를 사용하여 증기를 직접 물속에 넣어 가열하는 급탕기로 맞는 것은?

① 전기 순간 온수기
② 저탕식 급탕기
③ 가스 순간 급탕기
④ 기수 혼합 급탕기

Guide 급탕기란 온수를 공급하는 설비이며 개별식 급탕설비와 중앙식 급탕설비(직접 가열방식/간접 가열방식/기수 혼합방식)로 구분된다.
그중 기수 혼합 급탕기는 증기와 물을 혼합하여 가열하는 급탕방식을 사용한다.

17 배관 라인에 대한 점검사항으로 틀린 것은?

① 배관의 지지물이 완전한가 점검한다.
② 접합부는 외관상 이상이 없는가 점검한다.
③ 드레인 배출은 완전하게 되는가 점검한다.
④ 배관 라인에 에어 포켓이 발생되도록 구배를 점검한다.

Guide ④ 배관 라인에 불필요한 공기가 체류하게 되면 장비의 정상작동이 불가할 수 있으므로 에어 포켓이 발생되지 않도록 구배를 점검한다.

정답 12 ③ 13 ③ 14 ② 15 ① 16 ④ 17 ④

18 압축공기 배관설비 부속장치에 대한 설명으로 틀린 것은?

① 분리기는 외부에서 흡입된 습기를 압축에 의해 분리하는 장치이다.
② 공기 탱크는 공기의 흡입 측 압력을 증가시키기 위한 장치이다.
③ 공기 여과기는 공기 속의 먼지를 제거하기 위한 장치이다.
④ 공기 흡입관은 압축할 공기를 흡입하기 위한 관이다.

Guide ② 공기 탱크는 압축공기를 모아두는 탱크이며 과잉압력을 방출하는 안전 밸브가 설치되어 있다.

19 다음 중 압축공기배관의 배수배관 시공 시 설치하여야 할 것이 아닌 것은?

① 드레인 밸브   ② 자동식 배수 트랩
③ 에어 포켓   ④ 스케일 포켓

Guide 압축공기배관의 배수배관 시공 시 필요한 장치
- 드레인 밸브 : 잔류하는 액체 배출
- 자동식 배수 트랩 : 배수관 내에 발생한 악취가스 등이 역류하는 것을 방지
- 스케일 포켓 : 배관 내 스케일 제거

20 원통형 보일러에는 입형 및 횡형 보일러가 있다. 횡형 보일러 중 노통 보일러의 종류로 알맞게 짝지어진 것은?

① 코니시 보일러와 벨럭스 보일러
② 코니시 보일러와 랭커셔 보일러
③ 랭커셔 보일러와 라몽 보일러
④ 벨럭스 보일러와 라몽 보일러

Guide 노통 보일러

종류	형식
코니시 보일러	노통(연소실)이 1개
랭커셔 보일러	노통(연소실)이 2개

[암기법] 노통 보일러의 종류는 랭커셔·코니시 보일러 → 노.랭.코

21 다관식 열교환기에 속하지 않는 것은?

① 고정관판형   ② 유동두형
③ 케틀형   ④ 코일형

Guide 열교환기의 종류

다관식	단관식	특수식	공랭식	이중관식
고관판형 유동두형 U자관형 케틀형	트롬본형 탱크형 코일형	플레이트식 소용돌이식 재킷식		

참고 열교환기는 고온과 저온의 두 유체 사이에 열의 교환이 원활하게 이루어지도록 도와주는 장치이다.

22 화학배관 설비에 사용되는 관에 대한 설명으로 틀린 것은?

① 강관 : 화학장치 재료의 기본을 이루며 가격이 싸다.
② 동관 : 기계적 강도가 약하나 염수에 내식성이 강하다.
③ 자기관 : 기계적 강도가 높고 강부식성 유체에 우수하다.
④ 플라스틱관 : 가공 및 설치가 쉬우며 전기 절연성이 우수하다.

Guide ③ 자기관 : Al_2O_3(산화알루미늄)가 99% 이상 함유된 것으로 열전대의 비금속 보호관으로 사용되며 기계적인 강도가 상당히 약하다.

23 열교환기 중 유체를 정수, 해수 등의 열매체로써 필요한 유체온도로 강하시키는 것은?

① 가열기   ② 과열기
③ 냉각기   ④ 재비기

Guide 열교환기의 사용목적에 따른 분류
- 가열기 : 유체를 가열하여 필요한 온도까지 유체의 온도를 상승시키는 목적으로 사용되며 가열원은 폐열 유체가 사용됨
- 예열기 : 유체를 가열하여 유체온도를 상승시키는 목적으로 사용

정답 18 ② 19 ③ 20 ② 21 ④ 22 ③ 23 ③

- 과열기 : 가열된 유체를 다시 가열하여 과열상태로 만드는 열교환기
- 증발기 : 유체를 가열하여 잠열을 주어 증발시켜 발생한 증기를 사용하는 열교환기
- 응축기 : 응축성 기체를 사용하여 잠열을 제거해 액화시키는 열교환기
- 냉각기 : 유체를 정수, 해수 등의 열매체로 필요한 온도까지 유체온도를 강하시키는 열교환기

24 집진배관법(덕트이음법)의 시공법을 설명한 것이다. 틀린 것은?

① 지관을 메인 덕트에 접속할 경우는 접속 각도를 30° 이상으로 한다.
② 지관은 메인 덕트의 아래에 접속한다.
③ 3~5m가량의 간격으로 청소 및 점검용의 검사구를 설치한다.
④ 지관을 메인 덕트에 접속할 때에는 지그재그형으로 접속한다.

Guide ② 지관(분기관)은 메인 덕트의 위쪽으로 접속하는 것이 좋다.

25 기송배관의 형식 중 압축기를 사용해서 공기를 밀어 넣고 송급기에서 운반물을 흡입해서 공기와 함께 수송한 다음, 수송관 끝에서 공기와 분리하여 외부에 취출하는 방식은?

① 진공식   ② 압송식
③ 흡입식   ④ 진공압송식

Guide 기송배관(氣送配管)이란 공기를 이용하여 분말형태의 재료를 수송하는 것이다. 이 중 압축기(Compressor, 컴프레서)를 이용한 강제방식은 압송식이다.

26 원심력 집진법에 관한 설명으로 옳지 않은 것은?

① 원심력에 의하여 분진 입자를 분리하여 공장 등에서 많이 이용된다.
② 분진 자체 중력에 의해 자연 침강시켜 집진하며 구조가 간단하다.
③ 원심력 집진장치 중 대표적인 것은 사이클론(Cyclone)을 들 수 있다.
④ 여러 개의 소형 사이클론을 병렬로 설치해서 성능을 더욱 좋게 한 것은 멀티 사이클론(Multi Cyclone)이라 한다.

Guide 집진장치는 공기 중에 포함된 유해물질을 분리하여 대기 오염으로 인한 공해 방지를 목적으로 하는 필수적인 장치이다. 종류로는 중력식, 관성력식, 원심력식, 여과식, 세정식, 전기식 등이 있으며 분진 자체의 중력에 의해 자연 침강시켜 집진하는 방식은 중력식 집진법이다.

27 압축공기 배관의 부속장치에서 분리기(Separator)에 관한 설명으로 틀린 것은?

① 중간 냉각기와 후부 냉각기 사이에 연결한다.
② 외부로부터 출입된 습기를 압축에 의해 분리한다.
③ 공기 압축기의 흡입공기로부터 먼지를 분리 제거한다.
④ 공기 속에 포함된 윤활유를 공기 또는 가스로부터 분리한다.

Guide 압축공기 배관에 사용되는 분리기는 외부에서 유입되는 습기를 압축하여 분리하고 공기 중에 포함된 윤활유를 공기 또는 가스로부터 분리하는 장치이다.

28 터보형 압축기가 아닌 것은?

① 원심식 압축기   ② 축류식 압축기
③ 오프 가스   ④ 혼류식 압축기

Guide 압축기의 종류로는 용적형과 터보형 등이 있으며 터보형 압축기에 속하는 것은 원심식, 축류식, 혼류식의 세 가지가 있다.

[암기법] 터보형 압축기는 **원**의 **축**이 **혼**란스럽게 회전한다.

정답 24 ② 25 ② 26 ② 27 ③ 28 ③

29 다익 송풍기라고도 하며 다수의 짧은 날개를 가진 송풍기로서 풍량이 적은 저압용으로 사용되는 것은?
① 터보 팬　　② 시로코 팬
③ 프로펠러 팬　　④ 리미트로도 팬

Guide 다익형 팬(시로코 팬)은 다수의 짧은 날개가 회전하는 저압용 송풍기로서 대부분의 일반음식점 환기용 등으로 널리 사용되고 있다.

30 유체를 가열 증발시켜 발생한 증기를 사용하는 열교환기는?
① 가열기　　② 과열기
③ 증발기　　④ 예열기

Guide 증발기는 유체를 가열하여 잠열을 주고 이를 증발시켜 발생한 증기를 사용하는 열교환기이다.

31 다음 중 단관식 열교환기에 해당되지 않는 것은?
① 트롬본형　　② 재킷형
③ 코일형　　④ 탱크가열형

Guide **단관식 열교환기**
트롬본형, 코일형, 탱크가열형

[암기법] 포신이 하나인 단관식 **탱크.코.트**

32 유체를 증기 또는 장치 중의 폐열 유체로 가열하여 필요한 온도까지 상승시키기 위해 사용하는 열교환기는?
① 예열기　　② 가열기
③ 재비기　　④ 증발기

Guide 가열기는 유체를 가열하여 필요한 온도까지 상승시키기 위해 사용되며 주로 폐열 유체가 사용된다.

33 보일러설비의 안전 밸브 취급 시 주의사항으로 틀린 것은?
① 과열기의 부착 안전 밸브는 본체보다 먼저 분출되게 설정한다.
② 최고 사용압력이 다른 보일러와 연결하여 사용할 때에는 압력이 낮은 보일러를 기준으로 조정한다.
③ 수압시험 시에는 플랜지부의 맹관을 제거해야 한다.
④ 안전 밸브가 2개 이상 부착되었을 때 안전 밸브가 동시에 분출하도록 하여야 한다.

Guide 보일러의 안전 밸브는 2개 이상 부착 시 1개는 최고 사용압력 이하에서 작동하며 나머지는 최고 사용압력의 1.03배 이하에서 작동하도록 조정해야 한다.

34 연소반응 시 발생하는 현상이 아닌 것은?
① 산화반응　　② 폭발반응
③ 열분해　　④ 환원반응

Guide 연소반응 시 산화, 열분해, 환원반응 등이 일어나며 폭발은 어떤 물질이 폭발범위 내에 있는 경우에만 발생하게 된다.

35 사이클론 집진기의 치수 설정 시 유의사항으로 틀린 것은?
① 사이클론의 내면은 부자연적인 유체의 난류를 피하기 위해 가급적 매끄럽게 처리한다.
② 사이클론의 하단은 원추부로 끝내지 말고 집진실을 설치한다.
③ 큰 함진 풍량을 처리하는 경우에는 소형 사이클론 몇 개를 직렬로 조합한다.
④ 더블클론, 테트라클론, 멀티클론을 선택할 때 분진의 성질, 희망집진율, 설비의 용적을 고려하여 결정한다.

정답 29 ② 30 ③ 31 ② 32 ② 33 ④ 34 ② 35 ③

Guide ③ 큰 함진 풍량을 처리하는 경우 집진율을 증대시키기 위해 소구경의 사이클론을 병렬로 설치한다.

참고 집진기란 대기 속의 먼지나 매연을 한 곳에 모아서 제거하는 시설을 말하며 그 종류로는 중력식, 관성력식, 원심력식(사이클론법), 여과식, 세정식, 전기식 등의 방법이 있다.

36 보일러 부속장치 중 연소가스의 여열을 이용하여 보일러급수를 예열하는 장치는?

① 과열기 ② 재열기
③ 절탄기 ④ 공기예열기

Guide 절탄기(Econimizer)는 연소가스의 여열을 이용하여 보일러 급수를 예열해 주는 장치로 연료의 절감 효과를 얻을 수 있다.

37 압축공기 배관의 부속장치에 속하지 않는 것은?

① 분리기 ② 과열기
③ 후부 냉각기 ④ 공기 탱크

Guide ② 과열기는 보일러의 부속장치이다.

38 압축공기 배관의 부속장치에 속하지 않는 것은?

① 분리기 ② 과열기
③ 후부 냉각기 ④ 공기 탱크

Guide ② 과열기는 보일러의 부속장치이다.

39 다관식 열교환기에 속하지 않는 것은?

① 고정관판형 ② 유동두형
③ 케틀형 ④ 코일형

Guide 열교환기의 종류

다관식	단관식	특수식	공랭식	이중관식
고정관판형 유동두형 U자관형 케틀형	트롬본형 탱크형 코일형	플레이트식 소용돌이식 재킷식		

참고 열교환기는 고온과 저온의 두 유체 사이에 열의 교환이 원활하게 이루어지도록 도와주는 장치이다.

40 개방식 팽창 탱크는 최고층 방열기로부터 팽창 탱크 수면까지 얼마 이상 높이로 설치하는 것이 가장 적합한가?

① 10cm ② 30cm
③ 50cm ④ 1m

Guide 팽창 탱크
보일러의 온수로 인해 압력의 급격한 팽창 사고를 예방하기 위해 장치의 최상부에 설치하는 물 탱크가 팽창 탱크이다. 종류로는 밀폐식과 개방식의 두 가지 종류가 있으며 개방식의 경우 최고층 방열기로부터 팽창 탱크의 수면까지 1m 이상으로 한다.

41 다음 중 일반적인 가동 보일러의 산세척 처리 순서로 가장 적합한 것은?

① 수세 → 전처리 → 산액처리 → 수세 → 중화·방청처리
② 전처리 → 수세 → 산액처리 → 수세 → 중화·방청처리
③ 산액처리 → 수세 → 전처리 → 중화·방청처리 → 수세
④ 전처리 → 산액처리 → 수세 → 중화·방청처리 → 수세

Guide 보일러의 효율을 높이고 안전하게 운전하기 위해 가동보일러의 내부를 세척하는 순서를 묻는 문제이다.

[암기법] 가동 보일러의 산세척 처리순서 암기법 :
전.수.산.수/중.방

정답 36 ③ 37 ② 38 ② 39 ④ 40 ④ 41 ②

42 터보형 압축기가 아닌 것은?

① 원심식 압축기 ② 축류식 압축기
③ 오프 가스 ④ 혼류식 압축기

Guide 압축기의 종류로는 용적형과 터보형 등이 있으며 터보형 압축기에 속하는 것은 원심식, 축류식, 혼류식의 세 가지가 있다.

[암기법] 터보형 압축기는 원의 축이 혼란스럽게 회전한다.

43 자원 에너지의 한계로 여러 가지 에너지 회수법이 도입되었다. 그중 배수열을 회수하기 위해 밀봉된 용기와 위크 구조체 및 증기 공간으로 구성되며, 길이 방향으로 증발부, 단열부 및 응축부로 구성된 장치는?

① 콤팩트(Compact) 열교환기
② 히트 파이프(Heat Pipe)
③ 셸 튜브(Shell and Tube) 열교환기
④ 팬 코일 유닛(Fan Coil Unit)

06 배관의 지지 및 방청

01 파이프 래크(Rack) 배관 시 고려할 사항으로 틀린 것은?

① 관경이 클수록, 사용 온도가 높을수록 파이프 래크의 외측에 배치한다.
② 지름이 큰 관은 집중 하중을 고려하여 파이프 래크의 기둥 위나 그 가까이에 배치한다.
③ 열응력을 고려하여 고온배관에는 루프형 신축관을 많이 사용하며, 파이프 래크상의 다른 배관보다 500~700mm 낮게 설치한다.
④ 2단식 파이프 래크의 경우 상단에는 유틸리티배관, 하단에는 프로세스배관을 배치하는 것이 유리하다.

Guide 파이프 래크 설치 기준
- 고온 배관의 열이 상부로 이동하기 때문에 다른 배관보다 높게 설치한다.
- 파이프 래크의 실제 폭은 계산된 폭보다 20% 정도 크게 한다.
- 파이프 래크의 배관 밀도가 작아지는 부분은 폭을 좁게 한다.
- 고온 배관에서는 열팽창에 의하여 과대한 구속을 받지 않도록 충분히 간격을 둔다.

02 관계(管系) 지지장치에서 관 지지의 필요조건으로 틀린 것은?

① 관과 관 내의 유체 및 피복재의 합계 중량을 지지하는 데 충분한 재료일 것
② 외부에서의 진동과 충격에 대해서도 견고할 것
③ 배관시공에 있어서 구배의 조정이 될 수 없는 구조일 것
④ 온도변화에 따른 관의 신축에 대하여 적합할 것

Guide ③ 배관의 지지장치를 시공할 때에는 배관의 구배 조정이 가능한 구조로 한다.

03 배관 도장공사의 목적으로 가장 거리가 먼 것은 어느 것인가?

① 도장면의 미관을 목적으로 한다.
② 방식을 목적으로 한다.
③ 색 분별에 의한 식별을 목적으로 한다.
④ 재질의 변화를 목적으로 한다.

Guide 도장(Painting, 페인팅)공사의 목적
- 방식(부식방지)
- 미관 개선
- 색에 의한 식별
- 재질 변화 방지

04 관 세정작업에서 세정 계통도를 따라 펌프로 강제 순환시켜 약액의 농도와 온도를 균일화하고 약액을 효과적으로 이용하여 세정하는 방법은?

① 서징법　　② 순환법
③ 침적법　　④ 계통법

> **Guide** 순환법
> 펌프를 사용하여 강제적으로 순환시켜 세정하는 관 세정방법이다.

05 배관지지장치 시공에 관한 설명으로 잘못된 것은?

① 지지점은 관의 양쪽 끝 부분보다 되도록 중앙을 택한다.
② 건물의 기둥, 기초, 가대 등의 기존 시설물을 이용한다.
③ 행거에는 리지드 행거, 스프링 행거, 콘스탄트 행거 등이 있다.
④ 밸브나 수직관이 있는 부분과 집중하중이 걸리는 부분에는 지지를 해주어야 한다.

> **Guide** ① 배관지지장치의 지지점은 배관의 양쪽 끝 부분을 택한다.

06 펌프, 압축기 등이 설치되어 있는 배관계의 진동을 억제하기 위해 설치하는 지지장치로 가장 적합한 것은?

① 파이프 슈　　② 스토퍼
③ 브레이스　　④ 리지드 행거

> **Guide** 브레이스는 스프링식과 유압식의 두 가지 종류가 있으며 배관설비계의 진동을 흡수하여 배관설비를 보호하는 지지장치이다.

07 도료를 칠했을 경우 생기는 핀 홀(Pin Hole)에 물이 고여도 도료의 성분이 희생전극이 되어 주위의 철 대신 부식되는 원리를 가진 도료는?

① 광명단 도료
② 알루미늄 도료
③ 에폭시 수지도료
④ 고농도 아연도료

> **Guide** 고농도 아연도료는 철 대신 도료 중의 아연 성분이 희생전극이 되어 부식되는 방식으로 철의 부식을 방지한다.

08 신축 이음에서 평면상의 변위 및 입체적인 범위까지 흡수하여 어떠한 형상에 의한 신축에도 배관이 안전한 신축 이음쇠는?

① 볼조인트 신축 이음쇠
② 루프형 신축 이음쇠
③ 슬리브 신축 이음쇠
④ 스위블 신축 이음쇠

> **Guide** 신축 이음의 종류와 특성
>
> | 종류 | 특징 |
> |---|---|
> | 스위블형 | 2개 이상의 엘보를 사용하여 굴곡부를 만들어 신축을 흡수 |
> | 벨로스형 | • 팩리스(Packless) 신축 이음쇠라고도 하며 벨로스의 변형에 의한 변위를 흡수
• 고압배관에 부적당함 |
> | 슬리브형 | • 슬리브와 본체 사이에 패킹을 넣어 온수와 증기가 새는 것을 방지
• 나사결합식과 플랜지 결합식이 있음 |
> | 볼조인트형 | 입체적인 변위를 안전하게 흡수 |
> | 루프형 | • 관을 루프모양으로 구부려서 배관의 신축을 흡수
• 고온 고압용 배관이 많이 사용 |

09 전처리 작업 및 도장 시공에서 용해 아연(알루미늄) 도장 시공 시 가장 적당한 온도와 습도는?

① 온도 10℃ 내외, 습도 46% 정도
② 온도 10℃ 내외, 습도 76% 정도
③ 온도 20℃ 내외, 습도 46% 정도
④ 온도 20℃ 내외, 습도 76% 정도

Guide 배관재료의 경우 내부식성을 부여하기 위해 아연이나 알루미늄 등의 재료로 배관재의 표면에 도금처리를 하는데, 시공 시 온도는 20℃ 내외로 하며 습도는 76% 정도를 유지하여야 한다.

10 길이가 긴 연관을 안전하게 지지하는 방법으로 가장 적합한 것은?

① 홈통형 철판을 사용하여 금속지지물로 고정한다.
② 양끝에서 잡아당기도록 한다.
③ 롤러 밴드를 한다.
④ 경첩 밴드를 한다.

Guide 길이가 긴 연관은 홈통형 철판을 사용하여 금속지지물로 고정한다.

11 관의 지지장치에서 배관의 상하 이동을 허용하면서 관지지력을 일정하게 한 것으로 중추식과 스프링식으로 구분할 수 있는 행거는 어느 것인가?

① 스프링 행거(Spring Hanger)
② 서포트 행거(Support Hanger)
③ 리지드 행거(Rigid Hanger)
④ 콘스탄트 행거(Constant Hanger)

Guide 콘스탄트 행거는 배관의 열팽창에 의한 상하 이동을 허용하면서 관의 지지력을 일정하게 한 것으로 배관의 이동량이 25% 이상인 곳에 사용된다. 여기서 행거란 배관을 위에서 메다는 데 사용하는 것을 말한다(서포트 : 아래에서 받치는 데 사용).

12 연단에 아마인유를 배합한 것으로 밀착력이 좋고 풍화에 강하며 다른 도료의 밑칠용 및 녹 방지용으로 사용하는 것은?

① 산화철 도료
② 알루미늄 도료
③ 광명단 도료
④ 합성수지 도료

Guide 방청용 도료의 종류와 특징

종류	특징
산화철 도료	산화철과 아마인유 등을 혼합 사용하며 저렴하나 방청(녹방지)효과가 불량
광명단 도료	• 연단과 아마인유 등을 혼합한 것으로 방청효과가 우수해 일반적으로 많이 사용됨 • 도료의 밑칠용 녹방지용으로 사용
알루미늄 도료	은분이라고도 하며 특유의 광택이 있고 내열성을 가짐
합성수지 도료	보일러, 압축기 등의 도장용으로 사용

13 리스트레인트(Restraint) 지지장치의 종류로 배관의 일정 방향으로의 이동과 회전만 구속하고 다른 방향은 자유롭게 이동하게 하는 것은?

① 앵커(Anchor)
② 가이드(Guide)
③ 스토퍼(Stopper)
④ 파이프슈(Pipe Shoe)

Guide 리스트레인트 종류
• 앵커 : 열팽창이나 진동에 의한 관의 이동과 회전을 방지하기 위해 완전히 고정시키는 장치
• 스토퍼 : 일정한 방향의 이동과 회전만 구속하고 다른 방향은 자유롭게 이동하도록 한 지지장치
• 가이드 : 관이 응력을 받을 때 휘어지는 것을 방지하고 팽창에 운동을 바르게 유도하는 장치

참고 배관의 지지방법 중 하나인 리스트레인트장치는 배관의 열팽창이나 진동에 의한 관의 이동과 회전을 방지하고, 열팽창이 생기는 부분에 설치한다.

정답 09 ④ 10 ① 11 ④ 12 ③ 13 ③

14 배관설비 화학 세정약품으로 스케일 용해력은 작지만 금속과 반응한 후 금속염으로서 방청제가 되기 때문에 샌드블라스트 등의 물리적 세정이나 페이스트 세정 후의 방청제로 적합한 세정제는?

① 인산 ② 유기산
③ 질산 ④ 구연산

Guide 샌드블라스트(Sandblast)란 모래를 분사기를 이용해 고압으로 강재의 표면에 분사하여 물리적인 세정을 하는 법을 말하며 이러한 물리적인 세정 후 방청제로는 인산이 사용된다.

15 플랜트 배관의 세정방법 중 기계적(물리적) 세정방법이 아닌 것은?

① 피그 세정법
② 스프레이 세정법
③ 물분사기 세정법
④ 샌드블라스트 세정법

Guide 플랜트 배관의 기계적 세정방법
- 피그 세정법
- 물분사기 세정법
- 샌드블라스트 세정법
- 쇼트블라스트 세정법

16 다음 화학 세정용 약품에 대한 설명 중 잘못된 것은?

① 암모니아는 산성 세정제이다.
② 가성소다는 강한 알칼리성 세정제이다.
③ 산세정액으로 주로 사용되는 약품은 염산이다.
④ 산세정으로 할 때는 부식억제를 위해서 일반적으로 인히비터를 사용한다.

Guide 화학 세정용 약품 중 산세정용 약품으로 가장 많이 사용되는 것은 염산이며, 암모니아의 경우 알칼리성 세정제로 분류된다.

17 광명단 도료의 설명으로 맞는 것은?

① 산화철을 보일유 또는 아마인유로 갠 것으로 도막은 부드럽다.
② 알루미늄 분말을 유성 바니스와 혼합한 도료로서 방청효과가 우수하다.
③ 관의 벽면과 물 사이에 내식성의 도막을 만들어 물과의 접촉을 막기 위하여 쓰인다.
④ 연단(鉛丹)에 아마인유를 배합한 것으로 밀착력이 좋아 녹스는 것을 방지하기 위하여 사용한다.

Guide 방청용 도료의 종류
- 산화철 도료 : 산화철을 보일유 또는 아마인유로 갠 것으로 도막은 부드러우나 방청효과는 다소 떨어진다.
- 알루미늄 도료 : 알루미늄 분말을 유성 바니스와 혼합한 도료로 방청 효과가 우수하다.
- 타르 도료 : 관의 벽면과 물 사이에 내식성의 도막을 만들어 물과의 접촉을 막기 위해 쓰인다.
- 광명단 도료 : 연단에 아마인유를 배합한 것으로 밀착력이 좋은 방청용 도료이다.

18 유기산의 일종으로 분말 성상으로 되어 있어 취급이 용이하고 용해 효과가 높아 화학 세정제로 많이 사용되는 것은?

① 설파민산 ② 구연산
③ 염산 ④ 인산

Guide 화학 세정에 사용되는 약품은 산(무기산, 유기산), 알칼리, 특수세정제로 구분된다.

무기산 화학 세정 약품의 종류

구분	분류
무기산	염산
	황산
	인산
	설파민산

* 구연산은 유기산의 종류이다.

정답 14 ① 15 ② 16 ① 17 ④ 18 ②

19 배관 지지방법 중 하나인 리스트레인트장치는 배관의 열팽창이나 진동에 의한 관의 이동과 회전을 방지하기 위해 설치한다. 다음 중 리스트레인트의 종류가 아닌 것은?

① 앵커　　② 가이드
③ 스토퍼　④ 턴버클

Guide 리스트레인트의 종류
앵커, 가이드, 스토퍼
[암기법] 앵~ 가.스

20 배관 지지쇠 종류 중 배관의 벤딩 부분과 수평 부분을 영구히 고정시켜 배관의 이동을 구속시키는 것은?

① 파이프 슈(Pipe Shoe)
② 리스트 레인트(Restraint)
③ 리지드 서포트(Rigid Support)
④ 스프링 서포트(Spring Support)

Guide 서포트(Support)의 종류
서포트란 바닥 배관 등의 하중을 밑에서 위로 떠받치는 지지기구이다.
- 파이프 슈(Pipe Shoe) : 관에 직접 접속하는 지지기구이며 수평배관과 수직배관의 연결부에 사용하는 것으로 벤딩 부분과 수평 부분을 영구 고정한다.
- 리지드 서포트(Riged Support) : H빔이나 I형 빔으로 받침을 만들어 지지한다.
- 스프링 서포트(Sprong Support) : 스프링의 탄성에 의해 상하 이동을 허용한다.
- 롤러 서포트(Roller Support) : 관의 축 방향의 이동을 허용한다.

21 일반적으로 경화제를 섞어서 사용하는 도료로 내열성, 내수성 및 전기절연이 우수하여 도료 접착제, 방식용으로 사용되는 것은?

① 아스팔트
② 에폭시 수지
③ 산화철 도료
④ 알루미늄 도료(은분)

Guide 에폭시 수지는 내열 내수성이 크며 전기절연도가 우수하여 방식용 재료로 널리 사용되고 있다.

22 난방용 방열기 등의 외면에 도장하는 데 사용되며 약 500℃의 온도까지 견딜 수 있고 내식성과 열전도도가 뛰어나 난방용 방열기의 외면 도료로 사용되며 알루미늄 분말에 유성 바니시를 섞어 만든 도료의 명칭은?

① 산화철 도료
② 알루미늄 도료
③ 광명단 도료
④ 합성수지 도료

Guide 문제 12번 해설 참조

23 산 처리로 인한 부식을 억제할 목적으로 산 처리액에 첨가하여 산 처리의 과잉을 방지하는 약품으로서 배관을 화학적으로 세정하는 경우 부식억제제로 가장 일반적으로 사용되는 것은 무엇인가?

① 탄산나트륨　② 수산화나트륨
③ 암모니아　　④ 인히비터

Guide 인히비터(Inhibitor, 반응억제제)는 산 처리로 인한 부식을 억제할 목적으로 산 처리액에 첨가하여 산 처리의 과잉을 방지하는 약품이다.

07 배관설비 검사

01 급배수배관의 시험방법 중 맞지 않는 것은?

① 수압시험　② 기압시험
③ 화학시험　④ 연기시험

Guide 급수 및 배수관의 시공 후 기밀을 위한 수압, 기압, 연기시험을 실시한다.

정답　19 ④　20 ①　21 ②　22 ②　23 ④　/　01 ③

02 난방배관의 시험 압력에서 최고사용압력이 2kgf/cm² 이하인 배관 계통에 대해서는 다음 중 어느 정도의 압력으로 시험하는 것이 가장 적합한가?

① 1kgf/cm² ② 2kgf/cm²
③ 4kgf/cm² ④ 6kgf/cm²

Guide 배관의 수압시험

최고사용압력	4.3kgf/cm² 이하	4.3kgf/cm² 이상 15kgf/cm² 이하	15kgf/cm² 초과
시험압력	최고사용압력의 2배	사용압력의 1.3배	최고사용압력의 1.5배

* 배관의 수압시험은 30분 이상 실시한다.

03 배수 통기배관의 기압시험(공기압시험)방법에 대한 설명 중 틀린 것은?

① 전 배관 개통을 동시에 실시하거나 부분적으로 실시하여도 된다.
② 공기 압력은 게이지 압력으로 3kgf/cm²로 30분 이상 유지한다.
③ 비눗물을 사용하여 각 연결부마다 누설검사를 한다.
④ 압축 공기 주입구를 제외한 모든 개방부는 밀폐하고 각 계통의 공기를 압송하여 공기 누설을 검사한다.

Guide ② 통기관의 기압시험은 0.35kgf/cm²로 15분 이상 그 압력이 유지되어야 한다.

04 플랜트 배관의 용접 부위에 대한 비파괴 검사 종류가 아닌 것은?

① X-ray 검사 ② 육안 검사
③ 자기 탐상 검사 ④ 연신율 검사

Guide 용접 부위에 대한 검사법 중 연신율 검사법은 인장시험기(재료를 끊어질 때까지 잡아당기는 시험기)를 이용해 재료의 연성을 검사하는 파괴 검사법의 한 종류이다.

05 일반적인 급배수 배관의 시험 종류가 아닌 것은?

① 진공시험 ② 수압시험
③ 기압시험 ④ 만수시험

Guide 진공시험(Vacuum Test)은 주로 냉동기 설치와 배관 작업이 끝나고 누설시험이 완료된 후 냉매를 충진하기 전 실시한다.

06 다음 중 인화성이 강한 가스 배관의 누설 검사에 가장 적합한 것은?

① 경유 ② 비눗물
③ 아세톤 ④ 암모니아

Guide 인화성이 강한 가스 배관의 누출 여부는 비눗물 검사를 하는 것이 안전하다.

07 배관 용접 후 맞대기 용접 부위를 방사선 투과 시험하여 결함 여부를 판단하려고 할 때 표시하는 기호는?

① PT ② UT
③ MT ④ RT

Guide
• PT : 침투시험
• UT : 초음파탐상시험
• MT : 자분탐상시험
• RT : 방사능 투과시험

정답 02 ③ 03 ② 04 ④ 05 ① 06 ② 07 ④

08 난방배관의 시험 압력에서 최고사용압력이 2kgf/cm² 이하인 배관 계통에 대해서는 다음 중 어느 정도의 압력으로 시험하는 것이 가장 적합한가?

① 1kgf/cm²   ② 2kgf/cm²
③ 4kgf/cm²   ④ 6kgf/cm²

Guide 배관의 수압시험

최고 사용 압력	4.3kgf/cm² 이하	4.3kgf/cm² 이상 15kgf/cm² 이하	15kgf/cm² 초과
시험 압력	최고 사용압력의 2배	사용압력의 1.3배	최고 사용압력의 1.5배

* 배관의 수압시험은 30분 이상 실시한다.

09 고압 산소 배관의 기밀시험을 할 때 사용해서는 안 되는 가스는?

① 헬륨   ② 질소
③ 탄산가스   ④ 아세틸렌

Guide 아세틸렌은 산소와 접촉 시 산화작용으로 인한 폭발의 위험이 있다.

10 배수 통기배관의 기압시험(공기압시험)방법에 대한 설명 중 틀린 것은?

① 전 배관 개통을 동시에 실시하거나 부분적으로 실시하여도 된다.
② 공기 압력은 게이지 압력으로 3kgf/cm²로 30분 이상 유지한다.
③ 비눗물을 사용하여 각 연결부마다 누설검사를 한다.
④ 압축 공기 주입구를 제외한 모든 개방부는 밀폐하고 각 계통의 공기를 압송하여 공기 누설을 검사한다.

Guide ② 통기관의 기압시험은 0.35kgf/cm²로 15분 이상 그 압력이 유지되어야 한다.

08 안전 위생에 관한 사항

01 배관작업 시 안전사항으로 잘못된 것은?

① 가스 토치로 관 가열 시 불꽃이 타인의 얼굴로 향하지 않도록 하여야 한다.
② 주철관 소켓 접합 시에는 용융납을 주입하기 전 먼저 수분이 없는지 확인한다.
③ 높은 곳에서 배관작업 시에는 안전대(안전 벨트)를 착용하지 않아도 무관하다.
④ 공구는 규격에 알맞은 것을 사용해야 한다.

02 재해발생 원인 중 인적 원인(불안전한 행동)으로 볼 수 없는 것은?

① 가동 중인 장치를 정비
② 개인보호구 미착용
③ 잘못된 작업위치 및 자세
④ 작업장소의 밀집

Guide 재해발생 원인
• 인적 원인(불안전한 행동) : 개인보호구 미착용, 잘못된 작업위치 및 자세, 가동 중인 장치 정비 등
• 물적 원인(불안전한 상태) : 작업장소의 밀집, 폭발 위험지역 내 방폭기기 설치 상태 등

03 배관작업 시 안전에 관한 사항이다. 틀린 것은?

① 드릴작업 시에는 칩이 발생하므로 장갑을 끼고 작업한다.
② 동력나사 절삭기로 나사절삭 시에는 절삭유를 공급한다.
③ 고속 숫돌 절단기는 회전 중 절단 휠에 충격이 가지 않도록 주의한다.
④ 기계의 정비, 수리 등은 기계를 정지시킨 후 행한다.

Guide 전동 드릴과 같은 고속회전기를 사용할 때 장갑을 끼고 작업하면 회전체에 장갑이 말려들어 가 사고가 발생할 수 있으므로 주의해야 한다.

04 다음 중 용해 아세틸렌 취급 시 주의사항으로 틀린 것은?

① 용해 아세틸렌 사용 후에는 잔압이 남지 않도록 하여야 한다.
② 용기에 충격이나 타격을 주지 않도록 한다.
③ 아세틸렌 용기는 반드시 똑바로 세워서 사용해야 한다.
④ 아세틸렌 용기는 화기에 가깝거나 온도가 높은 장소에 두지 말아야 한다.

> **Guide** ① 아세틸렌은 전부 사용하지 말고 용기 내에 약간의 잔압(0.1kg/cm² 정도)을 남겨 놓아야 한다.

05 중량물을 인력(人力)에 의해 취급할 때 일반적인 주의사항으로 옳지 않은 것은?

① 들어 올릴 때는 가급적 허리를 내리고 등을 펴서 천천히 올린다.
② 안정하지 않은 곳에 내려놓지 말 것이며, 높은 곳에 무리하게 올려놓지 않는다.
③ 운반하는 통로는 미리 정돈해 놓고, 힘겨운 물건은 기중기나 운반차를 이용한다.
④ 공동 작업을 할 때는 체력이나 기능 수준이 자신과 전혀 다른 사람을 선택하여 운반한다.

> **Guide** ④ 공동 작업을 하는 경우 체력의 수준이 비슷한 다른 사람과 작업하도록 한다.

06 손으로 물건을 들어 올릴 때의 주의사항 중 틀린 것은?

① 절대로 장갑을 착용하지 말 것
② 거스러미 및 날카로운 모서리는 제거할 것
③ 기름기가 묻어 있는 물건은 기름기를 제거할 것
④ 물건을 들 때는 허리에 힘을 주고 바른 자세를 취할 것

> **Guide** ① 고속으로 회전하는 드릴 작업 시에는 장갑을 착용하지 않지만 물건을 들어 올릴 때에는 장갑을 착용한다.

07 아크광선에 의해 눈에 전광성 안염이 생겼을 경우 안전 조치사항으로 가장 적합한 것은?

① 비눗물로 눈을 닦아낸다.
② 온수에 찜질을 하거나 염산수로 눈을 닦는다.
③ 그대로 방치하여도 2일이 지나면 자연히 회복된다.
④ 냉수에 찜질을 하거나, 붕산수로 눈을 닦고 안정을 취한다.

> **Guide** 아크용접으로 인한 전광성 안염에 걸린 경우 냉수 찜질과 휴식을 취하는 것이 좋다.

08 안전·보건표지의 형태 및 색채에서 바탕은 흰색, 기본 모형은 빨간색, 관련 부호 및 그림은 검은색으로 된 표지로 맞는 것은?

① 안내표지   ② 경고표지
③ 금지표지   ④ 지시표지

> **Guide** 안전보건 색채에서 빨간색(적색)은 정지, 금지를 나타내는 색채이다.

09 가스 용접과 절단 시 안전사항에 대한 설명으로 틀린 것은?

① 용기는 뉘어 두거나 굴리는 등 충동, 충격을 주지 않는다.
② 가스 호스 연결부에 기름이 묻지 않도록 한다.
③ 가스 용기는 화기에서 1m 정도 떨어지게 한다.
④ 직사광선이 없는 곳에 가스용기를 보관한다.

> **Guide** ③ 가스 용기는 화기에서 5m 이상 떨어지게 한다.

정답 04 ① 05 ④ 06 ① 07 ④ 08 ③ 09 ③

10 높은 곳에서 작업할 때의 주의사항 중 틀린 것은?

① 작업자 이외에는 높은 곳에 오르지 않도록 한다.
② 사다리를 내려올 때는 사다리를 등지고 내려온다.
③ 높은 곳에서의 작업은 발판을 사용한다.
④ 반드시 안전대를 사용하도록 한다.

11 용해 아세틸렌 취급 시 주의사항으로 틀린 것은?

① 저장장소는 통풍이 잘 되어야 한다.
② 동결 부분은 35℃ 이하의 온수로 녹여야 한다.
③ 운반 시 온도는 40℃ 이하로 유지하고 반드시 캡을 씌워야 한다.
④ 용기는 아세톤의 유출을 방지하기 위하여 사용 후에는 반드시 눕혀 두어야 한다.

[Guide] ④ 산소, 아세틸렌 등 모든 용기의 밸브는 용기 위쪽에 달려 있어 눕혀진 상태에서는 외부 충격이 용기 밸브 파손 등으로 이어질 수 있어 사고 위험이 있으므로 용기는 세워서 운반, 보관해야 한다.

12 관 계통의 구분을 위한 식별색은 관 내 유체 종류에 따라 다르게 표시된다. 압축 공기배관이 여러 가지 관과 함께 배열되어 있다면 무슨 색으로 표시해야 하는가?

① 흰색 ② 파랑
③ 주황 ④ 회보라

[Guide] **색채에 의한 배관의 식별**

종류	식별색
물	청색
증기	적색
공기	백색
가스	황색

13 안전색 중 녹색이 표시하는 사항은?

① 방화 ② 안전
③ 주의 ④ 위험

[Guide] **산업안전색채**

적색(Red)	녹색(Green)	황색(Yellow)	백색(White)
정지, 위험, 방화	안전, 구급	주의	통로, 청결, 방향지시

정답 10 ② 11 ④ 12 ① 13 ②

CHAPTER 02 배관 공작

01 공구 및 기계의 용도와 사용법

01 관 공작용 기계 중 관의 절단에 사용되지 않는 것은?

① 고속 숫돌 절단기(Abrasive Cut off Machine)
② 그루빙 조인트 머신
③ 기계톱(Hack Sawing Machine)
④ 다이헤드식 동력나사 절삭기

Guide ② 그루빙 조인트 머신은 파이프에 홈을 파는 기계이다.

02 로터리 벤더에 의한 벤딩 시 관이 파손되는 결함의 원인이 아닌 것은?

① 굽힘 반지름이 너무 작다.
② 압력의 조정이 세고 저항이 크다.
③ 받침쇠가 과도하게 들어가 있다.
④ 재료에 결함이 있다.

Guide 로터리 벤더에 의한 벤딩 시 굽힘 반지름은 관경의 2.5배 이상이 되어야 하며 재료에 결함이 있거나 압력이 저항에 비해 과대한 경우 관이 파손될 수 있다.

03 아들자와 어미자로 이루어진 것으로 공작물의 외경, 내경, 깊이를 측정할 수 있는 측정기는 어느 것인가?

① 디바이더　　② 직각자
③ 수준기　　　④ 버니어 캘리퍼스

Guide 흔히 노기스라고도 하는 버니어 캘리퍼스는 아들자와 어미자의 조합으로 이루어진 외경, 내경, 깊이 측정용 기구이다.

04 파이프 커터를 사용하여 절단한 강관의 끝 부분에 생긴 거스러미를 절삭할 수 있는 공구의 명칭은?

① 파이프 바이스
② 파이프 렌치
③ 파이프 리머
④ 다이 스톡(Die Stock)

05 동관 공작용 공구 중 직관에서 분기관을 성형할 경우 사용하는 공구는?

① 리머(Reamer)
② 티뽑기(Extractors)
③ 튜브 벤더(Tube Bender)
④ 사이징 툴(Sizing Tool)

Guide 동관을 직관에서 분기하는 경우 티뽑기라는 공구를 사용한다.

06 배관 공작용 공구의 명칭과 용도가 서로 잘못 연결된 것은?

① 줄 : 금속 표면을 매끈하게 다듬질할 때 사용
② 드릴 머신 : 공작물의 구멍을 뚫거나 리밍 작업할 때 사용
③ 와이어 브러시 : 공작물 표면의 녹이나 용접부 표면의 이물질을 제거할 때 사용
④ 파이프 리머 : 관 절단 후 관 단면의 바깥쪽에 생기는 거스러미를 제거할 때 사용

Guide ④ 파이프 리머는 관 절단 후 관 단면의 안쪽에 생기는 거스러미를 제거할 때 사용한다.

정답 01 ② 02 ③ 03 ④ 04 ③ 05 ② 06 ④

07 다음 중 강관 절단용 기계로 사용할 수 없는 것은?

① 호브식 커터 ② 기계톱
③ 휠 고속절단기 ④ 가스절단기

> **Guide** 동력나사 절삭기의 종류로는 오스터식, 호브식, 다이헤드식이 있으며 호브식의 경우 나사절삭 전용 기계이다.

08 관을 구부릴 때 사용하는 파이프 벤딩기(Pipe Bending Machine)의 종류가 아닌 것은?

① 램식(Ram Type)
② 폼식(Former Type)
③ 로터리식(Rotary Type)
④ 수동 롤러식(Hand Roller Type)

> **Guide** **파이프 벤딩기의 종류**
> 램식, 로터리식, 수동 롤러식 등

09 배관용 수공구인 줄(File)의 크기는 어떻게 표시하는가?

① 자루를 포함한 전체의 길이
② 자루를 제외한 전체의 길이
③ 자루를 제외한 전체 길이에 대한 눈금 수
④ 눈금의 거친 정도

> **Guide** 줄(File)은 금속재료 등의 표면을 다듬질하는 경우 사용되는 수공구의 일종이며 그 크기는 자루(손잡이)를 제외한 전체의 길이로 표시한다.

10 배관 시공 시 관과 구조물의 수평을 맞출 때 사용하는 것은?

① 블록 게이지 ② 수준기(Level)
③ 다이얼 게이지 ④ 버니어 캘리퍼스

> **Guide** 관과 구조물의 수평을 맞추는 경우 수준기(기포관 수평기)를 사용한다.

11 리드형 나사절삭기는 몇 개의 날이 1조로 되어 있는가?

① 1개 ② 2개
③ 3개 ④ 4개

> **Guide** **수동나사 절삭기의 종류**
> • 오스터형 : 4개의 날이 1조로 구성
> • 리드형 : 2개의 날이 1조로 구성

12 동관용 공구의 용도에 관한 설명으로 옳은 것은?

① 익스팬더(Expander) : 동관 벤딩용 공구
② 리머(Reamer) : 관의 끝을 원형으로 정형하는 공구
③ 티뽑기(Extractors) : 직관에서 분기관 성형 시 사용
④ 사이징 툴(Sizing Tool) : 동관의 끝을 확관하는 공구

> **Guide** ① 익스팬더(Expander) : 동관 확관용 공구
> ② 리머(Reamer) : 관의 절단 후 거스러미 제거용 공구
> ④ 사이징 툴(Sizing Tool) : 동관의 끝을 원으로 정형하는 공구

13 인치당 재질별 톱날의 산수를 나타낸 것이다. 잘못된 것은?

① 14산 – 동합금 ② 18산 – 경강
③ 24산 – 탄소강 ④ 34산 – 박판

> **Guide** **톱날의 산수와 공작물의 재질**
>
> | 톱날의 산수(inch당) | 공작물의 재질 |
> |---|---|
> | 14산 | 탄소강(연강), 동합금 |
> | 18산 | 탄소강(경강), 고속도강 |
> | 24산 | 탄소강 |
> | 32산 | 박판 |

정답 07 ① 08 ② 09 ② 10 ② 11 ② 12 ③ 13 ④

14 수작업에서 줄 작업 후 줄을 청소하는 방법으로 가장 적합한 것은?

① 타격 공구를 만들어 충격을 가하여 제거한다.
② 와이어 브러시로 줄을 청소할 때에는 줄가루를 줄 눈금 방향으로 털어낸다.
③ 그라인더에 가볍게 접촉시켜 진동에 의하여 떨어지도록 한다.
④ 드라이버나 정을 눈금방향으로 댄 후 해머로 충격을 가하여 제거한다.

Guide 줄이란 공작물의 표면을 다듬질하기 위한 수공구이며 이를 청소하는 경우에는 와이어 브러시(철 브러시)를 이용해 줄가루를 눈금방향으로 털어낸다.

15 강관용 파이프 벤딩 머신에 관한 설명으로 틀린 것은?

① 램과 로터리식으로 구분되며 그중 현장용으로 많이 쓰이는 것은 로터리식이다.
② 로터리식은 관에 심봉을 넣고 구부리는 방식이다.
③ 로터리식 파이프 벤딩머신으로 구부릴 수 있는 관의 구부림 반경은 관경의 2.5배 이상이어야 한다.
④ 램식은 수동식과 동력식으로 구분된다.

Guide 강관용 파이프 벤딩 머신의 종류
- 램식 : 현장용으로 사용, 수동식과 동력식으로 구분
- 로터리식 : 공장에서 사용, 관에 심봉을 넣고 구부리는 방식

16 램식 벤딩기와 비교한 로터리식(Rotary Type) 파이프 벤딩기에 대한 일반적인 설명이 아닌 것은?

① 수동식(유압식)은 50A, 모터를 부착한 동력식은 100A 이하의 관을 상온에서 벤딩할 수 있다.
② 상온에서 관의 단면 변형이 없다.
③ 관의 구부림 반경은 관경의 2.5배 이상이어야 한다.
④ 두께에 관계없이 강관, 스테인리스강관, 동관 등을 벤딩할 수 있다.

Guide ①은 램식 벤딩 머신에 대한 설명이다.

17 파이프 바이스 호칭번호 #2의 파이프 사용범위 호칭인치(in)로 가장 적합한 것은?

① $\frac{1}{8} \sim 2$
② $\frac{1}{8} \sim 2\frac{1}{2}$
③ $\frac{1}{8} \sim 3\frac{1}{2}$
④ $\frac{1}{8} \sim 4\frac{1}{2}$

Guide 파이프 바이스의 호칭번호

호칭	호칭번호	파이프의 관경 (mm)	파이프의 관경 (inch)
50	#0	6~50A	$\frac{1}{8} \sim 2$
80	#1	6~65A	$\frac{1}{8} \sim 2\frac{1}{2}$
105	#2	6~90A	$\frac{1}{8} \sim 3\frac{1}{2}$

18 다음 중 동관용 공구가 아닌 것은?

① 정(Chisels)
② 튜브 벤더(Tube Bender)
③ 티 뽑기(Extractors)
④ 사이징 툴(Sixing Tool)

Guide ① 정은 공작물의 면에 대고 해머로 두드리면서 표면을 깎는 데 사용하는 수공구이며 동관 전용공구에 속하지는 않는다.

참고 동관용 공구의 종류와 용도
- 튜브 벤더 : 동관 구부리기용
- 티 뽑기 : 동관에 분기관을 내기 위한 구멍 파기용
- 튜브 커터 : 동관 절단용
- 플레어링 툴 세트 : 동관 끝을 나팔형으로 만들어 압축 이음 시 사용

정답 14 ② 15 ① 16 ① 17 ③ 18 ①

19 스테인리스 강관 몰코 이음 시 사용하는 공구로 맞는 것은?

① 전용 압착공구 ② 포밍 머신
③ 익스팬더 ④ 탄젠트 벤더

Guide 스테인리스 강관 이음법인 몰코 이음의 특징
- 작업이 단순해 숙련이 필요 없다.
- 화기를 사용하지 않아 화재의 위험이 없다.
- 경량 배관 및 청결 배관을 할 수 있다.
- 몰코 이음쇠에 끼우고 전용 압착공구로 10초간 압착해 주는 간단한 방식으로 접합이 이루어진다.

20 주철관 전용 절단공구로 가장 적합한 것은?

① 체인 파이프 커터
② 기계 톱
③ 링크형 파이프 커터
④ 가스절단 토치

Guide 링크형 파이프 커터가 주철관 전용 절단공구이다.

21 연관용 공구 중 관을 굽히거나 바르게 펴는 데 사용하는 공구로 가장 적당한 것은?

① 드레서 ② 봄볼
③ 벤드벤 ④ 턴핀

Guide 연관용 공구로 관을 굽히거나(벤딩) 바르게 펴는 데 사용하는 것은 벤드벤이다.

02 관의 이음 및 성형

01 스위블형 신축 이음쇠에 대한 설명으로 틀린 것은?

① 가요 이음, 미끄럼 이음, 신축 곡관 이음이라고도 한다.
② 2개 이상의 엘보를 사용하여 이음의 나사 회전을 이용하여 배관의 신축을 흡수한다.
③ 신축량이 너무 큰 배관에는 이음부가 헐거워져 누설의 염려가 있다.
④ 주로 증기 및 온수난방용 배관에 사용된다.

Guide ①은 루프형 이음에 대한 설명이다.

참고 신축 이음의 종류와 특성

종류	특징
스위블형	2개 이상의 엘보를 사용하여 굴곡부를 만들어 신축을 흡수
벨로스형	• 팩리스(Packless) 신축 이음쇠라고도 하며 벨로스의 변형에 의한 변위를 흡수 • 고압배관에 부적당함
슬리브형	• 슬리브와 본체 사이에 패킹을 넣어 온수와 증기가 새는 것을 방지 • 나사결합식과 플랜지 결합식이 있음
볼조인트형	입체적인 변위를 안전하게 흡수
루프형	• 관을 루프모양으로 구부려서 배관의 신축을 흡수 • 고온 고압용 배관에 많이 사용

02 관을 루프모양으로 구부려서 배관의 신축을 흡수하며, 고온 고압용 배관이 많이 사용되는 신축 이음의 종류는?

① 슬리브형 신축 이음쇠
② 스위블형 신축 이음쇠
③ 루프형 신축 이음쇠
④ 벨로스형 신축 이음쇠

Guide 신축 이음이란 배관이 온도의 변화에 따라 수축과 팽창을 하게 되는 경우 이에 따른 배관의 파손을 방지하기 위한 배관의 이음방법을 말한다.

03 구상흑연 주철관의 이음방법이 아닌 것은 어느 것인가?

① 메커니컬 조인트
② KP 메커니컬 조인트
③ 타이톤 조인트
④ 레드 조인트

Guide ④ 레드 조인트(레드 이음)는 주철 이형관의 연결 방법 중 하나이다.

참고 구상흑연 주철관은 덕타일 주철관이라고도 하며 탄소함량이 높아 취성이 높다. 또한 기계적인 강도가 낮은 일반 주철에 비해 전연성이 풍부하여 가공성이 우수하고 비교적 충격에 강한 주철이다.

04 에터니트관(Eternite Pipe)으로 불리는 시멘트관은?

① 석면시멘트관
② 철근콘크리트관
③ 원심력 철근콘크리트관
④ 프리스트레스 콘크리트관

Guide 석면시멘트관 이음
석면시멘트관은 석면과 시멘트를 혼합하여 제조한 관으로 에테니트관(Eternit Pipe)이라고도 하며 접합법의 종류로는 심플렉스 이음, 기볼트 이음, 칼라 이음의 세 가지 종류가 있다. 이 중 심플렉스 이음은 칼라 속에 2개의 고무링을 넣은 이음으로 굽힘성과 내식성이 우수한 접합법이다.

[암기법] 석면시멘트관의 종류 : 칼.심.기

05 다음 중 콘크리트관 이음에 속하지 않는 것은?

① 칼라 신축 이음
② 인서트 이음
③ 콤포 이음
④ 턴앤드 글로브 이음

Guide ② 인서트 이음은 폴리에틸렌관(PE관) 이음법이다.

06 동관의 이음에 사용되는 순동 이음쇠의 특징으로 틀린 것은?

① 내면이 동관과 같아 압력 손실이 적다.
② 벽 두께가 균일하므로 취약 부분이 크다.
③ 용접 시 가열시간이 짧아 공수 절감을 가져온다.
④ 외형이 크지 않은 구조이므로 배관 공간이 적어도 된다.

Guide ② 순동 이음쇠는 벽 두께가 균일하여 취약 부분이 작다.

07 염화비닐관의 이음방식에서 이음 부속의 어느 부분도 가열하지 않고 속건성 접착제를 발라 이음하는 방법은?

① 냉간 이음   ② 열간 이음
③ 용접 이음   ④ 테이퍼 코어 이음

Guide 염화비닐관의 접합법
- 열간 이음법
- 플랜지 접합법
- 냉간 이음법

08 주철관 이음에서 소켓 이음을 혁신적으로 개량한 것으로, 스테인리스강 커플링과 고무링만으로 쉽게 이음을 할 수 있는 접합방법은?

① 빅토릭 접합   ② 기계적 접합
③ 플랜지 접합   ④ 노 허브 접합

Guide 주철관 이음의 종류
- 소켓 접합
- 플랜지 접합 : 플랜지를 이용하여 볼트 체결
- 기계적 접합 : 소켓 이음과 플랜지 이음의 장점을 택하였다.
- 타이톤 접합 : 원형의 고무링을 이용한 접합법
- 빅토릭 접합 : 빅토릭 주철관을 고무링과 칼라를 이용하여 접합
- 노 허브 접합 : 소켓 이음을 혁신적으로 개량한 노 허브 이음은 스테인리스 커플링과 고무링을 이용한 새로운 접합법이다.

정답 03 ④ 04 ① 05 ② 06 ② 07 ① 08 ④

09 주철관 이음 중 수도용 또는 가스용 배관에 이용되며 고무링과 가단주철제의 칼라를 죄어 이음하는 방법이다. 관 속의 압력이 높아지면 고무링은 더욱 관 벽에 밀착하여 누수를 막는 작용을 하는 이음법은?

① 플랜지 이음　② 소켓 이음
③ 빅토릭 이음　④ 타이톤 이음

Guide 문제 8번 해설 참조

10 염화비닐관의 고무링 이음법에 대한 설명 중 틀린 것은?

① 가열하거나 접착제를 사용해야 하므로 경비가 많이 든다.
② 시공이 간단해 숙련도가 낮아도 시공이 가능하다.
③ 시공 속도가 빠르고 수압에 견디는 강도가 크다.
④ 신축 및 휨에 대하여 안전하며, 외부의 기후조건이 좋지 않아도 이음이 가능하다.

Guide ① 염화비닐관의 고무링 이음법은 시공이 간단하며 경비가 적게 든다.

11 석면시멘트관 이음에 속하지 않는 것은?

① 기볼트 이음
② 인서트 이음
③ 심플렉스 이음
④ 칼라 이음

Guide **석면시멘트관(에터니트관)의 이음**
・기볼트 이음(Gibolt Joint)
・칼라 이음(Collar Joint)
・심플렉스 이음(Simplex Joint)

[암기법] 석면시멘트관 '**칼.심.기**'로 암기

12 관지름 20mm 이하의 동관을 이음할 때, 기계의 점검 보수 등의 목적으로 관을 떼어내기 쉽게 하기 위한 동관의 이음방법은?

① 플레어 이음　② 슬리브 이음
③ 플랜지 이음　④ 사이징 이음

Guide 플레어(Flare, 나팔꽃) 이음이란 20mm 이하의 관을 이음하는 경우 사용하며 관의 끝을 나팔꽃 모양으로 확관시키고 압축 이음쇠를 이용하여 접합하는 방법으로 관을 쉽게 떼어내고자 하는 경우 사용된다.

13 이종관 이음에 대한 설명 중 틀린 것은?

① 이종관 이음은 다른 두 관의 신축량에 따른 재료의 성질을 충분히 이해하여야 한다.
② 이종관 이음은 관 내에서 전해작용에 의한 부식현상이 없다.
③ 이종관끼리의 작업 시에는 특수한 연결부속과 특수 시공법이 필요한 경우가 있다.
④ 이종관 이음에는 시공상 충분한 숙련을 필요로 한다.

Guide 이종관 이음이란 서로 다른 재질의 파이프 이음을 하는 것이며 전해작용에 의한 부식 현상이 생기므로 주의해야 한다.

14 배관 접합법 중 납이 튀어 화상을 입을 우려가 가장 많은 작업으로 맞는 것은?

① 강관 나사 이음
② 주철관 타이톤 접합
③ 주철관 소켓 접합
④ PVC관 용접 작업

Guide 주철관 소켓 접합법은 주철관 소켓부에 납(Pb)과 얀(Yarn)을 넣는 접합방식으로 납이 튀어 화상을 입을 우려가 많은 방식이다.

정답 09 ③　10 ①　11 ②　12 ①　13 ②　14 ③

15 스테인리스 강관 이음 중 MR 이음의 특징이 아닌 것은?

① 관의 나사내기 프레스 가공 등이 필요 없다.
② 배관 시공 시 작업이 복잡하여 숙련이 필요하다.
③ 화기를 사용하지 않기 때문에 기존 건물 배관 공사에 적당하다.
④ 접속에 특수한 공구를 사용하지 않고 스패너만으로 간단히 접속시킨다.

Guide MR 조인트 이음은 나사가공이나 용접 등의 방법을 이용하지 않고 청동 주물제 이음쇠 본체에 스테인리스 강관을 삽입하고 동합금제 링을 너트로 죄어 고정시키는 방식의 이음법이며 작업이 간단하여 숙련이 필요하지 않다. 이 외에도 스테인리스 강관의 접합에는 플랜지 이음, 나사식 이음, 몰코 이음 등이 사용된다.

16 관과 칼라 사이에 콤포와 얀(Yarn)을 채워 넣고 칼라와 뒷바퀴를 볼트로 죄어 고무링이 빠져 나오지 않게 하는 콘크리트관의 이음방법은?

① W식 이음 ② 콤포 이음
③ 글로브 이음 ④ 테이퍼 조인트 이음

17 도관 이음에 대한 설명으로 틀린 것은?

① 관의 길이가 비교적 짧아 이음 개소가 많이 생긴다.
② 도관에는 보통관, 후관, 특후관의 3종류가 있다.
③ 모르타르만을 채워서 이음하는 방법이 일반적으로 많이 사용된다.
④ 얀을 사용할 때는 소켓 속에 약 50mm 정도로 넣는다.

Guide ④ 얀을 사용하는 경우 삽입 길이의 1/4 정도로 한다.
참고 도관(Clay Pipe)은 점토를 구워서 만든 관으로 오수 및 빗물의 배수 계통의 옥외 배관에 사용되며 관의 길이가 짧고 관과 소켓 사이에 모르타르(시멘트와 모래를 반죽한 것)를 채워 접합한다.

18 주철관의 이음에서 노 허브 이음의 특징으로 틀린 것은?

① 드라이버 공구를 이용하여 쉽게 이음할 수 있다.
② 커플링 나사 결합으로 시공이 완료되어 공수를 줄일 수 있다.
③ 임의의 길이로 절단하여 사용할 수 없어 견적 및 시공이 어렵다.
④ 누수가 발생하면 고무패킹 교환이 쉬워 보수가 용이하다.

Guide 노 허브 이음은 임의의 길이로 절단이 가능한 이음법이다.

19 폴리에틸렌관의 이음법 중 접합 강도가 가장 확실하고 안전한 이음법은?

① 나사 이음
② 인서트 이음
③ 테이퍼 이음
④ 융착 슬리브 이음

Guide 폴리에틸렌관 접합법에는 융착 슬리브 접합법, 테이퍼 접합법, 인서트 접합법 등이 있으며 그중 융착 슬리브 접합법이 폴리에틸렌(PE)관을 접합하는 데 사용되는 방법 중 가장 확실하고 안전한 이음법이다.

20 스테인리스 강관 몰코 이음 시 사용하는 공구는?

① 탄젠트 벤더 ② 포밍 머신
③ 익스팬더 ④ 전용 압착 공구

Guide **스테인리스 강관 몰코 이음의 특징**
- 작업이 단순해 숙련이 필요 없다.
- 화기를 사용하지 않아 화재의 위험이 없다.
- 경량 배관 및 청결 배관을 할 수 있다.
- 몰코 이음쇠에 끼우고 전용 압착 공구로 10초간 압착해 주는 간단한 방식으로 접합이 이루어진다.

정답 15 ② 16 ① 17 ④ 18 ③ 19 ④ 20 ④

21 강관의 용접 이음방법에 대한 설명 중 틀린 것은?

① 슬리브 용접 이음은 누수될 염려가 가장 크다.
② 맞대기 용접을 하기 위해서는 관 끝을 베벨 가공한다.
③ 플랜지 이음은 주로 65A 이상의 관에 주로 사용한다.
④ 플랜지 이음의 볼트 길이는 완전히 조인 후 1~2산 남도록 한다.

> **Guide** ① 슬리브 용접 이음은 삽입 용접 이음쇠를 사용하기 때문에 누수의 염려가 없어 압력 배관의 용접에 사용된다.
>
> **참고** 강관 용접 이음의 종류
> - 맞대기 용접 이음 : 관 끝을 베벨 가공 후 용접한다.
> - 플랜지 용접 이음 : 배관의 보수나 점검을 하는 경우, 65A 이상의 관에 주로 사용된다.
> - 슬리브 용접 이음 : 삽입 용접 이음쇠(슬리브)를 사용하며 누수의 염려가 없어 압력 배관, 고압 배관 등의 용접에 사용된다.

22 연관의 접합방법 중 플라스턴 접합의 설명으로 맞는 것은?

① 주석(40%)과 납(60%)의 합금을 녹여 연관을 접합하는 방식이다.
② 'T'형 지관 및 직각 엘보 모양에는 사용이 안 된다.
③ 수도설비에는 수압이 약하므로 적용 불가능하다.
④ 직선 부위는 물론 Y-관 등에는 적절한 접합방법이 없어 적용하기가 곤란하다.

> **Guide** 연관 접합법의 종류
> - 플라스턴 접합 : 플라스턴 합금(납 60%+주석 40%)에 의한 접합법
> - 살붙임납땜 접합

23 에이콘관이라고 알려져 있으며 가볍고 부식 및 충격에 대한 저항이 크고 작업성이 편리하여 위생배관 및 난방배관에 활용되는 합성수지관은?

① 폴리에틸렌관
② 경질염화비닐관
③ 가교화폴리에틸렌관
④ 폴리부틸렌관

> **Guide** 폴리부틸렌관은 에이콘관, PB관이라고도 불리며 굴곡이 쉽고 시공성이 좋으며 급수용뿐 아니라 온수용으로도 사용된다.

24 도관 이음에 대한 설명으로 틀린 것은?

① 관의 길이가 비교적 짧아 이음 개소가 많이 생긴다.
② 도관에는 보통관, 후관, 특후관의 3종류가 있다.
③ 모르타르만을 채워서 이음하는 방법이 일반적으로 많이 사용된다.
④ 얀을 사용할 때는 소켓 속에 약 50mm 정도로 넣는다.

> **Guide** ④ 얀을 사용하는 경우 삽입 길이의 1/4 정도로 한다.
>
> **참고** 도관(Clay Pipe)은 점토를 구워서 만든 관으로 오수 및 빗물의 배수 계통의 옥외 배관에 사용되며 관의 길이가 짧고 관과 소켓 사이에 모르타르(시멘트와 모래를 반죽한 것)을 채워 접합한다.

정답 21 ① 22 ① 23 ④ 24 ④

03 용접 및 절단

01 가스 용접 및 절단작업의 안전사항으로 적당하지 않은 것은?

① 아연합금 또는 도금재료의 용접이나 절단할 때 발생하는 가스에 의해 중독의 우려가 있으므로 주의해야 한다.
② 가스 용접 시에는 차광 안경을 착용하지 않아도 된다.
③ 용접작업 전 소화기를 준비하여 만일의 사고에 대비한다.
④ 작업 후에는 메인 밸브 및 콕 등을 완전히 잠가 준다.

Guide ② 가스 용접 시에는 시력보호를 위해 차광도 번호 2~4번의 차광렌즈를 이용하여 용접을 해야 한다.

02 산소-아세틸렌가스 용접에서 금속에 따라 사용하는 용제(Flux)의 연결이 옳지 않은 것은?

① 연강 : 붕사
② 동합금 : 붕사
③ 반경강 : 중탄산소다 + 탄산소다
④ 주철 : 붕사 + 중탄산소다 + 탄산소다

Guide 용제란 금속표면의 산화막을 제거하여 원활한 용접이 되도록 도와주는 재료이며 연강(탄소의 함유량 0.25% 이하의 강)의 용접 시 용제를 사용하지 않는다.

03 아크 에어 가우징에 사용하는 전극봉 재료로 가장 적합한 것은?

① 구리봉
② 토륨 텅스텐봉
③ 탄소봉
④ 순 텅스텐봉

Guide 아크 에어 가우징은 금속의 절단과 가우징(파내기 작업)이 가능하며 전극봉의 재료로 탄소전극봉을 사용한다.

04 가스절단에 대한 설명으로 틀린 것은 어느 것인가?

① 산소(O_2)와 철(Fe)과의 화학 반응을 이용한다.
② 강 또는 합금강의 절단에 널리 이용된다.
③ 양호한 절단면을 얻기 위해서는 산소 압력, 절단 주행 속도, 예열 불꽃의 세기 등이 알맞아야 한다.
④ 절단 속도, 산소의 소비량 등은 산소 중 불순물의 많고 적음과 아무런 관련이 없어 영향을 받지 않는다.

Guide ④ 가스 용접 및 절단 시 산소의 소비량과 순도 등은 가스 용접과 절단의 속도에 영향을 미친다.

05 교류 아크 용접기의 2차 측 무부하 전압은 보통 얼마 정도로 유지하여야 하는가?

① 약 20~30V
② 약 40~50V
③ 약 70~80V
④ 약 190~400V

Guide 무부하 전압이란 용접기에 부하전류가 흐르지 않는 상태, 즉 용접기의 전원이 들어온 상태에서 용접을 진행하지 않을 때 출력단자 간의 전위차를 말하며 교류 아크 용접기의 2차 측 무부하 전압은 약 70~80V이나 전격방지기를 이용해 20~30V로 부하전압을 낮추어 사용해야 한다.

06 테르밋 용접에서 테르밋은 무엇과 무엇의 혼합물인가?

① 규사와 납의 분말
② 붕사와 붕산의 분말
③ Al분말과 Mg의 분말
④ Al분말과 산화철의 분말

Guide 테르밋 용접이란 Al(알루미늄)분말과 금속산화철 분말을 1 : 3의 비율로 혼합하여 점화시켰을 때 작용하는 화학적인 열을 이용한 특수 용접법이다.

정답 01 ② 02 ① 03 ③ 04 ④ 05 ③ 06 ④

07 강관의 가스 절단에 대한 원리를 가장 정확하게 설명한 것은?

① 산소와 강관의 화학반응을 이용하여 절단한다.
② 수소와 강관의 탄화반응을 이용하여 절단한다.
③ 프로판과 강관의 융화반응을 이용하여 절단한다.
④ 아세틸렌과 강관의 역화반응을 이용하여 절단한다.

Guide 강관의 가스 절단은 산소와 아세틸렌(또는 LPG)을 이용하여 강관을 예열한 후 고압의 산소를 흘려 용융 부위를 산화시켜 절단하는 방식이다.

08 전기 용접 시 발생되는 결함인 언더컷의 주요 원인으로 볼 수 없는 것은?

① 전류가 너무 낮을 때
② 아크 길이가 너무 길 때
③ 부적당한 용접봉을 사용했을 때
④ 용접속도가 적당하지 않을 때

Guide 언더컷은 전류가 너무 큰 경우 발생하는 주요한 아크 용접의 결함이며 비드의 양쪽이 파이는 현상인데, 이때 지름이 가는 용접봉으로 보수 용접을 시행해야 한다.

09 보기와 같은 순서로 용접하여 변형과 잔류응력을 적게 발생하도록 하기 위해 사용되는 융착법은?

[보기]
① → ④ → ② → ⑤ → ③

① 후진법　　② 전진법
③ 비석법　　④ 대칭법

Guide 용접 시 사용되는 융착법에는 용접 진행방향에 따라 전진법, 후진법, 대칭법과 비석법(건너뛰기법, 스킵법) 등이 있으며 이 중 비석법(스킵법)은 변형과 잔류응력을 적게 발생하도록 하기 위해 사용되는 융착법이다.

10 가스 절단 시 절단속도에 영향을 미치지 않는 인자는?

① 모재의 온도　　② 산소의 소비량
③ 산소의 압력　　④ 절단 전압

Guide 가스 절단 시 절단속도에 영향을 미치는 인자로는 산소의 소비량과 압력, 순도, 모재의 온도와 재질 등이다.

11 연강용 피복 아크 용접봉의 종류 중 피복제 계통이 일루미나이트계인 것은?

① E 4301　　② E 4311
③ E 4316　　④ E 4326

Guide E4301(일루미나이트계), E4311(고셀룰로오스계), E4316(저수소계), E4326(철분 저수소계)

[암기법] 끝에 01로 끝나는 용접봉이 **일**(1)루미나이트계 용접봉이다. 11(X)

12 가스 절단 조건에 관한 설명 중 틀린 것은?

① 모재의 용융온도가 모재의 연소온도보다 낮아야 한다.
② 모재의 성분 중 연소를 방해하는 원소가 적어야 한다.
③ 금속 산화물의 용융온도가 모재의 용융온도보다 낮아야 한다.
④ 금속 산화물의 유동성이 좋아야 하며 모재로부터 쉽게 이탈될 수 있어야 한다.

Guide ① 가스 절단 시 모재의 용융온도는 모재의 연소온도보다 높아야 한다.

참고 • 연소 : 물질이 산소와 화합할 때 많은 양의 빛과 열을 내는 현상
• 모재(Basemetal) : 용접이 진행되는 피용접물

정답 07 ① 08 ① 09 ③ 10 ④ 11 ① 12 ①

13 일반적으로 산소 – 아세틸렌 가스 용접의 불꽃 구성에 포함되지 않는 것은?

① 겉불꽃　　② 불꽃심
③ 속불꽃　　④ 중성불꽃

Guide 산소 – 아세틸렌 가스 용접의 불꽃은 불꽃심(백심), 겉불꽃, 속불꽃의 세 가지로 구분되며 이 중 불꽃의 온도가 가장 높은 곳은 백심에서 약 2~3mm 떨어진 속불꽃 부위이다.

14 일반적으로 가스 용접에 사용되는 가스의 종류가 아닌 것은?

① 산소 – 프로판가스
② 산소 – 수소가스
③ 산소 – 아세틸렌가스
④ 산소 – 질소가스

Guide 가스 용접은 가연성가스(프로판, 수소, 아세틸렌 등)와 지연성가스인 산소를 혼합, 점화하여 발생하는 화학적인 반응열을 이용한 용접법이며 일반적으로 가스 용접 시 산소와 아세틸렌가스가 사용된다.

15 스테인리스 강관의 접합방법에 관한 설명으로 틀린 것은?

① MR 이음은 관의 나사내기 작업이 필요 없고 배관작업이 간단하다.
② 스테인리스 강관의 이음방식에는 나사식 이음, 납땜 이음, 플랜지 이음, 용접 이음 등이 있다.
③ 몰코 이음방식은 프레스 공구를 사용하여 그립 조(Grip Jaw)가 이음쇠에 밀착되고 압착되어 이음이 완료된다.
④ 스테인리스 관의 용접은 TIG 용접이 많이 이용되며 일명 CO_2 용접이라고도 한다.

Guide Tig 용접은 흔히 아르곤 용접이라고도 불리며 불활성가스(Argon, 아르곤)를 이용한 불활성가스 아크 용접법이다. 스테인리스관뿐 아니라 일반 철의 용접에도 널리 사용된다. 이와는 다르게 CO_2 용접이라고 불리는 이산화탄소가스 아크 용접은 주로 철 계통의 용접에 한정되어 사용된다.

16 모재 두께가 3.2mm의 연강판을 가스 용접하려 할 때 용접봉의 지름은 얼마 정도가 가장 적당한가?

① $\phi 1.6mm$　　② $\phi 2.6mm$
③ $\phi 3.2mm$　　④ $\phi 3.6mm$

Guide 가스 용접 시 용접봉의 지름을 구하는 공식

용접봉의 지름(ϕ)
$= \dfrac{모재의\ 두께(T)}{2} + 1$
$= \dfrac{3.2}{2} + 1 = 2.6$

17 중공의 피복 용접봉과 모재 사이에 아크를 발생시켜 이 아크열을 이용한 가스 절단법은?

① 산소 아크 절단
② 플라스마 아크 절단
③ 탄소 아크 절단
④ 불활성가스 아크 절단

Guide 중공(中孔)의 피복 용접봉이란 가운데 구멍이 뚫린 용접봉을 의미하며 이 구멍으로 고압의 산소를 흘려 아크열과 이 고압의 산소로 절단작업을 실시한다.

18 일반적인 가스 절단 시 표준 드래그(Drag)는 보통 판 두께의 몇 % 정도인가?

① 10%　　② 20%
③ 30%　　④ 40%

Guide 가스 절단 시 가스의 입구와 출구 사이의 수평거리를 드래그라고 하며 표준 드래그 길이는 판 두께의 20%(1/5)로 한다.

19 산소 – 아세틸렌가스 용접에서 금속에 따라 사용하는 용제(Flux)의 연결이 옳지 않은 것은?

① 연강 : 붕사
② 동합금 : 붕사
③ 반경강 : 중탄산소다 + 탄산소다
④ 주철 : 붕사 + 중탄산소다 + 탄산소다

정답 13 ④ 14 ④ 15 ④ 16 ② 17 ① 18 ② 19 ①

Guide 용제란 금속표면의 산화막을 제거하여 원활한 용접이 되도록 도와주는 재료이며 연강(탄소의 함유량 0.25% 이하의 강)의 용접 시 용제를 사용하지 않는다.

20 연납과 경납을 구분하는 용가재의 용융점은?
① 100℃ ② 232℃
③ 327℃ ④ 450℃

Guide 용접의 한 종류인 납땜은 450℃를 기준으로 하여 연납과 경납으로 구분한다.

21 용접 자세의 기호가 맞지 않는 것은?
① 아래보기자세 – F
② 수평자세 – AP
③ 수직자세 – V
④ 위보기자세 – O

Guide ② 수평자세 – H(Horizontal)

정답 20 ④ 21 ②

CHAPTER 03 배관 재료

01 관 재료의 종류와 용도 및 특성

01 다음 중 수도용 원심력 사형 주철관의 최대 사용 정수두가 45m인 관은?
① 저압관   ② 중압관
③ 고압관   ④ 보통압관

Guide 정수두란 물이 정지상태에 있을 때 상하수면의 높이차를 말하는 것이며 수도용 원심력 사형 주철관의 사용 정수두가 45m 이하인 관을 저압관이라 한다.

02 관 재료 중에서 흄관이라고 불리는 관은?
① 이터닛관
② 석면 시멘트관
③ 프리스트레스관
④ 원심력 철근콘크리트관

Guide 흄관은 원심력 철근콘크리트관을 지칭하는 것으로 흄(Hume)이라는 사람이 고안하였다고 하여 이름 지어진 관이다. 원형으로 조립된 철근을 강재형 형틀에 넣고 소정량의 콘크리트를 투입하여 제조한 관으로 형태에 따라 직관과 이형관으로 구분되는 관이다.

03 내식성이 크고 산·알칼리 등의 부식성 약품에 거의 부식되지 않으며 전기절연성이 크고, 가벼우며 성형성이 좋은 관으로 맞는 것은?
① 석면시멘트관
② 원심력 철근콘크리트관
③ 합성수지관
④ 연관

Guide 합성수지관의 경우 내식성이 크고 산·알칼리 등에 부식이 거의 되지 않으며 전기절연성이 크고 가벼우며 성형성이 좋다.

04 동관에 대한 설명으로 맞는 것은?
① 두께별 분류로 K 타입이 가장 두껍다.
② 굽힘, 변형성이 나빠 작업성이 좋지 않다.
③ 내식성은 좋지만 관 내면에 스케일이 잘 생긴다.
④ 열전도율이 낮아 복사난방용 코일 재료로는 곤란하다.

Guide 동관은 두께별로 K타입, L타입, M타입의 세 종류가 있다. K형은 에어컨 배관 등에 쓰이는 것으로 강하고 두꺼우며, L형은 보통 설비, 위생, 난방배관에 쓰이고, M형은 주로 위생설비에 쓰이나 내용 압력이 낮은 배관에 쓰인다.
참고 동관의 두께별 분류
K형, L형, M형의 3가지 종류가 있으며 두께가 두꺼운 순서는 K>L>M이다.

05 배수용 주철이형관의 종류에 해당되지 않는 것은?
① 곡관   ② Y관
③ T관   ④ W관

Guide 배수용으로 사용되는 주철이형관의 종류로는 곡관(90°, 45°), Y관, T관, +관 등이 있다.

06 인탈산 동관의 일반적인 특징에 관한 설명으로 옳지 않은 것은?
① 담수에 대한 내식성은 크나 연수에는 부식된다.
② 경수에는 보호 피막이 생성되어 용해가 방지된다.
③ 가성소다·가성알칼리 등 알칼리성에 내식성이 강하다.
④ 아세톤, 에테르, 프레온가스, 휘발유 등 유기약품에는 침식된다.

정답 01 ① 02 ④ 03 ③ 04 ① 05 ④ 06 ④

Guide 동관에는 무산소동관, 타프피치동관, 인탈산동관 등이 있고 이 중 인탈산동관은 산소를 인을 써서 제거한 것으로 일반배관재료로 사용되고 있다. 또한 아세톤, 에테르, 프레온가스, 휘발유 등 유기약품에도 침식되지 않는 특성이 있다. 상온 공기 속에서는 변하지 않으나 탄산가스를 포함한 공기 중에서는 청녹이 생긴다.

07 스테인리스 강관의 일반적인 특성에 관한 설명으로 옳지 않은 것은?

① 위생적이어서 적수, 백수, 청수의 염려가 없다.
② 한랭지 배관이 가능하며 동결에 대한 저항이 크다.
③ 내식성이 우수하여 계속 사용 시에도 안지름이 축소되는 경향이 적다.
④ 나사식, 몰코식, 용접식, 타이톤식 이음법 등의 특수 시공법을 사용하면 시공이 간단하다.

Guide ④ 타이톤식 이음법은 주철관의 접합법이다.

참고 스테인리스강(Stainless Steel)은 철(Fe)에 약 11%의 크롬(Cr)을 첨가한 것이다. 표면의 크롬 산화막의 작용으로 내식성이 우수하고, 저온 충격 등 기계적인 성질이 뛰어나다.

08 수도용 원심력 덕타일 주철관의 특징을 설명한 것으로 틀린 것은?

① 구상흑연 주철관이라고도 하며, 회주철관보다 수명이 길다.
② 정수두에 따라 고압관, 보통압관, 저압관으로 나눈다.
③ 변형에 대한 가요성 및 가공성이 낮다.
④ 재질이 균일하며 강도와 인성이 크다.

Guide 원심력 덕타일 주철관은 구상흑연 주철관이라고 하는데, 일반 주철에 비해 뛰어난 기계적인 성질을 가지며 가요성과 가공성이 높은 주철관이다.

09 스테인리스강은 그 종류에 따라 각각의 특정 환경에 대해 우수한 내식성을 가지고 있다. 스테인리스강의 금속표면에 보호 피막을 입혀서 내식성을 높이는 것을 무엇이라 하는가?

① 부동태화   ② 불활성 탄산연막
③ 가교화   ④ 라이닝

Guide 스테인리스강은 철(Fe)에 크롬(Cr)을 11% 이상 합금한 강으로 산소의 분위기 중에서 표면에 크롬 산화막(보호 피막)이 형성되어 금속의 산화를 방지하는데, 이를 부동태화라고 한다. 이 현상은 반드시 산소 또는 산소와 수소가 결합한 원자단의 분위기 가운데서 발생한다.

10 복사난방과 같이 매설하는 온수관으로 가장 적당한 것은?

① 연관   ② 동관
③ 주철관   ④ 알루미늄관

Guide 열전도성이 우수한 동(구리)관은 일반적으로 복사 난방과 같은 온수배관으로 널리 사용된다.

11 비교적 사용압력($10kgf/cm^2$ 이하)이 낮은 증기, 물, 가스 등의 유체에 가장 적합한 배관은?

① 배관용 오스테나이트 스테인리스 강관
② 배관용 합금강 강관
③ 일반 구조용 강관
④ 배관용 탄소 강관

Guide 배관용 탄소 강관(SPP)이 사용압력 $10kgf/cm^2$ 이하의 낮은 증기, 물, 가스 등의 유체의 배관에 사용된다.

12 수도용 경질염화비닐관의 종류가 아닌 것은 어느 것인가?

① TS관   ② 편수 컬러관
③ 직관   ④ U관

정답 07 ④ 08 ③ 09 ① 10 ② 11 ④ 12 ④

Guide 수도용 경질염화비닐관(PVS관)은 관의 모양에 따라 직관, TS관 및 편수 컬러관의 세 가지 종류가 있다.

13 가볍고 내식성이 좋으며 주로 난방배관으로 많이 사용되고 있는 합성수지관의 명칭은 무엇인가?

① 폴리에틸렌관
② 경질염화비닐관
③ 가교화폴리에틸렌관
④ 폴리부틸렌관

Guide 폴리부틸렌관(PB관)은 에이콘관이라고 알려져 있으며 가볍고 부식 및 충격에 대한 저항이 크다. 또 작업성이 편리하여 위생/난방배관에 활용되는 합성수지관의 한 종류이다.

14 용접용 열가소성 플라스틱으로 알맞은 것은?

① 폴리염화비닐 수지
② 페놀 수지
③ 멜라민 수지
④ 요소 수지

Guide 열가소성 플라스틱은 열을 가하면 녹고 온도를 낮추면 다시 고체상태로 돌아가는 과정을 반복할 수 있는 성질을 가졌으며 그 종류로는 폴리에틸렌, 폴리염화비닐, 폴리프로필렌 등이 있다. 열을 가하면 타버리는 열경화성 플라스틱과는 대조적이다.

15 에터니트관(Eternite Pipe)으로 불리는 시멘트관은?

① 석면시멘트관
② 철근콘크리트관
③ 원심력 철근콘크리트관
④ 프리스트레스 콘크리트관

Guide 석면시멘트관은 에터니트관이라고도 불리며 이음법의 종류로는 심플렉스이음, 칼라이음, 기볼트 이음의 세 가지 방법이 있다.

16 비중이 약 2.7로 전기 및 열전도율이 높으며 연성이 풍부하고 가공성과 내식성도 좋으며 물 및 증기에 강한 관은?

① 연관
② 동관
③ 주석관
④ 알루미늄관

Guide 알루미늄은 비중이 약 2.7(물의 비중은 1, 물보다 2.7배 무거움)이며 전기 및 열의 전도율이 높고 내식성이 높은 금속이다.

02 관 이음 재료의 종류

01 다음 중 동관 이음쇠의 종류가 아닌 것은?

① 플레어 이음쇠
② 동합금 주물이음쇠
③ 동이음쇠
④ TS식 이음쇠

Guide ④ TS식 이음쇠(냉간삽입형 접합)는 PVC관 접합법의 한 종류이다.

02 에이콘관이라고 알려져 있으며 가볍고 부식 및 충격에 대한 저항이 크고 작업성이 편리하여 위생배관 및 난방배관에 활용되는 합성수지관은?

① 폴리에틸렌관
② 경질염화비닐관
③ 가교화폴리에틸렌관
④ 폴리부틸렌관

03 증기 트랩의 종류 중 열역학적 트랩에 해당되는 것은?

① 플로트 트랩
② 버킷 트랩
③ 열동식 트랩
④ 디스크형 트랩

Guide **증기 트랩**
보일러에서 발생한 응축수를 배출시키고 증기를 차단하는 장치로 종류는 다음과 같다.

• 기계식 : 플로트식 트랩, 버킷 트랩

정답 13 ④ 14 ① 15 ① 16 ④ / 01 ④ 02 ④ 03 ④

- 온도 조절식 : 바이메탈식, 벨로스식, 액체 팽창식
- 열역학식 : 오리피스형, 디스크형

04 건물 내의 배수 수평주관의 끝에 설치하여 공공 하수관에서의 유독가스가 침입하는 것을 방지하는 데 가장 적합한 트랩은?

① 열동식 트랩 ② P 트랩
③ S 트랩 ④ U 트랩

Guide U 트랩이 수평주관의 끝에 설치하여 하수관에서의 유독가스 침입을 방지하는 데 가장 적합하다.

05 다음은 강관 플랜지의 시트(Seat) 종류이다. 이 중 위험성이 있는 유체의 배관 또는 매우 기밀을 요구할 때 사용되는 것은 어느 것인가?

① 전면 시트 ② 대평면 시트
③ 소평면 시트 ④ 홈꼴형 시트

Guide 플랜지 시트(개스킷)의 모양에 따른 분류 중 홈꼴형 시트는 누설 시 위험성이 큰 유체 등 고도의 기밀성을 요하는 배관에 사용하는 시트이다.

06 배관용 패킹 재료 선택 시 고려사항 중 기계적인 조건을 열거한 것이다. 틀린 것은 어느 것인가?

① 내압과 외압
② 진동의 유무
③ 패킹 재료 교체의 난이도
④ 관 내 유체의 부식성 및 인화성

Guide ④ 관 내 유체의 부식성 및 인화성은 기계적인 조건이 아닌 화학적인 조건이다.

07 동합금 관 이음쇠로 외부는 납땜, 내부는 관용 나사 이음을 하게 되어 있는 부속품의 명칭은?

① 엘보 C×C형 ② 엘보 C×M형
③ 엘보 C×F형 ④ 엘보 F×F형

Guide
- C : 부속 안으로 동관이 삽입되는 형태
- F : 나사가 안으로 난 부속의 끝 부분
- M : 나사가 밖으로 난 부속의 끝 부분

08 다음 중 콕(Coke)에 대한 설명으로 가장 적합한 것은?

① 기밀을 유지하기가 좋다.
② 개폐가 빨리되며 전개 시에 유체의 저항이 적다.
③ 고압, 대유량에 적합하다.
④ 유체의 방향을 2방향, 3방향 등으로 바꿀 수 있는 분배 밸브로 부적합하다.

Guide 일반 가정에서 도시가스의 차단에 사용하는 것이 바로 콕이며 개폐가 빠르고 유체의 저항이 적은 특징을 가지고 있다.

09 밸브의 종류별 설명으로 옳지 않은 것은?

① 슬루스 밸브는 유량 조정용으로 적당하다.
② 정지 밸브는 유체에 대한 저항이 크나 가볍다.
③ 체크 밸브는 유체를 일정한 방향으로만 흐르게 한다.
④ 콕은 유체의 저항이 작고 흐름을 급속히 개폐할 수 있다.

Guide ① 슬루스 밸브는 게이트 밸브라고도 하며 유량 조정용이 아닌 개폐용으로 적당하다.

[암기법] 슬.개 개폐용

10 다음 중 신축 이음쇠의 종류를 나열한 것은?

① 슬리브형, 벨로스형, 루프형, 오리피스형
② 슬리브형, 벨로스형, 루프형, 스위블형
③ 슬리브형, 벨로스형, 스위블형, 오리피스형
④ 슬리브형, 벨로스형, 턱걸이형, 오리피스형

Guide 신축 이음이란 배관이 온도의 변화에 따라 수축과 팽창을 하게 되는 경우 이에 따른 배관의 파손을 방지하기 위한 이음방법을 말한다.

정답 04 ④ 05 ④ 06 ④ 07 ③ 08 ② 09 ① 10 ②

11 배관 이음에 필요한 부속 중 그래브 링, O-링, 스페이스 와셔는 어떤 종류의 관을 연결하는 경우 사용되는 부속인가?

① 폴리에틸렌관
② 경질염화비닐관
③ 가교화폴리에틸렌관
④ 폴리부틸렌관

12 스위블형 신축 이음쇠에 대한 설명으로 틀린 것은?

① 가요 이음, 미끄럼 이음, 신축 곡관 이음이라고도 한다.
② 2개 이상의 엘보와 이음의 나사회전을 이용하여 배관의 신축을 흡수한다.
③ 신축량이 너무 큰 배관에는 이음부가 헐거워져 누설의 염려가 있다.
④ 주로 증기 및 온수난방용 배관에 사용된다.

Guide ①은 루프형 이음에 대한 설명이다.

13 다음 배관 부속 중 배관설비에서 분해 수리 및 교체가 필요한 곳에 사용하는 것은?

① 플러그   ② 유니언
③ 부싱   ④ 니플

Guide 유니언은 동일한 관경의 배관을 접합하는 부속으로 관의 수리 및 점검 또는 교체가 필요한 경우 사용되는 이음쇠이다.

14 밸브를 지나는 유체의 흐름 방향을 직각으로 바꿔 주는 밸브는?

① 체크 밸브   ② 앵글 밸브
③ 게이트 밸브   ④ 니들 밸브

Guide
• 체크 밸브 : 유체의 역류방지
• 앵글 밸브 : 유체의 흐름을 직각으로 변환
• 게이트 밸브 : 유체의 흐름 개폐
• 니들 밸브 : 유량 조절

15 배관 부속의 종류 중 부속의 끝을 막는 경우 사용되는 부속의 명칭은?

① 소켓   ② 유니언
③ 플러그   ④ 캡

Guide 플러그는 부속의 끝 부분을 막는 경우 사용되며 캡은 배관의 끝을 막는 경우 사용된다.

16 오토매틱 워터 밸브(Automatic Water Valve)에 관한 설명으로 틀린 것은?

① 주 밸브와 보조 밸브로 구성되어 있다.
② 중추식 안전 밸브와 지렛대식 안전 밸브가 대표적인 오토매틱 워터 밸브이다.
③ 적용 유체의 자체 압력을 이용한 것으로 수위 조절 밸브, 감압 밸브, 1차 압력 조절 밸브에 사용된다.
④ 유체가 흐르지 않은 상태에서는 주 밸브의 자체 중량과 스프링의 힘으로 닫혀져 있다.

Guide ② 오토매틱 워터 밸브는 정수위 조절 밸브라고도 하며 안전 밸브와는 성격이 다르다.

참고 안전 밸브 : 고압의 유체를 취급하는 배관에 설치하여, 규정하는 한도에 달하면 자동적으로 열려 외부로 압력을 방출하여 관 압력을 일정 수준으로 유지해 주는 장치

17 조절 밸브 등에 의해 감압되는 경우 조절 밸브의 불완전한 작동에 따른 위험을 방지하고자 조절 밸브의 2차 측에 부착하는 것으로 적절한 것은?

① 콕(Cock)
② 에어 챔버(Air Chamber)
③ 안전 밸브(Safty Valve)
④ 체크 밸브(Check Valve)

Guide 안전 밸브는 고압의 유체를 취급하는 배관에 설치하여 규정하는 한도에 달하면 자동적으로 열려 외부로 압력을 방출하여 관 압력을 일정 수준으로 유지해 주는 장치이다.

정답 11 ④ 12 ① 13 ② 14 ② 15 ③ 16 ② 17 ③

18 배관의 중간이나 밸브, 펌프, 열교환기 등 각종 기기의 접속 및 기타 보수 점검을 위하여 관의 해체, 교환을 필요로 하는 곳에 사용되는 이음쇠는?

① 티　　　　② 엘보
③ 니플　　　④ 플랜지

> **Guide** 플랜지는 기기의 접속, 보수 점검을 위해 관의 해체, 교환을 필요로 하는 곳에 사용한다.

19 밸브 측면에서의 마찰이 적고 열팽창을 적게 받는 밸브로 고온 고압에 가장 적합한 밸브는?

① 더블 디스크(Double Disk) 밸브
② 패러렐 슬라이드(Parallel Slide) 밸브
③ 웨지 게이트(Wedge Gate) 밸브
④ 니들(Needle) 밸브

> **Guide** 패러렐 슬라이드 밸브는 서로 평행인 2개의 밸브 디스크로 구성되어 있으며 밸브의 측면에서 마찰이 적고 열팽창을 적게 받으며 고온 고압에 가장 적합하다.

20 액상합성수지의 나사용 패킹에 대한 설명으로 틀린 것은?

① 화학약품에 강하다.
② 내유성이 약하다.
③ 내열 범위가 −30∼130℃이다.
④ 증기, 기름, 약품 배관에 사용할 수 있다.

> **Guide** 액상합성수지 패킹은 화학약품에 강하고 내유성이 크며 증기, 기름, 약품 배관에 사용한다.

21 나사용 패킹의 종류가 아닌 것은 무엇인가?

① 일산화연
② 액상 합성수지
③ 메탈 패킹
④ 광명단 혼합 페인트

> **Guide** 패킹재의 종류
> - 플랜지 패킹 : 고무 패킹, 네오프렌(합성고무), 석면조인트 패킹, 합성수지 패킹, 오일실링 패킹, 금속 패킹
> - 나사용 패킹 : 일산화연, 액상 합성수지, 페인트
> - 그랜드 패킹 : 석면 강형 패킹, 석면 얀 패킹, 아마존 패킹, 몰드 패킹

22 패킹재료 선택 시 고려사항으로 중요도가 가장 낮은 것은?

① 관 내 유체의 온도, 압력, 밀도 등 물리적 성질
② 관 내 유체의 부식성, 용해능력 등 화학적 성질
③ 교체의 난이도, 진동의 유무 등 기계적 조건
④ 사각형, 원형 등 형상적 조건

> **Guide** 패킹재란 배관 등을 밀봉하는 면의 사이를 밀봉하는 장치로 석면, 고무, 연, 주석, 청동 등이 사용되고 있다. 그 형상을 고려하기보다는 관 내의 온도, 압력, 부식성 등의 물리적·화학적·기계적인 조건과 성질 등을 고려하여 패킹재료를 선택하여야 한다.

03 보온, 피복 재료 및 기타 재료

01 배관의 세정 수세 후 중화 방청처리제로 사용되지 않고 세정 시 투입하는 부식 억제제로 사용되는 것은?

① 탄산나트륨　　② 수산화나트륨
③ 암모니아　　　④ 인히비터

> **Guide** 인히비터(Inhibitor, 반응 억제제)는 산처리로 인한 부식을 억제할 목적으로 산 처리액에 첨가하여 산 처리의 과잉을 방지하는 약품이다.

정답 18 ④　19 ②　20 ②　21 ③　22 ④　/　01 ④

02 배관 도장 재료 중 내열·내유·내수성이 좋으며 특수한 부식에서 금속을 보호하기 위한 내열 도료가 사용되고, 내열온도가 150~200℃ 정도이며 베이킹 도료로 사용되는 것은?

① 프탈산계
② 산화철계
③ 염화비닐계
④ 요소 멜라민계

Guide 요소 멜라민계 도료는 합성수지 도료의 한 종류로 배관 도장 재료 중 내열, 내유, 내수성이 좋고 베이킹 도료로 사용된다.

참고 합성수지 도료
- 요소 멜라민계 : 베이킹 도료로 사용
- 실리콘 수지계 : 베이킹 도료로 사용
- 염화 비닐계 : 산에 강하고 열에 약하다.
- 프탈산계 : 상온에서 도막을 건조

03 설비작업 시에 생긴 유지분과 산화실리콘(SiO_2)을 제거할 목적으로 주로 보일러 세정에 사용하는 화학 세정의 종류로 가장 적합한 것은?

① 알칼리 세정
② 소다(soda) 세정
③ 유기용제 세정
④ 중화(中和) 세정

Guide 산화실리콘(SiO_2)은 이산화규소 또는 실리카라고 불리기도 한다. 만약 보일러수 중에 산화실리콘의 농도가 높아지면 경질의 스케일이 발생하기 때문에 소다를 이용한 세정으로 이를 제거해 주어야 한다.

04 배관용 보온재의 구비조건으로 적합하지 않은 것은?

① 열전도율이 가능한 적어야 한다.
② 부피, 비중이 커야 한다.
③ 물리적·화학적 강도가 커야 한다.
④ 단위체적에 대한 가격이 저렴해야 한다.

Guide 배관용 보온재는 열전도율이 최대한 적어야 보온효과를 보장할 수 있으며, 충격에 강하고 배관재와 화학적인 반응이 생기지 않아야 한다.

05 도장의 종류 중 에폭시 수지에 관한 설명으로 옳지 않은 것은?

① 내열성과 내수성이 크다.
② 열 및 전기전도도가 크다.
③ 기계적 강도와 내약품성이 우수하다.
④ 도료, 접착제 방식용으로 널리 사용된다.

Guide 에폭시 수지는 내열 내수성이 크며 전기절연도가 우수하여 방식용 재료로 널리 사용되고 있다.

06 무기질 보온재로 발포제, 기포 안정제, 난연재 등을 혼합 화학반응시켜 성형 또는 발포하여 사용하는 것으로 초저온에서부터 약 80℃까지 사용 가능한 보온재는?

① 세라크 울
② 경질 폴리우레탄 폼
③ 글라스 폼
④ 슬래그 섬유

Guide
- 유기질 보온재 : 펠트, 코르크, 기포성 수지(폼류) 등
- 무기질 보온재 : 경질 폴리우레탄 폼, 유리 섬유, 탄산 마그네슘, 규조토, 석면, 암면 등

07 연단에 아마인유를 혼합하여 만들어 녹을 방지하기 위해 사용되며, 페인트 밑칠 및 다른 착색도료의 초벽으로 우수하게 사용되고 풍화에도 잘 견디는 방청도료는?

① 타르 및 아스팔트
② 산화철 도료
③ 광명단 도료
④ 합성수지 도료

Guide 광명단 도료는 연단에 아마인유를 혼합하여 녹을 방지하기 위해 사용되며 페인트의 밑칠 및 다른 착색도료의 초벽으로 사용된다.

정답 02 ④ 03 ② 04 ② 05 ② 06 ② 07 ③

08 배관용 보온재의 구비조건으로 적합하지 않은 것은?

① 열전도율이 가능한 적어야 한다.
② 부피, 비중이 커야 한다.
③ 물리적·화학적 강도가 커야 한다.
④ 단위 체적에 대한 가격이 저렴해야 한다.

Guide 배관용 보온재는 열전도율이 최대한 적어야 보온효과를 보장할 수 있으며, 충격에 강하고 배관재와 화학적인 반응을 일으키지 않아야 한다.

09 합성수지 또는 고무질 재료를 사용하여 다공질 제품을 만든 것으로 열전도율이 매우 낮고, 가벼우며 흡수성은 좋지 않으나 굽힘성이 풍부하고, 보온·보랭성이 우수한 유기질 보온재는?

① 홈 매트   ② 기포성 수지
③ 로코트   ④ 유리 섬유

Guide 기포성 수지는 합성수지나 고무질 재료를 사용하여 다공질 제품을 만든 것이며 열전도율이 낮고 굽힘성이 좋아 보온/보랭성 보온재로 널리 사용된다.

10 도료의 특성상 도막이 부드럽고 값이 저렴하여 많이 사용되나, 녹 방지 효과가 불량한 것은?

① 산화철 도료   ② 알루미늄 도료
③ 광명단 도료   ④ 합성수지 도료

Guide **방청용 도료의 종류와 특징**

종류	특징
산화철 도료	산화철과 아마인유 등을 혼합 사용하며 저렴하나 방청(녹방지)효과가 불량
광명단 도료	연단과 아마인유 등을 혼합한 것으로 방청효과가 우수해 일반적으로 많이 사용됨
알루미늄 도료	은분이라고도 하며 특유의 광택이 있고 내열성을 가짐
합성수지 도료	보일러, 압축기 등의 도장용으로 사용

11 배관의 단열공사를 실시하는 목적이 아닌 것은?

① 열에 대한 경제성을 높인다.
② 온도 조절과 열량을 낮춘다.
③ 온도변화를 제한한다.
④ 화상 및 화재방지를 한다.

Guide 배관에 단열공사를 실시하는 목적은 온도의 변화를 제한하고 열의 경제성을 높이는 것 등이 주요한 이유이다. 단열공사로 온도의 조절은 불가능하다.

12 배관설비 화학 세정약품으로 스케일 용해력은 약하지만, 금속과 반응한 후 금속염으로서 방청제가 되기 때문에 샌드블라스트 등의 물리적 세정이나 페이스트 세정 후의 방청 용도로 적합한 세정제는?

① 인산   ② 유기산
③ 질산   ④ 구연산

Guide 샌드블라스트(Sandblast)란 모래를 분사기를 이용해 고압으로 강재의 표면에 분사하여 물리적인 세정을 하는 법을 말하며 이러한 물리적인 세정 후 방청제로는 인산이 사용된다.

13 베이킹 도료로 사용되며 내열성이 좋은 합성수지 도료는?

① 프탈산계   ② 염화 비닐계
③ 산화철계   ④ 실리콘 수지계

Guide 베이킹 도료란 열을 이용해 건조하여 도막을 만드는 도료를 말하며 열경화성 아크릴 수지 도료, 에폭시 수지 도료, 페놀 수지 도료, 실리콘 수지 도료 등이 있다.

정답 08 ② 09 ② 10 ① 11 ② 12 ① 13 ④

14 염기성 탄산마그네슘 85%와 석면 15%를 배합하여 접착제로 약간의 점토를 섞은 다음 형틀에 넣고 압축 성형해 만든 것으로 250℃ 이하의 파이프, 탱크의 보랭용으로 사용하는 보온재는?

① 암면(岩綿)
② 규산칼슘 보온재
③ 산면(Loose Wool)
④ 탄산마그네슘 보온재

> **Guide** 탄산마그네슘 보온재는 탄산마그네슘 85%와 석면 15%를 배합하여 보랭용 보온재로 사용된다.

15 강관의 부식방지를 위한 시공법으로 틀린 것은?

① 나사 이음부와 용접 이음부에는 내식 도료를 칠한다.
② 화장실, 화학공장 등의 바닥 매설배관에는 내산 도료를 칠한다.
③ 콘크리트 속에 매설하는 지중 매설관은 아스팔트를 감아서 매설한다.
④ 용접부위, 나사 노출 부분 등은 습한 곳이 아니면 광명단 도료를 칠할 필요가 없다.

> **Guide** ④ 강관의 용접 부위는 가열, 냉각의 과정으로 응력과 부식이 발생할 우려가 있기 때문에 광명단 도료 등의 방식작업을 반드시 실시하여야 한다.

16 화학적 세정방법을 선택할 때 순환 세정법보다 스프레이 세정법이 더 적합한 것은?

① 열교환기 ② 가열로
③ 보일러 ④ 대용량의 탱크

> **Guide** 대용량의 탱크는 세정해야 하는 면적이 크기 때문에 스프레이 세정법이 효율적이다.

17 피복 및 단열재로서 갖추어야 할 성질이 아닌 것은?

① 다공질일 것
② 내구력이 뛰어날 것
③ 열전도율이 양호할 것
④ 흡수성이나 흡습성이 작을 것

> **Guide** 일정한 온도가 유지되도록 하는 부분의 바깥쪽을 열전도율이 낮은 재료로 피복하여 외부로의 열손실이나 열의 유입을 적게 하는 것이 단열재의 역할이다.

18 도장공사의 목적과 거리가 가장 먼 것은?

① 도장면의 미관을 목적으로 한다.
② 방식을 목적으로 한다.
③ 색 분별에 의한 식별을 목적으로 한다.
④ 재질의 변화를 목적으로 한다.

> **Guide** ④ 도장(Painting, 페인팅)작업은 재질의 변화를 방지하는 것을 목적으로 한다.

19 배관용 보온재 중 고순도의 알루미나와 실리카를 전기로에서 2,000℃의 고온으로 용융시키고 그 고용융체를 증기 또는 공기의 고속 기체로 내뿜어 섬유화하는 방법으로 제조된 것은 어느 것인가?

① 블로 울(Blow Wool)
② 글라스 폼(Glass Foam)
③ 세락 울(Cerak Wool)
④ 슬래그 울(Slag Wool)

> **Guide** 세락 울(Cerak Wool)은 실리카 알루미나를 용융하여 섬유화시켜 만든 것으로 가볍고 시공이 간편한 고온용 단열재이다.

정답 14 ④ 15 ④ 16 ④ 17 ③ 18 ④ 19 ③

20 보온재의 경제적 시공을 위한 보온재 선정 시 공사현장에 대한 적응성 검토내용으로 거리가 먼 것은?

① 대기조건, 기상 상황
② 배관의 진동, 설치장소
③ 운전 상황, 보온재 해체 유무
④ 입주일, 가구 수

Guide 보온재 선정 시 고려사항
- 공사 현장의 대기조건, 기상상황
- 배관의 진동, 설치장소
- 운전 상황, 보온재 해체 유무

정답 20 ④

CHAPTER 04 기계 제도(비절삭 부분)

01 그림과 같이 제3각법으로 정투상한 도면에 적합한 입체도는?

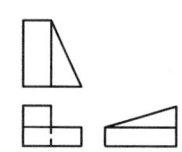

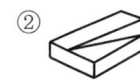

02 KS 기계 재료의 표시기호 SM 400 A의 명칭은?

① 냉간 압연 강판
② 보일러용 압연 강재
③ 열간 압연 강판
④ 용접 구조용 압연 강재

Guide 배관에 사용되는 금속재료 기호

SPHC	열간압연 강판	SPCD	냉간압연 강판	SC	탄소 주강품
SPPS	압력 배관용 탄소강관	STPW	수도 도복장 강관	SPS	일반 구조용 탄소강관
SS	일반 구조용 압연강재	SM	용접 구조용 압연강재	STS	합금공구 강재
STM	기계 구조용 탄소강재	SKH	고속도 공구강재	SPHT	고온 배관용 강관
SBB	보일러용 압연강재	SPPH	고압 배관용 탄소강관	SPLT	저온 배관용 강관

※ 400 : 재료의 최저인장강도

03 인접 부분을 참고로 표시하는 데 사용하는 선은?

① 숨은선 ② 가상선
③ 외형선 ④ 피치선

Guide 가상선은 가는 2점 쇄선으로 나타내며 인접 부분을 참고로 표시하는 경우 사용된다.

04 기계제도에서 단면도(Sectional View)에 관한 설명으로 틀린 것은?

① 가려져서 보이지 않는 부분을 알기 쉽게 나타내기 위하여 단면도로 도시할 수 있다.
② 한쪽 단면도는 대칭형의 대상물을 외형도의 절단과 온단면도의 절반을 조합하여 표시한다.
③ 개스킷, 박판 등과 같이 절단면이 얇은 경우는 절단면을 검게 칠하거나, 치수와 관계없이 한 개의 극히 굵은 실선으로 표시한다.
④ 단면에는 반드시 해칭 또는 스머징(Smudging)을 해야 한다.

Guide 해칭과 스머징은 도면에 단면을 표시하는 한 방법으로 단면을 나타내고자 하는 부위에 가는 실선의 사선을 반복적으로 그려 표시하는 것을 해칭이라고 하며 복잡한 도형의 단면 형상을 분명하게 하는 경우에 연필로 단면을 얇게 칠하는 것을 스머징이라고 한다.

05 제도용지 크기의 치수가 297mm×420mm일 때 호칭방법으로 올바른 것은?

① A5 ② A4
③ A3 ④ A2

Guide A4용지(210mm×297mm)는 A3(297mm×420mm) 용지를 1/2 접은 제도용지이다.

정답 01 ② 02 ④ 03 ② 04 ④ 05 ③

- A0(841mm×1,189mm)
- A1(594mm×841mm)
- A2(420mm×594mm)
- A3(297mm×420mm)
- A4(210mm×297mm)

06 도면에서 치수를 기입하기 위하여 도형으로부터 끌어내는 선은?

① 치수선　　② 치수보조선
③ 해칭선　　④ 기준선

Guide 치수를 기입하기 위해 외형선으로부터 끌어내는 선을 치수보조선이라 한다.

07 동일 장소에서 선이 겹칠 경우 나타내야 할 선의 우선순위를 옳게 나타낸 것은?

① 외형선＞중심선＞숨은선＞치수보조선
② 외형선＞치수보조선＞중심선＞숨은선
③ 외형선＞숨은선＞중심선＞치수보조선
④ 외형선＞중심선＞치수보조선＞숨은선

Guide 외형선과 숨은선은 물체의 보이는 부분과 보이지 않는 부분을 나타낼 때 사용하는 우선순위가 높은 선의 종류이다.

08 다음 도면의 전체 길이는 얼마인가?

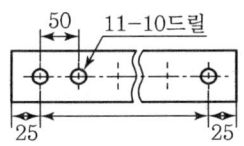

① 220　　② 350
③ 550　　④ 650

Guide 전체의 길이는 양끝단부의 길이(25mm+25mm=50mm)와 첫 번째 구멍에서 마지막 구멍까지의 거리(10×50=500mm)이므로 전체의 길이는 550mm이다.
※ 11−10드릴 : 지름이 10mm인 구멍의 개수가 11개

09 다음 배관 도면에서 사용되지 않은 부속은 어떤 것인가?

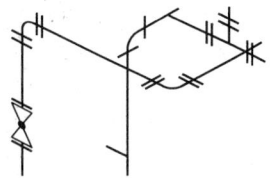

① 티　　② 엘보
③ 글로브 밸브　　④ 게이트 밸브

Guide 각종 밸브의 도시기호

밸브·콕의 종류	그림 기호	밸브·콕의 종류	그림 기호
밸브 일반	⋈	앵글 밸브	△
게이트 밸브	⋈	3방향 밸브	⋈
글로브 밸브	●	안전 밸브	≋ 또는 ≋
체크 밸브	▶ 또는		
볼 밸브	⊗		
버터플라이 밸브	⋈ 또는 ●	콕 일반	⋈

10 원호의 길이 치수를 기입할 때 원호를 명확히 하기 위해서 치수에 사용되는 보조 기호는?

① (20)　　② C20
③ 20　　④ ⌒20

Guide
- (20) : 참고치수
- C20 : 모따기기호

11 전개도는 대상물을 구성하는 면을 평면 위에 전개한 그림을 의미하는데, 원기둥이나 각기둥의 전개에 가장 적합한 전개도법은?

① 평행선 전개도법
② 방사선 전개도법
③ 삼각형 전개도법
④ 사각형 전개도법

Guide 전개도
정육면체, 각뿔 등 입체적인 형상의 면을 펼쳐서 2차원의 공간에 나타낸 것이다.
- 평행선 전개도법 : 원기둥이나 각기둥의 전개에 사용
- 방사선 전개도법 : 원뿔, 각뿔의 전개에 사용
- 삼각형 전개도법 : 전개하기 어려운 입체 형상의 전개에 사용

12 배관에서 유체의 종류 중 냉수를 나타내는 기호는?

① A
② C
③ S
④ W

Guide A(Air, 공기), C(Cool Water, 냉수), S(Steam, 증기)

13 아주 굵은 실선의 용도로 가장 적합한 것은 어느 것인가?

① 특수 가공하는 부분의 범위를 나타내는 데 사용
② 얇은 부분의 단면 도시를 명시하는 데 사용
③ 도시된 단면의 앞쪽을 표현하는 데 사용
④ 이동 한계의 위치로 표시하는 데 사용

Guide 물체의 자른 면은 비스듬한 실선(해칭선)을 일정한 간격으로 그려 단면을 표시하나 두께가 너무 얇은 물체의 단면의 경우 굵은 실선으로 표시한다.

14 "A : B"로 척도를 표시할 때 "A : B"의 설명으로 옳은 것은?

	A	B
①	도면에서의 길이	대상물의 실제 길이
②	도면에서의 치수값	대상물의 실제 길이
③	대상물의 실제 길이	도면에서의 길이
④	대상물의 크기	도면의 길이

Guide 1 : 10의 척도 표시의 경우 실물 크기의 1/10로 축소하여 도면에 그린다는 의미이며 여기서 1은 도면의 길이이고 10은 대상물의 실제 길이가 된다.

15 구의 지름을 나타낼 때 사용되는 치수보조기호는?

① ϕ
② S
③ Sϕ
④ SR

Guide ϕ : 원의 지름, S : 구, Sϕ : 구의 지름, SR : 구의 반지름

16 기계제도 치수 기입법에서 참고 치수를 의미하는 것은?

① $\overline{50}$
② 50
③ (50)
④ ≪50≫

17 물체의 일부분을 파단한 경계 또는 일부를 떼어낸 경계를 나타내는 선으로 불규칙한 파형의 가는 실선인 것은?

① 파단선
② 지시선
③ 가상선
④ 절단선

Guide 파단선의 예(아래)
파이프의 일부를 떼어낸 경계를 양단의 파단선으로 나타내었다.

정답 11 ① 12 ② 13 ② 14 ① 15 ③ 16 ③ 17 ①

18 다음 투상도 중 1각법이나 3각법으로 투상하여도 정면도를 기준으로 그 위치가 동일한 곳에 있는 것은?

① 우측면도 ② 평면도
③ 배면도   ④ 저면도

> **Guide** 투상도법에는 제1각법과 제3각법이 있으며 정면도와 배면도는 서로 그 위치가 동일한 곳에 있다.

19 제도에 사용되는 문자 크기의 기준으로 맞는 것은?

① 문자의 폭
② 문자의 높이
③ 문자의 대각선 길이
④ 문자의 높이와 폭의 비율

20 나사 표시기호 "M50×2"에서 "2"는 무엇을 나타내는가?

① 나사산의 수
② 나사 피치
③ 나사의 줄 수
④ 나사의 등급

> **Guide** 나사의 피치란 나사산과 인접한 나사산 간의 거리를 나타내는 것이다.

21 다음 그림과 같은 양면 용접부 조합기호의 명칭은 무엇인가?

① V형 맞대기 용접
② X형 맞대기 용접
③ U형 맞대기 용접
④ 양면 U형 맞대기 용접

22 바퀴의 암(Arm), 림(Rim), 축(Shaft), 훅(Hook) 등을 나타낼 때 주로 사용하는 단면도로서, 단면의 일부를 90° 회전하여 나타낸 단면도는?

① 부분 단면도
② 회전도시 단면도
③ 계단 단면도
④ 곡면 단면도

23 제3각법에서 평면도는 정면도의 어느 쪽에 있는가?

① 좌측   ② 우측
③ 위   ④ 아래

> **Guide** 정투상법에는 제1각법과 제3각법이 있으며 제3각법의 경우 정면도를 기준으로 하며 정면도의 위쪽에는 평면도, 오른쪽에는 우측면도, 왼쪽에는 좌측면도, 정면도의 아래쪽에는 저면도, 우측면도의 오른쪽에는 배면도를 그린다.

24 용접부의 도시 기호가 "a4▷3×25(7)"일 때의 설명으로 틀린 것은?

① ▷ : 필렛 용접
② 3 : 용접부의 폭
③ 25 : 용접부의 길이
④ (7) : 인접한 용접부의 간격

> **Guide** a4 : 4mm의 목두께
> - ▷ : 필렛 용접
> - 3 : 용접선의 개수
> - 25 : 용접부의 길이
> - (7) : 피치(용접선 중심과 인접한 용접부 중심 간의 거리)

정답 18 ③ 19 ② 20 ② 21 ④ 22 ② 23 ③ 24 ②

25 아래 배관 도시기호는 무엇을 의미하는가?

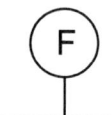

① 압력계　　② 유량계
③ 온도계　　④ 지시계

> **Guide** 각종 계기의 도시기호
>
> | 구분 | 유량계 | 온도계 | 압력계 |
> |---|---|---|---|
> | 기호 | F | T | P |
> | 영문 표기 | Flow Indicator | Temperature Indicator | Pressure Indicator |

26 다음 보기 중 도면의 표제란에 기입하지 않는 사항은?

① 도면 번호　　② 도면 작성일
③ 도면 명칭　　④ 재료의 무게

27 일반적인 경우 도면을 접어서 보관할 때 접은 도면의 크기는 어느 정도로 하는가?

① A1　　② A2
③ A3　　④ A4

> **Guide** 도면을 접어서 보관하는 경우 A4사이즈(210mm×297mm)로 접으며 표제란이 보이도록 한다.

정답　25 ②　26 ④　27 ④

PART

03

과년도 기출문제

2015년 1회차	2020년 4회차
2015년 4회차	2021년 2회차
2016년 1회차	2022년 2회차
2017년 1회차	2023년 2회차
2018년 3회차	2024년 2회차
2019년 1회차	2025년 2회차

[학습 전 알아두기]
배관기능사 필기시험은 CBT(Computer Based Training)방식으로 시행되어 수험생 개개인별로 문제가 다르게 출제되며 시험문제는 비공개입니다.
본 기출문제 풀이는 시험에 응시한 수험생의 기억에 의해 재구성한 것입니다.

2015년 1회차 시행

01 관이나 기기 속의 물의 온도가 공기 노점온도보다 낮을 때 관 등의 표면에 수분이 응축하는 현상을 무엇이라고 하는가?

① 보랭
② 결로
③ 보온
④ 단열

Guide 결로
공기가 차가운 관이나 기기 등의 표면에 접촉하여 물방울이 되어 벽면에 부착되는 현상을 말한다.

02 중량물을 인력(人力)에 의해 취급할 때 일반적인 주의사항으로 옳지 않은 것은?

① 들어 올릴 때는 가급적 허리를 내리고 등을 펴서 천천히 올린다.
② 안정하지 않은 곳에 내려놓지 말 것이며, 높은 곳에 무리하게 올려놓지 않는다.
③ 운반하는 통로는 미리 정돈해 놓고, 힘겨운 물건은 기중기나 운반차를 이용한다.
④ 공동 작업을 할 때는 체력이나 기능 수준이 상대방과 전혀 다른 사람을 선택하여 운반한다.

Guide ④ 공동 작업을 하는 경우 체력의 수준이 비슷한 다른 사람과 작업하도록 한다.

03 배관 안지름이 1,000mm이고, 유량이 7.85 m³/s일 때, 이 파이프 내의 평균 유속은 약 몇 m/s인가?

① 10
② 50
③ 100
④ 150

Guide
• 유량(Q) = 관의 단면적(A) × V(유속)
• V(유속) = 유량(Q) × 관의 단면적(A)

• 원의 면적(관의 단면적) = $\dfrac{\pi d^2}{4}$
• 배관 안지름 단위 환산(1,000mm = 1m)

$$\dfrac{7.85}{\dfrac{3.14}{4} \times 1^2} = \dfrac{7.85}{0.785} = 10\text{m/s}$$

04 화학장치용 재료의 구비조건으로 옳지 않은 것은?

① 저온에서도 재질의 열화가 없을 것
② 가공이 용이하고 가격이 저렴할 것
③ 고온, 고압에 대하여 기계적 강도가 클 것
④ 접촉 유체에 대하여 내식성이 크고 크리프(Creep) 강도가 작을 것

Guide 크리프 강도란 재료에 일정한 온도를 가했을 경우의 기계적인 강도를 말하며, 화학배관설비에 사용되는 재료는 크리프 강도가 커야 한다.

05 정지하고 있는 물체의 뒷면에 진공 부분이 발생하게 되어 물체는 그로 말미암아 공기의 흐름 방향대로 힘을 받게 되며 그 힘의 방향으로 가속도를 얻게 되므로 서서히 움직이게 되는 원리를 응용한 것은?

① 공기 수송기
② 터보형(원심식) 압축기
③ 공기압식 전송기
④ 분리기 및 후부 냉각기

Guide 공기 수송기는 분체 수송기라고도 하며 유지관리를 위한 비용과 인건비를 절감할 수 있으나 대용량, 장거리 이송 시 효율성이 떨어진다.

정답 01 ② 02 ④ 03 ① 04 ④ 05 ①

06 다음 중 열교환기의 사용 용도에 해당되지 않는 것은?

① 응축
② 냉각 및 가열
③ 폐열 방출
④ 증발 및 회수

Guide 열교환기의 종류와 특징
- 가열기 : 유체를 가열하여 필요한 온도까지 유체의 온도를 상승시키는 목적으로 사용되며 가열원은 폐열 유체가 사용
- 예열기 : 유체를 가열하여 유체온도를 상승시키는 목적으로 사용
- 과열기 : 가열된 유체를 다시 가열하여 과열상태로 만드는 열교환기
- 증발기 : 유체를 가열하여 잠열을 주어 증발시켜 발생한 증기를 사용하는 열교환기
- 응축기 : 응축성 기체를 사용하여 잠열을 제거해 액화시키는 열교환기
- 냉각기 : 정수, 해수 등의 열매체로 필요한 온도까지 유체온도를 강하시키는 열교환기

07 게이지 압력이 1.4기압(kgf/cm²)일 때 정수두는 몇 m인가?

① 0.14
② 1.4
③ 14
④ 140

Guide 정수두란 물이 정지상태에 있을 때 상하수면의 높이차를 말한다.
정수두(m) = 10 × 게이지 압력(kgf/cm²)
= 10 × 1.4 = 14m

08 LPG 저장 설비 중 구형 저장 탱크의 특징을 열거한 것이다. 아닌 것은?

① 구조가 간단하고 시설비가 싸다.
② 강도가 크고 동일 용량으로는 표면적이 가장 크다.
③ 드레인(Drain)이 쉽고 악천후에도 유지 관리가 용이하다.
④ 단열성이 높아서 −50℃ 이하의 산소, 질소, 메탄, 에틸렌 등의 액화가스 저장에 적합하다.

Guide LPG 저장 설비 중 구형 저장 탱크의 특징
- 구조가 간단하고 시설비가 싸다.
- 드레인(Drain)이 쉽고 악천후에도 유지 관리가 용이하다.
- 단열성이 높아서 −50℃ 이하의 산소, 질소, 메탄, 에틸렌 등의 액화가스 저장에 적합하다.
- 동일 용량일 때 표면적이 작아 압력을 쉽게 분산시킬 수 있는 구조이기 때문에 프로판이나 부탄 등 LPG 저장시설 등에 사용된다.

09 배관의 세정방법 중 기계적(물리적) 세정방법에 해당하는 것은?

① 순환 세정법
② 피그 세정법
③ 침적 세정법
④ 스프레이 세정법

Guide 플랜트 배관의 기계적 세정방법
- 피그 세정법 : 탄환 모양의 피그물질을 배관 내 삽입하고 고압으로 통과시켜 배관을 세정하는 방식
- 물분사기 세정법
- 샌드블라스트 세정법
- 쇼트블라스트 세정법

10 가스배관 설비의 보수에서 잔류 가스를 처리하기 위한 방출관의 높이는 지상에서 몇 m 이상 높이로 설치하는가?

① 3
② 4
③ 5
④ 6

Guide 잔류 가스 처리용 방출관의 높이
지상에서 5m 이상

정답 06 ③ 07 ③ 08 ② 09 ② 10 ③

11 수도 직결 급수방식에서 수도 본관의 최저 필요 수압을 구하는 식으로 옳은 것은?(단, P_O는 수도 본관 최저 수압(kgf/cm²), P_1은 기구별 최저 소요압력(kgf/cm²), P_2는 관 내 마찰손실압력(kgf/cm²), h는 수전고(m)이다.)

① $P_O \geq P_1 + P_2 + \dfrac{h}{10}$

② $P_O \geq P_1 + P_2 - \dfrac{h}{10}$

③ $P_O \geq P_1 - P_2 + \dfrac{h}{10}$

④ $P_O \geq P_1 - P_2 - \dfrac{h}{10}$

12 아크 광선에 의해 눈에 전광성 안염이 생겼을 경우 안전 조치사항으로 가장 적합한 것은?

① 비눗물로 눈을 닦아낸다.
② 온수에 찜질을 하거나 염산수로 눈을 닦는다.
③ 2일이 지나면 자연히 회복되므로 그대로 방치하여 둔다.
④ 냉수에 찜질을 하거나, 붕산수로 눈을 닦고 안정을 취한다.

13 집진장치 배관에서 함진가스를 방해판 등에 충돌시키거나 흐름을 반전시켜 기류의 급격한 방향 전환을 행하게 함으로써 분진을 제거하는 방식은?

① 세정식 집진법 ② 관성력식 집진법
③ 여과식 집진법 ④ 원심력식 집진법

> Guide 대기 중에 포함된 먼지를 제거하는 집진장치의 종류에는 전기식, 중력식, 관성식, 원심력식, 여과식 등이 있다. 이 중 관성력식 집진장치를 이용한 집진법은 기류의 급격한 방향 전환으로 분진을 제거하는 방식이다.

14 강관의 굽힘 작업 시 안전사항으로 옳지 않은 것은?

① 냉간 굽힘 시에는 벤딩 머신의 굽힘 능력 이상 관을 굽히지 않는다.
② 긴 관을 굽힐 때에는 주변에 장애물이 없는지 반드시 확인한다.
③ 열간 굽힘 시 관 가열부에 화상을 입지 않도록 각별히 주의한다.
④ 냉간 굽힘 후 관이 벤딩 포머에서 빠지지 않을 때에는 쇠 해머로 포머에 충격을 가해서 관을 빼낸다.

15 배관 지지쇠 종류 중 배관의 벤딩 부분과 수평 부분을 영구히 고정시켜 배관의 이동을 구속시키는 것은?

① 파이프 슈(Pipe Shoe)
② 리스트레인트(Restraint)
③ 리지드 서포트(Rigid Support)
④ 스프링 서포트(Spring Support)

> Guide 서포트(Support)의 종류
> 서포트란 바닥 배관 등의 하중을 밑에서 위로 떠받치는 지지기구이다.
> • 파이프 슈(Pipe Shoe) : 관에 직접 접속하는 지지기구이며 수평배관과 수직배관의 연결부에 사용하며 벤딩 부분과 수평 부분을 영구 고정한다.
> • 리지드 서포트(Riged Support) : H빔이나 I형 빔으로 받침을 만들어 지지한다.
> • 스프링 서포트(Sprong Support) : 스프링의 탄성에 의해 상하 이동을 허용한다.
> • 롤러 서포트(Roller Support) : 관의 축 방향의 이동을 허용한다.

정답 11 ① 12 ④ 13 ② 14 ④ 15 ①

16 내부 에너지 400KJ, 압력 300kPa, 체적 2m³인 계의 엔탈피는 몇 KJ인가?

① 700
② 800
③ 900
④ 1,000

Guide 엔탈피 = 내부에너지(U) + (압력(P) × 체적(V))
= 400kJ + (300kPa × 2m³)
= 1,000kJ

17 일반적인 경우 중앙식 급탕기와 비교한 개별식 급탕법의 장점으로 가장 적합한 것은?

① 배관길이가 짧아 열손실이 적다.
② 값싼 중유, 벙커C유 등의 연료를 사용하여 급탕비가 적게 든다.
③ 대규모 설비이므로 열효율이 좋다.
④ 기계실에 설치되므로 관리가 쉽다.

Guide 개별식 급탕법은 긴 배관이 필요치 않으며 급탕개소가 적을 경우 시설비가 경제적인 장점이 있다 (예 순간온수기).

18 소화설비 중 탄산가스 설비의 특징으로 옳지 않은 것은?

① 무해, 무취하고, 절연성이 높다.
② 소화 후 소화물에 대하여 오염, 손상 등이 없다.
③ 유지비가 많이 들고, 펌프 등 압송장치가 필요하다.
④ 저장 기간 동안 변질이 없고 반영구적으로 사용할 수 있다.

Guide 탄산가스 자체가 인체에 무해(독성가스는 아니나 밀폐된 공간에서 다량 흡입 시 위험)하고 저장기간 동안 변질 없이 반영구적으로 사용할 수 있어 설비의 유지비가 저렴한 편이다.

19 가스 배관의 보수 또는 배관을 연장할 경우 가스팩 사용에 관한 설명으로 옳지 않은 것은?

① 가스팩을 설치할 때는 2m 이상의 방출관을 설치하여야 한다.
② 가스를 차단할 경우는 유효기간이 지나지 않은 가스팩을 사용하여야 한다.
③ 팩을 제거할 때는 상류 측을 먼저 빼내고 차단부의 공기를 방출시킨 후 하류 측을 제거한다.
④ 가스팩에는 공기를 1kgf/cm² 이상부터 관의 지름이 클수록 10kgf/cm²까지 높은 압력으로 사용한다.

Guide 가스팩은 가스배관의 보수 또는 연장 작업 시 배관 내에서 가스를 차단할 때 사용하며 관의 지름이 클수록 낮은 압력으로 사용한다.

20 펌프 설치 및 주위 배관에서 흡입 배관 시공에 필요로 하지 않는 것은?

① 사이펀 관
② 스트레이너
③ 진공 게이지
④ 리프트형 체크 밸브

Guide 펌프의 흡입 배관은 주로 수직 배관이 사용되기 때문에 수평배관 전용으로 사용되는 리프트형 체크 밸브(역류방지용)는 필요 없다.

21 보일러 급수에 용해되어 있는 공기 중 산소, 이산화탄소 등의 용존 기체를 제거하는 장치는?

① 환원기
② 탈기기
③ 증발기
④ 절탄기

Guide 탈기기
보일러 급수 중의 산소, 이산화탄소 등의 기체를 제거하는 장치이다.

정답 16 ④ 17 ① 18 ③ 19 ④ 20 ④ 21 ②

22 진공 환수관 증기 난방에서 진공 펌프가 환수주관보다 높은 위치에 있거나, 방열기보다 높은 곳에 환수주관을 배관하는 경우 응축수를 끌어올리기 위하여 설치하는 것은?

① 리프트 피팅 ② 고압 트랩장치
③ 저압 트랩장치 ④ 플래시 레그장치

Guide 증기난방의 경우 낮은 쪽의 응축수를 높은 곳으로 올리는 리프트 피팅이 가능하다.

23 각 층의 배수 수직관의 공기 혼합 이음쇠와 배수 수평 분기관 및 배수 수직관의 기초 부분의 공기 분리 이음쇠로 구성되어 있으며, 수직관 안에서 배수와 공기를 억제시키고, 배수 수평 분기관으로부터 들어오는 배수와 공기를 수직관 안에서 혼합하는 역할을 하는 방식을 무엇이라 하는가?

① 1관식방식 ② 2관식방식
③ 소벤트방식 ④ 섹스티아방식

Guide 통기관의 종류를 묻는 문제로 특수 통기방식 중 하나인 소벤트방식은 별도의 통기관을 사용하지 않고 신정통관만으로 배수와 통기를 겸하는 방식이다.

24 도시가스의 성분 중 가연성가스가 아닌 것은?

① H_2 ② CH_4
③ CO_2 ④ CO

Guide ③ CO_2(이산화탄소)는 불연성가스이다.

25 증발기에서 증발한 냉매를 기계적인 압축이 아닌 용액으로의 흡수 및 방출에 의해 냉동시키는 것은?

① 압축식 냉동기
② 흡착식 냉동기
③ 흡수식 냉동기
④ 증기분사식 냉동기

Guide 흡수식 냉동기
증발기에서 증발한 냉매를 용액의 흡수 및 방출에 의해 냉동시키는 장치이다.

26 석면시멘트관의 이음에서 칼라 속에 2개의 고무링을 넣고 이음하는 방식으로 고무 개스킷 이음이라고도 하는 이음법은?

① 콤포 이음 ② 고무링 이음
③ 플레어 이음 ④ 심플렉스 이음

Guide 석면시멘트관은 석면과 시멘트를 혼합하여 제조한 관으로 에테니트관(Eternit Pipe)이라고도 하며 접합법의 종류로는 심플렉스 이음, 기볼트 이음, 칼라 이음의 세 가지 종류가 있다. 이 중 심플렉스 이음은 칼라 속에 2개의 고무링을 넣은 이음으로 굽힘성과 내식성이 우수한 접합법이다.

27 동관 공작용 공구 중 직관에서 분기관을 성형할 경우 사용하는 공구는?

① 리머(Reamer)
② 티 뽑기(Extractors)
③ 튜브 벤더(Tube Bender)
④ 사이징 툴(Sizing Tool)

Guide 동관을 직관에서 분기하는 경우 티 뽑기라는 공구를 사용한다.

28 강관의 가스 절단에 대한 원리를 가장 정확하게 설명한 것은?

① LPG와 강관의 융화 반응을 이용하여 절단한다.
② 질소와 강관의 탄화 반응을 이용하여 절단한다.
③ 산소와 강관의 화학 반응을 이용하여 절단한다.
④ 아세틸렌과 강관의 역화 반응을 이용하여 절단한다.

정답 22 ① 23 ③ 24 ③ 25 ③ 26 ④ 27 ② 28 ③

Guide 강관의 가스 절단은 산소와 아세틸렌(또는 LPG)을 이용하여 강관을 예열한 후, 고압의 산소를 흘려 용융 부위를 산화시켜 절단하는 방식이다.

29 벤더로 관의 굽힘 작업 시 관이 파손되는 경우 그 원인으로 다음 중에서 가장 적합한 것은?

① 굽힘 반지름이 너무 작다.
② 성형틀의 홈이 관의 지름보다 크다.
③ 클램프 또는 관에 기름이 묻어 있다.
④ 안내틀 조정이 너무 약하게 되어 저항이 작다.

Guide 관의 벤딩 시 굽힘 반지름은 관경의 2.5배 이상이 되어야 하며 재료에 결함이 있거나 압력이 저항에 비해 과대한 경우 관이 파손될 수 있다.

30 20A(3/4″) 강관에서 2개의 45° 엘보를 사용해서 그림과 같이 연결하려면 빗면 연결 부분 직관의 실제 소요 길이는 약 얼마인가?(단, 20A 엘보의 바깥 면에서 중심까지의 길이는 25mm, 엘보 물림 나사부 길이는 15mm로 한다.)

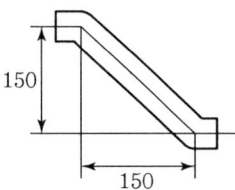

① 152mm   ② 172mm
③ 192mm   ④ 212mm

Guide
- 부속의 공간길이 = (부속 중심선에서 단면까지 거리) – (나사부 물리는 최소길이)이므로 25 – 15 = 10mm
- 빗면 직관의 길이 : $150\sqrt{2} = 150 \times 1.414 = 212.1$
- 직관의 길이에서 양쪽 부속의 공간길이를 빼주면 실제 소요길이가 산출된다.
  $212.1 - (10 + 10) = 192.1$mm

31 피복 아크 용접봉에서 피복제의 역할에 관한 설명으로 옳지 않은 것은?

① 전기절연작용을 한다.
② 모재 표면의 산화물을 제거한다.
③ 용융 금속의 응고와 냉각 속도를 촉진시켜 준다.
④ 용융 금속에 필요한 합금 원소를 첨가하여 준다.

Guide 피복제의 역할

피복제의 역할	목적	함유 성분
아크 안정화	용접성 향상	산화티탄, 규산칼륨, 규산나트륨, 석회석 등
가스 발생	산화, 질화방지	아교, 녹말, 목재 톱밥, 셀룰로오스 등
슬래그 생성	급랭 방지 (서랭 유도)	산화철, 루틸, 일미나이트, 이산화망간, 석회석, 규사, 장석, 형석 등
합금원소 첨가	금속성질 개선	페로망간, 페로실리콘, 페로크롬, 니켈 등
고착제	피복제를 심선에 부착	물유리, 아교, 규산소다, 규산 칼리 등
탈산제	용착금속 중 산소 제거	페로망간(Fe–Mn), 페로실리콘(Fe–Si), Al(알루미늄) 등

32 일반 배관재로 사용하는 강관, 동관, 스테인리스관, 합성수지관의 특성에 관한 설명으로 옳지 않은 것은?

① 위생성은 강관이 가장 좋지 않다.
② 내식성은 동관과 스테인리스관이 좋다.
③ 인장강도가 가장 우수한 관은 스테인리스관이다.
④ 열전도율이 가장 우수한 관은 스테인리스관이다.

33 피복 금속 아크 전기 용접과 비교하였을 때 가스 용접의 장점으로 옳지 않은 것은?

① 열효율이 높고, 열집중성이 좋다.
② 유해 광선 발생이 전기 용접보다는 적다.
③ 장거리 운반이 편리하고 설비비가 저렴하다.
④ 응용 범위가 넓고 가열 조절이 비교적 자유롭다.

Guide ① 열효율이 높고 열집중성이 좋은 것은 아크 용접의 장점이다.

34 다음 중 동력 파이프 나사 절삭기가 아닌 것은?

① 호브식   ② 로터리식
③ 오스터식 ④ 다이헤드식

Guide 동력 파이프 나사 절삭기의 종류
호브식, 오스터식, 다이헤드식
[암기법] 오.호.다 = 파이프 벤딩머신의 종류 : 램식, 로터리식('ㄹ' 모양은 파이프가 벤딩된 형상을 연상)

35 그래브링(Grab Ring)과 O-링 부분에 실리콘 윤활유를 발라 준 후 파이프를 연결 부속재에 가벼운 힘으로 수평으로 살며시 밀어 넣어 접합하는 관은?

① 폴리에틸렌관
② 폴리부틸렌관
③ 폴리프로필렌관
④ 폴리에스테르관

Guide 폴리부틸렌관(PB관)은 에이콘관이라고도 하며 이음쇠 안쪽에 내장된 그래브링(Grabring)과 O-링에 의한 삽입 접합으로 이종관과의 접합 시에는 커넥터(Connector) 및 어댑터(Adapter)를 사용하여 나사 이음하는 방식을 사용한다.

36 주철관 이음에서 소켓 이음을 혁신적으로 개량한 것으로, 스테인리스강 커플링과 고무링만으로 쉽게 이음을 할 수 있는 접합방법은?

① 빅토릭 접합   ② 기계적 접합
③ 플랜지 접합   ④ 노 허브 접합

Guide 주철관 접합법의 종류에는 소켓 접합, 플랜지 접합, 기계적 접합, 타이톤 접합, 빅토릭 접합 등이 있으며, 소켓 이음을 혁신적으로 개량한 노 허브 이음은 스테인리스 커플링과 고무링을 이용한 새로운 접합법이다.

37 배관용 스테인리스 강관의 프레스식 관 이음쇠의 특징이 아닌 것은?

① 작업 시간을 단축할 수 있다.
② 작업의 숙련도가 필요 없다.
③ 배관 시공 단가를 줄일 수 있다.
④ 화기를 사용하여 접합하므로 화재의 위험성이 크다.

Guide 스테인리스관의 이음법 중 몰코 이음의 특징에 관한 문제이다.
• 작업이 단순해 숙련이 필요 없다.
• 화기를 사용하지 않아 화재의 위험이 없다.
• 경량 배관 및 청결 배관을 할 수 있다.
• 몰코 이음쇠에 끼우고 전용 압착 공구로 10초 간 압착해 주는 간단한 방식으로 접합이 이루어진다.

38 동관의 납땜 이음에서 경납땜을 할 때 사용되는 것이 아닌 것은?

① 주석납(Sn+Pb)
② 은납(Cu+Zn+Ag)
③ 황동납(Cu+Zn)
④ 양은납(Cu+Zn+Ni)

Guide 납땜의 종류에는 납땜 작업의 온도에 따라 경납땜(450℃ 이상)과 연납땜(450℃ 이하)이 있으며 주석납은 대표적인 연납땜의 재료이다(인두납땜).

정답 33 ① 34 ② 35 ② 36 ④ 37 ④ 38 ①

39 배관용 패킹 재료를 선택할 때 고려하여야 할 사항으로 가장 거리가 먼 것은?

① 패킹 재료의 보온성
② 관 속에 흐르는 유체의 화학적인 성질
③ 관 속에 흐르는 유체의 물리적인 성질
④ 진동, 충격 등에 대한 기계적인 조건

Guide ① 패킹 재료의 보온성이 아닌 기밀성을 고려해야 한다.

40 신축으로 인한 배관의 좌우, 상하 이동을 구속하고 제한하는 목적으로 사용되는 리스트레인트(Restraint)의 종류가 아닌 것은?

① 행거
② 앵커
③ 스토퍼
④ 가이드

Guide 리스트레인트의 종류
앵커(이동/회전방지), 스토퍼(일정한 방향의 이동/회전 구속), 가이드(축/직각방향의 이동 구속 및 안내)

41 스테인리스강의 부동태피막(보호피막)은 크롬(Cr)과 무엇이 결합하여 형성되는가?

① 질소 또는 수산기
② 산소 또는 수산기
③ 질소 또는 염산기
④ 산소 또는 염산기

Guide 스테인리스강은 철(Fe)에 크롬(Cr)을 11% 이상 합금한 강으로 산소의 분위기 중에서 표면에 크롬 산화막(보호 피막)이 형성되어 금속의 산화를 방지하는데, 이러한 현상은 반드시 산소 또는 산소와 수소가 결합한 원자단의 분위기 가운데서 발생한다.

[암기법] 스테인리스강의 부동태피막 : **산.수**

42 다음 중 동관에 대한 설명으로 옳지 않은 것은?

① 동관은 강관보다 내식성이 좋다.
② 두께가 가장 두꺼운 것은 M형이다.
③ 열전도도가 크고 굴곡성이 풍부하다.
④ 담수에 대한 내식성은 크나, 연수에는 부식된다.

Guide 동관은 두께별로 K형, L형, M형, N형의 4가지 종류가 있으며 두께가 두꺼운 순서는 K>L>M>N이다.

43 오토매틱 워터 밸브(Automatic Water Valve)에 관한 설명으로 틀린 것은?

① 주 밸브와 보조 밸브로 구성되어 있다.
② 중추식 안전 밸브와 지렛대식 안전 밸브가 대표적인 오토매틱 워터 밸브이다.
③ 적용 유체의 자체 압력을 이용한 것으로 수위 조절 밸브, 감압 밸브, 1차 압력 조절 밸브에 사용된다.
④ 유체가 흐르지 않은 상태에서는 주 밸브의 자체중량과 스프링의 힘으로 닫혀져 있다.

Guide 오토매틱 워터 밸브는 정수위 조절 밸브라고도 하며 안전 밸브와는 성격이 다르다.

44 합성수지관의 공통적인 특성에 관한 설명으로 옳지 않은 것은?

① 경량이다.
② 전기절연성이 우수하다.
③ 내압성과 내마모성이 좋다.
④ 작업성이 좋아 시공이 쉽다.

Guide ③ 합성수지관은 금속관에 비해 내압성(압력에 견디는 성질)과 내마모성(마모에 견디는 성질)이 떨어지는 단점을 가지고 있다.

정답 39 ① 40 ① 41 ② 42 ② 43 ② 44 ③

45 흄(Hume)관이라고도 부르며, 배수관 및 송수관 등에 사용되는 관은?

① 도관
② 라이닝 주철관
③ 석면시멘트관
④ 원심력 철근콘크리트관

Guide 흄관은 원심력 철근콘크리트관을 지칭하는 것으로 흄(Hume)이라는 사람이 고안하였다고 하여 이름 붙여진 관이다. 원형으로 조립된 철근을 강제형 틀에 넣고 소정량의 콘크리트를 투입하여 제조한 관으로 형태에 따라 직관과 이형관으로 구분된다.

46 밸브의 종류별 설명으로 옳지 않은 것은?

① 슬루스 밸브는 유량 조정용으로 적당하다.
② 정지 밸브는 유체에 대한 저항이 크나 가볍다.
③ 체크 밸브는 유체를 일정한 방향으로만 흐르게 한다.
④ 콕은 유체의 저항이 작고 흐름을 급속히 개폐할 수 있다.

Guide ① 슬루스 밸브는 게이트 밸브라고도 하며 유량 조정용이 아닌 개폐용으로 적당하다.

[암기법] 쓸.개 개폐용

47 증기 트랩의 종류 중 열역학적 트랩에 해당되는 것은?

① 플로트 트랩
② 버킷 트랩
③ 열동식 트랩
④ 디스크형 트랩

Guide 증기 트랩
증기 트랩은 보일러에서 발생한 응축수를 배출시키고 증기를 차단하는 장치로 종류는 다음과 같다.
• 기계식 : 플로트식 트랩, 버킷 트랩
• 온도 조절식 : 바이메탈식, 벨로스식, 액체 팽창식
• 열역학식 : 오리피스형, 디스크형

48 다음 중 수도용 원심력 사형 주철관의 최대 사용 정수두가 45m인 관은?

① 저압관
② 중압관
③ 고압관
④ 보통압관

Guide 정수두란 물이 정지 상태에 있을 때 상하수면의 높이차를 말하는 것이며 수도용 원심력 사형 주철관의 사용 정수두가 45m 이하인 관을 저압관이라 한다.

49 연단에 아마인유와 배합한 것으로 밀착력이 좋고 풍화에 강하며 다른 도료의 밑칠용 및 녹 방지용으로 사용하는 것은?

① 산화철 도료
② 알루미늄 도료
③ 광명단 도료
④ 합성수지 도료

Guide 광명단 도료
연단과 아마인유 등을 혼합한 것으로 방청효과가 우수해 일반적으로 많이 사용된다.

50 다음 중 유기질 보온재에 해당하는 것은?

① 석면
② 규조토
③ 암면
④ 코르크

Guide 유기질 보온재
펠트, 코르크, 텍스류, 기포성 수지

51 다음 중 제3각법에 대하여 설명한 것으로 틀린 것은?

① 저면도는 정면도 밑에 도시한다.
② 평면도는 정면도의 상부에 도시한다.
③ 좌측면도는 정면도의 좌측에 도시한다.
④ 우측면도는 평면도의 우측에 도시한다.

Guide 제3각법의 경우 정면도를 기준으로 하며 정면도의 위쪽에는 평면도, 오른쪽에는 우측면도, 왼쪽에는 좌측면도, 정면도의 아래쪽에는 저면도, 우측면도의 오른쪽에는 배면도를 그린다.

정답 45 ④ 46 ① 47 ④ 48 ① 49 ③ 50 ④ 51 ④

52 구멍에 끼워 맞추기 위한 구멍, 볼트, 리벳의 기호 표시에서 현장에서 드릴 가공 및 끼워 맞춤을 하고 양쪽면에 카운터 싱크가 있는 기호는?

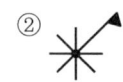

53 그림과 같은 배관 도시 기호가 있는 관에는 어떤 종류의 유체가 흐르는가?

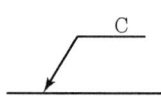

① 온수 ② 냉수
③ 냉온수 ④ 증기

> Guide C : Cool Water(냉수)

54 도면을 용도에 따른 분류와 내용에 따른 분류로 구분할 때, 다음 중 내용에 따라 분류한 도면인 것은?

① 제작도 ② 주문도
③ 견적도 ④ 부품도

> Guide 제작, 주문, 견적은 용도에 따른 구분이다.

55 대상물의 일부를 떼어낸 경계를 표시하는 데 사용하는 선의 굵기는?

① 굵은 실선 ② 가는 실선
③ 아주 굵은 실선 ④ 아주 가는 실선

> Guide 파단선
> 대상물의 일부를 파단한 경계선 또는 일부를 떼어낸 경계를 표시하는 데 사용된다. (예 가는 실선, 지그재그선)

56 다음 중 리벳용 원형강의 KS 기호는?

① SV ② SC
③ SB ④ PW

> Guide 기계 재료의 표시 기호
>
> | 명칭 | KS 기호 | 명칭 | KS 기호 |
> |---|---|---|---|
> | 일반 구조용 압연 강재 | SB | 기계 구조용 탄소 강재 | SM |
> | 일반 배관용 압연 강재 | SPP | 합금 공구강 (주로 절삭, 내충격용) | STS |
> | 냉간 압연 강관 및 강재 | SBC | 탄소 주강품 | SC |
> | 용접 구조용 압연 강재 | SWS | 일반 구조용 탄소강관 | SPS |
> | 기계 구조용 탄소강관 | STKM | 회주철품 | GC |
> | 고속도 공구강재 | SKH | 구상흑연주철 | DC |
> | 탄소공구강 | STC | 흑심 가단주철 | BMC |
> | 리벳용 압연강재 | SV | 백심 가단주철 | WMC |
> | 보일러용 압연 강재 | SBB | 스프링강 | SPS |

57 다음 입체도의 화살표 방향 투상도로 가장 적합한 것은?

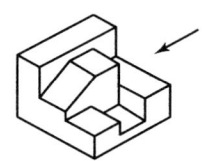

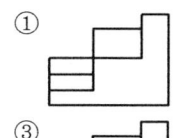
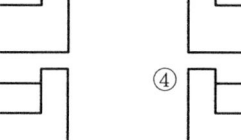

정답 52 ④ 53 ② 54 ④ 55 ② 56 ① 57 ③

58 다음 밸브 기호는 어떤 밸브를 나타내는가?

① 풋 밸브 ② 볼 밸브
③ 체크 밸브 ④ 버터플라이 밸브

부속의 종류	기호	부속의 종류	기호
엘보	∟	밸브 일반	⋈
티	⊤	콕 일반	⋈
리듀서	▷	체크 밸브	⋈ 또는 ⋈
슬루스 밸브 (게이트 밸브)	⋈	앵글 밸브	⊿
글로브 밸브 (스톱 밸브)	⋈	안전 밸브	⋈

59 다음 그림과 같은 용접방법 표시로 맞는 것은?

① 삼각 용접 ② 현장 용접
③ 공장 용접 ④ 수직 용접

60 다음 치수 표현 중에서 참고 치수를 의미하는 것은?

① Sϕ24 ② t24
③ (24) ④ □24

2015년 4회차 시행

01 오물 정화조의 설치 순서로 옳은 것은?

① 부패조 → 여과조 → 산화조 → 소독조
② 부패조 → 산화조 → 여과조 → 소독조
③ 소독조 → 여과조 → 산화조 → 부패조
④ 소독조 → 산화조 → 여과조 → 부패조

Guide 오물 정화조의 설치 순서
부패조 → 여과조 → 산화조 → 소독조
[암기법] 부.여.산.소

02 펌프에서 캐비테이션(Cavitation)의 발생 조건이 아닌 것은?

① 흡입 양정이 짧을 경우
② 유체의 온도가 높을 경우
③ 날개 차의 원주 속도가 클 경우
④ 날개 차의 모양이 적당하지 않을 경우

Guide 캐비테이션 발생 원인
유체의 온도가 높은 경우, 흡입 양정이 높을 경우, 날개 차의 원주 속도가 클 경우, 날개 차의 모양이 적당하지 않을 경우

03 옥외 소화전 7개를 설치하고자 한다. 수원의 저수량은 얼마인가?(단, 옥외 소화전 방수량은 350L/min을 20분 이상 방출하여야 하고, 2개 이상인 경우는 2개로 간주한다.)

① 6,000L 이상   ② 10,000L 이상
③ 12,000L 이상   ④ 14,000L 이상

Guide [수원의 저수량=소화전의 개수×소화전의 방수량×방출시간]이며, 옥외 소화전의 개수가 2개 이상인 경우는 2개로 간주하므로 2×350×20=14,000

04 다음 중 인화성이 강한 가스 배관의 누설 검사에 가장 적합한 것은?

① 경유   ② 비눗물
③ 아세톤   ④ 암모니아

Guide 인화성이 강한 가스 배관의 누출 여부는 비눗물 검사를 하는 것이 안전하다.

05 다음 중 개방식 팽창 탱크에 연결되는 관이 아닌 것은?

① 배기관   ② 팽창관
③ 안전관   ④ 압축공기관

Guide 팽창 탱크는 개방형과 밀폐형의 두 가지가 있으며 운전 중 장치 내 온도상승으로 물의 체적이 팽창하면 그 압력을 흡수하여 온수의 온도를 일정하게 유지하기 위해 설치한다. 팽창 탱크에는 팽창관과 오버플로관 안전 밸브, 물 보급장치, 배기관 등을 갖추고 있다.

06 도시가스 부취(付臭) 설비에서 증발식 부취에 대한 설명으로 틀린 것은?

① 부취제의 증기를 가스 흐름 중에 혼합하는 방식으로 시설비가 싸다.
② 설치 장소는 압력 및 온도의 변화가 적고 관 내의 유속이 빠른 곳이 적당하다.
③ 부취제 첨가율을 일정하게 유지할 수 있으므로 가스량 변동이 큰 대규모 설비에 사용된다.
④ 바이패스방식을 이용하므로 가스량의 변화로 부취제 농도를 조절하여 조절범위가 한정되고 혼합 부취제는 쓸 수 없다.

정답 01 ① 02 ① 03 ④ 04 ② 05 ④ 06 ③

Guide 부취설비는 가스가 누설될 경우, 이를 초기에 발견하고 중독과 폭발사고를 방지하기 위해 위험농도 이하에서도 냄새로 충분히 누설을 감지할 수 있도록 하는 장치이다. 종류로는 액체주입식(대규모 설비용), 증발식(소규모 설비용) 등이 있다.

[암기법] 증발하면 그 양이 소(小)소해진다.
– 소규모 설비용

07 설비 배관 도면에서 배관 내의 유체에 대한 도시 기호의 연결이 옳지 않은 것은?
① 물 – S
② 공기 – A
③ 유류 – O
④ 가스 – G

Guide
- 물(W, Water)
- 증기(S, Steam)

08 배관의 화학적 세정방법에서 부식억제제로 가장 적합한 것은?
① 구연산
② 인히비터
③ 설퍼민산
④ 제3인산소다

Guide 인히비터(Inhibitor, 반응억제제)는 산처리로 인한 부식을 억제할 목적으로 산처리액에 첨가하여 산처리의 과잉을 방지하는 약품이다.

09 파형판과 평판을 교대로 겹쳐 배열시켜 두 판 사이로 유체가 흐르도록 한 것으로 전열면적이 크고 무게가 가벼워 최근 많이 사용하는 열교환기는?
① 판형 열교환기
② 2중관식 열교환기
③ 코일형 열교환기
④ U자관형 열교환기

Guide 판형 열교환기는 파형판과 평판을 사용한 열교환기로 무게가 가볍고 전열면적이 커서 최근 많이 사용하고 있다.

10 다음 중 배수 트랩의 봉수가 없어지는 원인이 아닌 것은?
① 모세관 현상
② 자기 사이펀 작용
③ 감압에 따른 흡인 작용
④ 온도차에 따른 역류 작용

Guide **배수 트랩의 봉수**
화장실의 세면대 아래쪽에 S자 형태로 배관이 구부러진 것이 바로 배수 트랩이다. U자 부분에는 물이 차 있어 배수관으로부터의 악취를 막아주는데, 이 물을 봉수라고 한다. 봉수가 없어지는 원인은 모세관현상, 자기사이펀 작용, 감압에 따른 흡인작용과 분출 증발에 의한 것이 원인이다.

11 석유계 저급탄화수소의 혼합물이며, 주요 성분으로는 프로판, 부탄, 부틸렌, 메탄, 에탄 등으로 이루어진 액화석유가스의 약자는?
① CNG
② LPG
③ LCG
④ LNG

Guide **액화석유가스(LPG, 프로판)**
LPG란 프로판, 부탄, 프로필렌, 부틸렌 등을 주성분으로 하는 석유계 저급 탄화수소의 혼합물을 말하며, 통상 LPG는 프로판과 부탄을 자칭한다.

[참고] **LPG의 일반적 성질**
- 공기보다 무겁기 때문에 누설 시 대기 중으로 확산되지 않고 낮은 곳으로 체류하여 인화하기 쉽다.
- 액체 상태의 LPG는 물보다 가볍다.
- 기화, 액화가 용이하다.
- 기화하면 체적이 커진다(프로판은 약 250배, 부탄은 약 230배).
- 증발 잠열(기화열)이 크다.

12 액화천연가스에 관한 설명으로 옳지 않은 것은?

① 공기보다 무겁다.
② 액화 온도는 −162℃이다.
③ 메탄(CH_4)이 주성분이다.
④ 대규모 저장 시설이 필요하다.

Guide 액화천연가스(LNG)는 메탄(CH_4)을 주성분으로 하고 있으며 LPG(액화석유가스)와 다르게 공기보다 가볍다.

13 배관을 지지하는 점에서의 이동 및 회전을 방지하기 위하여 사용되는 리스트레인트의 종류인 것은?

① 앵커
② 리지드 행거
③ 방진기
④ 스프링 서포터

Guide 배관의 지지방법 중 하나인 리스트레인트장치는 배관의 열팽창이나 진동에 의한 관의 이동과 회전 방지, 열팽창이 생기는 부분에 설치하며 종류로는 앵커, 스토퍼, 가이드 등이 있다.

[암기법] 리스트레인트의 종류 : **앵~가.스**

14 손으로 물건을 들어 올릴 때의 주의사항 중 틀린 것은?

① 절대로 장갑을 착용하지 말 것
② 거스러미 및 날카로운 모서리는 제거할 것
③ 기름기가 묻어 있는 물건은 기름기를 제거할 것
④ 물건을 들 때는 허리에 힘을 주고 바른 자세를 취할 것

Guide 고속으로 회전하는 드릴 작업 시에는 장갑을 착용하지 않지만 물건을 들어 올릴 때에는 장갑을 착용한다.

15 보일러가 급수 부족으로 과열되었을 때의 안전 조치로 가장 적합한 방법인 것은?

① 댐퍼를 닫고 물을 모두 배출시킨다.
② 냉각수를 급속히 급수하여 냉각시킨다.
③ 화실에 물을 부어서 급히 소화 및 냉각시킨다.
④ 소화 후 안전 밸브를 이용한 안전장치를 작동시키면서 서서히 증기를 배출시키며 냉각시킨다.

Guide 보일러에 급수가 부족하면 보일러가 과열되어 고장 및 화재의 위험이 있기 때문에 소화를 시킨 후 안전장치를 작동시키면서 서서히 증기를 배출하며 냉각시켜야 한다.

16 전처리 작업 및 도장 시공에서 용해 아연(알루미늄) 도장 시공 시 가장 적당한 온도와 습도는?

① 온도 10℃ 내외, 습도 46% 정도
② 온도 10℃ 내외, 습도 76% 정도
③ 온도 20℃ 내외, 습도 46% 정도
④ 온도 20℃ 내외, 습도 76% 정도

Guide 배관 재료의 경우 내부식성을 부여하기 위해 아연이나 알루미늄 등의 재료로 배관재의 표면에 도금 처리를 하는데, 시공 시 온도는 20℃ 내외로 하며 습도는 76% 정도를 유지하여야 한다.

17 액화석유가스 저장 탱크 내벽에 10cm² 정도의 다공성 알루미늄 합금 박판을 설치하는 주된 이유는?

① 폭발을 방지하기 위하여
② 액화와 기화를 돕기 위하여
③ 액화가스의 기화를 돕기 위하여
④ 재액화를 방지하여 증발을 돕기 위하여

Guide 액화석유가스(LPG) 저장 탱크 벽면의 국부적인 온도상승에 따른 저장 탱크의 파열을 방지하기 위하여 저장 탱크 내벽에 열전도도가 높은 다공성 알루미늄 합금 박판을 설치한다.

정답 12 ① 13 ① 14 ① 15 ④ 16 ④ 17 ①

18 가스 용접과 절단 시 안전사항에 대한 설명으로 틀린 것은?

① 용기는 뉘어 두거나 굴리는 등 충동, 충격을 주지 않는다.
② 가스 호스 연결부에 기름이 묻지 않도록 한다.
③ 가스 용기는 화기에서 1m 정도 떨어지게 한다.
④ 직사광선이 없는 곳에 가스 용기를 보관한다.

Guide 가스 용기는 화기에서 5m 이상 떨어지게 한다.

19 원심력 집진법에 관한 설명으로 옳지 않은 것은?

① 원심력에 의하여 분진 입자를 분리하여 공장 등에서 많이 이용된다.
② 분진 자체 중력에 의해 자연 침강시켜 집진하며 구조가 간단하다.
③ 원심력 집진장치 중 대표적인 것은 사이클론(Cyclone)을 들 수 있다.
④ 여러 개의 소형 사이클론을 병렬로 설치해서 성능을 더욱 좋게 한 것은 멀티 사이클론(Multi Cyclone)이라 한다.

Guide 집진장치는 공기 중에 포함된 유해물질을 분리하여 대기 오염으로 인한 공해 방지를 목적으로 하는 필수적인 장치이다. 종류로는 중력식, 관성력식, 원심력식, 여과식, 세정식, 전기식 등이 있으며 분진 자체의 중력에 의해 자연 침강시켜 집진하는 방식은 중력식 집진법이다.

20 가스 배관 설치 후 잔류가스 처리방법에 관한 설명으로 옳지 않은 것은?

① 흡수 처리는 중화, 흡수, 흡착 등의 방법을 이용한다.
② 잔류가스의 연소 처리 시에는 가연성 성질을 지닌 암모니아, 시안화수소 등에 주의하며 연소시킨다.
③ 대기 방출 시 가스 방출관은 지상 1m의 높이 또는 탱크 정상부의 50cm 높이에서 가스를 서서히 방출한다.
④ 불활성가스로 치환하는 법은 질소, 이산화탄소, 수증기 등의 불활성 기체를 압축기로 압입하면서 설비 상부로 방출한다.

Guide 잔류가스 처리용 방출관의 높이
탱크의 정상부에서 2m 이상, 지상에서 5m 이상

21 자연 순환식 수관 보일러의 종류에 속하지 않는 것은?

① 다쿠마 보일러   ② 스털링 보일러
③ 야로 보일러   ④ 벨로스 보일러

Guide 자연 순환식 수관 보일러
배브콕 보일러, 스네지기 보일러, 다쿠마 보일러, 스털링 보일러, 가르베 보일러, 2동D형, 2동수관, 3동A형 수관

22 개방식 팽창 탱크의 설치 위치는 최고층 방열기보다 몇 m 이상 높게 설치하는가?

① 0.1m   ② 0.3m
③ 0.5m   ④ 1.0m

Guide 팽창 탱크
보일러의 온수로 인해 압력의 급격한 팽창 사고를 예방하기 위해 장치의 최상부에 설치하는 물 탱크가 팽창 탱크이다. 종류로는 밀폐식과 개방식의 두 가지 종류가 있으며 개방식의 경우 최고층 방열기로부터 팽창 탱크의 수면까지 1m 이상으로 한다.

23 화재 발생 시 덕트를 통하여 화재가 번지는 현상을 막기 위하여 덕트 내 특정 온도에 도달하면 퓨즈가 녹아서 덕트를 차단하는 구조로 되어 있는 것을 무엇이라고 하는가?

① 캔버스   ② 가이드 베인
③ 방화 댐퍼   ④ 풍량 조절 댐퍼

정답 18 ③ 19 ② 20 ③ 21 ④ 22 ④ 23 ③

24 진공 환수식 증기 난방법에서 환수관을 방열기 위쪽에 배관할 경우 또는 진공 펌프를 환수주관보다 높은 위치에 설치할 경우 다음 중 가장 적합한 배관법은?

① 하트포드 배관
② 리프트 피팅 배관
③ 바이패스 배관
④ 파일럿 라인 배관

Guide 진공 환수식 증기 난방법
- 응축수의 유속이 빠르므로 환수관경을 작게 할 수 있다.
- 중력식에 비해 배관구배를 작게 할 수 있다.
- 낮은 쪽의 응축수를 높은 곳으로 올릴 수 있는 리프트 피팅(Lift Fitting)이 가능하다.
- 진공 환수식 증기 난방은 방열기의 설치 위치에 제한을 받지 않는다.

25 섭씨온도 32℃를 절대온도로 환산하면 약 얼마인가?

① 241K   ② 273K
③ 305K   ④ 345K

Guide K(절대온도) = ℃(섭씨온도) + 273이므로, 32 + 273 = 305K

26 강관의 용접 이음방법에 대한 설명 중 틀린 것은?

① 슬리브 용접 이음은 누수될 염려가 가장 크다.
② 맞대기 용접을 하기 위해서는 관 끝을 베벨 가공한다.
③ 플랜지 이음은 주로 65A 이상의 관에 사용한다.
④ 플랜지 이음의 볼트 길이는 완전히 조인 후 1~2산 남도록 한다.

Guide 강관 용접 이음의 종류
- 맞대기 용접 이음 : 관 끝을 베벨 가공 후 용접한다.
- 플랜지 용접 이음 : 배관의 보수나 점검을 하는 경우, 65A 이상의 관에 주로 사용된다.
- 슬리브 용접 이음 : 삽입 용접 이음쇠(슬리브)를 사용하며 누수의 염려가 없어 압력 배관, 고압 배관 등의 용접에 사용된다.

27 다음 중 2개의 체이서로 구성되어 소구경 강관의 나사 절삭에 사용되는 수공구의 형식인 것은?

① 리드형   ② 오스터형
③ 호브형   ④ 다이헤드형

Guide 수동 나사 절삭기의 종류
- 오스터형 : 4개의 날이 1조로 구성
- 리드형 : 2개의 날이 1조로 구성

28 납 용해용 냄비, 파이어 포트, 납물용 국자, 산화납 제거기, 클립, 코킹정 등은 어떤 작업에 사용되는가?

① 동관의 확관 작업
② 주철관의 소켓 작업
③ 콘크리트관의 접합 작업
④ 강관의 용접식 플랜지 작업

Guide 소켓을 이용한 주철관의 접합 시 관과 소켓 사이에 납을 삽입하는데, 이때 납과 물이 직접 접촉하는 것을 방지하기 위해 얀을 함께 삽입하여 시공한다.

29 램식 파이프 벤딩기에 대한 설명으로 옳은 것은?

① 수동식(유압식)은 50~80A까지의 관을 상온에서 굽힘할 수 있다.
② 수동식(유압식)은 80~100A까지의 관을 상온에서 굽힘할 수 있다.
③ 모터를 부착한 동력식은 100A 이상의 관을 상온에서 굽힘할 수 있다.
④ 모터를 부착한 동력식은 100A 이하의 관을 상온에서 굽힘할 수 있다.

정답 24 ② 25 ③ 26 ① 27 ① 28 ② 29 ④

Guide **램식 파이프 벤딩기**
수동식(유압식)은 50A, 모터를 부착한 동력식은 100A 이하의 관을 상온에서 굽힘할 수 있다.

30 다음 중 교류 용접기의 용량이 400A일 때 용접기와 홀더 사이의 케이블 단면적으로 적합한 것은?

① 30mm²
② 60mm²
③ 80mm²
④ 90mm²

Guide 교류 용접기의 용량이 400A인 경우 용접기와 홀더 사이(출력 측, 2차)의 케이블은 단면적이 60mm²인 것을 사용한다.

31 배관 용접 후 맞대기 용접 부위를 방사선 투과 시험하여 결함 여부를 판단하려고 할 때 표시하는 기호는?

① PT
② UT
③ MT
④ RT

Guide
• PT : 침투시험
• UT : 초음파탐상시험
• MT : 자분탐상시험
• RT : 방사능투과시험

32 내부 용적 40L의 산소병에 90kgf/cm²라고 압력 게이지에 나타났다면 이때 산소병에 들어 있는 산소의 양은?

① 3,600L
② 4,000L
③ 5,200L
④ 9,000L

Guide [산소의 양 = 내부용적 × 충전압력]
= 40 × 90 = 3,600

33 수공구인 해머(Hammer)는 일반적으로 크기를 무엇으로 구분하는가?

① 머리부의 지름
② 머리부의 지름과 자루의 길이
③ 자루를 제외한 머리부의 무게
④ 자루와 머리부의 길이를 합한 값

34 다음 중 경질 염화비닐관의 이음방법이 아닌 것은?

① 나사 이음
② 플랜지 이음
③ 용접 이음
④ 빅토릭 이음

Guide **주철관 접합법의 종류**
소켓 접합, 플랜지 접합, 기계적 접합, 타이톤 접합, 빅토릭 접합 등

35 스테인리스 강관 이음 중 MR 이음의 특징이 아닌 것은?

① 관의 나사내기 프레스 가공 등이 필요 없다.
② 배관 시공 시 작업이 복잡하여 숙련이 필요하다.
③ 화기를 사용하지 않기 때문에 기존 건물 배관 공사에 적당하다.
④ 접속에 특수한 공구를 사용하지 않고 스패너만으로 간단히 접속시킨다.

Guide MR 조인트 이음은 나사가공이나 용접 등의 방법을 이용하지 않고 청동 주물제 이음쇠 본체에 스테인리스 강관을 삽입하고 동합금제 링을 너트로 죄어 고정시키는 방식의 이음법이며 작업이 간단하여 숙련이 필요하지 않다. 이 외에도 스테인리스 강관의 접합에는 플랜지 이음, 나사식 이음, 몰코 이음 등이 사용된다.

정답 30 ② 31 ④ 32 ① 33 ③ 34 ④ 35 ②

36 다음 중 콘크리트관 이음에 속하지 않는 것은?

① 칼라 신축 이음
② 인서트 이음
③ 콤포 이음
④ 턴앤드 글로브 이음

37 석면시멘트관의 이음방법으로 2개의 플랜지, 2개의 고무 링, 1개의 슬리브로 이루어진 접합방법은?

① 칼라 이음
② 콤포 이음
③ 기볼트 이음
④ 턴앤드 글로브 이음

Guide 석면시멘트관(에터니트관)의 이음
- 기볼트 이음(Gibolt Joint)
- 칼라 이음(Collar Joint)
- 심플렉스 이음(Simplex Joint)

[암기법] 석면시멘트관 : 칼.심.기

38 배관설비 시공 시 강관을 접합하는 일반적인 방법이 아닌 것은?

① 압축 접합   ② 용접 접합
③ 나사 접합   ④ 플랜지 접합

Guide 압축 접합은 전연성이 풍부한 동관의 접합 시 사용된다.

39 나사용 패킹 재료가 아닌 것은?

① 납   ② 페인트
③ 일산화연   ④ 액상 합성수지

Guide 나사용 패킹재료
액상 합성수지, 페인트, 일산화연 등

40 동관의 용도로 가장 거리가 먼 것은?

① 급수용   ② 냉난방용
③ 배수용   ④ 열교환기용

Guide 동관은 열전도와 내식성이 우수하여 냉난방 급수용, 열교환기용으로 사용된다.

41 다음 중 앵글 밸브에 관한 설명으로 옳은 것은?

① 스톱 밸브라고 한다.
② 슬루스 밸브라고도 부른다.
③ 극히 유량이 적거나 고압일 때 사용한다.
④ 엘보와 글로브 밸브의 조합형으로 직각형이다.

Guide 슬루스 밸브＝스톱 밸브

42 수도용 경질염화비닐 이음관에 관한 설명으로 옳지 않은 것은?

① 수도용 경질염화비닐 이음관에는 경질염화비닐 이음관과 내충격성 경질염화비닐 이음관이 있다.
② 경질염화비닐 이음관은 염화비닐 중합체에 안정제, 안료 등을 첨가한 것이다.
③ A형 이음관은 압출성형기로, B형 이음관은 사출성형기로 성형된 원관을 가공하여 제조한 것이다.
④ 내충격성 경질염화비닐 이음관은 염화비닐 중합체에 안정제, 안료, 개질제 등을 첨가한 것이다.

Guide ③ 경질염화비닐관(PVC) A형 이음관은 사출성형기로, B형 이음관은 압출성형기로 성형된 원관을 가공하여 제조한 것이다.

정답 36 ② 37 ③ 38 ① 39 ① 40 ③ 41 ④ 42 ③

43 배관의 중간이나 밸브, 펌프, 열교환기 등 각종 기기의 접속 및 기타 보수 점검을 위하여 관의 해체, 교환을 필요로 하는 곳에 사용되는 이음쇠는?

① 티　　　　② 엘보
③ 니플　　　④ 플랜지

Guide 플랜지
기기의 접속, 보수 점검을 위해 관의 해체 및 교환을 필요로 하는 곳에 사용된다.

44 합성수지 또는 고무질 재료를 사용하여 만든 다공질 제품으로 부드럽고 불연성이며 보온성과 보랭성이 우수한 것은?

① 펠트　　　　② 코르크
③ 기포성 수지　④ 탄산마그네슘

Guide 기포성 수지는 합성수지나 고무질 재료를 사용하여 다공질 제품으로 만든 것이며 열전도율이 낮고 굽힘성이 좋아 보온/보랭성 보온재로 널리 사용된다.

45 다음 중 비금속관에 관한 설명으로 옳지 않은 것은?

① 원심력 철근콘크리트관은 흄관이라고도 한다.
② 석면시멘트관은 $1kgf/cm^2$ 이하에만 이용된다.
③ 석면시멘트관은 보통 에터니트관이라고도 한다.
④ 석면시멘트관은 금속관에 비해 내식성이 크며 내알칼리성이 우수하다.

46 일반적으로 경화제를 섞어서 사용하는 도료로 내열, 내수성 및 전기절연이 우수하여 도료 접착제, 방식용으로 사용되는 것은?

① 아스팔트　　　② 에폭시 수지
③ 산화철 도료　　④ 알루미늄 도료(은분)

Guide 에폭시 수지는 내열 내수성이 크며 전기절연도가 우수하여 방식용 재료로 널리 사용되고 있다.

47 수도용 입형 주철관의 관 표시방법에서 보통 압관의 표시 기호는?

① A　　　② B
③ LA　　④ HA

48 가요관이라 하며, 스테인리스강의 가늘고 긴 벨로스의 바깥을 탄력성이 풍부한 구리망, 철망 등으로 피복한 것으로 굴곡이 많은 장소나 방진용으로 사용하는 신축 이음쇠는?

① 플렉시블 튜브
② 루프형 신축 이음쇠
③ 스위블형 신축 이음쇠
④ 볼 조인트형 신축 이음쇠

Guide 플렉시블(Flexible) 튜브
구부릴 수 있는 가요성의 튜브로 굴곡이 많은 장소나 방진용으로 사용하는 신축 이음쇠이다.

49 열동식 트랩에 관한 설명으로 옳지 않은 것은?

① 열동식 트랩은 열역학적 트랩이다.
② 일반적으로 사용 압력은 $1kgf/cm^2$까지도 가능하다.
③ 열동식 트랩은 실로폰 트랩, 방열기 트랩으로 부르기도 한다.
④ 저온의 공기도 통과시키는 특성이 있어 에어 리턴식이나 진공 환수식 증기 배관의 방열기나 관말 트랩에 사용된다.

Guide 증기 트랩
보일러에서 발생한 응축수를 배출시키고 증기를 차단하는 장치로 종류는 다음과 같다.
- 기계식 : 플로트식 트랩, 버킷 트랩
- 온도 조절식 : 바이메탈식, 벨로스식, 액체 팽창식
- 열역학식 : 오리피스형, 디스크형

정답　43 ④　44 ③　45 ②　46 ②　47 ①　48 ①　49 ①

50 스테인리스 강관의 일반적인 특성에 관한 설명으로 옳지 않은 것은?

① 위생적이어서 적수, 백수, 청수의 염려가 없다.
② 한랭지 배관이 가능하며 동결에 대한 저항이 크다.
③ 내식성이 우수하여 계속 사용 시에도 안지름이 축소되는 경향이 적다.
④ 나사식, 몰코식, 용접식, 타이톤식 이음법 등의 특수 시공법을 사용하면 시공이 간단하다.

Guide ④ 타이톤식 이음법은 주철관의 접합법이다.

참고 스테인리스강(Stainless Steel)은 철(Fe)에 약 11%의 크롬(Cr)을 첨가한 것이다. 표면의 크롬 산화막의 작용으로 내식성이 우수하고, 저온 충격 등 기계적인 성질이 뛰어나다.

51 그림과 같이 제3각법으로 정투상한 도면에 적합한 입체도는?

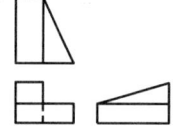

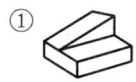 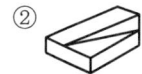

52 다음 중 일반적인 판금 전개도의 전개법이 아닌 것은?

① 다각전개법   ② 평행선법
③ 방사선법   ④ 삼각형법

Guide 전개도
정육면체, 각뿔 등 입체적인 형상의 면을 펼쳐서 2차원의 공간에 나타낸 것이다.

• 평행선 전개도법 : 원기둥이나 각기둥의 전개에 사용
• 방사선 전개도법 : 원뿔, 각뿔의 전개에 사용
• 삼각형 전개도법 : 전개하기 어려운 입체 형상의 전개에 사용

53 다음 중 열간 압연 강판 및 강대에 해당하는 재료 기호는?

① SPCC   ② SPHC
③ STS   ④ SPB

Guide 배관에 사용되는 금속재료 기호

SPHC	열간압연 강판	SPCD	냉간압연 강판	SC	탄소 주강품
SPPS	압력 배관용 탄소강관	STPW	수도 도복장 강관	SPS	일반 구조용 탄소강관
SS	일반 구조용 압연강재	SM	용접 구조용 압연강재	STS	합금공구 강재
STM	기계 구조용 탄소강관	SKH	고속도 공구강재	SPHT	고온 배관용 강관
SBB	보일러용 압연강재	SPPH	고압 배관용 탄소강관	SPLT	저온 배관용 강관

54 동일 장소에서 선이 겹칠 경우 나타내야 할 선의 우선순위를 옳게 나타낸 것은?

① 외형선>중심선>숨은선>치수보조선
② 외형선>치수보조선>중심선>숨은선
③ 외형선>숨은선>중심선>치수보조선
④ 외형선>중심선>치수보조선>숨은선

Guide 외형선과 숨은선
물체의 보이는 부분과 보이지 않는 부분을 나타낼 때 사용하는 우선순위가 높은 선의 종류이다.

55 3각법으로 그린 투상도 중 잘못된 투상이 있는 것은?

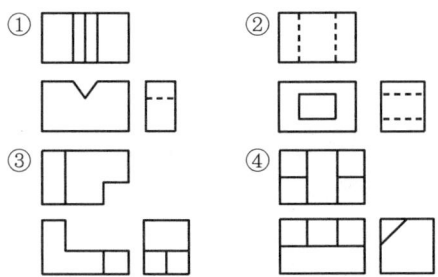

56 다음 중 치수 보조 기호로 사용되지 않는 것은 어느 것인가?
① π   ② Sφ
③ R   ④ □

Guide ① π(파이라고 읽으며 대략적으로 3.14의 값을 가짐)는 수학기호이다.

57 다음 중 그림과 같은 도면의 해독으로 잘못된 것은?

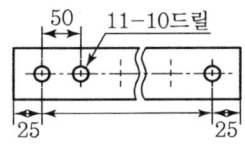

① 구멍 사이의 피치는 50mm
② 구멍의 지름은 10mm
③ 전체 길이는 600mm
④ 구멍의 수는 11개

Guide • 전체의 길이 = 양쪽 끝단부의 길이 + 좌측 첫 번째 구멍과 우측 마지막 구멍 사이의 거리
• 좌측 첫 번째 구멍과 우측 마지막 구멍 사이의 거리 = 구멍의 개수(11)에서 1을 뺀 개수(10)에 피치인 50을 곱한다.
= (25 + 25) + (50 × 10) = 550mm

58 나사의 감김 방향의 지시방법 중 틀린 것은?
① 오른나사는 일반적으로 감김 방향을 지시하지 않는다.
② 왼나사는 나사의 호칭방법에 약호 "LH"를 추가하여 표시한다.
③ 동일 부품에 오른나사와 왼나사가 있을 때 왼나사에만 약호 "LH"를 추가한다.
④ 오른나사는 필요하면 나사의 호칭방법에 약호 "RH"를 추가하여 표시할 수 있다.

59 다음 냉동장치의 배관 도면에서 팽창 밸브는?

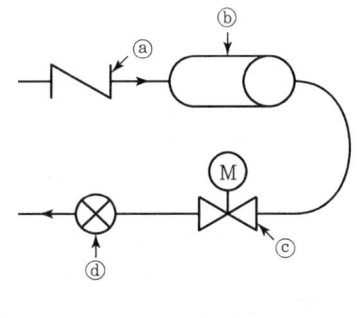

① ⓐ   ② ⓑ
③ ⓒ   ④ ⓓ

60 다음 중 단면도에 대한 설명으로 틀린 것은?
① 부분 단면도는 일부분을 잘라내고 필요한 내부 모양을 그리기 위한 방법이다.
② 조합에 의한 단면도는 축, 핀, 볼트, 너트류의 절단면의 이해를 위해 표시한 것이다.
③ 한쪽 단면도는 대칭형 대상물의 외형 절반과 온단면도의 절반을 조합하여 표시한 것이다.
④ 회전 도시 단면도는 핸들이나 바퀴 등의 암, 림, 훅, 구조물 등의 절단면을 90° 회전시켜서 표시한 것이다.

Guide 단면도란 물체의 절단면을 그린 도면으로 단면표시를 하여도 큰 의미가 없는 축, 핀, 볼트, 너트류 등의 단면을 표시한다.

정답 55 ④ 56 ① 57 ③ 58 ③ 59 ④ 60 ②

2016년 1회차 시행

01 일반적으로 열팽창에 대한 기기의 노즐의 보호를 안전 밸브에서 분출하는 추력을 받는 곳, 신축 조인트와 내압에 의해서 발생하는 축방향의 힘을 받는 곳에 설치해야 하는 관 지지장치로 가장 적합한 것은?

① 앵커(Anchor)
② 가이드(Guide)
③ 브레이스(Brace)
④ 스토퍼(Stopper)

Guide 리스트레인트의 종류
- 앵커 : 열팽창이나 진동에 의한 관의 이동과 회전을 방지하기 위해 완전히 고정시키는 장치
- 스토퍼 : 일정한 방향의 이동과 회전만 구속하고 다른 방향은 자유롭게 이동하도록 한 지지장치
- 가이드 : 관이 응력을 받을 때 휘어지는 것을 방지하고 팽창에 운동을 바르게 유도하는 장치

02 온수난방의 배관 시공에서 배관의 구배는 일반적으로 얼마 이상으로 하는가?

① 1/100   ② 1/150
③ 1/200   ④ 1/250

Guide 구배란 재료의 기준면에 대한 경사를 말하며 온수배관 시공 시 배관의 구배는 1/250 이상으로 한다.

03 인접 건물에 화재가 발생하였을 때, 인화를 방지하기 위해 건물의 외벽, 창문, 출입문 및 처마 끝에 헤드를 설치하는 것은?

① 스프링클러   ② 드렌처
③ 방화벽   ④ 방화문

Guide 스프링클러와 드렌처 설비의 비교

구분	스프링클러(Sprinkler)	드렌처(Drencher)
용도	건물 내 소화설비	건물 외부 소화설비
설치위치	천장 설치	건물 외벽 옥상 설치

04 도시가스 배관 시 유의할 사항을 잘못 설명한 것은?

① 내식성이 있는 관이라 하더라도 절대 지중에 매설하지 않는다.
② 공동주택 등의 부지 내에서 배관을 지중 매설 시 지면으로부터 60cm 이상의 깊이에 설치한다.
③ 가스배관은 가능하면 곡선 배관을 피하고 직선 배관을 한다.
④ 가스설비를 완성한 후에는 반드시 설비의 완성검사를 행해야 한다.

Guide ① 도시가스 배관의 경우 내식성(부식에 견디는 성질)이 있는 배관은 지중(地中, 땅속)에 매설한다.

05 화학배관설비에서 화학장치 재료의 구비조건으로 틀린 것은?

① 접촉 유체에 대하여 내식성이 커야 한다.
② 접촉 유체에 대하여 크리프 강도가 커야 한다.
③ 고온 고압에 대하여 기계적 강도를 가져야 한다.
④ 저온에서도 재질의 열화가 있어야 한다.

Guide 크리프 강도란 재료에 일정한 온도를 가했을 경우의 기계적인 강도를 말하며, 화학배관설비에 사용되는 재료는 크리프 강도가 커야 한다.

정답 01 ④ 02 ④ 03 ② 04 ① 05 ④

06 사이클론법이라고도 하며 함진가스에 선회운동을 주어 입자를 분리하는 것은?

① 중력식 분리법　② 원심력식 집진법
③ 전기 집진법　　④ 관성력식 집진법

Guide 원심력식(사이클론법)
함진가스에 선회운동을 주어 분진입자에 작용하는 원심력에 의해 입자를 준비하는 방식이다.

참고 함진가스 : 고체 및 액체의 작은 입자가 공기 중에 떠 있는 가스이다.

07 유수식(流水式) 가스 홀더(Gas Holder)에 관한 설명 중 잘못된 것은?

① 물 탱크와 가스 탱크로 구성되어 있다.
② 단층식과 다층식으로 구분된다.
③ 다층식은 각층의 연결부를 봉수로 차단하여 누기를 방지한다.
④ 다층식은 고정된 원통형 탱크를 사용하므로 가스량이 변화하면 압력이 변화한다.

Guide 유수식 가스 홀더
습식 가스 홀더라고도 하며 단층식과 다층식의 두 종류가 있는데, 다층식의 경우 가스의 출입에 따라 상하로 움직여 가는 방식으로 일정한 압력을 유지하며 작동한다.

참고 가스 홀더란 가스 수요의 시간적인 변동에 대해 안정적인 가스를 공급할 수 있도록 저장하고 가스의 질을 균일하게 유지하여 궁극적으로 제조량과 수요량을 조절하는 저장 탱크이다. 그 종류로는 유수식 가스 홀더와 무수식 가스 홀더, 고압식 가스 홀더 등이 있다.

08 전열관의 부착이나 형상에 따라 분류할 때 다관형 열교환기의 종류가 아닌 것은?

① 고정관판형　② U자관형
③ 유동두형　　④ 2중관형

Guide 다관형 열교환기의 종류
고정관판형, 유동두형, U자형, 케틀형

09 안전색 중 녹색이 표시하는 사항은?

① 방화　② 안전
③ 주의　④ 위험

Guide 산업안전색채

적색 (Red)	녹색 (Green)	황색 (Yellow)	백색 (White)
정지, 위험, 방화	안전, 구급	주의	통로, 청결, 방향지시

10 가스 용접 작업에서 압력조정기 취급상 주의사항으로 틀린 것은?

① 조정기를 견고하게 설치한 다음 가스누설 여부를 냄새로 점검한다.
② 압력지시계가 잘 보이도록 설치하여 유리가 파손되지 않도록 주의한다.
③ 조정기를 취급할 때에는 기름이 묻은 장갑 등을 사용해서는 안 된다.
④ 압력조정기의 설치구 방향에는 아무런 장애물이 없어야 한다.

11 상주 인원이 $n=200$명인 아파트의 오수정화조에서 산화조의 용적은 약 몇 m^3 이상으로 하면 적당하겠는가?(단, 부패조 용량 V는 $V \geq 1.5+0.1(n-5)m^3$이고, 산화조 용량은 부패조의 1/2이다.)

① 1.5　② 7.0
③ 10.5　④ 28.5

Guide 문제에서 주어진 공식에 그대로 대입을 한다.
부패조의 용량 $=1.5+0.1(200-5)=21$이며 산화조의 용량은 부패조용량의 1/2이므로 산화조의 용적은 약 $10.5m^3$로 한다.

정답　06 ②　07 ④　08 ④　09 ②　10 ①　11 ③

12 전 처리 작업 도장 시공 중에서 용해 아연(알루미늄) 도금 시 도장 시공의 온도와 습도는 몇 % 정도가 가장 알맞은가?

① 온도 20℃ 내외, 습도 76% 정도
② 온도 30℃ 내외, 습도 76% 정도
③ 온도 10℃ 내외, 습도 55% 정도
④ 온도 10℃ 내외, 습도 86% 정도

> **Guide** 배관재료의 경우 내부식성을 부여하기 위해 아연이나 알루미늄 등의 재료로 배관재의 표면에 도금처리를 하는데, 시공 시 온도는 20℃ 내외로 하며 습도는 76% 정도를 유지하여야 한다.

13 섭씨온도 30℃는 화씨온도로 몇 도인가?

① 62℉   ② 68℉
③ 84℉   ④ 86℉

> **Guide**
> - 섭씨온도(℃) : 표준 대기압하에서 물의 빙점 0℃, 비점을 100℃로 하여 그 사이를 100등분한 것
> - 화씨온도(℉) : 표준 대기압하에서 물의 빙점 32℉, 비점을 212℉로 하여 그 사이를 180등분한 것
> $\frac{9}{5} \times 30 + 32 = 86℉$

14 온도가 20℃일 때 설치한 강관 20m 길이에 100℃ 유체를 수송할 경우 배관의 신축량은 얼마인가?(단, 강관의 팽창계수는 11.5×10^{-6} m/m·℃이다.)

① 9.2×10^{-3} m   ② 14.6×10^{-3} m
③ 18.4×10^{-3} m   ④ 36.8×10^{-3} m

> **Guide** 배관의 신축량(ΔL) = 재료의 팽창계수(강관의 팽창계수 : 11.5×10^{-6} m/m·℃) × 온도의 변화량 $(t_2 - t_1)$ × 배관의 길이(L) × 10^3이므로
> 11.5×10^{-6} m/m·℃ × $(100 - 20) \times 20 \times 10^3$
> = 18.4×10^{-3} m

15 통기 수직관의 상부는 통기 관경을 줄이지 않고 그대로 연장하여 대기 중에 개방하거나 제일 상층의 제일 높은 기구의 수면보다 몇 mm 이상 높이에 신정 통기관에 연결하여야 하는가?

① 10   ② 50
③ 100   ④ 150

16 보일러 작동과 관련된 안전수칙으로 틀린 사항은?

① 수시로 안전 기능검사를 실시한 후 작업하도록 한다.
② 지정된 취급자 외의 다른 사람이 보일러를 취급하는 것은 엄금한다.
③ 보일러 수를 배출할 경우 노나 연도가 충분히 냉각되기 전에 급격히 배출하여야 한다.
④ 제한 압력에서 안전 밸브의 기능을 점검한다.

17 증기난방의 단관 중력 환수식의 방열기 밸브는 어느 부분에 설치하는 것이 가장 적당한가?

① 공기 밸브 상부 탱크에 부착
② 공기 밸브와 평행하게 설치
③ 방열기 하부 태핑에 부착
④ 방열기 상부 태핑에 설치

18 펌프의 흡입관과 토출관의 설치방법으로 틀린 것은?

① 수격작용을 방지하기 위해 서지 탱크나 공기 밸브 또는 체크 밸브를 설치한다.
② 펌프의 설치는 유효통로 및 다른 기기와 돌출부로부터 600mm 이상의 작업간격을 확보한다.
③ 흡입배관은 최단 길이로 굽힘을 적게 한다.
④ 편심리듀서를 설치할 경우 하부에서 흡입될 때는 아랫면이 수직되게 한다.

정답 12 ① 13 ④ 14 ③ 15 ④ 16 ③ 17 ③ 18 ④

Guide ④ 편심리듀서를 설치하는 경우 하부에서 흡입될 때는 윗면이 수직되게 한다.

19 공기조화장치에서 일리미네이터(Eliminator)의 주된 역할은?

① 공기를 냉각시킨다.
② 가습작용을 한다.
③ 먼지를 제거시킨다.
④ 분무된 물이 공기와 함께 비산되는 것을 방지시킨다.

Guide 공기조화장치에서 일리미네이터는 공기 속에 포함된 물을 분리하는 역할을 하는 장치이다.

20 터보형 압축기에 해당하는 것은?

① 회전식 압축기
② 축류식 압축기
③ 나사식 압축기
④ 다이어프램식 압축기

Guide 압축기의 종류로는 용적형과 터보형 등이 있으며 터보형 압축기에 속하는 것은 원심식, 축류식, 혼류식의 세 가지가 있다.

[암기법] 터보형 압축기는 **원**의 **축**이 **혼**란스럽게 회전한다.

21 가스미터의 종류에 속하지 않는 것은?

① 다이어프램식   ② 레이놀즈식
③ 습식   ④ 루트식

Guide **가스미터의 종류**
건식 가스미터, 습식 가스미터, 루트식 가스미터

22 일반적인 가동 보일러의 산세척 처리 순서로 다음 중 가장 적합한 것은?

① 수세 → 전처리 → 산액처리 → 수세 → 중화·방청처리
② 전처리 → 수세 → 산액처리 → 수세 → 중화·방청처리
③ 산액처리 → 수세 → 전처리 → 중화·방청처리 → 수세
④ 전처리 → 산액처리 → 수세 → 중화·방청처리 → 수세

Guide 보일러의 효율을 높이고 안전하게 운전하기 위해 가동보일러의 내부를 세척하는 순서를 묻는 문제이다.

[암기법] 가동 보일러의 산세척 처리 순서 : **전.수.산.수/중.방**

23 개방식 팽창 탱크는 최고층 방열기로부터 팽창 탱크 수면까지 얼마 이상 높이로 설치하는 것이 가장 적합한가?

① 10cm   ② 30cm
③ 50cm   ④ 1m

Guide 팽창 탱크란 보일러의 온수로 인해 압력의 급격한 팽창에 따른 사고를 예방하기 위해 장치의 최상부에 설치하는 물 탱크이다. 종류로는 밀폐식과 개방식의 두 가지 종류가 있으며 개방식의 경우 최고층 방열기로부터 팽창 탱크의 수면까지 1m 이상으로 한다.

24 수도 본관의 수압을 이용하여 일반주택 및 소규모 건축물에 급수하는 방법은?

① 수도 직결식   ② 옥상 탱크식
③ 압력 탱크식   ④ 왕복 펌프식

Guide **급수 배관법의 종류**
수도 직결식, 옥상 탱크식, 압력 탱크식 등

25 배수, 통기배관 시공 후의 최종 단계 기능시험방법이 아닌 것은?

① 진공시험   ② 기밀시험
③ 만수시험   ④ 기압시험

정답 19 ④ 20 ② 21 ② 22 ② 23 ④ 24 ① 25 ①

> **Guide** 진공시험(Vacuum Test)은 주로 냉동기 설치와 배관 작업이 끝나고 누설 시험이 완료된 후 냉매를 충진하기 전 실시한다.

26 주철관 전용 절단공구로 가장 적합한 것은?

① 체인 파이프 커터
② 기계 톱
③ 링크형 파이프 커터
④ 가스절단 토치

> **Guide** 링크형 파이프 커터는 주철관 전용 절단공구이다.

27 동관의 끝을 나팔형으로 만들어 압축 이음 시 사용하는 주 공구는?

① 튜브 벤더
② 티 뽑기
③ 튜브 커터
④ 플레어링 툴 세트

> **Guide** 동관용 공구의 종류와 용도
> • 튜브 벤더 : 동관 구부리기용
> • 티 뽑기 : 동관에 분기관을 내기 위한 구멍 파기용
> • 튜브 커터 : 동관 절단용
> • 플레어링 툴 세트 : 동관 끝을 나팔형으로 만들어 압축 이음 시 사용

28 석면시멘트관의 이음방법 중 심플렉스 이음에 관한 설명으로 틀린 것은?

① 칼라 속에 2개의 고무링을 넣고 이음한다.
② 프릭션 풀러를 사용하여 칼라를 잡아당긴다.
③ 호칭지름 75~500mm의 작은 관에 많이 사용한다.
④ 내식성은 풍부하나 수밀성과 굽힘성이 좋지 않은 결점이 있다.

> **Guide** 심플렉스 이음
> 석면시멘트관(에테니트관)의 이음방법 중 석면시멘트의 칼라와 2개의 고무링을 넣은 이음으로 굽힘성과 내식성이 우수한 접합법이다.

29 도관 이음 시 관과 소켓 사이에 채워주는 것은?

① 모래
② 시멘트
③ 석면
④ 모르타르

> **Guide** 도관(Clay Pipe)은 점토를 구워서 만든 관으로 오수 및 빗물의 배수 계통의 옥외배관에 사용되며 관의 길이가 짧고 관과 소켓 사이에 모르타르(시멘트와 모래를 반죽한 것)를 채워 접합한다.

30 스테인리스관의 접합방법 중 몰코 이음에 대하여 설명한 것으로 틀린 것은?

① 파이프를 몰코 이음쇠에 끼우고 전용 공구로 10초간 압착해 주면 작업이 완료된다.
② 작업에 숙련이 필요하다.
③ 경량배관 및 청결 배관을 할 수 있다.
④ 화기를 사용하지 않고 접합을 하므로 화재의 위험성이 적다.

> **Guide** 몰코 이음
> • 작업이 단순해 숙련이 필요 없다.
> • 화기를 사용하지 않아 화재의 위험이 없다.
> • 경량 배관 및 청결 배관을 할 수 있다.
> • 몰코 이음쇠에 끼우고 전용 압착 공구로 10초간 압착해 주는 간단한 방식으로 접합이 이루어진다.

31 동관 이음의 종류가 아닌 것은?

① 플레어 이음(Flare Joint)
② 용접 이음(Soldering & Brazing)
③ 플랜지 이음(Flare Joint)
④ 만다린 이음(Mandarin Duck Joint)

> **Guide** 동관 이음의 종류
> 납땜 이음, 플레어 이음, 경납땜, 플랜지 이음

정답 26 ③ 27 ④ 28 ④ 29 ④ 30 ② 31 ④

32 관 제작에서 마이터를 제작하고자 할 때 절단선을 긋고 절단하는 방법으로 현장에서 통상적으로 이용되며, 대체로 작은 관에 가장 적합한 것은?

① 계산에 의한 방법
② 전개도에 의한 방법
③ 마킹 테이프에 의한 방법
④ 스케치에 의한 방법

33 주철관의 소켓 접합 시 얀을 삽입하는 이유로 다음 중 가장 중요한 것은?

① 납량의 보충
② 납과 물의 직접 접촉방지
③ 외압의 완화
④ 납의 이탈 방지

Guide 소켓을 이용한 주철관의 접합 시 관과 소켓 사이에 납을 삽입하는데, 이때 납과 물이 직접 접촉하는 것을 방지하기 위해 얀을 함께 삽입하여 시공한다.

34 일반적인 염화비닐관의 접합방법이 아닌 것은?

① 열간 이음법
② 플랜지 접합법
③ 냉간 이음법
④ 융착 슬리브 접합법

Guide 경질염화비닐관(PVC)의 접합
냉간 이음, 열간 이음, 용접 이음

35 중공의 피복 용접봉과 모재 사이에 아크를 발생시켜 이 아크열을 이용한 가스 절단법은?

① 산소 아크 절단
② 플라스마 아크 절단
③ 탄소 아크 절단
④ 불활성가스 아크 절단

Guide 중공(中孔)의 피복 용접봉이란 가운데 구멍이 뚫린 용접봉을 의미하며 이 구멍으로 고압의 산소를 흘려 아크열과 이 고압의 산소로 절단작업을 실시한다.

36 배관용 수공구인 줄(File)의 크기는 어떻게 표시하는가?

① 자루를 포함한 전체의 길이
② 자루를 제외한 전체의 길이
③ 자루를 제외한 전체 길이에 대한 눈금 수
④ 눈금의 거친 정도

Guide 줄(File)은 금속재료 등의 표면을 다듬질하는 경우 사용되는 수공구의 일종이며 그 크기는 자루(손잡이)를 제외한 전체의 길이로 표시한다.

37 모재 두께가 3.2mm의 연강판을 가스 용접하려 할 때 용접봉의 지름은 얼마 정도가 가장 적당한가?

① $\phi 1.6mm$
② $\phi 2.6mm$
③ $\phi 3.2mm$
④ $\phi 306mm$

Guide 가스 용접 시 용접봉의 지름을 구하는 공식

$$용접봉의 지름 = \frac{모재의 두께(T)}{2} + 1$$

$$= \frac{3.2}{2} + 1 = 2.6$$

38 전기 용접 시 발생되는 결함인 언더컷의 주요 원인으로 볼 수 없는 것은?

① 전류가 너무 낮을 때
② 아크 길이가 너무 길 때
③ 부적당한 용접봉을 사용했을 때
④ 용접속도가 적당하지 않을 때

Guide 언더컷은 과대전류 시 발생된다.

정답 32 ③ 33 ② 34 ④ 35 ① 36 ② 37 ② 38 ①

39 보기와 같은 KS 용접 기호의 해독으로 틀린 것은?

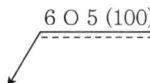

① 화살표 반대쪽 점 용접
② 점 용접부의 지름 6mm
③ 용접부의 개수(용접 수) 5개
④ 점 용접한 간격은 100mm

40 배관 도면에서 그림과 같은 기호의 의미로 가장 적합한 것은?

① 체크 밸브
② 볼 밸브
③ 콕 일반
④ 안전 밸브

Guide 각종 밸브의 도시기호

밸브·콕의 종류	그림 기호	밸브·콕의 종류	그림 기호
밸브 일반	⋈	앵글 밸브	⊿
게이트 밸브	⋈	3방향 밸브	⋈
글로브 밸브	⋈	안전 밸브	⋈ 또는 ⋈
체크 밸브	⋈ 또는 ⋈		
볼 밸브	⋈		
버터플라이 밸브	⋈ 또는 ⋈	콕 일반	⋈

41 좌우, 상하 대칭인 그림과 같은 형상을 도면화하려고 할 때 이에 관한 설명으로 틀린 것은?(단, 물체에 뚫린 구멍의 크기는 같고 간격은 6mm로 일정하다.)

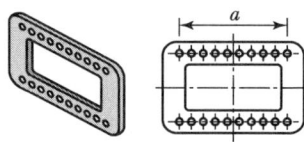

① 치수 a는 $9 \times 6 (=54)$으로 기입할 수 있다.
② 대칭기호를 사용하여 도형을 1/2로 나타낼 수 있다.
③ 구멍은 동일 형상일 경우 대표 형상을 제외한 나머지 구멍은 생략할 수 있다.
④ 구멍은 크기가 동일하더라도 각각의 치수를 모두 나타내야 한다.

42 그림과 같은 제3각법 정투상도에 가장 적합한 입체도는?

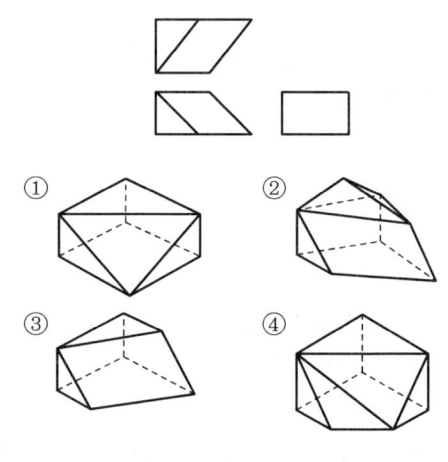

43 기계제도에서 단면도(Sectional View)에 관한 설명으로 틀린 것은?

① 가려져서 보이지 않은 부분을 알기 쉽게 나타내기 위하여 단면도로 도시할 수 있다.
② 한쪽 단면도는 대칭형의 대상물을 외형도의 절단과 온단면도의 절반을 조합하여 표시한다.
③ 개스킷, 박판 등과 같이 절단면이 얇은 경우는 절단면을 검게 칠하거나, 치수와 관계없이 한 개의 극히 굵은 실선으로 표시한다.
④ 단면에는 반드시 해칭 또는 스머징(Smudging)을 해야 한다.

Guide 해칭과 스머징은 도면에 단면을 표시하는 한 방법으로 단면을 나타내고자 하는 부위에 가는 실선의 사선을 반복적으로 그려 표시하는 것을 해칭이라고 하며, 복잡한 도형의 단면 형상을 분명하게 하는 경우 연필로 단면을 얇게 칠하는 것을 스머징이라고 한다.

44 치수가 기입된 도면에서 (10)의 치수가 의미하는 것은?

① 참고치수
② 소재치수
③ 중요치수
④ 비례척이 아닌 치수

45 배관의 간략 이음의 도시기호 중 압력 지시계 도시기호는?

① P ② S
③ W ④ R

46 다음 중 콕의 가장 중요한 장점인 것은?

① 개폐가 빠르다.
② 기밀을 유지하기 쉽다.
③ 고압 대유량에 적합하다.
④ 대유량 수송에 적당하다.

Guide 콕은 플러그 밸브라고도 하며 90° 회전으로 급속한 개폐가 가능하나 기밀성은 좋지 않아 고압 대유량에는 적당하지 않다.

47 경질염화비닐관에 대한 일반적인 특징 설명으로 틀린 것은?

① 전기절연성이 좋고 전식 작용이 없다.
② 수도용 배관에는 사용할 수 없다.
③ 약품에 대한 내식성이 우수하다.
④ 관 내 마찰 손실이 적으며 가볍다.

Guide 수도용 경질염화비닐 이음관에는 경질염화비닐 이음관과 내충격성 경질염화비닐 이음관이 있다.

48 KS 나사 표시법에서 M20×13-6H-N으로 표시된 경우 P1.5는 나사의 무엇을 나타낸 것인가?

① 피치
② 1인치당 나사 산수
③ 등급
④ 산의 높이

49 다음 중 동관 이음쇠의 종류가 아닌 것은?

① 플레어 이음쇠
② 동합금 주물이음쇠
③ 동이음쇠
④ TS식 이음쇠

Guide ④ TS식 이음쇠(냉간삽입형 접합)는 PVC관 접합법의 한 종류이다.

정답 43 ④ 44 ① 45 ① 46 ① 47 ② 48 ① 49 ④

50 관재료 중에서 흄관이라고 불리는 관은?

① 이터닛관
② 석면 시멘트관
③ 프리스트레스관
④ 원심력 철근콘크리트관

Guide 흄관은 원심력 철근콘크리트관을 지칭하는 것으로 흄(Hume)이라는 사람이 고안하였다고 하여 이름 붙여진 관이다. 원형으로 조립된 철근을 강제형 형틀에 넣고 소정량의 콘크리트를 투입하여 제조한 관으로 형태에 따라 직관과 이형관으로 구분되는 관이다.

51 난방용 방열기 등의 외면에 도장하는 알루미늄 도료는 열에 몇 ℃까지 견딜 수 있는가?

① 100~150℃
② 170~250℃
③ 270~300℃
④ 400~500℃

Guide 알루미늄 도료
난방용 방열기 등의 외면에 도장하는 데 사용되며 약 500℃의 온도까지 견딜 수 있고 내식성과 열전도도가 뛰어나며 알루미늄 분말에 유성 바니시를 섞어 만든 도료이다.

52 자유로이 굴곡되어 접속이 쉽고 내식성이 커서 배수용 및 내식용 관에 쓰이며 용도에 따라 1종은 화학 공업용, 2종은 일반용, 3종은 가스용으로 구분하는 관은?

① 구리관
② 연관
③ 강관
④ 주철관

53 스트레이너의 모양에 따른 일반적인 분류에 해당하지 않는 것은?

① Y형
② U형
③ T형
④ V형

Guide 스트레이너의 모양
Y형, U형, V형 등

54 신축으로 인한 배관의 좌우, 상하 이동을 구속하고 제한하는 목적으로 사용되는 리스트레인트(Restraint)의 종류가 아닌 것은?

① 앵커
② 행거
③ 스토퍼
④ 가이드

Guide 리스트레인트의 종류
앵커(이동·회전방지), 스토퍼(일정한 방향의 이동·회전 구속), 가이드(축·직각방향의 이동 구속 및 안내)

55 배관용 탄소강관에 아연을 도금한 강관으로 사용 정수두 100m 이하의 수도배관에 주로 사용하는 관은?

① 배관용 합금
② 수도용 아연도금 강관
③ 구조용 합금 강관
④ 열교환기용 합금 강관

Guide 주철관의 분류
수도용, 배수용, 가스공급관 등

56 다음 중 주철관의 사용 용도가 아닌 것은?

① 수도용 급수관
② 난방용 코일관
③ 배수관
④ 가스 공급관

57 배관설비용 금속패킹 재료로서 적합하지 않은 것은?

① 구리
② 납
③ 스테인리스강
④ 가단주철

Guide 금속패킹의 재료
납, 구리, 연강, 스테인리스강 등이 있으며 탄성이 적어 누설의 우려가 있다.

정답 50 ④ 51 ④ 52 ② 53 ③ 54 ② 55 ② 56 ② 57 ④

58 그림과 같이 원통을 경사지게 절단한 제품을 제작할 때, 다음 중 어떤 전개법이 가장 적합한가?

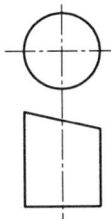

① 사각형법 ② 평행선법
③ 삼각형법 ④ 방사선법

Guide 평행선 전개법
평행선을 이용한 전개도법으로 각기둥, 원기둥 등 평행체의 전개도를 그릴 때 사용하는 것으로, 모서리나 중심축에 평행선을 그어 전개한다.

59 아스베스토스(Asbestos)를 주원료로 만들며 균열이 생기지 않고 부서지지 않아 진동이 심한 선박이나 탱크 노벽에 사용하는 무기질 단열재는?

① 암면 ② 규조토
③ 탄산마그네슘 ④ 석면

Guide 석면
아스베스토스 섬유로 되어 있으며 400℃ 이하의 파이프, 탱크, 노벽 등의 보온재로 사용한다. 사용 중 잘 갈라지지 않으므로 진동을 발생하는 장치의 보온재로 많이 사용된다.

60 물체에 인접하는 부분을 참고로 도시할 경우에 사용하는 선은?

① 가는 실선 ② 가는 파선
③ 가는 1점 쇄선 ④ 가는 2점 쇄선

Guide 가는 2점 쇄선(가상선)
인접 부분을 참고로 표시하는 경우 사용된다.

정답 58 ② 59 ④ 60 ④

2017년 1회차 시행

CBT(Computer Based Training)문제는 공개되지 않으므로 수험생들의 기억에 의해 복원된 문제임을 알려드립니다.

01 펌프 배관에 대한 설명 중 틀린 것은?

① 흡입관은 되도록 길게 하고 굴곡 부분이 되도록 크게 하여야 한다.
② 수평 관에서 관경을 바꿀 경우 편심리듀서를 사용해서 파이프 내부에 공기가 차지 않도록 한다.
③ 풋 밸브는 동수위면보다 흡입 관경의 2배 이상 물속에 들어가야 한다.
④ 흡입 쪽의 수평관은 펌프 쪽으로 올림 구배를 한다.

Guide 펌프 배관의 시공 시 흡입관과 굴곡 부분은 가급적 짧고, 작게 하여야 유체의 저항을 최소화하여 효율을 높일 수 있다.

02 다관식 열교환기에 속하지 않는 것은?

① 고정관판형 ② 유동두형
③ 케틀형   ④ 코일형

Guide 열교환기는 고온과 저온의 두 유체 사이에 열의 교환이 원활하게 이루어지도록 도와주는 장치이다.

03 공장에서 제조 정제된 가스를 저장했다가 공급하기 위한 압력 탱크로 가스 압력을 균일하게 하며, 급격한 수요변화에도 제조량과 소비량을 조절하는 것은?

① 압축기   ② 정압기
③ 오리피스   ④ 가스 홀더

Guide 가스 홀더란 가스 수요의 시간적인 변동에 대해 안정적인 가스를 공급할 수 있도록 저장하며 가스의 질을 균일하게 유지하여 궁극적으로는 제조량과 수요량을 조절하는 저장 탱크이다. 그 종류로는 유수식 가스 홀더와 무수식 가스 홀더, 고압식 가스 홀더 등이 있다.

04 배관의 용도에 따른 패킹재료의 연결로 틀린 것은?

① 급수관 – 테프론
② 배수관 – 네오프렌
③ 급탕관 – 실리콘
④ 증기관 – 천연고무

Guide 천연고무는 100℃ 이상의 고온배관에는 사용할 수 없고 주로 급수, 배수, 공기 등에 사용할 수 있다.

05 공기조화설비방식은 개별식과 중앙식으로 분류된다. 개별식 공기조화설비방식에 속하는 것은?

① 전–공기방식   ② 수–공기방식
③ 냉매방식   ④ 수방식

Guide 공기조화설비방식의 분류
• 개별식 : 준수방식, 냉매방식
• 중앙식 : 전–공기방식, 수(水)–공기방식

06 집진장치의 필요성 및 선택에 대한 고려사항 중 틀린 것은?

① 우수한 성능의 연소장치를 설치해야 한다.
② 설비 가동 시 공기비를 적절히 조정해야 한다.
③ 가급적 쾌적한 생활환경을 만들어 대기오염으로 인한 공해 방지에 필요하다.
④ 집진장치의 성능은 유입되는 가스 또는 물의 온도와는 관계가 없다.

Guide 집진장치의 성능은 유입되는 가스 또는 물의 온도를 20℃ 내외로 하며 이 온도를 벗어나는 경우 장치의 성능에 미치는 영향을 고려하여 설치한다.

정답 01 ① 02 ④ 03 ④ 04 ④ 05 ③ 06 ④

07 스프링클러의 기준 유속인 3m/sec를 유지하고, 신축성이 없는 배관 내부에서 발생되는 수격작용을 방지 또는 완화시키기 위해서 설치하는 것은?

① 리터딩 챔버　② 시험 밸브
③ 서지 옵서버　④ 알람 밸브

Guide 스프링클러의 기준유속(3m/sec)을 유지하며 신축성이 없는 배관 내부에서 발생되는 수격작용을 방지·완화시키기 위해 서지 옵서버를 설치한다.

08 배관계의 지지장치 설계 시 관 지지의 필요조건을 설명한 것 중 틀린 것은?

① 관과 관 내의 유체 및 피복재의 합계 중량을 지지하는 데 충분할 것
② 외부에서의 진동과 충격에 대해서도 견고할 것
③ 온도의 변화에 따른 관의 신축에 대하여 적합할 것
④ 배관시공에 있어서 구배의 조정이 간단하게 될 수 있는 구조가 아닐 것

Guide ④ 배관의 지지장치를 시공할 때에는 배관의 구배 조정이 가능한 구조로 한다.

09 급탕 배관 시공 시 주의사항 중 배관 구배에 관한 설명으로 옳은 것은?

① 상향식 공급방식에서는 급탕 수평 주관은 선 상향 구배로 하고 복귀관은 선하향 구배로 한다.
② 상향식 공급방식에서는 급탕 수평 주관은 선 하향 구배로 하고 복귀관은 선상향 구배로 한다.
③ 상향식 공급방식에서는 급탕 수평 주관과 복귀관 모두 선상향 구배로 한다.
④ 상향식 공급방식에서는 급탕 수평 주관과 복귀관 모두 선상향구배로 한다.

10 배관 중심 간의 길이를 300mm로 조립하고자 한다. 파이프 호칭 지름이 20A일 때 파이프의 절단 길이로 가장 적당한 것은?(단, 20A 엘보 중심선에서 엘보 단면까지 거리는 32mm이고, 나사가 물리는 최소길이는 13mm이다.)

① 262mm　② 236mm
③ 274mm　④ 255mm

Guide 부속의 공간길이는 부속 중심선에서 단면까지의 거리−나사부 물리는 최소길이이므로 32−13=19이다. 즉, 300−(19+19)=262mm

11 관 계통의 구분을 위한 식별색은 관 내 유체 종류에 따라 다르게 표시된다. 압축 공기배관이 여러 가지 관과 함께 배열되어 있다면 무슨 색으로 표시해야 하는가?

① 흰색　② 파랑
③ 주황　④ 회보라

Guide **색채에 의한 배관의 식별**

종류	식별색
물	청색
증기	적색
공기	백색
가스	황색

12 지하실 등에 보일러를 설치해서 증기, 온수, 열풍 등의 관을 통해 각 방으로 열을 공급하는 난방법으로 직접 난방법, 간접 난방법, 방사 난방법으로 분류되는 난방법은?

① 진공식 난방법　② 개별식 난방법
③ 흡수식 난방법　④ 중앙식 난방법

Guide **중앙식 난방법**
　직접 난방법, 간접 난방법, 방사 난방법

정답 07 ③　08 ④　09 ①　10 ①　11 ①　12 ④

13 고압 산소 배관의 기밀시험을 할 때 사용해서는 안 되는 가스는?

① 헬륨　　　② 질소
③ 탄산가스　　④ 아세틸렌

Guide ④ 아세틸렌은 산소와 접촉 시 산화작용으로 인한 폭발의 위험이 있다.

14 배수관 계통의 설계 시 고려해야 할 사항으로 틀린 것은?

① 배수관이 막히는 현상이 없을 것
② 중력 흐름식으로 할 것
③ 배수할 때 유체의 저항을 최대화할 것
④ 배수할 때 배수관에서 소음이 일어나지 않을 것

Guide ③ 배수관 계통의 설계 시 유체의 저항을 최소화해야 한다.

15 LP가스 이송설비에서 압축기에 의한 이송방식의 특징이 아닌 것은?

① 펌프에 비해 이송시간이 짧다.
② 베이퍼 록 현상의 염려가 없다.
③ 부탄의 경우 저온에서 재액화될 염려가 없다.
④ 잔가스 회수가 용이하다.

Guide ③ 부탄의 경우 재액화 현상이 일어난다.

16 도시가스, 석유화학의 원료로 널리 사용되면서 원유의 상압 증류에 의해 얻어지는 비점이 200℃ 이하의 유분을 무엇이라고 하는가?

① 나프타　　　② 정유가스
③ 부타디엔　　④ 프로필렌

Guide 나프타는 도시가스, 석유화학의 원료로 사용되며, 끓는점이 가솔린보다 높고 등유보다 낮은 석유류의 물질이다.

17 급수배관설비에서 옥상 탱크식의 특징에 대한 설명으로 틀린 것은?

① 일정한 수압으로 급수할 수 있다.
② 저수량을 확보하여 일정 시간 동안 급수가 가능하다.
③ 저수조에서 급수 오염 가능성이 적다.
④ 대규모 급수설비에 적합하다.

Guide ③ 옥상 탱크식은 옥상에 설치된 탱크에서 급수의 오염 가능성이 크며 제작비가 많이 든다.

18 화학 세정 약품 중 무기산이 아닌 것은?

① 염산　　　② 설파민산
③ 인산　　　④ 구연산

Guide 무기산 화학 세정 약품의 종류
염산, 황산, 인산, 설파민산

19 산소병(Bombe)의 메인 밸브가 얼었을 때 녹이는 방법으로 다음 중 가장 적합한 방법은?

① 100℃ 이상의 끓는 물을 붓는다.
② 가스 용접기의 불꽃으로 녹인다.
③ 40℃ 이하의 따뜻한 물로 녹인다.
④ 비눗물로 녹인다.

Guide 산소용기가 동결되었을 경우 40℃ 이하의 물을 이용하여 녹인다.

20 압축공기 배관의 부속장치에 속하지 않는 것은?

① 분리기　　　② 과열기
③ 후부 냉각기　④ 공기 탱크

Guide 공기 탱크의 역할
압축공기를 모아두는 탱크이며 과잉압력을 방출하는 안전 밸브가 설치되어 있다.

정답 13 ④　14 ③　15 ③　16 ①　17 ③　18 ④　19 ③　20 ②

21 섭씨 40℃는 화씨 몇 도인가?
① −40°F
② 32°F
③ 72°F
④ 104°F

Guide
- 화씨온도(°F) : $\frac{9}{5}$(℃ + 32)
- $\frac{9}{5} \times 40 \times 32 = 104°F$

22 보일러 부속장치 중 연소가스의 여열을 이용하여 보일러급수를 예열하는 장치는?
① 과열기
② 재열기
③ 절탄기
④ 공기예열기

Guide 절탄기(Econimizer)는 연소가스의 여열을 이용하여 보일러 급수를 예열하는 장치로 연료의 절감효과를 얻을 수 있다.

23 석유계 저급탄화수소의 혼합물이며, 주요 성분으로는 프로판, 부탄, 부틸렌, 메탄, 에탄 등으로 이루어진 액화석유가스의 약자는?
① LPG
② LNG
③ 도시가스
④ 냉매가스

Guide **액화석유가스(LPG, 프로판)**
LPG란 프로판, 부탄, 프로필렌, 부틸렌 등을 주성분으로 하는 석유계 저급 탄화수소의 혼합물을 말하며, 통상 LPG는 프로판과 부탄을 지칭한다.

참고 일반적 성질
- 공기보다 무겁기 때문에 누설 시 대기 중으로 확산되지 않고 낮은 곳으로 체류하여 인화하기 쉽다.
- 액체 상태의 LPG는 물보다 가볍다.
- 기화, 액화가 용이하다.
- 기화하면 체적이 커진다(프로판은 약 250배, 부탄은 약 230배).
- 증발 잠열(기화열)이 크다.

24 오물 정화조의 순서는 일반적으로 어떤 구조 조합으로 되어야 하는가?
① 부패조 → 예비 여과조 → 산화조 → 소독조
② 부패조 → 산화조 → 예비 여과조 → 소독조
③ 예비 여과조 → 부패조 → 산화조 → 소독조
④ 예비 여과조 → 산화조 → 부패조 → 소독조

Guide **정화조의 오물정화 처리(설치) 순서**
부패조 → 예비 여과조 → 산화조 → 소독조
[암기법] 부.예.산.소

25 대기 중의 금속 부식이나 각종 금속의 고온 부식 등과 같이 표면이 거의 균일하게 소모되는 부식으로 금속 자체가 균질이고, 환경도 거의 균일할 때 발생하는 것으로 니켈 표면의 포깅(Fogging) 등과 같은 예의 부식은?
① 극간부식
② 입계부식
③ 전면부식
④ 선택부식

26 콘크리트관 이음의 종류에 속하지 않는 것은?
① 칼라 신축 이음
② 몰코 이음
③ 콤포 이음
④ 틴 앤드 글로브 이음

Guide 몰코 이음은 SR-Joint라고도 하며 스테인리스 배관의 이음방법이다.

27 일반적인 강관의 용접 이음 종류가 아닌 것은?
① 맞대기 이음
② 심플렉스 이음
③ 슬리브 이음
④ 플랜지 이음

Guide **용접의 이음**
맞대기 이음, 슬리브 이음, 플랜지 이음

정답 21 ④ 22 ③ 23 ① 24 ① 25 ③ 26 ② 27 ②

28 산소-아세틸렌 용접으로 연강판을 용접할 경우 불꽃의 종류로 가장 적합한 것은?

① 탄화 불꽃   ② 중성 불꽃
③ 산성 불꽃   ④ 산화 불꽃

Guide 산소-아세틸렌 불꽃의 종류
산화 불꽃(산소 과잉), 탄화 불꽃(아세틸렌 과잉), 중성 불꽃

29 파이프 바이스 호칭번호 #2의 파이프 사용 범위 호칭 인치(inch)로 가장 적합한 것은?

① $\frac{1}{8} \sim 2$ ② $\frac{1}{8} \sim 2\frac{1}{2}$
③ $\frac{1}{8} \sim 3\frac{1}{2}$ ④ $\frac{1}{8} \sim 4\frac{1}{2}$

Guide 파이프 바이스의 호칭번호

호칭	호칭번호	파이프의 관경(mm)	파이프의 관경(inch)
50	#0	6~50A	$\frac{1}{8} \sim 2$
80	#1	6~65A	$\frac{1}{8} \sim 2\frac{1}{2}$
105	#2	6~90A	$\frac{1}{8} \sim 3\frac{1}{2}$

30 용접 자세의 기호가 맞지 않는 것은?

① 아래보기자세 - F
② 수평자세 - AP
③ 수직자세 - V
④ 위보기자세 - O

Guide ② 수평자세 - H(Horizontal)

31 연납과 경납을 구분하는 용가재의 용융점은?

① 100℃   ② 232℃
③ 327℃   ④ 450℃

Guide 용접의 한 종류인 납땜은 450℃를 기준으로 하여 연납과 경납으로 구분한다.

32 도관 이음에서 일반적으로 모르타르만을 채워서 이음하는 방법이 많이 사용되며 얀을 사용할 때는 단단히 꼬아서 소켓 속에 약 몇 mm 정도로 넣는 것이 가장 적합한가?

① 10   ② 20
③ 30   ④ 40

Guide 얀을 사용할 때는 단단히 꼬아서 소켓 속에 약 10mm 정도로 넣는다.

33 동관 50A를 황동 용접봉으로 맞대기 용접을 하려 할 때 용제(Flux)로서 가장 적당한 것은?

① 탄산나트륨   ② 염화칼륨
③ 중탄산소다   ④ 붕사

34 램식 벤딩기에 비교한 로터리식(Rotary Type) 파이프 벤딩기의 일반적인 특징에 대한 설명이 아닌 것은?

① 수동식(유압식)은 50A, 모터를 부착한 동력식은 100A 이하의 관을 상온에서 벤딩할 수 있다.
② 상온에서 관의 단면 변형이 없다.
③ 관의 구부림 반경은 관경의 2.5배 이상이어야 한다.
④ 두께에 관계없이 강관, 스테인리스강관, 동관 등을 벤딩할 수 있다.

Guide ①은 램식 벤딩머신에 대한 설명이다.

35 일반적인 가스 절단 시 표준 드래그(Drag)는 보통 판 두께의 몇 % 정도인가?

① 10%   ② 20%
③ 30%   ④ 40%

Guide 가스 절단 시 가스의 입구와 출구 사이의 수평거리를 드래그라고 하며, 표준 드래그 길이는 판 두께의 20%(1/5)로 한다.

정답 28 ② 29 ③ 30 ② 31 ④ 32 ① 33 ④ 34 ① 35 ②

36 주철관 접합법 중 소켓 이음을 혁신적으로 개량한 것으로 스테인리스 커플링과 고무링으로 간단하게 이음할 수 있는 접합법은?

① 빅토릭 이음
② 노 허브 이음
③ 타이톤 이음
④ 플랜지 이음

Guide 주철관 접합법의 종류에는 소켓 접합, 플랜지 접합, 기계적 접합, 타이톤 접합, 빅토릭 접합 등이 있으며, 소켓 이음을 혁신적으로 개량한 노 허브 이음은 스테인리스 커플링과 고무링을 이용한 새로운 접합법이다.

37 염화비닐관의 냉간 이음법에 사용되는 TS 이음관의 테이퍼 범위로 가장 적합한 것은?

① 1/200~1/300
② 1/150~1/200
③ 1/50~1/100
④ 1/15~1/37

38 배관 시공 시 관과 구조물의 수평을 맞출 때 사용하는 것은?

① 블록 게이지
② 수준기(Level)
③ 다이얼 게이지
④ 버니어 캘리퍼스

Guide 관과 구조물의 수평을 맞추는 경우 수준기(기포관 수평기)를 사용한다.

39 KS 재료 기호 중 기계구조용 탄소 강재인 것은?

① SC
② SBC
③ SM
④ SBB

Guide 기계 재료의 표시 기호
• SC : 탄소 주강품
• SBC : 냉간 압연 강관 및 강재
• SM : 기계 구조용 탄소 강재
• SBB : 보일러용 압연 강재

40 다음 용접기호 중 표면 육성을 의미하는 것은?

41 도면에 표제란과 부품란이 있을 때 부품표에 기입할 사항이 아닌 것은?

① 도명
② 품명
③ 재질
④ 수량

Guide 부품표
부품의 번호, 부품명, 재질, 수량, 중량, 공정 등을 기입한 표이다.

42 치수 보조기호에 대한 설명으로 틀린 것은?

① φ : 참고치수
② □ : 정사각형의 변
③ R : 반지름
④ SR : 구의 반지름

Guide ① φ : 지름 기호

43 배관의 간략 도시방법에서 파이프의 영구 결합부(용접 또는 다른 공법에 의한다) 상태를 나타내는 것은?

정답 36 ② 37 ④ 38 ② 39 ③ 40 ① 41 ① 42 ① 43 ③

44 물체 전체를 둘로 절단하여 그림 전체를 단면으로 나타낸 단면도의 명칭은?

① 한쪽 단면도
② 부분 단면도
③ 온단면도
④ 조합에 의한 단면도

Guide 물체 전체를 둘로 절단하여 그림 전체를 단면으로 나타낸 단면도는 전단면도(온단면도)이다.

45 기계제도 도면에 사용되는 가는 실선의 용도로 틀린 것은?

① 치수보조선
② 치수선
③ 지시선
④ 피치선

Guide ④ 피치선은 가는 1점 쇄선이다.

참고 가는 실선의 종류
치수선, 치수보조선, 지시선, 회전단면선, 중심선, 수준면선

46 제도용지의 치수가 297mm×420mm일 때 호칭방법으로 올바른 것은?

① A5
② A4
③ A3
④ A2

Guide
• A0 : 841mm×1,189mm
• A1 : 594mm×841mm
• A2 : 420mm×594mm
• A3 : 297mm×420mm
• A4 : 210mm×297mm

47 다음 중 공조설비와 관련된 습공기이론에서 건구온도, 습구온도, 노점온도가 동일한 경우는?

① 절대습도 100%
② 상대습도 100%
③ 절대습도 50%
④ 상대습도 50%

48 위쪽이 경사지게 절단된 원통의 전개방법으로 가장 적당한 것은?

① 삼각형 전개법
② 방사선 전개법
③ 평행선 전개법
④ 사변형 전개법

Guide 평행선 전개법
평행선을 이용한 전개도법은 각기둥, 원기둥 등 평행체의 전개도를 그릴 때 사용하는 것으로, 모서리나 중심축에 평행선을 그어 전개한다.

49 나사용 패킹 재료가 아닌 것은?

① 액상 합성수지
② 페인트
③ 일산화연
④ 납

Guide 패킹재의 종류
• 플랜지 패킹 : 고무 패킹, 네오프렌(합성고무), 석면조인트 패킹, 합성수지 패킹, 오일실링 패킹, 금속 패킹
• 나사용 패킹 : 일산화연, 액상 합성수지, 페인트
• 그랜드 패킹 : 석면 강형 패킹, 석면 얀 패킹, 아마존 패킹, 몰드 패킹

50 폴리부틸렌관(PB관)의 이음방법으로 주요 구성요소가 그래브 링, O-링에 의한 삽입식 접합방법은?

① TS 냉간 접합법
② 에이콘 접합
③ 프레스 접합
④ 몰코 접합

Guide 폴리부틸렌관(PB관)은 에이콘관이라고도 하며 약 100℃ 이하의 수도배관으로 사용된다. 관의 접합은 이음쇠 안쪽에 내장된 그래브링과 O-링을 삽입하여 접합한다.

정답 44 ③ 45 ④ 46 ③ 47 ② 48 ③ 49 ④ 50 ②

51 배관용 강제 맞대기 용접식 관 이음쇠 중 90° 엘보의 중심에서 관 끝면까지의 거리는 숏(S)일 때와 롱(L)일 때 호칭 지름의 약 몇 배인가?

① 숏(S) : 1배, 롱(L) : 1.5배
② 숏(S) : 1배, 롱(L) : 2배
③ 숏(S) : 1.5배, 롱(L) : 3배
④ 숏(S) : 2.5배, 롱(L) : 5배

52 합성수지 또는 고무질 재료를 사용하여 다공질 제품을 만든 것으로 열전도율이 매우 낮고, 가벼우며 흡수성은 좋지 않으나 굽힘성이 풍부하고, 보온·보랭성이 우수한 유기질 보온재는?

① 홈 매트
② 기포성 수지
③ 로코트
④ 유리 섬유

Guide 기포성 수지는 합성수지나 고무질 재료를 사용하여 다공질 제품을 만든 것이며 열전도율이 낮고 굽힘성이 좋아 보온·보랭성 보온재로 널리 사용된다.

53 증기 트랩의 구비조건으로 옳지 않은 것은?

① 압력, 유량이 변화할 때에도 동작이 확실할 것
② 내마모성, 내식성이 클 것
③ 마찰저항이 클 것
④ 사용 중지 후에도 물이 빠질 수 있을 것

Guide ③ 증기 트랩은 마찰저항이 작아야 한다.

54 펌프의 설치 및 주변 배관 설치 시 주의사항으로 틀린 것은?

① 펌프는 일반적으로 기초 콘크리트 위에 설치한다.
② 흡입관은 되도록 길게 하고 직관으로 배관한다.
③ 효율을 좋게 하기 위해 펌프의 설치 위치를 되도록 낮춰서 흡입 양정을 작게 한다.
④ 흡입관의 중량이 펌프에 미치지 않도록 관을 지지하여야 한다.

Guide ② 펌프 배관의 시공 시 흡입관과 굴곡 부분은 가급적 짧고, 작게 하여야 유체의 저항을 최소화하여 효율을 높일 수 있다.

55 배수용 주철이형관의 종류에 해당되지 않는 것은?

① 곡관
② Y관
③ T관
④ W관

Guide 배수용으로 사용되는 주철이형관의 종류로는 곡관(90°, 45°), Y관, T관, +관 등이 있다.

56 고압의 유체를 취급하는 배관에 설치하여 관의 압력이 규정하는 한도에 달하면 즉시 자동적으로 열려 외부로 압력을 방출하여 관 안의 압력을 항상 일정한 수준으로 유지해주는 밸브는?

① 온도 조절 밸브
② 안전 밸브
③ 볼 탭
④ Y형 글로브 밸브

57 동관의 두께별 분류 중 가장 두꺼운 종류는?

① K형
② L형
③ M형
④ N형

Guide 동관은 두께별로 K형, L형, M형, N형의 4가지 종류가 있으며 두께가 두꺼운 순서는 K>L>M>N이다.

정답 51 ① 52 ② 53 ③ 54 ② 55 ④ 56 ② 57 ①

58 도료의 특성이 도막이 부드럽고 값이 저렴하여 많이 사용되나, 녹 방지 효과가 불량한 것은?

① 산화철 도료 ② 알루미늄 도료
③ 광명단 도료 ④ 합성수지 도료

> **Guide** 산화철 도료
> 산화철과 아마인유 등을 혼합 사용하며 저렴하나 방청(녹방지) 효과가 불량하다.

59 평면상의 변위뿐만 아니라 입체적인 변위까지도 안전하게 흡수하므로 어떠한 형상에 의한 신축에도 배관이 안전하며 설치 공간이 적은 이음쇠로 가장 적합한 것은?

① 스위블형 신축 이음쇠
② 벨로스형 신축 이음쇠
③ 슬리브형 신축 이음쇠
④ 볼조인트 신축 이음쇠

> **Guide** 신축 이음의 종류와 특성
>
> | 종류 | 특징 |
> | --- | --- |
> | 스위블형 | 2개 이상의 엘보를 사용하여 굴곡부를 만들어 신축을 흡수 |
> | 벨로스형 | • 팩리스(Packless) 신축 이음쇠라고도 하며 벨로스의 변형에 의한 변위를 흡수
• 고압배관에 부적당함 |
> | 슬리브형 | • 슬리브와 본체 사이에 패킹을 넣어 온수와 증기가 새는 것을 방지
• 나사 결합식과 플랜지 결합식이 있음 |
> | 볼조인트형 | 입체적인 변위를 안전하게 흡수 |
> | 루프형 | • 관을 루프모양으로 구부려서 배관의 신축을 흡수
• 고온 고압용 배관에 많이 사용 |

60 일명 이터닛관으로 호칭되며 석면과 시멘트를 중량비 1 : 5∼1 : 6비로 배합하고 물을 혼합하여 풀 형상으로 된 것을 윤전기에 의해 얇은 층을 만들고 고압을 가하여 성형하는 관은?

① 석면시멘트관
② 염화비닐관
③ 철근콘크리트관
④ 도관

> **Guide** 석면시멘트관에 대한 설명이다. 석면시멘트관 이음의 종류에는 기볼트 이음, 칼라 이음, 심플렉스 이음이 있다.

정답 58 ① 59 ④ 60 ①

2018년 3회차 시행

CBT(Computer Based Training)문제는 공개되지 않으므로 수험생들의 기억에 의해 복원된 문제임을 알려드립니다.

01 유체의 흐름에 대한 저항이 적고, 침식성 유체에 대해 유체 통로 속만을 내식성 재료로 하여 산 등의 화학약품을 차단하는 특징을 가진 밸브는?

① 플랩 밸브(Flap Valve)
② 체크 밸브(Check Valve)
③ 플러그 밸브(Plug Valve)
④ 다이어프램 밸브(Diaphragm Valve)

02 옥내소화전의 저수 탱크 용량 설명으로 가장 적합한 것은?

① 소화전 1개당 방수량이 130L/min을 20분간 방수할 수 있는 용량
② 소화전 1개당 방수량이 150L/min을 30분간 방수할 수 있는 용량
③ 소화전 1개당 방수량이 160L/min을 1시간 이상 방수할 수 있는 용량
④ 소화전 1개당 방수량이 100L/min을 2시간 이상 방수할 수 있는 용량

> **Guide**
> • 옥내소화전의 저수 탱크 : 소화전 1개당 방수량이 130L/min을 20분간 방수할 수 있는 용량
> • 옥외소화전의 저수 탱크 : 350L/min 이상

03 사이클론 집진기의 치수 설정 시 유의사항으로 틀린 것은?

① 사이클론의 내면은 부자연적인 유체의 난류를 피하기 위해 가급적 매끄럽게 처리한다.
② 사이클론의 하단은 원추부로 끝내지 말고 집진실을 설치한다.
③ 큰 함진풍량을 처리하는 경우에는 소형 사이클론 몇 개를 직렬로 조합한다.
④ 더블클론, 테트라클론, 멀티클론을 선택할 때 분진의 성질, 희망집진율, 설비의 용적을 고려하여 결정한다.

> **Guide** ③ 큰 함진풍량을 처리하는 경우 집진율을 증대시키기 위해 소구경의 사이클론을 병렬로 설치한다.

04 공기조화방식의 분류에서 물-공기방식에 속하지 않는 것은?

① 덕트 병용 팬코일 유닛방식
② 이중 덕트방식
③ 유인 유닛방식
④ 덕트 병용 복사 냉방방식

> **Guide** ② 이중 덕트방식은 전공기방식에 속한다.

05 급수설비에서 많이 발생하는 수격작용 방지법으로 틀린 것은?

① 관경을 작게 하고 유속을 빠르게 한다.
② 수전류 등의 폐쇄하는 시간을 느리게 한다.
③ 굴곡배관을 억제하고 될 수 있는 대로 직선 배관으로 한다.
④ 기구류 가까이에 공기실을 설치한다.

> **Guide** 수격작용(워터 해머링)을 방지하기 위하여 파이프의 관경을 크게 하고 유속을 느리게 조정한다.

06 화학배관설비에서 화학장치용 재료의 구비 조건이 아닌 것은?

① 접촉 유체에 대하여 내식성이 클 것
② 가공이 용이하고 가격이 쌀 것
③ 크리프(Creep) 강도가 작을 것
④ 저온에서 재질의 열화가 없을 것

정답 01 ④ 02 ① 03 ③ 04 ② 05 ① 06 ③

Guide ③ 크리프 강도란 재료에 일정한 온도를 가했을 경우의 기계적 강도를 말하며, 화학배관설비에 사용되는 재료는 크리프 강도가 커야 한다.

07 제조공장에서 정제된 가스를 저장하여 가스 품질을 균일하게 유지하면서 제조량과 수요량을 조절하는 장치는?

① 가스 홀더 ② 정압기
③ 집진장치 ④ 계량기

Guide 가스 홀더란 가스 수요의 시간적인 변동에 대해 안정적인 가스를 공급할 수 있도록 저장하며 가스의 질을 균일하게 유지하여 제조량과 수요량을 조절하는 저장 탱크의 한 종류이다.

08 유체를 증기 또는 장치 중의 폐열 유체로 가열하여 필요한 온도까지 상승시키기 위하여 사용하는 열교환기는?

① 예열기 ② 가열기
③ 재비기 ④ 증발기

Guide 가열기는 유체를 가열하여 필요한 온도까지 상승시키기 위해 사용되며 주로 폐열 유체가 사용된다.

09 배관의 단열공사를 실시하는 목적이 아닌 것은?

① 열에 대한 경제성을 높인다.
② 온도 조절과 열량을 낮춘다.
③ 온도 변화를 제한한다.
④ 화상 및 화재방지를 한다.

Guide 배관에 단열공사를 실시하는 목적은 온도의 변화를 제한하고 열의 경제성을 높이는 것 등이 주요한 이유이다. 단열공사로 온도의 조절은 불가능하다.

10 도시가스 부취(付臭) 설비에서 증발식 부취에 대한 설명으로 틀린 것은?

① 부취제의 증기를 가스 흐름 중에 혼합하는 방식으로 시설비가 싸다.
② 설치장소는 압력 및 온도의 변화가 적고 관내의 유속이 빠른 곳이 적당하다.
③ 부취제 첨가율을 일정하게 유지할 수 있으므로 가스량 변동이 큰 대규모 설비에 사용된다.
④ 바이패스방식을 이용하므로 가스량의 변화로 부취제 농도를 조절하여 조절범위가 한정되고 혼합 부취제는 쓸 수 없다.

Guide 부취설비는 가스가 누설될 경우, 이를 초기에 발견하고 중독과 폭발사고를 방지하기 위해 위험농도 이하에서도 냄새로 충분히 누설을 감지할 수 있도록 하는 장치이다. 종류로는 액체주입식(대규모 설비용), 증발식(소규모 설비용) 등이 있다.

[암기법] 증발하면 그 양이 소(小)소해진다.
－소규모 설비용

11 배수관에 트랩을 설치하는 목적은?

① 유체의 역류를 촉진하기 위해 설치한다.
② 배수를 잘 되게 하기 위해 설치한다.
③ 유취, 유해가스의 역류를 방지하기 위해 설치한다.
④ 세정작용이 잘 되게 하기 위해 설치한다.

Guide **트랩의 설치 목적**
배수관 속의 악취, 유독가스 및 벌레 등의 실내 침투 방지가 목적이다.

12 LPG(Liquified Petroleum Gas)의 성분에 속하지 않는 것은?

① 프로판(C_3H_8) ② 부탄(C_4H_{10})
③ 프로필렌(C_3H_6) ④ 메탄(CH_4)

Guide ④ 메탄(CH_4)은 LNG(천연가스)의 주성분이며 LPG의 성분이 아니다.

정답 07 ① 08 ② 09 ② 10 ③ 11 ③ 12 ④

참고 LPG의 성분으로는 프로판(C_3H_8), 부탄(C_4H_{10}), 프로필렌(C_3H_6), 에틸렌(C_2H_6) 등이 있다.

13 일반적인 경우 중앙식 급탕기와 비교한 개별식 급탕법의 장점으로 가장 적합한 것은?

① 배관길이가 짧아 열손실이 적다.
② 값싼 중유, 벙커C유 등의 연료를 사용하여 급탕비가 적게 든다.
③ 대규모 설비이므로 열효율이 좋다.
④ 기계실에 설치되므로 관리가 쉽다.

Guide 개별식 급탕법의 특징
- 긴 배관이 필요 없다.
- 배관의 열손실이 적다.
- 급탕 개소가 적을 경우 시설비가 저렴하다.

14 배관설비 화학 세정 약품으로 스케일 용해력은 작지만 금속과 반응된 후 금속염으로서 방청제가 되기 때문에 샌드블라스트 등의 물리적 세정이나 페이스트 세정 후의 방청제로 적합한 세정제는?

① 인산　　② 유기산
③ 질산　　④ 구연산

Guide 샌드블라스트(Sandblast)란 모래를 분사기를 이용해 고압으로 강재의 표면에 분사하여 물리적인 세정을 하는 법을 말하며 이러한 물리적인 세정 후 방청제는 인산이 사용된다.

15 세면용 온수를 공급하기 위해 급탕 탱크 내에 있는 10℃ 온수 40L의 물 전량을 40℃로 올리고자 한다. 이때 필요로 하는 열량은 약 몇 kcal인가?

① 300　　② 1,200
③ 2,000　　④ 2,800

Guide $Q = G \times C \times (t_2 - t_1)$
40L × 1(물의 비열) × (40 − 10) = 1,200kcal

16 배관의 상하 이동을 허용하면서 관 지지력을 일정하게 한 것으로 추를 이용한 중추식과 스프링을 이용한 스프링식이 있는 행거는?

① 콘스탄트 행거　　② 리지드 행거
③ 스프링 행거　　④ 턴 버클

Guide 콘스탄트 행거는 배관의 열팽창에 의한 상하 이동을 허용하면서 관의 지지력을 일정하게 한 것으로 배관의 이동량이 25% 이상인 곳에 사용된다. 여기서 행거란 배관을 위에서 메다는 데 사용하는 것을 말한다(서포트 : 아래에서 받치는 데 사용).

17 중량물을 인력(人力)에 의해 취급할 때 일반적인 주의사항으로 틀린 것은?

① 들어 올릴 때는 가급적 허리를 내리고 등을 펴서 천천히 올린다.
② 안정하지 못한 곳에 내려놓지 말 것이며, 높은 곳에 무리하게 올려놓지 않는다.
③ 공동작업을 할 때는 체력이나 기능 수준이 상대방과 전혀 다른 사람을 선택하여 운반한다.
④ 운반하는 통로는 미리 정돈해 놓고, 힘겨운 물건은 기중기나 운반차를 이용한다.

Guide ③ 공동작업을 하는 경우 체력의 수준이 비슷한 다른 사람과 작업하도록 한다.

18 정화조 시설의 부패 정화조 유입구에 T자관을 설치하는 가장 중요한 이유로 맞는 것은?

① 오수면의 흔들림을 줄이고 오수에 공기가 섞이는 것을 방지하기 위하여
② 공기를 원활히 공급하여 부패를 촉진시키기 위하여
③ 호기성 박테리아의 촉진을 위하여
④ 오수의 유입을 원활히 하기 위하여

Guide 정화조 시설의 부패 정화조 유입구에는 오수면의 흔들림을 줄이고 오수에 공기가 섞이는 것을 방지하기 위해 T자관을 설치한다.

정답 13 ① 14 ① 15 ② 16 ① 17 ③ 18 ①

19 다음 중 방열기 설치방법으로 옳은 것은?

① 방열기를 벽에서 50~60mm 정도 간격으로 설치한다.
② 방열기를 벽체 내에 은폐 설치 시 전체 방열량 중 50~70%가 손실된다.
③ 방열기는 대류작용을 위하여 바닥에서 75mm 간격으로 설치한다.
④ 방열기는 외기를 접하지 않는 창문 반대쪽에 설치한다.

Guide 방열기는 온수나 증기 등을 이용하여 열을 전달하는 난방기의 한 종류이며 보통 오래된 건물의 라디에이터가 대표적인 방열기라 할 수 있다. 방열기의 설치 시 열손실이 가장 많은 외벽의 창 밑에 설치하며 벽에서 약 50~60mm 정도 간격을 두고 설치한다.

20 자원 에너지의 한계로 여러 가지 에너지 회수법이 도입되었다. 그중 배수열을 회수하기 위해 밀봉된 용기와 위크 구조체 및 증기 공간으로 구성되며, 길이 방향으로 증발부, 단열부 및 응축부로 구성된 장치는?

① 콤팩트(Compact) 열교환기
② 히트 파이프(Heat Pipe)
③ 셸 튜브(Shell and Tube) 열교환기
④ 팬 코일 유닛(Fan Coil Unit)

Guide 히트 파이프는 파이프 내부에 고온으로 흐르는 유체의 열을 중공의 파이프 외벽에 봉입된 응축성 액체를 이용하여 배수열을 회수하는 방법이다.

21 가스 용접과 절단 시 안전사항에 대한 설명으로 틀린 것은?

① 용기는 뉘어 두거나 굴리는 등 충동, 충격을 주지 않는다.
② 가스호스 연결부에 기름이 묻지 않도록 한다.
③ 가스용기는 화기에서 1m 정도 떨어지게 한다.
④ 직사광선이 없는 곳에 가스용기를 보관한다.

Guide ③ 가스 용기는 화기에서 5m 이상 떨어지게 한다.

22 플랜트 배관의 용접 부위에 대한 비파괴 검사 종류가 아닌 것은?

① X-ray 검사
② 육안 검사
③ 자기 탐상 검사
④ 연신율 검사

Guide 용접 부위에 대한 검사법 중 연신율 검사법은 인장시험기(재료가 끊어질 때까지 잡아당기는 시험기)를 이용해 재료의 연성을 검사하는 파괴 검사법의 한 종류이다.

23 관에 나사 내기 작업 시 주의사항으로 틀린 것은?

① 관은 커터로 절단하며, 버(Burr)는 손으로 제거한다.
② 나사부의 길이는 필요길이 이상 길게 하지 않는다.
③ 동력 나사절삭기 척은 사용 후 반드시 척을 열어둔다.
④ 나사 내는 공구로 정확히 나사산을 만들어 접합하고 접합 후 나사산이 1~1.5산 정도 남도록 한다.

Guide ① 버(Burr, 거스러미)는 파이프 리머를 사용하여 제거한다.

24 다음 중 대형 덕트에 사용하는 댐퍼의 명칭은?

① 1매 댐퍼
② 다익 댐퍼
③ 스프리트 댐퍼
④ 방화 댐퍼

정답 19 ① 20 ② 21 ③ 22 ④ 23 ① 24 ②

25 25A 강관의 배관길이를 80cm로 하려고 한다. 관의 양쪽에 90° 엘보 2개를 사용할 때 파이프 실제 길이는 얼마인가?(단, 엘보 단면까지 길이는 38mm, 나사가 물리는 최소 길이는 15mm이다.)

① 754mm ② 838mm
③ 785mm ④ 815mm

Guide 우선 배관길이의 단위는 mm로 환산한다. 배관 전체의 길이에서 양측에 결합되는 부속의 공간길이(부속단면의 길이 − 나사가 물리는 최소길이)를 빼주면 절단해야 하는 파이프의 실제 길이 값이 나온다.
즉, 800 − (23 + 23) = 754mm

26 절단 종류 중에서 보통 가스 절단의 종류가 아닌 것은?

① 상온 절단 ② 고온 절단
③ 탄소 아크 절단 ④ 수중 절단

27 연관의 접합방법 중 플라스턴 접합의 설명으로 맞는 것은?

① 주석(40%)과 납(60%)의 합금을 녹여 연관을 접합하는 방식이다.
② 'T'형 지관 및 직각 엘보 모양에는 사용이 안 된다.
③ 수도설비에는 수압이 약하므로 적용 불가능하다.
④ 직선 부위는 물론 Y−관 등에는 적절한 접합방법이 없어 적용하기가 곤란하다.

Guide **연관 접합법의 종류**
• 플라스턴 접합 : 플라스턴 합금(납 60% + 주석 40%)에 의한 접합법
• 살붙임납땜 접합

28 2개의 플랜지, 2개의 고무링 및 1개의 슬리브로 구성되어 있는 기볼트 이음의 접합방법에 사용되는 관은?

① 강관 ② 주철관
③ 석면시멘트관 ④ 폴리에틸렌관

Guide 석면시멘트관은 에터니트관이라고도 불리며 이음법의 종류로는 심플렉스 이음, 칼라 이음, 기볼트 이음의 세 가지 방법이 있다.

29 용접용어 중 융착부에 나타나는 비금속 물질을 뜻하는 것은?

① 가공 ② 언더컷
③ 은점 ④ 슬래그

30 관지름 20mm 이하의 동관을 이음할 때, 기계의 점검 보수 등 기타 관을 떼어내기 쉽게 하기 위한 동관의 이음방법은?

① 플레어 이음 ② 슬리브 이음
③ 플랜지 이음 ④ 사이징 이음

Guide 플레어(Flare, 나팔꽃) 이음이란 20mm 이하의 관을 이음하는 경우 사용하며 관의 끝을 나팔꽃 모양으로 확관시키고 압축 이음쇠를 이용하여 접합하는 방법으로 관을 쉽게 떼어내고자 하는 경우 사용된다.

31 주철관의 기계식 접합에 대한 설명으로 틀린 것은?

① 가스 배관용으로 우수하며 고무링과 칼라만을 이용하여 접합한다.
② 150mm 이하의 수도관용으로 소켓 접합과 플랜지 접합법의 장점을 취한 방법이다.
③ 지진, 기타 외압에 대한 굽힘성이 풍부하여 다소의 굴곡에도 누수되지 않는다.
④ 작업이 간단하며 수중 작업도 용이하다.

> **Guide** 주철관 이음의 종류로는 소켓 이음, 기계식 이음, 타이톤 이음, 빅토릭 이음, 노 허브 이음 등이 있으며 이중 기계식 접합법은 고무링을 압륜으로 죄어 볼트로 체결한 방법으로 150mm 이하의 수도관용으로 사용되고 있다.

32 내부용적 40L의 산소병에 90kgf/cm²의 압력이 게이지에 나타났다면 이때 산소병에 들어 있는 산소의 양은?

① 9,000L ② 3,600L
③ 4,000L ④ 5,200L

> **Guide** 산소병에 들어 있는 산소의 양(L) = 가스용기의 내부 용적(L) × 충전 압력(kgf/cm²) = 40 × 90 = 3,600

33 강관용 파이프 벤딩 머신에 관한 설명으로 틀린 것은?

① 램과 로터리식으로 구분되며 그중 현장용으로 많이 쓰이는 것은 로터리식이다.
② 로터리식은 관에 심봉을 넣고 구부리는 방식이다.
③ 로터리식 파이프 벤딩 머신으로 구부릴 수 있는 관의 구부림 반경은 관경의 2.5배 이상이어야 한다.
④ 램식은 수동식과 동력식으로 구분된다.

> **Guide** **강관용 파이프 벤딩 머신의 종류**
> - 램식 : 현장용으로 사용, 수동식과 동력식으로 구분
> - 로터리식 : 공장에서 사용, 관에 심봉을 넣고 구부리는 방식

34 동관용 공구로 직관에서 분기관 성형 시 사용하는 공구는?

① 사이징 툴
② 플레어링 툴 세트
③ 티 뽑기
④ 리머

> **Guide** 동관을 직관에서 분기하는 경우 티 뽑기라는 공구를 사용한다.

35 강관의 용접 접합에서 슬리브 이음 시 슬리브 길이는 접합하고자 하는 강관 지름의 몇 배 정도가 가장 적합한가?

① 0.5배   ② 0.5~1배
③ 1.2~1.7배 ④ 3.0배

36 용접용 열가소성 플라스틱으로 알맞은 것은?

① 폴리염화비닐 수지
② 페놀 수지
③ 멜라민 수지
④ 요소 수지

> **Guide** 열가소성 플라스틱은 열을 가하면 녹고 온도를 낮추면 다시 고체상태로 돌아가는 과정을 반복할 수 있는 성질을 가졌으며 그 종류로는 폴리에틸렌, 폴리염화비닐, 폴리프로필렌 등이 있다. 열을 가하면 타버리는 열경화성 플라스틱과는 대조적이다.

37 강관의 용접 이음방법에 대한 설명 중 틀린 것은?

① 맞대기 용접을 하기 위해서는 관 끝을 베벨가공한다.
② 슬리브 용접 이음은 누수될 염려가 가장 크다.
③ 플랜지 이음은 주로 65A 이상의 관에 주로 사용한다.
④ 플랜지 이음의 볼트 길이는 완전히 조인 후 1~2산 남도록 한다.

> **Guide** **슬리브 용접 이음**
> 삽입 용접 이음쇠(슬리브)를 사용하며 누수의 염려가 없어 압력 배관, 고압 배관 등의 용접에 사용된다.

정답 32 ② 33 ① 34 ③ 35 ③ 36 ① 37 ②

38 도관(陶管)에 대한 설명이 틀린 것은?
① 점토를 주원료로 만든다.
② 보통관은 농업용, 일반 배수용으로 사용한다.
③ 후관은 도시 하수관용, 철도 배수관용으로 사용한다.
④ 보통 직관의 호칭지름은 50~100A까지이고, 두꺼운 직관은 100~500A까지 있다.

39 일반적인 경우 도면을 접어서 보관할 때 접은 도면의 크기로 가장 적합한 것은?
① A0   ② A1
③ A2   ④ A4

Guide 큰 도면을 접을 때에는 A4의 크기로 접는 것을 원칙으로 한다.

40 도면에서 치수를 기입하기 위하여 도형으로부터 끌어내는 선은?
① 치수선   ② 치수보조선
③ 해칭선   ④ 기준선

Guide **치수보조선**
치수를 기입하기 위하여 도형으로부터 끌어내는 데 쓰인다.

41 다음 중 사용 압력에 따른 도시가스 공급방식이 아닌 것은?
① 저압 공급방식
② 중앙 공급방식
③ 고압 공급방식
④ 특고압 공급방식

Guide 가스의 공급방식으로는 저압, 중압, 고압의 공급방식이 있으며 이 중 고압 공급방식은 대용량, 원거리 수송에 안전하게 가스를 공급할 수 있는 방식이다.

42 급수 배관 시공법에 대한 설명으로 틀린 것은?
① 배관의 기울기는 모두 선단 앞 올림 기울기로 한다.
② 부식하기 쉬운 것에는 방식 피복을 한다.
③ 수평관의 굽힘 부분이나 분기 부분에는 반드시 받침쇠를 단다.
④ 급수관과 배수관이 평행 매설될 때는 양 배관의 수평 간격을 500mm 이상으로 한다.

Guide 급수 배관 시공 시 배관의 기울기는 끝내림 기울기로 한다.

43 그림과 같은 배관 도면에서 도시기호 S는 어떤 유체를 나타내는 것인가?

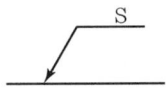

① 공기   ② 가스
③ 유류   ④ 증기

Guide 물(W, Water), 증기(S, Steam)

44 자동화시스템에서 크게 회전운동과 선형운동으로 구분되며, 사용하는 에너지에 따라 공압식, 유압식, 전기식 등으로 구분되는 자동화의 요소로 옳은 것은?
① 센서(Sensor)
② 엑추에이터(Actuator)
③ 네트워크(Network)
④ 소프트웨어(Software)

45 그림의 도면에서 X의 거리는?

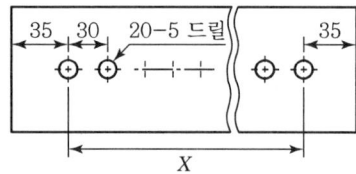

① 510mm ② 570mm
③ 600mm ④ 630mm

46 KS 재료기호 중에서 용접구조용 압연강재는?

① SS 490 ② SCr 430
③ SPS 5A ④ SM 400A

> **Guide** 배관에 사용되는 금속재료 기호
>
> | SPHC | 열간압연강판 | SPCD | 냉간압연강판 | SC | 탄소주강품 |
> |---|---|---|---|---|---|
> | SPPS | 압력배관용 탄소강관 | STPW | 수도도복장강관 | SPS | 일반구조용 탄소강관 |
> | SS | 일반구조용 압연강재 | SM | 용접구조용 압연강재 | STS | 합금공구강재 |
> | STM | 기계구조용 탄소강관 | SKH | 고속도공구강재 | SPHT | 고온배관용 강관 |
> | SBB | 보일러용 압연강재 | SPPH | 고압배관용 탄소강관 | SPLT | 저온배관용 강관 |

47 기계제도에서 물체의 보이지 않는 부분의 형상을 나타내는 선은?

① 외형선 ② 가상선
③ 절단선 ④ 숨은선

> **Guide** 숨은선
> 대상물의 보이지 않는 부분의 모양을 표시하는 데 쓰인다.

48 나사 표시기호 'M50×2'에서 '2'는 무엇을 나타내는가?

① 나사산의 수 ② 나사의 등급
③ 1줄 나사 ④ 나사 피치

> **Guide** 나사의 피치란 나사산과 인접한 나사산 간의 거리를 나타내는 것이다.

49 구리관에 대한 설명 중 틀린 것은?

① 담수에 대한 내식성은 크나 연수에는 부식된다.
② 아세톤, 휘발유 등 유기약품에는 침식되지 않는다.
③ 가성소다 등 알칼리성에 대한 내식성이 우수하다.
④ 강관보다 인장 강도가 대단히 크다.

> **Guide** 구리(동)관의 특징
> • 열교환기용으로 우수하게 사용된다.
> • 전연성이 풍부하고 가공이 용이하다.
> • 무게는 가벼우나 외부충격에 약하다.
> • 가격이 비싸고 알칼리성에 강하다.

50 베이킹 도료로 사용되며 내열성이 좋은 합성수지 도료는?

① 프탈산계
② 염화 비닐계
③ 산화철계
④ 실리콘 수지계

> **Guide** 베이킹 도료란 열을 이용해 건조하여 도막을 만드는 도료를 말하며 열경화성 아크릴 수지 도료, 에폭시 수지 도료, 페놀 수지 도료, 실리콘 수지 도료 등이 있다.

51 패킹재료 선택 시 고려사항으로 중요도가 가장 낮은 것은?

① 관 내 유체의 온도, 압력, 밀도 등 물리적 성질
② 관 내 유체의 부식성, 용해능력 등 화학적 성질
③ 교체의 난이도, 진동의 유무 등 기계적 조건
④ 사각형, 원형 등 형상적 조건

Guide 패킹재란 배관 등을 밀봉하는 면의 사이를 밀봉하는 장치로 석면, 고무, 연, 주석, 청동 등이 사용되고 있다. 그 형상을 고려하기보다는 관 내의 온도, 압력, 부식성 등의 물리적·화학적·기계적인 조건과 성질 등을 고려하여 패킹 재료를 선택하여야 한다.

52 염화 비닐관의 특성 설명으로 올바른 것은?

① 충격강도가 크다.
② 열팽창률이 작다.
③ 관 내 마찰 손실이 크다.
④ 저온 및 고온에서 강도가 약하다.

53 에이콘관이라고 알려져 있으며 가볍고 부식 및 충격에 대한 저항이 크며 작업성이 편리하여 위생배관 및 난방배관에 활용되는 합성수지관은?

① 폴리에틸렌관
② 경질염화비닐관
③ 가교화폴리에틸렌관
④ 폴리부틸렌관

Guide 폴리부틸렌관(PB관)은 에이콘관이라고 알려져 있으며 가볍고 부식 및 충격에 대한 저항이 크며 작업성이 편리하여 위생·난방배관에 활용되는 합성수지관의 한 종류이다.

54 무기질 단열재 아스베스토스(Asbestos)를 주원료로 하며 균열, 부서지는 일이 없어 선박 및 진동이 심한 곳에 사용되며 400℃ 이하의 파이프 탱크, 노벽의 보온재로 적합한 것은?

① 석면   ② 암면
③ 규조토   ④ 탄산마그네슘

Guide 무기질 보온재 중 하나인 석면에 대한 설명이다.

55 관 표시에 대한 설명으로 틀린 것은?

① 관의 두께는 스케줄 번호(sch)로 표시한다.
② 호칭지름 미터계는 A자를, 인치계는 B자를 붙여 부른다.
③ 동관, 알루미늄관 등의 굵기 표시는 내경 기준이다.
④ 관의 두께는 대체로 굵기와 종류에 따라 규격화되어 있다.

56 염기성 탄산마그네슘 85%와 석면 15%를 배합하여 접착제로 약간의 점토를 섞은 다음 형틀에 넣고 압축 성형하여 만든 것으로 250℃ 이하의 파이프, 탱크의 보랭용으로 사용하는 보온재는?

① 암면(岩綿)
② 규산칼슘 보온재
③ 산면(Loose Wool)
④ 탄산마그네슘 보온재

Guide 탄산마그네슘 보온재는 탄산마그네슘 85%와 석면 15%를 배합하여 보랭용 보온재로 사용된다.

정답 51 ④ 52 ④ 53 ④ 54 ① 55 ③ 56 ④

57 배관이 막히거나 고장이 발생하였을 때 쉽게 해체하였다가 재이음을 할 수 있는 배관 부속은?

① 티　　　　② 소켓
③ 엘보　　　④ 플랜지

> **Guide** 플랜지
> 기기의 접속, 보수 점검을 위해 관의 해체 및 교환을 필요로 하는 곳에 사용한다.

58 회전 이음, 지블 이음, 지웰 이음 등으로 불리며, 주로 증기 및 온수난방용 배관에 사용되고 2개 이상의 엘보를 사용하며 이음부의 나사 회전을 이용하는 신축 이음은?

① 루프형 신축 이음쇠
② 벨로스형 신축 이음쇠
③ 슬리브형 신축 이음쇠
④ 스위블형 신축 이음쇠

> **Guide** 신축 이음의 종류와 특성
> - 스위블형 : 2개 이상의 엘보를 사용하여 굴곡부를 만들어 신축을 흡수한다.
> - 벨로스형 : 팩리스 신축 이음쇠라고도 하며, 벨로스의 변형에 의한 변위를 흡수, 고압배관에 부적당하다.
> - 슬리브형 : 슬리브와 본체 사이에 패킹을 넣어 온수와 증기가 새는 것을 방지, 나사결합식과 플랜지 결합식이 있다.
> - 볼조인트형 : 입체적인 변위를 안전하게 흡수한다.
> - 루프형 : 관을 루프 모양으로 구부려서 배관의 신축을 흡수, 고온고압용 배관에 많이 사용한다.

59 밸브에 관한 일반적인 설명으로 틀린 것은?

① 글로브 밸프는 유량을 조절하는 기능에 알맞다.
② 리프트형 체크 밸브는 50mm 이상의 지름이 큰 관에 적합하다.
③ 슬루스 밸브는 완전 개폐 시 유체의 저항이 작다.
④ 체크 밸브는 유체를 한쪽 방향으로만 유동시키고 역류를 방지한다.

60 관의 허용응력이 10kgf/mm^2이고, 사용압력이 80kgf/cm^2일 때, 관의 스케줄 번호로 가장 적합한 것은?

① 40　　　② 60
③ 80　　　④ 125

> **Guide** 스케줄 번호(Schdule No)란 허용응력(S)에 대한 사용압력(P)의 비를 이용하여 배관의 두께를 나타내는 번호이며
> $$\text{스케줄 번호} = \frac{\text{사용압력}(\text{kgf/cm}^2)}{\text{허용응력}(\text{kgf/mm}^2)} \times 10 \text{이므로}$$
> $$= \frac{80}{10} \times 10 = 80 \text{이다.}$$

정답 57 ④　58 ④　59 ②　60 ③

2019년 1회차 시행

CBT(Computer Based Training)문제는 공개되지 않으므로 수험생들의 기억에 의해 복원된 문제임을 알려드립니다.

01 배관 내의 유체를 표시하는 기호 중 냉각수를 표시하는 것은?

① C
② CH
③ B
④ R

Guide A(Air, 공기), C(Chilled Water, 냉수), S(Steam, 증기)

02 가스 용접 작업 시 토치 취급법으로 잘못된 것은?

① 토치에 점화할 때는 가급적이면 성냥불로 점화한다.
② 팁에 모래나 먼지가 들어가지 않도록 토치는 작업대 위에 놓는다.
③ 팁이 과열되었을 때는 산소만을 약간 분출시키면서 물로 냉각시킨다.
④ 작업 개시 전에 반드시 가스분출 상태를 확인하고 사용한다.

Guide ① 가스 용접 작업 시 토치에 점화할 때는 반드시 가스 용접 전용 스파크 라이터를 사용하여 점화한다.

03 화학장치 배관재료 중 기계적 강도는 약하나 염수에 내식성이 강하고 가공성, 열 전도성, 전기 전도성이 좋은 관은?

① 합금강 강관
② 주철관
③ 연관
④ 동관

Guide 동(구리)관의 특징
- 열교환기용으로 우수하게 사용
- 전연성이 풍부하고 가공이 용이
- 무게는 가벼우나 외부충격에 약함
- 가격이 비싸고 알칼리에 강함

04 배수 통기배관의 기압시험(공기압시험)방법에 대한 설명 중 틀린 것은?

① 전 배관 개통을 동시에 실시하거나 부분적으로 실시하여도 된다.
② 공기 압력은 게이지 압력으로 $3kgf/cm^2$로 30분 이상 유지한다.
③ 비눗물을 사용하여 각 연결부마다 누설검사를 한다.
④ 압축 공기 주입구를 제외한 모든 개방부는 밀폐하고 각 계통의 공기를 압송하여 공기 누설을 검사한다.

Guide ② 통기관의 기압시험은 $0.34kgf/cm^2$로 15분 이상 그 압력이 유지되어야 한다.

05 평균 유속이 2m/s, 파이프 내경이 30mm일 때 한 시간당 유량은 약 몇 m^3/h인가?

① 0.08
② 5.09
③ 0.84
④ 306.36

Guide 관의 단면적(원의 면적)은 $\dfrac{\pi d^2}{4}$ 이므로

$$\dfrac{3.14 \times 0.03^2}{4} = 7.065 \times 10^{-4}$$

평균유속 = 2m/sec(초당유속)이나 문제에서 시간당 유량을 요구하기 때문에
시간당 유속 = 2m/sec × 60 × 60 = 7,200
따라서 $7.065 \times 10^{-4} \times 7,200 = 5.0868$

정답 01 ① 02 ① 03 ④ 04 ② 05 ②

06 배설물 정화조에서 예비 여과조의 설치 위치로 가장 적합한 것은?

① 제1부패조와 제2부패조의 중간
② 산화조와 소독조의 중간
③ 제2부패조와 산화조의 중간
④ 소독조와 배기관의 중간

Guide 배설물 정화조에서 예비 여과조는 제2부패조와 산화조의 중간에 설치한다.

07 보일러설비의 안전 밸브 취급 시 주의사항으로 틀린 것은?

① 과열기의 부착 안전 밸브는 본체보다 먼저 분출되게 설정한다.
② 최고 사용압력이 다른 보일러와 연결하여 사용할 때에는 압력이 낮은 보일러를 기준하여 조정한다.
③ 수압시험 시에는 플랜지부의 맹관을 제거해야 한다.
④ 안전 밸브가 2개 이상 부착 시 안전 밸브는 동시에 분출하도록 하여야 한다.

Guide ④ 보일러의 안전 밸브는 2개 이상 부착 시 1개는 최고 사용압력 이하에서 작동하며 나머지는 최고 사용압력의 1.03배 이하에서 작동하도록 조정해야 한다.

08 강관의 부식방지를 위한 시공법으로 틀린 것은?

① 나사 이음부와 용접 이음부는 내식 도료를 칠한다.
② 화장실, 화학공장 등의 바닥 매설배관에는 내산 도료를 칠한다.
③ 콘크리트 속에 매설하는 지중 매설관은 아스팔트를 감아서 매설한다.
④ 용접 부위, 나사 노출 부분 등은 습한 곳이 아니면 광명단 도료를 칠할 필요가 없다.

Guide ④ 강관의 용접 부위는 가열, 냉각의 과정으로 응력과 부식이 발생할 우려가 있기 때문에 광명단 도료 등의 방식작업을 반드시 실시하여야 한다.

09 순수한 물의 일반적인 성질에 관한 설명으로 틀린 것은?

① 물은 1기압하에서 4℃일 때 가장 무겁고 그 부피는 최소가 된다.
② $1cm^3$의 무게는 1g, 1t의 무게는 1,000kg이다.
③ 100℃의 물이 100℃ 증기로 변할 때는 체적이 1,700배로 팽창한다.
④ 물은 0℃에서 얼게 되며 약 9% 정도 체적이 수축한다.

Guide ④ 물이 얼게 되면 약 4.5% 정도 체적이 팽창한다. 겨울에 수도관이 파열되는 원인도 이 때문이다.

10 도시 가스는 제조 공장의 제조설비에서 공급설비를 통하여 소비자에게 공급된다. 일반적인 도시가스의 공급방식이 아닌 것은?

① 저압 공급방식
② 중압 공급방식
③ 고압 공급방식
④ 자연 순환 공급방식

Guide 가스의 공급방식으로는 저압, 중압, 고압의 공급방식이 있다.

11 화학적 세정방법에서 순환 세정법보다 스프레이 세정법이 더 적합한 것은?

① 열교환기   ② 가열로
③ 보일러   ④ 대용량의 탱크

Guide 대용량의 탱크는 세정해야 하는 면적이 크기 때문에 스프레이 세정법이 효율적이다.

정답 06 ③ 07 ④ 08 ④ 09 ④ 10 ④ 11 ④

12 가스배관 재료의 구비조건에 대한 내용으로 틀린 것은?

① 접합이 용이할 것
② 토양수, 지하수 등에 대한 흡수성을 지닐 것
③ 내압 및 외압 등에 견디는 강도를 가질 것
④ 관 내의 가스 유통이 원활할 것

Guide 가스배관에 토양수, 지하수 등이 흡수되어 관에 부식이 발생하게 되면 가스 누출로 인한 사고가 발생할 수 있다.

13 리스트레인트(Restraint) 지지장치의 종류로 배관의 일정한 방향의 이동과 회전만 구속하고 다른 방향은 자유롭게 이동하게 하는 것은?

① 앵커(Anchor)
② 가이드(Guide)
③ 스토퍼(Stopper)
④ 파이프 슈(Pipe Shoe)

Guide 배관의 지지방법 중 하나인 리스트레인트장치는 배관의 열팽창이나 진동에 의한 관의 이동과 회전을 방지하고, 열팽창이 생기는 부분에 설치하며 종류로는 앵커, 스토퍼, 가이드 등이 있다.

참고 리스트레인트의 종류
- 앵커 : 열팽창이나 진동에 의한 관의 이동과 회전을 방지하기 위해 완전히 고정시키는 장치
- 스토퍼 : 일정한 방향의 이동과 회전만 구속하고 다른 방향은 자유롭게 이동하도록 한 지지장치
- 가이드 : 관이 응력을 받을 때 휘어지는 것을 방지하고 팽창에 운동을 바르게 유동하는 장치

14 급수 배관에서 수격작용을 방지하기 위해 공기실을 설치하는 위치로 가장 적합한 곳은?

① 급속 개폐식 수전 앞쪽
② 펌프의 토출구 수평배관 끝 부분
③ 급수관의 긴 끝 부분
④ 팽창 탱크의 최고 상단

Guide 수격작용(워터 해머링, Water Hammering)
배관 내의 유체가 갑자기 멈추거나 방향을 바꿀 때 발생하는 순간적인 압력이 배관을 타격하는 현상이다. 급수 배관에서는 이를 방지하기 위해 급속 개폐식 수전의 앞쪽에 설치한다.

15 용기 내에 유체가 t초 동안 흘러들어가게 한 후 유체의 질량을 W(kg), 체적을 V(m³)라고 할 때 유량 Q(m³/s)를 구하는 식은?

① $t \times V$
② $\dfrac{V}{t}$
③ $t \times W$
④ $\dfrac{W}{t}$

16 소화설비에서 스프링클러 설비의 설명으로 틀린 것은?

① 습식설비는 헤드에 물이 채워져 있다.
② 건식설비는 동결의 위험이 많은 지방에서 사용된다.
③ 전구동설비는 건식설비와 같으나 프리 액션 밸브를 거쳐 급수본관에 연결된 방식이다.
④ 헤드에 강열 부분이 없는 폐쇄형 스프링클러는 프리 액션 설비라고도 한다.

Guide ④ 폐쇄형 스프링클러란 정상상태에서 방수구를 막고 있는 감열체가 일정온도에서 자동적으로 파괴 · 용해 또는 이탈됨으로써 방수구가 개방되는 스프링클러를 말한다.

17 유체를 증기 또는 장치 중의 폐열 유체로 가열하여 필요한 온도까지 상승시키기 위하여 사용하는 열교환기는?

① 증발기
② 재비기
③ 응축기
④ 가열기

Guide 가열기는 유체를 가열하여 필요한 온도까지 상승시키기 위해 사용되며 주로 폐열 유체가 사용된다.

정답 12 ② 13 ③ 14 ① 15 ② 16 ④ 17 ④

18 급탕 배관 시공법의 설명 중 잘못된 것은?

① 건물의 벽 관통 부분 배관에는 슬리브를 끼운다.
② 급탕 밸브나 플랜지 등의 패킹은 내열성재료를 선택하여 시공한다.
③ 팽창 탱크(Expansion Tank)의 높이는 최고층 급탕 콕보다 5m 이상 높은 곳에 설치한다.
④ 중력 순환식의 배관구배는 1/200로, 강제 순환식의 배관구배는 1/150로 하여 시공한다.

Guide 급탕 시공 시 배관의 구배는 중력 순환식의 경우 1/150, 강제순환식은 1/200로 한다.
참고 구배란 수평을 기준으로 한 경사의 정도를 의미한다.

19 섭씨 5℃의 물 1L를 화씨 185℉로 올리는 데 필요한 열량은 몇 kcal인가?

① 80 ② 81
③ 82 ④ 83

Guide ℃ = $\frac{5}{9}$(℉ − 32)이므로

$185℉ = \frac{5}{9}(185-32) = 85℃$

$Q = GC(t_1 - t_2)$

$Q = 1 \times 1 \times (85-5) = 80$

20 집진효율이 가장 우수하고 함진가스의 처리량이 많아 대용량 고성능 집진장치로 적합한 집진방법은?

① 세정식 집진법 ② 전기 집진법
③ 여과식 집진법 ④ 원심력식 집진법

Guide 대기 중에 포함된 먼지를 제거하는 집진장치의 종류로는 전기식, 중력식, 관성식, 원심력식, 여과식 등이 있으며 이 중 집진효율이 가장 우수하며 함진가스의 처리량이 많아 대용량 고성능 집진장치로 적합한 것은 전기식 집진법이다.

21 유체를 가열 증발시켜 발생한 증기를 사용하는 열교환기는?

① 가열기 ② 과열기
③ 증발기 ④ 예열기

Guide 증발기는 유체를 가열하여 잠열을 주고 이를 증발시켜 발생한 증기를 사용하는 열교환기이다.

22 가스 배관 시공 시 유의사항 중 틀린 것은?

① 가능한 한 굴곡부를 없앤다.
② 분기관이 필요한 장소에 드레인 밸브를 부착한다.
③ 분기관은 주관의 하단부에서 분기한다.
④ 배관의 지지는 장치의 운전, 보수에 지장을 주지 않는 장소를 선정하여 고정한다.

Guide ③ 분기관은 주관의 중심에서 T형, Y형 지관을 내어 이음한다.

23 압축공기 배관의 부속장치에서 분리기(Separator)에 관한 설명으로 틀린 것은?

① 중간 냉각기와 후부 냉각기 사이에 연결한다.
② 외부로부터 출입된 습기를 압축에 의해 분리한다.
③ 공기 압축기의 흡입공기로부터 먼지를 분리 제거한다.
④ 공기 속에 포함된 윤활유를 공기 또는 가스로부터 분리한다.

Guide 압축공기 배관에 사용되는 분리기는 외부에서 유입되는 습기를 압축하여 분리하고 공기 중에 포함된 윤활유를 공기 또는 가스로부터 분리하는 장치이다.

정답 18 ④ 19 ① 20 ② 21 ③ 22 ③ 23 ③

24 공기조화장치에서 일리미네이터(Eliminator)의 주된 역할은?

① 공기를 냉각시킨다.
② 가습작용을 한다.
③ 먼지를 제거한다.
④ 분무된 물이 공기와 함께 비산되는 것을 방지한다.

> Guide 일리미네이터는 분무된 물이 공기와 함께 비산되는 것을 방지하는 제습 작용을 한다.

25 수작업에서 줄 작업 후 줄을 청소하는 방법으로 가장 적합한 것은?

① 타격 공구를 만들어 충격을 가하여 제거한다.
② 와이어 브러시로 줄을 청소할 때에는 줄가루를 줄 눈금 방향으로 털어낸다.
③ 그라인더에 가볍게 접촉시켜 진동에 의하여 떨어지도록 한다.
④ 드라이버나 정을 눈금방향으로 댄 후 해머로 충격을 가하여 제거한다.

> Guide 줄이라는 공작물의 표면을 다듬질하기 위한 수공구이며 이를 청소하는 경우에는 와이어 브러시(철 브러시)를 이용해 줄가루를 눈금 방향으로 털어낸다.

26 인치당 재질별 톱날의 산수를 나타낸 것이다. 잘못된 것은?

① 14산 – 동합금 ② 18산 – 경강
③ 24산 – 탄소강 ④ 34산 – 박판

> Guide 톱날의 산수는 1인치당 산수로 표시하며 14, 18, 24, 32산 등이 있으며 무른 재료일수록 산수가 작은 것을 선택한다.

27 이종관 이음에 대한 설명 중 틀린 것은?

① 이종관 이음에는 다른 두 과의 신축량에 따른 재료의 성질을 충분히 이해하여야 한다.
② 이종관 이음은 관 내에서 전해작용에 의한 부식현상이 없다.
③ 이종관끼리의 작업 시에는 특수한 연결부속과 특수 시공법이 필요한 경우가 있다.
④ 이종관 이음에는 시공상 충분한 숙련을 필요로 한다.

> Guide ② 이종관 이음이란 서로 다른 재질의 파이프 이음을 하는 것이며 전해작용에 의한 부식현상이 생기므로 주의해야 한다.

28 가스 절단 또는 가스 용접에서 산소와 아세틸렌의 사용상 주의사항으로 틀린 것은?

① 산소 자체는 연소하는 성질이 없고 다른 물질의 연소를 돕는 지연성으로 화기가 있는 곳은 주의한다.
② 아세틸렌은 공기 또는 산소와 혼합하면 폭발성이 있는데 아세틸렌 85%, 산소 15% 부근이 가장 위험한다.
③ 산소, 아세틸렌 사용 시 호스는 통행이나 물건 이동에 방해되지 않게 정리정돈한다.
④ 산소, 아세틸렌 용기는 어느 정도 압력 및 충격에도 견딜 수 있으므로 가깝고 편한 장소에 놓고 사용한다.

> Guide ④ 가스 용기는 화기에서 5m 이상 떨어지게 해야 한다.

29 아크 용접 작업용 기구에 속하지 않는 것은?

① 홀더 ② 치핑해머
③ 가스 호스 ④ 와이어 브러시

정답 24 ④ 25 ② 26 ④ 27 ② 28 ④ 29 ③

30 배관공작용 공구에 관한 설명으로 잘못된 것은?

① 링크형 파이프 커터는 동관 전용절단 공구이다.
② 익스팬더는 동관 끝의 확장용 공구이다.
③ 클립은 주철관의 소켓 접합 시 용융 납을 주입할 때에 납의 비산을 방지하는 공구이다.
④ 리머는 강관, 동관, PVC 관 등의 내외면에 생긴 거스러미를 제거하는 공구이다.

Guide ① 링크형 파이프 커터는 주철관 절단 전용 공구이다.

31 호칭지름 20A의 강관을 110R로 90° 구부림을 할 경우 곡선부 길이는 약 몇 mm인가?

① 86　② 173
③ 260　④ 310

Guide 90° 구부림을 하는 경우 곡선부의 길이
$2 \times \pi \times r \times \dfrac{\theta}{360}$
(여기서, $\pi = 3.14$, r = 구부림 반경)
$= 2 \times 3.14 \times 110 \times \dfrac{90}{360}$
$= 172.7 ≒ 173$

32 다음 중 증기를 교축할 때 변화가 없는 것은?

① 온도　② 엔트로피
③ 건도　④ 엔탈피

33 석면시멘트관의 이음방법 중 고무 개스킷 이음이라고도 하며 사용압력이 10.5kg/cm² 이상으로 굽힘성과 내식성이 우수한 이음법은?

① 칼라 이음
② 심플렉스 이음
③ 기볼트 이음
④ 모르타르 이음

Guide 심플렉스 이음은 석면시멘트(에터니트)관의 접합법 중 하나이다.

참고 석면시멘트관 이음의 접합법
심플렉스 이음, 기볼트 이음, 칼라 이음

34 경질염화비닐관의 일반적인 용접방법이 아닌 것은?

① 고주파 용접　② 마찰 용접
③ 열풍 용접　④ TIG 용접

Guide TIG 용접은 흔히 아르곤 용접이라고도 불리며 불활성가스(Argon, 아르곤)를 이용한 불활성가스 아크 용접법이다. 스테인리스관뿐 아니라 일반 철의 용접에도 널리 사용된다.

35 게이지 압력이 1.4기압(kgf/cm²)일 때 정수두는 몇 m인가?

① 0.14　② 1.4
③ 14　④ 140

Guide 정수두란 물이 정지 상태에 있을 때 상하수면의 높이차를 말한다.
정수두(m) = 10 × 게이지 압력(kgf/cm²)
$= 10 \times 1.4 = 14$m

36 리드형 나사 절삭기는 몇 개의 날이 1조로 되어 있는가?

① 1개　② 2개
③ 3개　④ 4개

Guide 수동 나사 절삭기의 종류
- 오스터형 : 4개의 날이 1조로 구성
- 리드형 : 2개의 날이 1조로 구성

37 구리관의 열간 구부림 시 적당한 가열 온도는?

① 400~500℃　② 600~700℃
③ 800~900℃　④ 900~1,000℃

38 청동 주물제 이음쇠 본체에 스테인리스 강관을 삽입하고 동합금제 링을 캡 너트로 죄어 고정시키는 이음쇠는?

① 플랜지 이음쇠
② 그립식 관 이음쇠
③ MR 조인트 이음쇠
④ 플레어 관 이음쇠

Guide MR 조인트 이음쇠는 나사가공이나 압착(프레스)가공, 용접가공을 하지 않고, 청동 주물제 이음쇠 본체에 관을 삽입하고 동합금제 링(Ring)을 캡너트(Cap Nut)로 죄어 고정시켜 접속하는 방법이다.

39 다음 재료 기호 중 용접구조용 압연 강재에 속하는 것은?

① SPPS 380
② SPCC
③ SCW 450
④ SM 400C

Guide SM : Steel Marine

40 가스 용접에서 모재의 두께가 6mm일 때 사용되는 용접봉의 직경은 얼마인가?

① 1mm
② 4mm
③ 7mm
④ 9mm

Guide 가스 용접 시 용접봉의 지름을 구하는 공식

$$용접봉의 지름 = \frac{모재의 두께(T)}{2} + 1$$
$$= \frac{6}{2} + 1 = 4$$

41 특정 부분의 도형이 작은 까닭으로 그 부분의 상세한 도시나 치수 기입을 할 수 없을 때 그 부분을 확대하여 다른 장소에 그리는 투상도의 명칭은?

① 부분투상도
② 보조투상도
③ 부분확대도
④ 국부투상도

Guide 보조투상도는 정투상의 방법으로 알아보기 힘든 경우 정투상을 보조하여 그리는 투상도이다.

42 KS에서 기계제도의 일반사항에 대한 설명으로 틀린 것은?

① 치수는 참고치수, 이론적으로 정확한 치수를 기입할 수도 있다.
② 도형의 크기와 대상물의 크기와의 사이에는 올바른 비례 관계를 보유하도록 그린다. 다만 잘못 볼 염려가 없다고 생각되는 도면은 도면의 일부 또는 전부에 대하여 이 비례 관계는 지키지 않아도 좋다.
③ 기능상의 요구, 호환성, 제작 기술 수준 등을 기본으로 불가결의 경우만 기하공차를 지시한다.
④ 길이치수는 특별히 지시가 없는 한 그 대상물의 측정을 3점 측정에 따라 행한 것으로 하여 지시한다.

43 원호의 길이 치수 기입에서 원호를 명확히 하기 위해서 치수에 사용되는 치수 보조 기호는?

① (20)
② C20
③ 20
④ ⌒20

Guide
- (20) : 참고치수
- C20 : 모따기 기호

44 수나사인 미터나사의 M52×2에서 바깥지름은 몇 mm인가?

① 2
② 50
③ 104
④ 52

정답 38 ③ 39 ④ 40 ② 41 ③ 42 ④ 43 ④ 44 ④

45 기계제도에서 가상선의 용도에 해당하지 않는 것은?

① 인접 부분을 참고로 표시하는 데 사용
② 도시된 단면의 앞쪽에 있는 부분을 표시하는 데 사용
③ 가동하는 부분을 이동한계의 위치로 표시하는 데 사용
④ 부분 단면도를 그릴 경우 절단위치를 표시하는 데 사용

Guide 가상선은 가는 2점 쇄선으로 나타내며 인접 부분을 참고로 표시하는 경우 사용된다.

46 그림에서 나타난 용접기호의 의미는?

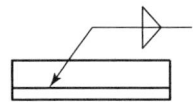

① 플래어 K형 용접
② 양쪽 필릿 용접
③ 플러그 용접
④ 프로젝션 용접

47 다음 중 토목, 건축, 철탑, 발판, 지주, 말뚝 등에 많이 쓰이는 강관의 종류는?

① 고압배관용 탄소강관
② 고온배관용 탄소강관
③ 일반구조용 탄소강관
④ 경질염화비닐 라이닝 강관

Guide 일반구조용 탄소강관은 토목, 건축, 철탑, 발판, 지주, 말뚝 등에 많이 쓰이며 KS 기호로 SPS로 나타낸다.

48 다음 중 폴리에틸렌관(PE) 이음의 종류가 아닌 것은?

① 인서트 이음
② 테이퍼 조인트 이음
③ 융착 슬리브 이음
④ 몰코 이음

Guide ④ 몰코 이음은 스테인리스관의 이음법 중 하나이다.

49 수도용 경질염화비닐 이음관의 설명으로 잘못된 것은?

① 수도용 경질염화비닐 이음관에는 경질염화비닐 이음관과 내충격성 경질염화비닐 이음관이 있다.
② 경질염화비닐 이음관은 염화비닐 중합체에 안정제, 안료 등을 첨가한 것이다.
③ A형 이음관은 압축성형기로, B형 이음관은 사출성형기로 성형된 원관을 가공하여 제조한 것이다.
④ 내충격성 경질염화비닐 이음관은 염화비닐 중합체에 안정제, 안료, 개질제 등을 첨가한 것이다.

Guide 경질염화비닐관(PVC) A형 이음관은 사출성형기로, B형 이음관은 압출성형기로 성형된 원판을 가공하여 제조한 것이다.

50 전면 시트의 플랜지 호칭 압력은?

① 5kgf/cm^2 이하
② 10kgf/cm^2 이하
③ 16kgf/cm^2 이하
④ 20kgf/cm^2 이하

51 방청도료에서 방청안료의 종류 및 특성의 관계가 올바른 것은?

① 이산화연 – 내산성 및 내열성 우수
② 아연 분말 – 내산성 및 내알칼리성 우수
③ 알루미늄 분말 – 내알칼리성 및 내열성 우수
④ 연단 – 내알칼리성 및 내열성 우수

정답 45 ④ 46 ② 47 ③ 48 ④ 49 ③ 50 ③ 51 ④

Guide 방청용 도료의 종류와 특징
- 산화철 도료 : 산화철과 아마인유 등을 혼합 사용하며 저렴하나 방청(녹방지)효과가 불량
- 광명단 도료 : 연단과 아미인유 등을 혼합한 것으로 방청효과가 우수해 일반적으로 많이 사용됨
- 알루미늄 도료 : 은분이라고도 하며 특유의 광택이 있고 내열성을 가짐
- 합성수지 도료 : 보일러, 압축기 등의 도장용으로 사용

52 원심력 모르타르 라이닝 주철관은 내면에 모르타르를 라이닝한 것이다. 모르타르를 라이닝하는 가장 주된 이유는?
① 부식 방지   ② 내마모성 증대
③ 가요성 감소   ④ 가공성 증대

Guide 원심력 모르타르 라이닝 주철관은 내부식이 가장 우수하다.

53 피복 및 단열재로서 갖추어야 할 성질이 아닌 것은?
① 다공질일 것
② 내구력이 뛰어날 것
③ 열전도율이 양호할 것
④ 흡수성이나 흡습성이 작을 것

Guide 보온재(단열재)란 배관, 덕트 등에 있어서 고온의 유체에서 저온의 유체로 열이 이동되는 것을 차단하여 열손실을 줄이는 것을 말한다. 따라서 열전도율이 낮아야 한다.

54 경질염화비닐관에 관한 설명 중 틀린 것은?
① 산, 알칼리에 강하다.
② 가소성이 크고 가공이 용이하다.
③ 전기의 절연성이 크다.
④ 열의 양도체로서 철의 7~8배이다.

55 오토매틱 워터 밸브에 대한 설명으로 틀린 것은?
① 주 밸브와 보조 밸브로 구성되어 있다.
② 유체가 흐르지 않은 상태에서는 주 밸브의 자체중량과 스프링의 힘으로 닫혀져 있다.
③ 적응 유체의 자체 압력을 이용한 것으로 수위 조절 밸브, 감압 밸브, 1차 압력 조절 밸브에 사용된다.
④ 중추식 안전 밸브와 지렛대식 안전 밸브가 대표적인 오토매틱 워터 밸브이다.

Guide 오토매틱 워터 밸브(정수위 조절 밸브)는 주 밸브와 보조 밸브로 구성되어 있으며 일정 수위를 유지하는 역할을 하는 밸브이다.

56 패킹 재료를 설명한 것 중 올바른 것은?
① 고무패킹은 탄성이 좋고 흡수성이 없으나 열과 기름에 약한 것이 결점이다.
② 테프론은 천연고무와 성질이 비슷한 합성고무로 천연고무보다 더 우수한 성질을 가지고 있다.
③ 네오프렌은 합성수지 제품으로 탄성이 강하나 기름에 침해된다.
④ 석면패킹은 광물성의 섬유로 강인한 편이나 열에는 약하며 증기배관에는 부적당하다.

Guide 고무패킹의 특징
- 탄성이 우수하고 흡수성이 없다.
- 산, 알칼리에 강하나 열과 기름에는 침식된다.
- 천연고무는 100℃ 이상의 고온배관에는 사용할 수 없고 주로 급수, 배수, 공기 등에 사용할 수 있다.
- 네오프렌의 합성고무는 내열범위가 -46~121℃로 증기배관에도 사용된다.

정답 52 ① 53 ③ 54 ④ 55 ④ 56 ①

57 콘크리트관의 외주에 PS강선을 긴장해서 감아 붙인 후에 원주방향으로 압축응력을 부여하여 내·외압에 의해서 일어나는 인장응력을 상쇄시키는 프리스트레스트 콘크리트관의 일반적인 명칭이 아닌 것은?

① PS 이터닛관　　② PS 관
③ PS 콘크리트관　④ PS 흄관

Guide ① 이터닛관은 석면시멘트관으로 석면과 시멘트를 혼합하여 제조한 관이다.

58 스테인리스강관의 특성에 관한 설명으로 틀린 것은?

① 내식성이 우수하여 계속 사용 시 내경의 축소, 저항증대 현상이 없다.
② 위생적이지 않아서 적수, 백수, 청수의 염려가 있다.
③ 강관에 비해 기계적 성질이 우수하고 두께가 얇다.
④ 저온 충격성이 크고 한랭지 배관이 가능하다.

Guide ② 스테인리스 강관은 위생적이어서 적수, 백수, 청수의 염려가 없다.

59 열을 잘 반사하여 난방용 방열기 등의 외면 도장에 적합한 도료는?

① 알루미늄 도료　② 산화철 도료
③ 광명단 도료　　④ 아스팔트 타르

Guide **알루미늄 도료**
은분이라고도 하며 특유의 광택이 있고 내열성이 있다.

60 보온 피복재 중 유기질 피복재가 아닌 것은?

① 코르크　　② 암면
③ 기포성 수지　④ 펠트

Guide
• 유기질 피복재 : 펠트, 코르크, 기포성 수지(폼류) 등
• 무기질 보온재 : 경질 폴리우레탄 폼, 유리섬유, 탄산 마그네슘, 규조토, 석면, 암면 등

정답　57 ①　58 ②　59 ①　60 ②

2020년 4회차 시행

CBT(Computer Based Training)문제는 공개되지 않으므로 수험생들의 기억에 의해 복원된 문제임을 알려드립니다.

01 배수 통기배관의 시공상 주의사항을 바르게 설명한 것은?

① 배수 트랩은 반드시 2중으로 한다.
② 냉장고의 배수는 반드시 간접배수로 한다.
③ 배수 입관의 최하단에는 트랩을 설치한다.
④ 통기관은 기구의 오버플로어선 이하에서 통기 입관에 연결한다.

Guide 배수통기배관의 시공상 주의사항
- 배수 트랩은 2중으로 만들지 않아야 한다.
- 냉장고 배수관은 반드시 간접 배관을 해야 한다.
- 배수 입관의 최상단에는 트랩을 설치하여 악취가 새어나와서는 안 된다.
- 통기관은 기구의 오버플로어선보다 150mm 이상으로 입상시킨 후 수직관에 연결한다.

02 제조공정에서 정제된 가스를 저장하여 가스의 품질을 균일하게 유지하면서 제조량과 수요량을 조절하는 것은?

① 정압기   ② 가스 홀더
③ 분리기   ④ 송급기

Guide 가스 홀더란 가스제조공정에서 정제된 가스를 저장하여 제조량과 수요량을 조절하는 저장시설이다.

참고 종류
유수식, 무수식, 구형 가스 홀더 등

03 진공 환수식 증기 난방법에서 저압 증기 환수관이 진공펌프의 흡입구보다 낮은 위치에 있을 때 응축수를 끌어올리기 위해 관로에 설치하는 것을 무엇이라고 하는가?

① 리프트 피팅   ② 냉각관
③ 아담슨 조인트   ④ 베큐엄 브레이커

Guide 리프트 피팅은 진공 환수식에서 보일러보다 방열기가 아래쪽에 설치되는 경우 설치하는 이음방법이다.

04 공기조화설비에서 덕트 그릴에 댐퍼를 부착하여 풍량을 조절할 수 있으며, 벽면이나 천정에 부착하여 급기구로 사용하는 것은?

① 루버(Louver)
② 디퓨저(Diffuser)
③ 레지스터(Register)
④ 애니모스탯(Anemostat)

Guide 레지스터는 그릴 안쪽에 댐퍼를 부착하여 풍량을 조절할 수 있도록 한 것이다.

05 배관설비의 부식을 방지하기 위해 도장시공의 전처리(前處理) 작업에 대한 설명으로 틀린 것은?

① 표면에 유지류가 부착되었을 때는 물로 세척한다.
② 전처리는 도장할 표면의 녹 제거 및 탈지를 하는 것이다.
③ 방청시공은 탱크의 내면에 대해서 하는 경우가 많다.
④ 도장시공의 온도는 20℃ 내외, 습도는 76% 정도가 좋다.

06 안전·보건표지의 형태 및 색채에서 바탕은 흰색, 기본 모형은 빨간색, 관련 부호 및 그림은 검은색으로 된 표지로 맞는 것은?

① 안내표지   ② 경고표지
③ 금지표지   ④ 지시표지

정답 01 ② 02 ② 03 ① 04 ③ 05 ① 06 ③

07 화학 세정 작업에서 성상이 분말이므로 취급이 용이하고 비교적 저온에서도 물의 경도 성분을 제거할 수 있는 능력이 있으므로 수도 설비 세정에 적합한 것은?

① 염산
② 설파민산
③ 알코올
④ 트리클로 에틸렌

Guide 설파민산은 칼슘, 마그네슘 등을 용해하는 능력이 뛰어난 화학 세정용 산성 약제이다.

08 LNG 기화장치의 기화방식이 아닌 것은?

① 해수가열방식
② 연소방식
③ 중간매체방식
④ 열 이용방식

09 응축성 기체를 사용하여 잠열을 제거해 액화시키는 열교환기를 무엇이라고 하는가?

① 증발기
② 냉각기
③ 응축기
④ 가열기

Guide 응축기
고온고압의 냉매를 응축하여 액화하는 장치이다.

10 중앙식 급탕법에 비교한 개별식 급탕법의 특징이 아닌 것은?

① 배관의 길이가 짧아 열손실이 적다.
② 필요한 즉시 높은 온도의 물을 쓸 수 있다.
③ 사용이 쉽고 시설이 편리하다.
④ 연료비가 적게 든다.

Guide 중앙식 급탕법은 장거리 수송용 배관이 사용되어 배관 중 열손실이 큰 편이다.

11 동일한 재질과 호칭경인 동관 표준규격의 종류 중 가장 관 두께가 크기 때문에 가장 큰 상용압력에 사용될 수 있는 형은?

① K
② L
③ M
④ N

Guide 동관의 두께 순서
K > L > M > N

12 대용량, 원거리 수송에 안전하게 공급할 수 있는 가스공급방식으로 고압으로 압송된 가스를 고압정압기에 의해 중압으로 감압하여 공장 등에 공급하고 또 지구정압기에서 저압으로 감압하여 수요자에게 공급하는 가스공급방식은?

① 저압공급
② 고압공급
③ 중압공급
④ 중간압공급

13 4단계 부패정화조에서 반드시 약액조를 설치해야 하는 곳은?

① 부패조
② 예비 여과조
③ 산화조
④ 소독조

14 용적식(체적식) 유량계의 종류가 아닌 것은 어느 것인가?

① 로터리형
② 오발기어형
③ 피토관형
④ 건식 가스미터형

Guide 용적식 유량계의 종류
로터리형, 오발기어형, 건식 가스미터형 등

정답 07 ② 08 ④ 09 ③ 10 ④ 11 ① 12 ② 13 ④ 14 ③

15 부피가 크고 긴 파이프를 높이 달아맬 때 안전상 가장 적합한 방법은?

① 밑에서 줄을 길게 매어 손으로 조정한다.
② 파이프의 수직 아래방향에서 수평도를 목측하여 말해준다.
③ 어떤 로프(Rope)로든지 물체의 중심 한가운데만 잡아 매어 들어 올린다.
④ 로프(Rope)를 양쪽 2개소에서 균형을 유지하여 걸고 수평을 유지해야 한다.

16 다음 중 배관의 구배 조정에 가장 적합한 것은?

① 바닥 밴드   ② 턴 버클
③ 새들 밴드   ④ 롤러 밴드

> **Guide** 턴 버클은 양 끝에 오른나사와 왼나사가 있어 로프를 당기는 데 사용되며 행거로 고정한 지지점에서 배관의 구배를 쉽게 조정할 수 있다.

17 각 층이 동일 평면으로 된 공동주택 등에 많이 사용되며, 최상부의 배수 수평관이 배수 수직관에 접속된 위치보다도 더욱 위로 배수 수직관을 끌어올려 대기 중에 개구한 통기관은?

① 신정 통기관   ② 연합 통기관
③ 회로 통기관   ④ 환상 통기관

> **Guide** 배수 수직관의 상부는 관련을 축소하지 않고 연장하여 대기 중으로 개구해야 하는데, 이 연장된 관을 신정 통기관이라고 부른다.

18 파이프 내에 흐르는 유체의 문자 기호에서 O가 뜻하는 것은?

① 물   ② 증기
③ 기름   ④ 공기

> **Guide** 배관 내 유체의 색깔 및 문자 기호
> • 물(청색) : W
> • 증기(진한 적색) : S
> • 공기(백색) : A
> • 가스(황색) : G
> • 기름(진한 황적색) : O

19 압력과 수두(水頭)에 관한 설명 중 옳은 것은?

① 급수압 $1kgf/cm^2$는 수두압으로 환산하면 8m이다.
② 표준기압 1atm은 735.56mmHg이다.
③ 공학기압 1atm은 760mmHg이다.
④ 수증기와 냉매 등의 압력의 공학단위는 kgf/cm^2로 나타낸다.

> **Guide** $1kgf/cm^2$ = 10m
> 표준기압 1atm = 760mmHg
> 공학기압 1atm = 735.56mmHg

20 물체의 온도 변화는 없이 상태변화를 일으키는 데 이용된 열량을 무엇이라 하는가?

① 잠열   ② 감열
③ 비열   ④ 반응열

21 급수설비에서 급수방식을 분류하였을 때 해당되지 않는 것은?

① 상·하향 혼합식   ② 수도 직결식
③ 부스터식   ④ 압력 탱크식

> **Guide** **급수방식의 종류**
> 수도직결방식, 고가수조방식, 압력 탱크방식, 부스터 펌프방식

22 옥내소화전의 동시 개구수가 5개 설치되어 있을 때 필요한 수원의 수량은 얼마인가?

① $1.3m^3$ ② $13m^3$
③ $130m^3$ ④ $1,300m^3$

> **Guide** 본 문항은 2021년 4월부로 옥내소화전 기준 최대 설치 개수가 5개에서 2개로 개정되어 현재 주어진 보기 내 정답이 없음

정답 15 ④ 16 ② 17 ① 18 ③ 19 ④ 20 ① 21 ① 22 정답 없음

[개정된 내용]
옥내소화전설비의 수원은 그 저수량이 옥내소화전의 설치개수가 가장 많은 층의 설치개수(2개 이상 설치된 경우에는 2개)에 2.6m³(호스릴 옥내소화전설비를 포함한다)를 곱한 양 이상 되도록 하여야 한다.
2.6×2 = 5.2m³

23 이중 덕트 공기조화설비방식의 장점으로 맞는 것은?

① 설비비가 비교적 적게 든다.
② 덕트가 2중이므로 차지하는 면적이 넓다.
③ 혼합 박스에서 온습도 조절을 자유롭게 할 수 있다.
④ 운전비가 비교적 적게 든다.

Guide 이중 덕트 공기조화설비방식
한 대의 공조기에 의해 냉풍과 온풍을 각각의 덕트로 보낸 후 말단의 혼합상자에서 혼합하여 각 실에 송풍하는 방식으로 고층건축물, 병원, 식당 등 냉·난방부하 분포가 복잡한 건물에 사용한다.

장점
• 온도 조절이 자유롭다.
• 운전 보수가 용이하다.
• 각 실별로 개별제어가 양호하다.

단점
• 덕트면적을 많이 차지한다.
• 설비비가 고가이다.
• 에너지 소비가 많다.

24 기계적 세정방법 중 강구(Steel Ball)를 분사하여 스케일을 제거하는 방법으로 맞는 것은?

① 물분사 세정법
② 샌드(Sand) 블라스트 세정법
③ 피그(Pig) 세정법
④ 숏(Shot) 블라스트 세정법

Guide 숏 블라스트(Shot Blast)
금속/비금속의 미세한 입자를 고속으로 회전시켜 금속제품에 투사시킨 후 그 원심력에 의해 스케일, 녹 등을 제거하여 표면을 가공하는 가공법이다.

25 길이가 긴 연관을 안전하게 지지하는 방법으로 가장 적합한 것은?

① 홈통형 철판을 사용하여 금속지지물로 고정한다.
② 양 끝에서 잡아당기도록 한다.
③ 롤러 밴드를 한다.
④ 경첩 밴드를 한다.

26 다음 중 경질 염화비닐관 냉간용 이음쇠의 형식에 속하지 않는 것은?

① TS식   ② HI식
③ H식   ④ 편수 칼라식

Guide 염화 비닐관의 냉간 이음방식
• TS 이음법
• 고무링 이음법
• H식 이음법

27 배관 시공 시 관과 구조물의 수평을 맞출 때 사용하는 것은?

① 블록 게이지
② 수준기(Level)
③ 다이얼 게이지
④ 버니어 캘리퍼스

28 다음 증기 트랩의 종류 중 응축수의 부력을 이용, 밸브를 개폐하여 간헐적으로 응축수를 배출하며, 하향식과 상향식으로 구분되는 트랩은?

① 버킷 트랩
② 디스크형 트랩
③ 온도 조절 트랩
④ 바이패스형 트랩

정답 23 ③ 24 ④ 25 ① 26 ② 27 ② 28 ①

29 주철관의 소켓 이음방법 중 잘못 설명된 것은?

① 얀(Yarn)은 납과 물이 직접 접촉하는 것을 방지하고 납은 접합부에 굽힘성을 부여한다.
② 얀 채움의 길이는 수도관의 경우 삽입길이의 $\frac{2}{3}$ 정도, 배수관의 경우 $\frac{1}{3}$ 정도가 알맞다.
③ 코킹 시 정의 날이 얇은 것부터 두꺼운 순으로 차례로 사용한다.
④ 납은 충분히 가열한 후 산화납을 제거하고 접합부에 필요한 양을 단번에 부어준다.

Guide 얀 삽입길이
- 수도관 : 삽입길이의 1/3
- 배수관 : 삽입길이의 2/3

30 이종관 이음에 대한 설명 중 틀린 것은?

① 이종관의 이음에는 다른 두 관의 신축량에 따른 재료의 성질을 충분히 이해하여야 한다.
② 이종관 이음은 관 내에서 전해작용에 의한 부식현상이 없다.
③ 이종관끼리의 작업 시에는 특수한 연결 부속과 특수 시공법이 필요한 경우가 있다.
④ 이종관 이음에는 시공상 충분한 숙련을 필요로 한다.

Guide ② 이종관의 이음은 관 내에서 상호 금속 간 전해작용에 의해 부식작용이 발생될 수 있으므로 주의해야 한다.

31 다음 중 합성수지류 패킹 재료인 것은?

① 매커니컬 실   ② 모넬메탈
③ 하스텔로이   ④ 테프론

32 배관 공작의 절단용 공구로서 맞는 것은?

① 파이프 리머   ② 파이프 커터
③ 파이프 렌치   ④ 수동 나사절삭기

33 몰코(Molco) 이음의 특징으로 맞는 것은?

① 작업시간이 단축된다.
② 전용 공구를 사용하므로 숙련이 필요하다.
③ 화기를 사용하므로 화재의 위험이 있다.
④ 관이 두꺼워서 중량배관이 된다.

Guide 몰코 이음은 화기를 사용하지 않고 파이프를 프레스식 이음쇠에 끼워 전용 압착기로 압착해 주는 방식의 접합법이다.

34 연강용 피복 아크 용접봉의 종류 중 피복제 계통이 일루미나이트계인 것은?

① E4301   ② E4311
③ E4316   ④ E4326

Guide
- E4311(고셀룰로오스계)
- E4316(저수소계)
- E4326(철분저수소계)

35 가스 절단 조건에 관한 설명 중 틀린 것은?

① 모재의 용융온도가 모재의 연소온도보다 낮아야 한다.
② 모재의 성분 중 연소를 방해하는 원소가 적어야 한다.
③ 금속 산화물의 용융온도가 모재의 용융온도보다 낮아야 한다.
④ 금속 산화물의 유동성이 좋아야 하며 모재로부터 쉽게 이탈될 수 있어야 한다.

Guide 가스 절단 시 모재의 용융온도가 모재의 연소온도보다 높아야 한다.

36 석면시멘트관의 이음에서 칼라 속에 2개의 고무링을 넣고 이음하는 방식으로 고무 개스킷 이음이라고도 하는 이음법은?

① 콤포 이음   ② 심플렉스 이음
③ 칼라 이음   ④ 기볼트 이음

정답 29 ② 30 ② 31 ④ 32 ② 33 ① 34 ① 35 ① 36 ②

37 원심력 콘크리트관에 대한 설명 중 틀린 것은?

① 용도에 따라 보통압관과 압력관이 있다.
② 일반적으로 에터니트관이라고 한다.
③ 관 끝 형상에 따라 A형, B형, C형의 3종류로 구분한다.
④ 원형으로 조립된 철근을 형틀에 넣고 회전하며 콘크리트를 주입한 것으로 송수관용과 배수관용이 있다.

Guide ② 원심력 철근콘크리트관은 일반적으로 흄관이라고 한다.

38 맞대기 용접식 강관용 롱 엘보(Long Elbow)의 곡률반지름은 관 지름의 몇 배가 되는가?

① 1.0배   ② 1.5배
③ 2.0배   ④ 3.0배

Guide
- 롱 엘보의 곡률반지름 = 1.5×관의 지름(외경)
- 숏 엘보의 곡률반지름 = 관의 지름(외경)

39 다음 중 고압 배관용 탄소 강관의 재질기호는?

① SPPS   ② SPPH
③ SPP   ④ SPHT

Guide SPPS(압력배관용 탄소강관), SPP(일반배관용 탄소강관), SPHT(고온배관용 탄소강관)

40 도면의 일부를 도시하는 것으로도 충분한 경우에 필요한 부분만을 투상하여 도시한 것은?

① 부분 확대도   ② 회전 투상도
③ 부분 투상도   ④ 주 투상도

41 "A : B"로 척도를 표시할 때 "A : B"의 설명으로 옳은 것은?

　　　A　　:　　B
① 도면에서의 길이 : 대상물의 실제 길이
② 도면에서의 치수값 : 대상물의 실제 길이
③ 대상물의 실제 길이 : 도면에서의 길이
④ 대상물의 크기 : 도면의 길이

42 치수 기입방법이 틀린 것은?

① 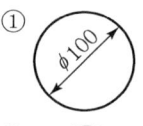   ②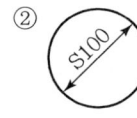
③    ④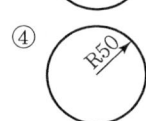

Guide ϕ(원의 지름), SR(구의 반지름), R(원의 반지름)

43 제도에서 사용되는 선은 그 종류에 따라 용도가 다르다. 지시선과 같은 선의 종류가 사용되는 것은?

① 치수선   ② 외형선
③ 숨은선   ④ 기준선

Guide 지시선/치수선(가는 실선), 외형선(굵은 실선), 숨은선(파선), 기준선(가는 1점 쇄선)

44 다음과 같은 배관의 등각 투상도(Isometric Drawing)를 평면도로 나타낸 것으로 맞는 것은?

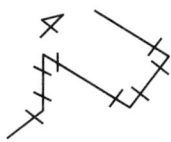

정답 37 ② 38 ② 39 ② 40 ③ 41 ① 42 ② 43 ① 44 ④

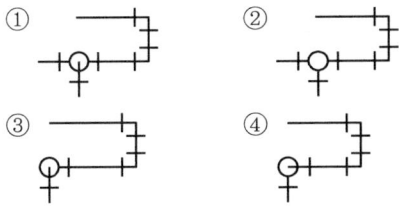

45 그림과 같은 용접기호의 설명으로 옳은 것은?

① U형 맞대기 용접, 화살표 쪽 용접
② V형 맞대기 용접, 화살표 쪽 용접
③ U형 맞대기 용접, 화살표 반대쪽 용접
④ V형 맞대기 용접, 화살표 반대쪽 용접

46 그림의 입체도를 제3각법으로 올바르게 투상한 투상도는?

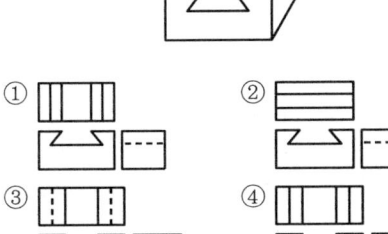

47 KS 재료기호 중에서 용접구조용 압연강재는 어느 것인가?

① SS 490   ② SCr 430
③ SPS 5 A   ④ SM 400 A

Guide
• SS : 일반구조용 압연강재
• SCr : 구조용 크롬강
• SPS : 스프링강
• SM : 용접구조용 압연강재

48 선의 종류와 용도에 대한 설명의 연결이 틀린 것은?

① 가는 실선 : 짧은 중심을 나타내는 선
② 가는 파선 : 보이지 않는 물체의 모양을 나타내는 선
③ 가는 1점 쇄선 : 기어의 피치원을 나타내는 선
④ 가는 2점 쇄선 : 중심이 이동한 중심궤적을 표시하는 선

Guide ④ 가는 2점 쇄선은 가상선으로 가공 부분의 이동하는 특정 위치나 이동 한계의 위치를 나타내는 선이다.

49 배관용 피복재료에 관한 설명으로 틀린 것은 어느 것인가?

① 코르크는 냉수, 냉매배관, 펌프 등에 사용한다.
② 펠트는 양모 펠트와 우모 펠트가 있으며 보랭용으로 사용되며 관의 곡면 부분의 시공도 용이하다.
③ 유리섬유는 물 등에 의해 화학작용을 일으키지 않고 단열, 내구성이 좋아 보온재, 보온판 등에 많이 사용된다.
④ 기포성 수지의 피복재는 흡수성이 좋으나 굽힘성이 없다.

50 수직배관에서 역류방지를 위한 적당한 밸브는 어느 것인가?

① 볼 밸브
② 스윙형 체크 밸브
③ 리프트형 체크 밸브
④ 버터플라이 밸브

Guide 리프트형(수평배관용), 스윙형(수직, 수평배관용)

51 50A 이하의 관의 수리 및 점검 또는 교체가 필요할 때 사용되는 이음쇠로 적당한 것은 어느 것인가?

① 소켓   ② 유니언
③ 플러그   ④ 이경 티

Guide 관의 수리 및 점검 또는 교체 시 사용되는 배관 이음쇠
- 유니언(Union) : 50A 이하의 배관에 사용
- 플랜지(Flange) : 65A 이상의 배관에 사용

52 압력 배관용 탄소강관(SPPS)에 대한 설명으로 가장 적합한 것은?

① $10kgf/cm^2$ 이하의 압력에 사용된다.
② $10kgf/cm^2$ 이상 $100kgf/cm^2$ 이하의 압력에 사용된다.
③ $100kgf/cm^2$ 이상 $200kgf/cm^2$ 이하의 압력에 사용된다.
④ $250kgf/cm^2$ 이상의 압력에 사용된다.

53 냉·온수배관을 비롯하여 도시가스, 의료용 산소 등 각종 건축용에 사용되는 동관의 순동 이음쇠에 대한 특징으로 틀린 것은?

① 용접 시 가열시간이 짧아 공수 절감효과가 크다.
② 재료가 동관과 같은 순동이므로 내식성이 좋아 암모니아수, 진한 황산의 끓는 용액 등에도 부식되지 않는다.
③ 내면이 동관과 같아 압력손실이 적다.
④ 외형이 크지 않은 구조이므로 배관공간이 적어도 된다.

Guide ② 동관은 산에 부식이 일어난다.

54 스위블형 신축 이음쇠에 대한 설명으로 틀린 것은?

① 가요 이음, 미끄럼 이음, 신축 곡관 이음이라고도 한다.
② 2개 이상의 엘보를 사용하여 이음의 나사 회전을 이용하여 배관의 신축을 흡수한다.
③ 신축량이 너무 큰 배관에는 이음부가 헐거워져 누설의 염려가 있다.
④ 주로 증기 및 온수난방용 배관에 사용된다.

Guide 스위블형 신축 이음쇠는 2개 이상의 나사 엘보를 사용하여 신축을 흡수하며 방열기 주위 배관 등에 사용하는 것으로 설치비가 싸고 쉽게 조립 가능하나 신축량이 큰 배관에는 부적당하다.

55 패킹 재료를 설명한 것 중 올바른 것은?

① 고무패킹은 탄성이 좋고 흡수성이 없으나, 열과 기름에 약한 것이 결점이다.
② 테프론은 천연고무와 성질이 비슷한 합성 고무로 천연고무보다 더 우수한 성질을 가지고 있다.
③ 네오프렌은 합성수지 제품으로 탄성이 강하나 기름에 침해된다.
④ 석면 패킹은 광물성의 섬유로 강인한 편이나 열에는 약하여 증기배관에는 부적당하다.

56 수도용 덕타일 주철관의 특징 중 관계가 먼 것은?

① 변형에 대한 높은 가요성 및 가공성이 있다.
② 보통 주철관과 같이 내식성이 풍부하다.
③ 강관과 같이 높은 강도와 인성이 있다.
④ 용접성이 풍부하여 접합부는 주로 용접 이음을 한다.

Guide 덕타일 주철관(Ductile Iron Pipes)은 물 등 수송용으로 사용하는 주철관으로 이음방법으로는 메커니컬 이음, 케이피 이음, 타이튼 이음 등의 방법이 있다. 주철의 특성상 용접성이 양호하지는 않다.

정답 51 ② 52 ② 53 ② 54 ① 55 ① 56 ④

57 내식성이 크고 산·알칼리 등의 부식성 약품에 거의 부식되지 않으며 전기절연성이 크고, 가벼우며 성형성이 좋은 관으로 맞는 것은?

① 석면시멘트관
② 원심력 철근콘크리트관
③ 합성수지관
④ 연관

58 일반적으로 흄관이라고 부르며 사용에 따라 배수용으로 사용되는 보통압관과 송수관 등에 사용되는 압력관의 2종류가 있는 관으로 맞는 것은?

① 도관
② 원심력 철근콘크리트관
③ 석면시멘트관
④ 철근 석면콘크리트관

59 스테인리스 강관의 특성에 대한 설명으로 틀린 것은 어느 것인가?

① 내식성이 우수하여 계속 사용 시 내경의 축소, 저항증대 현상이 적다.
② 위생적이어서 적수·백수·청수의 염려가 없다.
③ 저온 충격성이 크고, 동결에 대한 저항은 매우 작다.
④ 강관에 비해 두께가 얇고 가벼워 운반 및 시공이 쉽다.

> Guide 스테인리스 강관은 저온 환경에서 변형에너지가 작아 저온 충격성이 떨어지는 단점을 가지고 있다.

60 도료로 칠했을 경우 생기는 핀 홀(Pin Hole) 등의 곳에 물이 고여도 주위의 철 대신 도료의 성분이 희생전극이 되어 부식되므로 철을 부식으로부터 방지하는 도료는?

① 광명단 도료
② 알루미늄 도료
③ 에폭시 수지도료
④ 고농도 아연도료

정답 57 ③ 58 ② 59 ③ 60 ④

2021년 2회차 시행

CBT(Computer Based Training)문제는 공개되지 않으므로 수험생들의 기억에 의해 복원된 문제임을 알려드립니다.

01 양수 펌프의 양수관에서 수격작용을 방지하기 위해 글로브 밸브 아래에 설치하는 밸브로 워터 해머리스 체크 밸브라고도 하는 것은?

① 스윙 체크 밸브
② 리프트형 체크 밸브
③ 스톱 밸브
④ 스모렌스키 체크 밸브

Guide 스모렌스키 체크 밸브(해머리스 체크 밸브)는 워터 해머 방지와 바이패스 밸브의 기능을 한다.

02 일반적인 배수 및 통기배관시험방법이 아닌 것은?

① 수압시험 ② 기압시험
③ 박하시험 ④ 연기시험

Guide 배수 및 통기배관은 수압이 없는 배관으로 만수시험으로 누수의 유무를 검사하며 물은 새지 않더라도 악취가 새는 부분을 검사하기 위해 기압시험, 박하시험(박하 냄새에 의해 누설탐지), 연기시험 등을 사용한다.

03 다음 중 백 필터(Bag Filter)를 사용하는 집진장치는?

① 원심력식 ② 중력식
③ 전기식   ④ 여과식

Guide 여과식 집진장치는 함진가스를 여과재(Filter)에 통과시켜 입자를 분리 포집하는 방식이다.

04 유니트로 들어가서 열교환기, 노 등의 기기에 접속되는 원료 운반 배관을 일반적으로 무엇이라고 하는가?

① 파이프 랙 배관
② 프로세스 배관
③ 유틸리티 배관
④ 라인 인덱스 배관

Guide 프로세스 배관
프로세스 반응에 직접 관여하는 유체의 배관이다.

05 펌프의 공동현상(캐비테이션, Cavitation)을 방지하는 방법을 설명한 것 중 틀린 것은?

① 펌프의 회전수를 낮춘다.
② 흡입 양정을 짧게 한다.
③ 관경을 작게 한다.
④ 두 대 이상의 펌프를 사용한다.

Guide 공동현상 방지를 위해서는 펌프의 위치를 낮추고 배관의 관경을 크게 하며 흡입 양정을 짧게 하고 펌프의 회전수를 낮추어 흡입 비교 회전도를 적게 하여야 한다.

06 상수도 시설이 되어 있는 1, 2층 정도의 낮은 건물에 많이 사용하는 급수 배관방법은?

① 고가 탱크식 배관법
② 압력 탱크식 배관법
③ 수도 직결식 배관법
④ 로 탱크식 배관법

정답 01 ④ 02 ① 03 ④ 04 ② 05 ③ 06 ③

07 보온재의 경제적 시공을 위한 보온재 선정 시 공사현장에 대한 적응성 검토내용으로 거리가 먼 것은?

① 대기조건, 기상 상황
② 배관의 진동, 설치장소
③ 운전 상황, 보온재 해체 유무
④ 입주일, 가구 수

08 가스 배관 시공 시 주의사항으로 잘못된 것은 어느 것인가?

① 배관 재료는 강관으로 주로 플랜지 접합으로 할 것
② 가능한 곡선배관을 피하고 직선배관을 할 것
③ 배관은 움직이지 않도록 지지해 줄 것
④ 건물의 주요 구조부를 관통하지 말 것

Guide 가스 배관의 재료는 가스관의 최고 사용압력, 노면 하중 등을 고려하여 사용환경에 적당한 재료와 접합법을 선택하여야 한다.

09 다관식 열교환기에 속하지 않는 것은?

① 고정관판형   ② 유동두형
③ 케틀형   ④ 코일형

10 리스트레인트(Restraint)의 종류 중 스토퍼(Stopper)에 대한 설명으로 가장 알맞은 것은?

① 관의 이동 및 회전을 방지하기 위해 지지점 위치에 완전히 고정시키는 장치이다.
② 배관의 일정한 방향의 이동과 회전만 구속하고 다른 방향은 자유롭게 이동하도록 한 지지장치이다.
③ 파이프 랙 위의 배관의 벤딩부와 신축 이음 부분에 설치하는 것으로 축과 직각 방향의 이동을 구속하는 지지장치이다.
④ 기계의 진동, 유체의 흐름, 수격작용 등으로 인해 배관이 이동 또는 진동하는 것을 제어하는 데 사용하는 지지장치이다.

Guide 리스트레인트
열팽창에 의한 배관의 이동을 구속 또는 제한하기 위한 장치이다.
참고 종류
앵커, 스토퍼, 가이드

11 원통형 보일러에는 입형 및 횡형 보일러가 있다. 횡형 보일러 중 노통 보일러의 종류로 알맞게 짝지어진 것은?

① 코니시 보일러와 벨럭스 보일러
② 코니시 보일러와 랭커셔 보일러
③ 랭커셔 보일러와 라몽 보일러
④ 벨럭스 보일러와 라몽 보일러

Guide 노통 보일러의 종류
랭커셔 보일러(노통 2개), 코니시 보일러(노통 1개)
[암기법] 노.랭.코

12 파이프 랙(Rack)상의 배관 시 고려할 사항으로 틀린 것은?

① 관경이 클수록, 사용 온도가 높을수록 파이프 랙의 외측에 배치한다.
② 지름이 큰 관은 집중 하중을 고려하여 파이프 랙의 기둥 위나 그 가까이에 배치한다.
③ 고온배관에는 열응력을 고려하여 루프형 신축관을 많이 사용하며, 파이프 랙상의 다른 배관보다 500~700mm 낮게 설치한다.
④ 2단식 파이프 랙의 경우 상단에는 유틸리티 배관, 하단에는 프로세스 배관을 배치하는 것이 유리하다.

Guide ③ 고온 배관은 다른 배관보다 500~700mm 높게 설치한다.

정답 07 ④ 08 ① 09 ④ 10 ② 11 ② 12 ③

13 다음 중 압축공기배관의 배수 배관 시공 시 설치하여야 할 것이 아닌 것은?
① 드레인 밸브　② 자동식 배수 트랩
③ 에어 포켓　　④ 스케일 포켓

14 배관설비 화학 세정 시 고무 또는 합성수지를 용해시키는 약품은?
① 암모니아
② 인히비터 첨가 염산
③ 유기용제
④ 가성소다

15 오수 정화시설에서 폭기 시설을 채택하는 가장 중요한 이유인 것은?
① 산소가 충분히 공급되게 하기 위하여
② 고형물을 가라앉히기 위하여
③ 혐기성 박테리아의 촉진을 위하여
④ 소독을 원활하게 하기 위하여

> Guide　폭기 시설은 배수처리에서 산소공급과 교반을 통해 유기물의 흡착과 산화 분해를 목적으로 한다.

16 배기가스의 현열을 이용하여 급수를 예열하는 보일러 부속장치는?
① 증기 예열기　② 공기 예열기
③ 재열기　　　④ 절탄기

> Guide　보일러 배기가스 폐열 회수장치
> 과열기, 재열기, 절탄기(급수 예열기), 공기 예열기

17 손으로 물건을 들어 올릴 때의 주의사항 중 틀린 것은?
① 거스러미 및 날카로운 모서리는 제거할 것
② 물건을 들 때는 허리에 힘을 주고 바른 자세를 취할 것
③ 기름기가 묻어 있는 물건은 기름기를 제거할 것
④ 절대로 장갑을 착용하지 말 것

18 사이클론법이라고도 하며 함진가스에 선회운동을 주어 입자를 분리하는 것은?
① 여과식 집진법　② 원심력식 집진법
③ 전기 집진법　　④ 관성력식 집진법

19 가스미터의 종류에 속하지 않는 것은?
① 다이어프램식　② 레이놀즈식
③ 습식　　　　　④ 루트식

> Guide　가스미터의 종류
> 다이어프램식, 루트식, 오리피스식, 벤투리식, 터빈식, 와류식 등

20 스프링클러 설비의 특징에 대한 설명으로 가장 거리가 먼 것은?
① 초기 진화에 절대적인 효과가 있다.
② 조작이 간편하고 안전하다.
③ 시공이 간단하고 초기 시설비가 적게 든다.
④ 소화 후 복구가 용이하다.

> Guide　③ 스프링클러 설비는 시공이 복잡하며 초기 시설비가 많이 든다.

21 스프링클러 설비에 설치하며 신축성이 없는 배관 내부에서 발생되는 수격작용을 방지 또는 완화시키기 위해 설치하는 것은?
① 시험 밸브　　② 유수 작동 밸브
③ 서지 옵서버　④ 리터링 챔버

정답　13 ③　14 ③　15 ①　16 ④　17 ④　18 ②　19 ②　20 ③　21 ③

22 안개 모양으로 흘러내리는 미세한 물방울로 공기와 직접 접촉시킴으로써 여과기를 통과할 때 제거되지 않는 먼지, 매연들을 제거하는 장치는?

① 습제기
② 공기 세정기
③ 공기 냉각기
④ 공기 가열기

> Guide 공기 세정기(Air Washer)는 미세한 물방울과 공기를 직접 접촉시켜 공기의 냉각 또는 감온, 가습을 시행하기 위한 공기조화기기이다.

23 증기난방설비에서 주철제방열기를 설치할 때 벽과의 간격으로 가장 적당한 거리는?

① 10~20mm
② 50~60mm
③ 90~100mm
④ 120mm 이상

24 덕트 시공 시 고려사항을 열거한 것 중 틀린 것은?

① 공기의 흐름에 따른 마찰저항을 적게 한다.
② 소음이나 진동이 발생하지 않도록 한다.
③ 덕트 내의 압력차에 의해 덕트가 변형되도록 한다.
④ 벽 등을 관통할 때는 반드시 천정 또는 보에 현수 지지구를 사용하여 고정한다.

> Guide 덕트 시공 시 덕트 내 압력차에 의해 덕트가 변형되지 않도록 해야 하며 송풍기와 덕트의 이음 부분은 송풍기의 진동으로 인해 덕트가 파손되지 않도록 캔버스를 사용해야 한다.

25 다음은 도시가스의 공급방식이다. ( ) 안에 알맞은 것은?

원료 → 제조 → (Ⓐ) → 저장 → (Ⓑ) → 소비처

① Ⓐ 압송　　Ⓑ 온도 조절
② Ⓐ 압송　　Ⓑ 압력조정
③ Ⓐ 온도 조절　Ⓑ 압송
④ Ⓐ 압력조정　Ⓑ 압송

26 용해 아세틸렌 취급 시 주의사항으로 틀린 것은?

① 저장장소는 통풍이 잘 되어야 한다.
② 동결 부분은 35℃ 이하의 온수로 녹여야 한다.
③ 운반 시 온도는 40℃ 이하로 유지하고 반드시 캡을 씌워야 한다.
④ 용기는 아세톤의 유출을 방지하기 위하여 사용 후에는 반드시 눕혀 두어야 한다.

> Guide ④ 용기는 반드시 세워서 보관해야 한다.

27 사용 압력이 10kgf/cm² 이하의 증기, 물, 가스, 공기, 기름 등의 저압력 유체수송관에 사용하며 일명 가스관이라고 하는 것은?

① 배관용 탄소 강관
② 압력배관용 탄소 강관
③ 고압배관용 탄소 강관
④ 고온배관용 탄소 강관

28 열팽창에 의한 배관의 이동을 구속 또는 제한하는 역할을 하는 리스트레인트의 종류 중 배관의 일정방향의 이동과 회전만 구속하는 것으로 신축 이음쇠와 고압에 의해 발생하는 축방향의 힘을 받는 곳에 사용하는 것은?

① 스토퍼
② 앵커
③ 스커트
④ 러그

> Guide 리스트레인트의 종류
> 앵커, 스토퍼, 가이드

정답 22 ② 23 ② 24 ③ 25 ② 26 ④ 27 ① 28 ①

29 다음 중 강관 절단용 기계로 사용할 수 없는 것은?

① 호브식 커터 ② 기계톱
③ 휠 고속절단기 ④ 가스절단기

Guide 호브식 커터는 배관의 나사 절삭 전용기계이다.

30 배관 배열의 기본 사항 설명으로 틀린 것은?

① 배관은 가급적 그룹화되게 한다.
② 배관은 가급적 최단거리로 하고 굴곡부를 적게 한다.
③ 고압라인, 고속유라인은 굴곡부와 T브랜치를 최소로 한다.
④ 고온, 고압라인은 가급적 플랜지를 많이 사용한다.

Guide ④ 고온, 고압라인은 가급적 플랜지 접합을 피한다.

31 염화비닐관 이음 중 고무링 이음의 특징이 아닌 것은?

① 시공법이 다소 어려워서 숙련이 되어야 시공할 수 있다.
② 수압에 견딜 수 있는 강도가 크다.
③ 화기의 위험이 있는 곳에서도 이음이 안전하다.
④ 부분적으로 땅이 내려앉은 곳에도 안전하다.

Guide ① 고무링 이음은 고무링을 그대로 삽입시켜 접합하는 방식으로 간편하고 경제적인 이음방법이다.

32 샌드 블라스트 세정법에 관한 설명 중 틀린 것은?

① 공기 압송장치가 필요하다.
② 모래를 분사하여 스케일을 제거한다.
③ 100A 이상의 대구경관이나 탱크 등에 사용한다.
④ 공기, 질소, 물 등의 압력과 화학 세정액을 병행 사용한다.

Guide 샌드블라스트(Sand Blast) 세정법은 공기압송장치 등으로 모래를 분사하여 스케일을 제거하는 세정법이다.

33 동관의 플레어 이음은 일반적으로 관경이 얼마일 때 가장 적당한가?

① 20mm 이하 ② 30mm 이하
③ 40mm 이하 ④ 50mm 이하

Guide 플레어 이음은 20A 이하의 동관을 접합하는 경우 가장 적합한 이음법이다.

34 과열 증기관 등과 같이 사용온도가 350~450℃ 배관에 사용되며 킬드강을 사용, 이음매 없이 제조되기도 하는 관은?

① 저온 배관용 강관
② 고압 배관용 탄소강관
③ 고온 배관용 탄소강관
④ 배관용 합금강관

35 관과 칼라 사이에 콤포와 얀(Yarn)을 채워 넣고 칼라와 뒷바퀴를 볼트로 죄어 고무링이 빠져 나오지 않게 하는 콘크리트관의 이음방법은?

① W식 이음
② 콤포 이음
③ 글로브 이음
④ 테이퍼 조인트 이음

Guide 칼라 신축 이음은 W식 이음이라고도 하며 관과 칼라 사이에 콤포와 얀(Yarn)을 채워 넣고 칼라와 뒷바퀴를 볼트로 죄어 고무링이 빠져나오지 않게 하는 이음법이다.

정답 29 ① 30 ④ 31 ① 32 ④ 33 ① 34 ③ 35 ①

36 아크 용접에서 슬래그 섞임을 막기 위한 방법으로 적합하지 않은 것은?

① 슬래그를 깨끗이 제거한다.
② 용접부 예열을 한다.
③ 용접전류를 약간 낮추고 운봉속도를 느리게 한다.
④ 용접봉의 유지각도가 용접방향에 적절하게 한다.

Guide ③ 아크 용접 시 용접 전류가 너무 낮거나 운봉속도가 느린 경우 슬래그 섞임, 오버랩 등의 결함이 발생할 수 있다.

37 수동 가스 절단 작업 요령으로 잘못된 것은?

① 토치가 과열되었을 때에는 아세틸렌을 분출시킨 상태에서 물에 냉각시킨다.
② 팁은 모재에서 적당히 간격을 두고서 절단한다.
③ 모재의 표면이 적열될 때 고압산소를 분출시킨다.
④ 연강판에 묻어 있는 기름이나 녹 등의 이물질을 제거하고 절단하는 것이 좋다.

Guide ① 토치가 과열되었을 때에는 산소를 분출시킨 상태에서 물에 냉각시킨다.

38 일반적으로 PS관이라고 불리는 관은?

① 규소 청동관
② 폴리부틸렌관
③ 석면시멘트관
④ 프리스트레스 콘크리트관

Guide 프리스트레스(Pre-stress) 콘크리트관은 PS관이라고도 하며 콘크리트관 외주에 PS강선을 인장하여 감아 붙여 압축응력을 부여한 관이다.

39 일반적으로 치수선을 표시할 때, 치수선 양 끝에 치수가 끝나는 부분임을 나타내는 형상으로 사용하는 것이 아닌 것은?

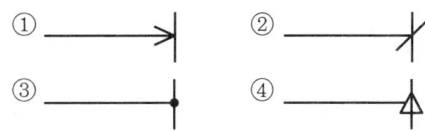

40 그림과 같은 KS 용접 보조기호의 설명으로 옳은 것은?

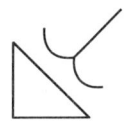

① 필릿 용접부 토우를 매끄럽게 함
② 필릿 용접 끝단부를 볼록하게 다듬질
③ 필릿 용접 끝단부에 영구적인 덮개 판을 사용
④ 필릿 용접 중앙부에 제거 가능한 덮개 판을 사용

41 KS 재료의 보일러 및 열교환기용 탄소강관 "STBH340"에서 "340"의 의미로 가장 적합한 것은?

① 최저 인장강도   ② 규격 순서
③ 탄소 함유량   ④ 제작 번호

Guide 기계재료의 기호는 일반적으로 3개의 단위 기호를 조합하여 표시하는 것으로 첫째 자리에는 재질, 둘째 자리에는 제품명, 규격을 나타내며 셋째 자리에는 최저인장강도와 탄소 함유량 등을 나타낸다. STBH340의 340은 재료의 최저인장강도 값을 단위면적당(cm^2) 하중의 값으로 표시한다.

42 제3각법에서 평면도는 정면도의 어느 쪽에 있는가?

① 좌측 ② 우측
③ 위 ④ 아래

Guide 제3각법에서 정면도를 기준으로 좌측에는 좌측면도, 우측에는 우측면도, 위쪽에는 평면도, 아래쪽에는 저면도를 표시한다.

43 그림과 같은 경 ㄷ 형강의 치수 기입방법으로 옳은 것은?(단, L은 형강의 길이를 나타낸다.)

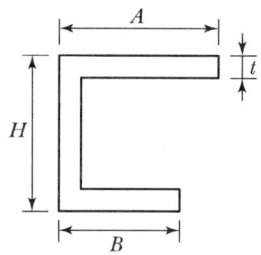

① ㄷ $A \times B \times H \times t - L$
② ㄷ $H \times A \times B \times t - L$
③ ㄷ $B \times A \times H \times t - L$
④ ㄷ $H \times B \times A \times L - t$

44 선의 종류 중 가공 전 또는 가공 후의 모양을 표시하는 데 사용하는 선의 명칭은?

① 기준선 ② 파단선
③ 가상선 ④ 치수선

Guide 가상선은 가는 2점 쇄선으로 나타내며 가공 전 또는 가공 후의 모양을 표시하거나 인접 부분을 참고로 표시하며 가동 부분을 이동 중의 특정한 위치 또는 이동한계의 위치로 표시하는 등의 용도로 사용된다.

45 전개도는 대상물을 구성하는 면을 평면 위에 전개한 그림을 의미하는데, 원기둥이나 각 기둥의 전개에 가장 적합한 전개도법은?

① 평행선 전개도법
② 방사선 전개도법
③ 삼각형 전개도법
④ 사각형 전개도법

Guide 전개도법의 종류
- 평행선 전개법 : 원기둥, 각기둥 전개
- 방사선 전개법 : 원뿔, 각뿔 전개
- 삼각형 전개법 : 평행선, 방사선 전개도법을 적용하기 어려운 원뿔이나 편심 원뿔 등의 전개

46 그림과 같은 입체도에서 화살표 방향을 정면으로 할 때 평면도로 가장 적합한 것은?

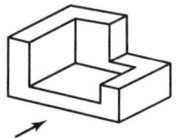

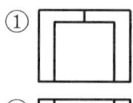 
 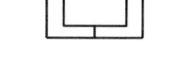

47 도면에서 반드시 표제란에 기입해야 하는 항목으로 틀린 것은?

① 재질 ② 척도
③ 투상법 ④ 도명

Guide 표제란의 기입 항목
도면번호, 도명, 투상법, 척도, 작성 연월일 등

정답 42 ③ 43 ② 44 ③ 45 ① 46 ① 47 ①

48 배관에서 유체의 종류 중 냉수를 나타내는 기호는?

① A ② C
③ S ④ W

49 일반적으로 나사 이음에 사용되는 패킹의 종류가 아닌 것은?

① 페인트 ② 마
③ 일산화연 ④ 액상합성수지

> **Guide** 나사 이음 패킹
> 페인트, 일산화연(납), 액상합성수지 등

50 다음 중 신축 이음쇠의 종류를 나열한 것은?

① 슬리브형, 벨로스형, 루프형, 오리피스형
② 슬리브형, 벨로스형, 루프형, 스위블형
③ 슬리브형, 벨로스형, 스위블형, 오리피스형
④ 슬리브형, 벨로스형, 턱걸이형, 오리피스형

> **Guide** 신축 이음쇠의 종류
> 슬리브형, 벨로스형, 루프형, 볼조인트형, 스위블형 등

51 증기배관의 횡주관에서 드레인(Drain)이 괴는 것을 피하여야 할 개소에 설치해야 하는 밸브로 가장 적당한 밸브는?

① 앵글 밸브 ② 니들 밸브
③ 슬루스 밸브 ④ 글로브 밸브

> **Guide** 슬루스 밸브(Sluice Valve)는 게이트 밸브(Gate Valve)라고도 하며 유동저항이 적고 구조상 밸브 내 유체가 남아 배관 내부에서 드레인이 괴는 것을 피해야 하는 경우에 적당한 밸브이다.

52 연단에 아마인유와 혼합하여 만들어 녹을 방지하기 위해 사용되며, 페인트 밑칠 및 다른 착색도료의 초벽으로 우수하고 풍화에도 잘 견디는 방청도료는?

① 타르 및 아스팔트 ② 산화철도료
③ 광명단도료 ④ 합성수지도료

53 구상흑연 주철관이라고도 하는 덕타일 주철관의 특징으로 잘못된 것은?

① 보통 회주철관보다 관의 수명이 길다.
② 변형에 대한 높은 가요성 및 가공성이 없다.
③ 강관과 같이 높은 강도와 인성이 있다.
④ 보통 주철관과 같이 내식성이 풍부하다.

> **Guide** 주철관은 재질에 따라 크게 보통주철관, 고급주철관, 구상흑연 주철관의 세 가지로 구분되는데, 이중 구상흑연 주철관은 일반 주철에 비해 인성과 연성이 크고 내식성, 내열성 및 내마멸성을 크게 한 주철관으로 보통 주철관보다 관의 수명이 길고 강도와 인성이 높은 것이 특징이다.

54 플랜지 시트 모양에 따른 분류 중 누설 시 위험성이 큰 유체 등 매우 기밀을 요하는 배관에 사용하는 플랜지 시트 모양은?

① 홈꼴형 시트 ② 대평면 시트
③ 소평면 시트 ④ 전면 시트

55 다음 중 콕(Coke)의 설명으로 가장 적합한 것은?

① 기밀을 유지하기가 좋다.
② 개폐가 빨리되며 전개 시에 유체의 저항이 적다.
③ 고압, 대 유량에 적합하다.
④ 유체의 방향을 2방향, 3방향 등으로 바꿀 수 있는 분배 밸브로 부적합하다.

> **Guide** 콕(Coke)은 유체를 신속하게 개폐하는 기능이 필요한 곳에 사용되며 주로 저압의 유량에 적합하다.

정답 48 ② 49 ② 50 ② 51 ③ 52 ③ 53 ② 54 ① 55 ②

56 스테인리스강은 그 종류에 따라 각각의 특정 환경에 대해 우수한 내식성을 가지고 있다. 스테인리스강의 금속표면에 보호 피막을 입혀서 내식성을 높이는 것을 무엇이라 하는가?

① 부동태화 ② 불활성 탄산연막
③ 가교화 ④ 라이닝

57 복사난방과 같이 매설하는 온수관으로 가장 적당한 것은?

① 연관 ② 동관
③ 주철관 ④ 알루미늄관

Guide 동관은 열전도도가 우수하고 가공성이 좋아 복사난방의 온수관으로 사용된다.

58 보온재 종류의 선정 시 고려해야 할 것은?

① 열전도율이 가능한 한 많아야 한다.
② 공사 현장 상황에 대한 적응성이 작아야 한다.
③ 물리적 · 화학적 강도가 커야 한다.
④ 단위 체적에 대한 가격이 저렴할 필요가 없다.

Guide 보온재 종류의 선정 시 열전도율이 작고, 물리적 · 화학적 강도가 크며 가격이 저렴한 재료를 선정해야 한다.

59 배관의 종류별 주요 접합방법이 올바르게 짝 지어진 것은?

① 플레어 이음 – 연관 이음법
② 플라스턴 이음 – 스테인리스 강관 이음법
③ TS식 이음 – PVC관 이음법
④ 몰코 이음 – 주철관 이음법

Guide ① 플레어 이음 → 동관 이음법
② 플라스턴 이음 → 연관 이음법
④ 몰코 이음 → 스테인리스관 이음법

참고 TS식 이음 : 접착제를 이용한 PVC관의 냉간 삽입 접합법

60 동관용 이음쇠로 양쪽 모두 이음쇠 내로 관용 나사 이음을 하게 되어 있는 부속품의 명칭은?

① 엘보 C×C형 ② 엘보 C×M형
③ 엘보 C×F형 ④ 엘보 F×F형

정답 56 ① 57 ② 58 ③ 59 ③ 60 ④

2022년 2회차 시행

CBT(Computer Based Training)문제는 공개되지 않으므로 수험생들의 기억에 의해 복원된 문제임을 알려드립니다.

01 다음 중 일반적인 집진법의 종류가 아닌 것은?

① 원심력식 집진법
② 세정식 집진법
③ 여과식 집진법
④ 진공식 집진법

Guide 집진장치의 종류
- 건식 집진장치 : 중력식, 관성력식, 원심력식, 여과식
- 습식 집진장치 : 유수식, 가압수식
- 전기식 집진장치

02 옥내 배수관에 트랩을 사용하는 가장 중요한 이유로 맞는 것은?

① 유해가스의 역류를 방지하기 위해
② 배수관의 부식을 방지하기 위하여
③ 유해가스의 통기 작용을 돕기 위해
④ 배수 속도를 일정하게 하기 위하여

Guide 옥내 배수관은 악취, 벌레 등의 유입을 막기 위해 트랩을 설치한다.

03 배관의 세정 수세 후 중화 방청처리제로 사용되지 않고 세정 시 투입하는 부식 억제제로 사용되는 것은?

① 탄산나트륨
② 수산화나트륨
③ 암모니아
④ 인히비터

Guide 인히비터는 배관의 세정 시 부식억제제로 사용된다.

04 배수 설비에서 통기관을 사용하는 가장 중요한 목적은?

① 악취가 올라오는 것을 방지하기 위해
② 트랩의 봉수를 보호하기 위해
③ 오수의 역류를 방지하기 위해
④ 공기를 잘 유통시키기 위해

Guide 트랩의 봉수를 보호하기 위해 통기관을 설치한다.

05 고압, 중압 보일러 급수용으로 임펠러 내부에 안내 날개를 두어 고양정 급수용으로 적합한 것은?

① 피스톤 펌프
② 터빈 펌프
③ 인젝터
④ 플런저 펌프

Guide 원심 펌프의 종류
벌류트 펌프(저양정), 터빈 펌프(고양정)

06 증기난방과 비교하여 온수난방의 특징을 설명한 것 중 잘못된 것은?

① 예열 시간이 많이 걸린다.
② 난방부하의 변동에 따른 온도 조절이 곤란하다.
③ 동일 발열량에 비해 방열 면적이 많이 필요하다.
④ 보일러 취급이 용이하며 비교적 안전하다.

정답 01 ④ 02 ① 03 ④ 04 ② 05 ② 06 ②

> **Guide** 온수난방의 특징
> - 예열시간이 길지만 식는 시간이 길어 배관 동결의 우려가 적다.
> - 보일러 취급이 용이하여 온도 조절이 용이하다.
> - 방열면적을 많이 필요로 하여 시설비가 많이 든다.
> - 보일러 취급이 용이하며 비교적 안전하다.

07 다음 중 1보일러 마력의 발열량(kcal/h)으로 가장 적합한 것은?

① 539
② 5,390
③ 8,435
④ 33,470

> **Guide** 1보일러 마력(8,434kcal/h) = 포화수의 상당증발량 15.65kg × 물의 증발잠열 539kcal

08 정화조의 입구에서 출구까지의 순서로 가장 적합한 것은?

① 부패조 → 산화조 → 소독조 → 예비여과조
② 부패조 → 예비여과조 → 산화조 → 소독조
③ 산화조 → 소독조 → 부패조 → 예비여과조
④ 산화조 → 예비여과조 → 부패조 → 소독조

> **Guide** 정화조 순서
> 부패조 → 예비여과조 → 산화조 → 소독조
> [암기법] 부.예.산.소

09 물의 정수법에서 수중의 부유물질이 중력에 의해 침강하는 현상을 무엇이라 하는가?

① 여과
② 침전
③ 소독
④ 부식

> **Guide** 중력침강법
> 중력에 의해 이물질을 가라앉히는 방법이다.

10 공기조화장치에 사용되는 부속기기로 다수의 짧은 날개가 있는 시로코 팬이라고도 하는 저압용 송풍기는?

① 다익형 팬
② 터보 팬
③ 에어포일 팬
④ 축류형 팬

> **Guide** 다익형 팬
> 원심 송풍기의 한 종류이며 일명 시로코 팬이라고도 한다.

11 스토리지(Storage) 탱크 또는 탱크 히터(Tank Heater)라고 하는 증기를 공급하는 저탕조를 사용하는 급탕법은?

① 직접 가열법
② 간접 가열법
③ 기수 혼합법
④ 복사법

> **Guide** 간접가열식
> 저장 탱크 내부에 가열코일을 설치하여 증기 또는 열탕을 통과시켜 탱크 내의 물을 간접적으로 가열하는 방식이다.

12 펌프 배관에 대한 설명 중 틀린 것은?

① 흡입관은 되도록 길게 하고 굴곡 부분이 되도록 크게 하여야 한다.
② 수평관에서 관경을 바꿀 경우 편심 리듀서를 사용해서 파이프 내부에 공기가 차지 않도록 한다.
③ 풋 밸브는 동수위면보다 흡입 관경의 2배 이상 물속에 들어가야 한다.
④ 흡입 쪽의 수평관은 펌프 쪽으로 올림 구배를 한다.

> **Guide** ① 흡입관은 가급적 짧게 하고 굴곡 부분은 짧게 설치해야 한다.

정답 07 ③ 08 ② 09 ② 10 ① 11 ② 12 ①

13 온수 보일러 팽창 탱크와 팽창관 설치 시 주의사항으로 틀린 것은?

① 난방인 경우 개방형 팽창 탱크는 방열기나 방열 코일의 최고위보다 1m 이상 높게 설치한다.
② 밀폐형 팽창 탱크는 보일러실의 적당한 위치에 설치한다.
③ 팽창 탱크에 연결된 팽창관에는 체크 밸브를 설치해야 한다.
④ 팽창관을 팽창 탱크에 접속 시는 수평 부분에 상향 구배를 준다.

Guide ③ 팽창 탱크에 연결된 팽창관에는 체크 밸브를 설치하지 않는다.

14 진공환수식 증기난방에서 방열기보다 높은 곳에 환수관을 배관할 경우에 사용하는 것은?

① 하드포드 배관법
② 리프트 피팅
③ 파일럿 라인
④ 동층 난방식

Guide 리프트 피팅
진공환수식 증기난방에서 보일러보다 방열기가 아래쪽에 설치(방열기보다 높은 곳에 환수관 설치)되는 경우 사용되는 방식이다.

15 도시가스의 제조 공정에서 메탄(CH_4)을 주성분으로 한 천연가스를 −162℃까지 냉각하여 액화한 가스는?

① 액화천연가스
② 석탄가스
③ 오프가스
④ 액화 석유가스

Guide 액화천연가스(LNG)는 천연가스를 초저온으로 냉각·액화하여 제조한다.

16 유기용제의 세정제로서 난연성 불수용성의 액체이며 석유계 유기물의 용해 세정에 적합한 것은?

① 황산
② 수산화나트륨
③ 암모니아
④ 트리클로로 에틸렌

Guide 트리클로로 에틸렌은 유기용제의 세정제로 석유계 유기물의 용해 세정에 사용된다.

17 전기 용접 작업 시 감전사고 위험이 가장 많은 곳은?

① 배전판   ② 전격 방지기
③ 배선 부분   ④ 홀더 노출부

18 기송배관의 형식 중 압축기를 사용해서 공기를 밀어 넣고 송급기에서 운반물을 흡입해서 공기와 함께 수송한 다음, 수송관 끝에서 공기와 분리하여 외부에 취출하는 방식은?

① 진공식   ② 압송식
③ 흡입식   ④ 진공압송식

Guide 기송배관
공기를 이용하여 고체의 분말과 같은 작은 입자를 운송하는 배관설비

19 높은 곳에서 작업할 때의 주의사항 중 틀린 것은?

① 작업자 이외에는 높은 곳에 오르지 않도록 한다.
② 사다리를 내려올 때는 사다리를 등지고 내려온다.
③ 높은 곳에서의 작업은 발판을 사용한다.
④ 반드시 안전대를 사용하도록 한다.

정답 13 ③ 14 ② 15 ① 16 ④ 17 ④ 18 ② 19 ②

Guide ② 사다리에서 내려올 때는 반드시 사다리를 바라본 상태에서 사다리를 잡고 안전하게 내려와야 한다.

20 패킹재를 개스킷, 나사용 패킹, 글랜드 패킹으로 분류할 때, 나사용 패킹으로 분류되는 것은?

① 모넬 메탈　　② 액상 합성수지
③ 메탈 패킹　　④ 플라스틱 패킹

Guide **패킹재의 종류**
- 개스킷 패킹 : 천연고무, 합성고무, 석면 조인트 시트, 합성수지 패킹, 금속 패킹 등
- 나사용 패킹 : 일산화연, 액상합성 수지, 나사용 페인트 등
- 그랜드 패킹 : 석면 각형 패킹, 석면 얀 패킹 등

21 펌프 가동 시 발생하는 현상 중 입출구의 진공계 및 압력계의 바늘이 흔들리고, 송출유량이 주기적으로 변화하는 이상 현상은?

① 수격 작용　　② 포밍 현상
③ 캐비테이션　　④ 서징 현상

Guide **서징(Surging) 현상**
펌프 가동 시 입출구의 진공계 및 압력계의 바늘이 흔들리고 송출 유량이 주기적으로 변화하는 현상을 말한다.

22 배수관 및 통기관의 배관 완료 후 각 기구 접속구 등을 밀폐하고, 배관 최상부에서 배관 내에 물을 가득 채운 상태에서 누수의 유무를 시험하는 것은?

① 수압시험　　② 통수시험
③ 연기시험　　④ 만수시험

Guide **만수시험**
배관 내에 물을 가득 채운 후 누수 유무를 시험하는 방법이다.

23 배관의 상하이동을 허용하면서, 관지지력을 일정하게 하는 것으로 추를 이용한 중추식과 스프링을 이용하는 방법이 있는 행거는?

① 턴버클 행거
② 리지드 행거
③ 콘스탄트 행거
④ 롤러 행거

Guide **배관지지기구 중 행거(Hanger)의 종류**
- 리지드 행거 : 수직방향에 변위가 없는 곳에 사용
- 스프링 행거 : 이동거리 0~12mm 이내에서 사용
- 콘스탄트 행거 : 상하이동을 허용하면서 관지지력을 일정하게 유지

24 주철관의 소켓 접합 시 납을 녹여 부을 때 납이 튀는 가장 주된 원인은?

① 접합부에 물기가 있기 때문이다.
② 접합부가 너무나 건조하기 때문이다.
③ 접합부가 깨끗하기 때문이다.
④ 접합부의 온도가 높기 때문이다.

Guide 납을 녹여 부을 때 물기가 있는 경우 납이 외부로 튀게 된다.

25 사용압이 비교적 낮은 증기, 물, 기름 및 공기 등의 배관용에 적합한 일반 배관용 탄소강관의 KS 재료기호는?

① SPP
② SPPS
③ SPPH
④ SPHT

Guide
- SPP : 일반배관용 탄소강관
- SPPS : 압력배관용 탄소강관
- SPPH : 고압배관용 탄소강관
- SPHT : 고온배관용 탄소강관

정답　20 ②　21 ④　22 ④　23 ③　24 ①　25 ①

26 일반적으로 가스 용접에 사용되는 가스 종류가 아닌 것은?

① 산소 – 프로판가스
② 산소 – 수소가스
③ 산소 – 아세틸렌가스
④ 산소 – 질소가스

Guide 가스 용접은 가연성가스(프로판, 아세틸렌 등)와 조연성가스(산소 등)를 혼합하여 사용한다.

27 인탈산 동관에 관한 설명으로 틀린 것은?

① 연수에는 부식된다.
② 담수에는 내식성이 강하다.
③ 고온에서 수소 취화 현상이 발생한다.
④ 탄산가스를 포함한 공기 중에서 푸른 녹이 생긴다.

Guide 인탈산 동관
동을 인으로 탈산 처리한 것으로 고온에서도 수소 취화 현상이 발생하지 않는다.

28 배관용 수공구인 줄(File)의 크기(길이)는 어떻게 표시하는가?

① 자루를 포함한 전체의 길이
② 자루를 제외한 전체의 길이
③ 자루를 제외한 전체 길이에 대한 눈금 수
④ 눈금의 거친 정도

Guide 금속 표면을 다듬질할 때 사용되는 줄의 크기는 자루를 제외한 전체의 길이(금속 부분)로 표시한다.

29 지름 20mm 이하의 동관을 이음할 때, 기계의 점검 보수 등을 위해 관을 분해하기 쉽게 할 수 있는 동관 이음방법은?

① 플레어 이음   ② 슬리브 이음
③ 타이톤 이음   ④ 플라스턴 이음

Guide 플레어 이음
지름 20mm 이하의 동관을 이음하는 경우 관 끝을 나팔관 모양으로 벌려 접합하는 방식이다.

30 다음 보기 중 변형과 잔류 응력을 적게 발생하도록 하기 위해 사용되는 융착법은?

① 후진법   ② 전진법
③ 비석법   ④ 대칭법

Guide 비석법
융착법의 한 종류로 변형과 잔류응력을 적게 발생하도록 하는 용접법이다.

31 호칭지름 20A의 강관을 곡률반경 90mm로 90° 구부림을 할 경우 중심부 곡선 길이는 약 몇 mm인가?

① 141   ② 151
③ 167   ④ 177

Guide 관을 구부리는 경우 중심부 곡선의 길이를 구하는
공식 $= 2\pi r \times \dfrac{\theta}{360}$ 이므로
$2 \times 3.14 \times 90 \times \dfrac{90}{360} = 141.3mm$

32 스테인리스 강관의 접합방법에 관한 설명으로 틀린 것은?

① MR 이음은 관의 나사 내기 작업이 필요 없고 배관작업이 간단하다.
② 스테인리스 강관의 이음방식에는 나사식 이음, 납땜 이음, 플랜지 이음, 용접 이음 등이 있다.
③ 몰코 이음방식은 프레스 공구를 사용하여 그립 조(Grip Jaw)가 이음쇠에 밀착, 압착되어 이음이 완료된다.
④ 스테인리스 관의 용접은 TIG 용접이 많이 이용되며 일명 CO_2 용접이라고도 한다.

정답 26 ④ 27 ③ 28 ② 29 ① 30 ③ 31 ① 32 ④

> Guide TIG 용접은 일명 전기불활성가스텅스텐 용접으로 아르곤가스를 이용한 용접이다.

33 관을 구부릴 때 사용하는 파이프 벤딩기(Pipe Bending Machine)의 종류가 아닌 것은?

① 램식(Ram Type)
② 폼식(Former Type)
③ 로터리식(Rotary Type)
④ 수동 롤러식(Hand Roller Type)

> Guide 파이프 벤딩기의 종류
> • 램식 : 현장용으로 많이 쓰이며 수동식은 50A, 동력식은 100A 이하의 관을 벤딩
> • 로터리식 : 공장에서 동일 모양의 제품을 다량 생산하는 경우 사용
> • 수동 롤러식(현장용)

34 오수 및 잡배수, 빗물 배수 계통의 옥외배관에 사용되고 관의 길이가 짧아 이용개소가 많이 생기며 관과 소켓 사이에 모르타르를 채워 접합하는 이음은?

① PB관 이음
② 융착 슬리브 이음
③ 도관 이음
④ 인서트 이음

> Guide 도관 이음
> 배관의 접합부에 얀(Yarn)을 압입하고 모르타르를 바르는 방법과 모르타르만 사용하여 접합하는 방법이 있다.

35 다른 보온재에 비해 단열 효과가 낮아 다소 두껍게 시공하며, 500℃ 이하의 파이프나 탱크, 노벽 등에 물을 가하여 반죽하여 칠하는 대표적인 보온재는?

① 석면   ② 규조토
③ 양면   ④ 탄산마그네슘

> Guide 규조토는 다른 보온재보다 열전도율이 크며 시공 후 건조시간이 길고 접착성이 좋다.

36 주철관의 이음방법 중 노 허브 이음의 특징에 관한 내용으로 틀린 것은?

① 드라이버를 사용하여 쉽게 이음할 수 있다.
② 노 허브 직관은 임의의 길이로 절단하여 사용할 수 있어 견적 및 시공이 편리하다.
③ 누수가 발생하면 고무패킹을 교환하거나 죔 밴드를 풀어 주면 된다.
④ 커플링 나사 결합으로 시공이 완료되어 공수를 줄일 수 있다.

> Guide ③ 노 허브 이음에서 누수 발생 시 고무패킹을 교환하거나 죔 밴드를 조여준다.

37 주철관 중 일명 구상 흑연 주철관이라고 하는 것은?

① 수도용 입형 주철 직관
② 수도용 원심력 금형 주철관
③ 수도용 원심력 사형 주철관
④ 수도용 원심력 덕타일 주철관

> Guide 수도용 원심력 덕타일 주철관은 일명 구상흑연 주철관이라고도 하며 주철 중의 흑연이 구상화하여 관의 질이 균일하고 강도가 크다.

38 폴리에틸렌관의 이음법 중 접합강도가 가장 확실하고 안전한 이음법은?

① 융착 슬리브 이음
② 인서트 이음
③ 테이퍼 이음
④ 나사 이음

> Guide 융착 슬리브 이음은 폴리에틸렌관의 이음법 중 접합 강도가 가장 안전한 이음법이다.

정답 33 ② 34 ③ 35 ② 36 ③ 37 ④ 38 ①

39 스테인리스 강관의 이음쇠 중 동합금제 링을 캡너트로 죄어서 고정시켜 결합하는 이음쇠는?

① MR 조인트 이음쇠
② 몰코 조인트 이음쇠
③ 랩 조인트 이음쇠
④ 팩리스 조인트 이음쇠

Guide MR조인트 이음은 청동주물제 이음쇠 본체에 삽입하고 동합금제 링을 캡너트로 죄어 고정시켜 접속하는 방법이다.

40 관 신축 이음쇠 중 단식과 복식이 있고 일명 팩리스(Packless)형 신축 이음쇠라고도 하는 것은?

① 슬리브형 신축 이음쇠
② 벨로스형 신축 이음쇠
③ 랩 조인트 이음쇠
④ 팩리스 조인트 이음쇠

Guide 벨로스형 신축 이음쇠
일명 팩리스형이라고도 하며 관의 신축에 따라 슬리브와 함께 신축하는 이음쇠이다.

41 기계구조용 탄소강관의 KS 재료 기호는?

① SPC
② SPS
③ SNP
④ STKM

Guide
• SPC : 판스프링강
• SPS : 스프링용강
• STKM : 기계구조용 탄소강관

42 기계제도에서 대상물의 보이는 부분의 외형을 나타내는 선의 종류는?

① 가는 실선
② 굵은 파선
③ 굵은 실선
④ 가는 1점 쇄선

43 연납과 경납을 구분하는 온도는?

① 550℃
② 450℃
③ 350℃
④ 250℃

Guide 용접의 한 종류인 납땜법은 450℃를 기준으로 하여 450°보다 높은 온도로 납땜 시 경납땜이라고 하고 이보다 낮은 온도로 납땜하는 것은 연납땜이라고 한다.

44 치수 기입의 원칙에 관한 설명 중 틀린 것은?

① 치수는 필요에 따라 기준으로 하는 점, 선 또는 면을 기준으로 하여 기입한다.
② 대상물의 기능, 제작, 조립 등을 고려하여 필요하다고 생각되는 치수를 명료하게 도면에 지시한다.
③ 치수 입력에 대해서는 중복 기입을 피한다.
④ 모든 치수에는 단위를 기입해야 한다.

Guide ④ 도면에서 모든 치수에는 단위를 기입하지 않는다.

45 일반적인 판금 전개도의 전개법이 아닌 것은 어느 것인가?

① 평행선법
② 방사선법
③ 다각전개법
④ 삼각형법

Guide 전개도법의 종류
평행선법, 방사선법, 삼각형법

46 도면의 척도값 중 실제 형상을 확대하여 그리는 것은?

① 2 : 1
② 1 : $\sqrt{2}$
③ 1 : 1
④ 1 : 2

Guide ① 2 : 1(배척)
② 1 : $\sqrt{2}$(축척)
③ 1 : 1(현척)
④ 1 : 2(축척)

47 구리관의 끝 부분을 정확한 지름의 원형으로 만들 때 사용하는 공구는?
① 가열기 ② 커터
③ 사이징 툴 ④ 익스팬더

48 KS 기계재료 표시기호 "SS 400"의 400은 무엇을 나타내는가?
① 경도 ② 연신율
③ 탄소 함유량 ④ 최저 인장강도

> **Guide** • SS : 일반구조용 압연강재
> • 400 : 최저 인장강도

49 강관을 4조각 내어 90° 마이터 관을 만들려 할 때 절단각은 얼마인가?
① 7.5° ② 11.25°
③ 15° ④ 22.5°

> **Guide** 절단각 = $\dfrac{중심각}{2 \times (편수-1)} = \dfrac{90}{2 \times (4-1)} = 15°$

50 수도용 경질 염화비닐관의 종류가 아닌 것은 어느 것인가?
① TS관 ② 편수 컬러관
③ 직관 ④ U관

> **Guide** 수도용 경질 염화비닐관은 관의 모양에 따라 직관, TS관 및 편수 칼라관의 3종류가 있다.

51 폴리부틸렌관 이음에 필요한 부속을 나열하였다. 필요하지 않은 것은 다음 중 어느 것인가?
① 그래브 링(Grab Ring)
② 플랜지(Flange)
③ 스페이스 와셔
④ O-링

> **Guide** 폴리부틸렌관(PB관) 부속은 캡, O-링, 와셔, 그래브 링, 보조와TU, 이음관 본체로 구성되어 있다.

52 파이프 나사부의 길이를 필요 이상 길게 만들어서는 안 되는 중요한 이유가 아닌 것은?
① 관 재료를 절약하기 위해
② 관 두께가 얇아지기 때문에
③ 나사부의 강도가 감소되기 때문에
④ 아연 도금한 부분이 깎여 부식되기 쉬운 부분이 많아지기 때문에

53 다음 중 100°C 이상의 고온 배관으로 사용할 수 없는 개스킷은?
① 네오프렌 ② 금속류
③ 천연고무 ④ 합성수지류

54 배관용 보온재 중 고순도의 알루미나와 실리카를 전기로에서 2,000°C의 고온으로 용융시키고 그 고용융체를 증기 또는 공기의 고속 기체로 내뿜어 섬유화하는 방법으로 제조된 것은 어느 것인가?
① 블로 울(Blow Wool)
② 글라스 폼(Glass Foam)
③ 세락 울(Cerak Wool)
④ 슬래그 울(Slag Wool)

55 신축 이음에서 평면상의 변위 및 입체적인 범위까지 흡수하여 어떠한 형상에 의한 신축에도 배관이 안전한 신축 이음쇠는?
① 볼조인트 신축 이음쇠
② 루프형 신축 이음쇠
③ 슬리브 신축 이음쇠
④ 스위블 신축 이음쇠

정답 47 ③ 48 ④ 49 ③ 50 ④ 51 ② 52 ① 53 ③ 54 ③ 55 ①

56 스테인리스 강관의 특성이 아닌 것은 어느 것인가?

① 내식성이 우수하다.
② 강관에 비해 기계적 성질이 우수하다.
③ 저온 충격에 약하다.
④ 위생적이어서 적수, 백수, 청수의 염려가 적다.

Guide 스테인리스 강관은 철에 크롬을 함유하여 만들어 강관에 비해 기계적 강도와 내식성이 우수하며 일반 탄소강과 달리 저온 상태에서도 충격에 깨지지 않는 저온충격인성과 고압내구성이 뛰어나다.

57 다음 중 내열성, 내수성이 크고 전기절연도가 우수하며 도료접착제, 방식용으로 널리 사용되는 도장재료는?

① 광명단 도료
② 합성수지 도료
③ 알루미늄 도료
④ 에폭시 수지

Guide 에폭시 수지는 철 표면과 각종 도금면에 대하여 강한 접착력이 있는 동시에 내약품성, 내열성 및 전기절연도가 우수하여 도료접착제, 방식용으로 널리 사용되고 있다.

58 배수용 주철관 이형관의 설명 중 틀린 것은?

① 이음쇠 부분에 찌꺼기가 쌓이는 것을 방지하기 위해 분기관이나 Y자형으로 매끄럽게 만들어져 있다.
② 이음부는 주로 소켓 이음관으로서 여러 종류가 있다.
③ 배수용 주철관과 배수용 연관을 쉽게 접합할 수 있다.
④ 굴곡부는 주로 동관 엘보로 한다.

Guide 주철관 이형관이란 굴곡부나 분기되는 지점에 지름이 서로 다른 관을 연결하는 데 쓰이는 관을 말하며 굴곡부는 동일 재질의 주철 엘보를 사용한다.

59 다음 중 전동 밸브에 해당되는 것은 어느 것인가?

① 2방향 밸브
② 감압 밸브
③ 안전 밸브
④ 체크 밸브

Guide 전동 밸브
- 전동 밸브는 전동기에 연결 기구와 밸브 본체를 조립한 것으로, 조절 밸브용이며 부하에 따른 유량을 제어하기 위한 것이다. 밸브의 여닫음 조절이 가능해 유량 조절이 가능하다.
- 종류 : 2방향 밸브(2 – way valve), 3방향 밸브(3 – way valve)

60 다음 주철관의 이음법 중 다소의 굴곡에서도 누수가 없고 수중에서도 이음이 가능한 이음방법은?

① 소켓 이음
② 플랜지 이음
③ 메커니컬 이음
④ 빅토릭 이음

Guide 메커니컬 이음은 고무링에 의해 수밀이 이루어지며 주로 덕타일 주철관에 사용되고 있는 이음방식이다.

정답 56 ③ 57 ④ 58 ④ 59 ① 60 ③

2023년 2회차 시행

CBT(Computer Based Training)문제는 공개되지 않으므로 수험생들의 기억에 의해 복원된 문제임을 알려드립니다.

01 파이프 랙(Pipe Rack)의 간격 결정 조건으로 틀린 것은?

① 배관 구경의 대소
② 배관 내 유체의 종류
③ 배관 내 마찰저항
④ 배관 내 유체의 온도

Guide 파이프 랙 설치 시 배관의 크기, 유체의 종류와 온도 등에 따라 파이프 랙의 간격을 결정한다.

02 도시가스 공급설비에서 부취제(付臭劑)에 관한 설명으로 올바른 것은?

① 냄새를 제거하여 누설을 쉽게 감지할 수 없도록 하기 위함이다.
② 독성이 없고, 낮은 농도에서는 냄새 식별이 되지 않는 부취제이어야 한다.
③ 사용되는 부취제는 가스의 종류와 공급지역에 따라 차이가 없도록 한다.
④ 가스의 누설을 초기에 발견하여, 중독 및 폭발사고를 방지하기 위함이다.

Guide 부취제
- 도시가스 공급망 배관 등에 가연성가스를 투입하여 가스 누출 시 후각으로 감지할 수 있도록 사용된다.
- 첨가량 : 공기 중 용량의 1/1,000에서 감지가 가능하도록 혼합한다.
- 종류
  - TBM(Teriary Butyl mercaptan) : 양파 썩는 냄새
  - DMS(Dimethyl Sulfide) : 마늘 냄새
  - THT(Terta Thiohen) : 석탄가스 냄새

03 압축공기 배관설비 부속장치에 대한 설명으로 틀린 것은?

① 분리기는 외부에서 흡입된 습기를 압축에 의해 분리하는 장치이다.
② 공기 탱크는 공기의 흡입 측 압력을 증가시키기 위한 장치이다.
③ 공기여과기는 공기 속의 먼지를 제거하기 위한 장치이다.
④ 공기흡입관은 압축할 공기를 흡입하기 위한 관이다.

Guide ② 공기 탱크는 압축기(Compressor)에서 생산된 압축공기를 저장하는 설비로 공기를 안정적으로 공급하기 위한 설비이다.

04 급수배관 시공에 대한 설명으로 틀린 것은?

① 급수배관의 최소 관경은 원칙적으로 20mm로 한다.
② 음료용 배관을 배수관, 잡용수관 등 다른 배관과 직접 연결시켜서는 안 된다.
③ 급수관은 수리 시 관 속의 물을 완전히 뺄 수 있도록 기울기를 주어야 한다.
④ 급수관과 배수관을 근접하여 매설하는 경우에는 원칙적으로 양 배관의 수평 간격을 100mm 이상으로 하고 급수관은 배수관의 아래쪽에 매설한다.

Guide 급/배수관 매설 시 각 배관의 수평 간격은 최소 100mm 이상으로 하고 급수관은 배수관의 위쪽에 매설한다.

정답 01 ③ 02 ④ 03 ② 04 ④

05 스팀 사일렌서(Steam Silenser)를 사용하여 증기를 직접 물속에 넣어 가열하는 급탕기로 맞는 것은?

① 전기순간 온수기　② 저탕식 급탕기
③ 가스순간 급탕기　④ 기수혼합 급탕기

Guide 기수혼합 급탕기는 증기를 직접 물속에 넣어 가열하는 급탕설비이며 이때 발생하는 소음을 줄이기 위해 스팀 사일렌서라는 설비를 사용한다.

06 펌프에서의 캐비테이션(Cavitation) 발생조건이 아닌 것은?

① 유체의 온도가 높을 경우
② 흡입 양정이 짧을 경우
③ 날개 차의 원주속도가 클 경우
④ 날개 차의 모양이 적당하지 않을 경우

Guide 캐비테이션 현상(공동 현상)
펌프 내의 고속 저압부에서 발생한 기포가 고압부로 유동하여 소멸될 때 충격성 소음이나 침식 등이 발생하는 현상으로 펌프의 성능이 저하되는 원인이 된다. 보통 흡입 양정이 과대한 경우 발생한다.

07 100A 강관을 inch계(B자)의 호칭으로 지름을 표시하면 얼마인가?

① 1B　② 2B
③ 3B　④ 4B

Guide 1inch = 25.4mm이므로
호칭지름 = $\frac{100mm}{25.4mm}$ = 4B

08 공기 조화장치에서 공기 중 먼지나 매연을 제거, 공기를 세척하고 습도 조절의 기능이 있으며 입구에는 루버가 있고 출구에는 일리미네이터가 있는 것은?

① 가습기　② 공기 송풍기
③ 공기 여과기　④ 공기 세정기

Guide 공기 세정기(Air Washer)
미세한 물방울과 공기를 직접 접촉시켜 공기의 냉각 및 습도 조절을 위해 사용되는 설비이다.

09 AW-300인 교류 아크 용접기의 정격 2차 전류는 얼마인가?

① 150A　② 220A
③ 300A　④ 600A

Guide AW-300인 교류 아크 용접기의 정격 2차 전류는 300A이다.

10 일반적인 손수레 사용 운반 작업 시 주의사항으로 틀린 것은?

① 운전 중 질주나 돌진하지 않도록 한다.
② 전방이 안 보일 정도로 적재하지 않는다.
③ 적재는 가능한 중심이 밑으로 오도록 한다.
④ 가벼운 화물은 적재 허용 하중을 초과하여 적재한다.

Guide ④ 가벼운 화물일지라도 적재 허용 하중을 초과 적재하면 안 된다.

11 다음 중 SI 기본 단위가 아닌 것은?

① 시간(s)　② 길이(mm)
③ 질량(kg)　④ 전류(A)

Guide SI(국제단위계)의 7가지 기본단위

물리량	이름	단위
길이	미터(Meter)	m
질량	킬로그램(Kilogram)	kg
시간	초(Second)	s
전류	암페어(Ampere)	A
열역학적 온도	켈빈(Kelvin)	K
물질량	몰(Mole)	mol
광도	칸델라(Candela)	cd

정답　05 ④　06 ②　07 ④　08 ④　09 ③　10 ④　11 ②

12 열 교환기의 배관시공상 유의사항으로 틀린 것은?

① 밸브는 가급적 열교환기의 노즐에서 멀리 부착하는 것이 좋다.
② 배관은 가급적 짧게 하고 불필요한 루프나 에어포켓은 피한다.
③ 다관 원통형 열교환기에서 연속된 열교환기는 2단으로 겹쳐 설치하나, 3단으로 겹치는 것은 열응력을 고려해야 한다.
④ 열교환기는 보통 집단적으로 배치된다. 따라서 일관성과 보수 공간이 필요하다.

Guide ① 밸브는 가급적 열교환기의 노즐에서 가까운 곳에 부착하여 항상 신속하게 조작이 가능하도록 한다.

13 배수 관경이 100A 이하일 때 일반적인 경우 청소구는 몇 m마다 1개소씩 설치하는가?

① 15 ② 40
③ 50 ④ 80

Guide 길이가 긴 수평배수관의 청소구 설치
• 관경 100A 이하는 15m마다
• 관경 100A 이상은 30m마다

14 배관시설의 세정방법에 관한 설명으로 틀린 것은?

① 기계적 세정방법은 플랜트 본체나 부분을 분해하거나 해체할 필요가 없다.
② 화학 세정법은 보통 설비를 운전하고 있는 상태에서 세정하는 방법이다.
③ 산 세정법에서는 부식억제제의 선택이 매우 중요하다.
④ 알칼리 세정은 유지류 및 규산계 스케일 등의 제거에 활용된다.

Guide 배관시설의 화학적 세정법은 플랜트 본체의 분해 없이 세정이 가능하나 기계적 세정법은 플랜트 본체를 분해해야 세척이 가능하다.

15 설비작업 시에 생긴 유지분과 산화실리콘(SiO_2)을 제거할 목적으로 주로 보일러 세정에 사용하는 화학 세정의 종류로 가장 적합한 것은?

① 알칼리 세정   ② 소다(Soda) 세정
③ 유기용제 세정 ④ 중화(中和) 세정

Guide 보일러 내부에 생긴 유지분, 산화실리콘 등은 그 특성상 기계적인 내부 청소가 어려워 보일러수에 가성소다를 넣고 가열하여 보일러를 순환시키는 방법으로 제거한다.

16 사용압력에 따른 도시가스 공급방식이 아닌 것은?

① 저압 공급방식   ② 중압 공급방식
③ 고압 공급방식   ④ 특고압 공급방식

Guide 도시가스의 공급압력
• 저압 : 0.1MPa 이하
• 중압 : 0.1~1.0MPa 이하
• 고압 : 1MPa 초과

17 단독처리 정화조에서 오물정화처리 순서로 맞는 것은?

① 부패조 → 소독조 → 예비여과조 → 산화조
② 예비여과조 → 부패조 → 소독조 → 산화조
③ 소독조 → 부패조 → 예비여과조 → 산화조
④ 부패조 → 예비여과조 → 산화조 → 소독조

18 배관설비계의 진동을 흡수하여 배관설비를 보호하는 것이 주요 목적인 지지장치로 맞는 것은?

① 스톱 밸브   ② 가셋 스테이
③ 브레이스   ④ 하트포트

Guide 브레이스(Brace)는 배관에 발생하는 진동을 흡수하는 기능을 하며 구조에 따라 스프링식과 유압식이 있다.

정답 12 ① 13 ① 14 ① 15 ② 16 ④ 17 ④ 18 ③

19 동관의 외경 산출공식에 의해 150A의 외경을 산출한 것으로 옳은 것은?

① 150.42mm   ② 155.58mm
③ 160.25mm   ④ 165.60mm

Guide 동관 관경 계산 = 호칭경 인치 + $\frac{1}{8}$ 인치

150A는 6인치이므로

$(6 \times 25.4) + (25.4 \times \frac{1}{8}) = 155.58\text{mm}$

20 직경이 10cm인 관에 물이 4m/s의 속도로 흐르고 있다. 이 관에 출구 직경이 2cm인 노즐을 장치한다면 노즐에서 분출되는 유속은 몇 m/s인가?

① 80   ② 100
③ 120   ④ 125

Guide $Q = A_1 V_1 = A_2 V_2$
(여기서, A : 관의 단면적, V : 유속)

원의 단면적$(A) = \frac{\pi d^2}{4}$ 이므로

$\frac{3.14 \times (0.1)^2}{4} \times 4\text{m/sec} = \frac{3.14 \times (0.02)^2}{4} \times V_2$

$0.00785\text{m}^2 \times 4\text{m/sec} = 0.000314\text{m}^2 \times V_2$

$0.0314\text{m}^3/\text{sec} = 0.000314\text{m}^2 \times V_2$

$\frac{0.0314\text{m}^3/\text{sec}}{0.000314\text{m}^2} = V_2$

$100\text{m/sec} = V_2$

21 자동제어의 유압장치에 사용되는 펌프가 아닌 것은?

① 기어 펌프   ② 플런저 펌프
③ 베인 펌프   ④ 볼류트 펌프

Guide ④ 볼류트 펌프는 급수 펌프용으로 사용된다.

22 복사난방에 관한 설명으로 올바른 것은?

① 저온식은 패널의 표면 온도가 80~90℃이다.
② 실내 공기의 대류가 심하고 공기가 오염되기 쉽다.
③ 홀이나 공회당과 같이 천정이 높은 방에 적합하다.
④ 적외선식 복사난방은 공장이나 창고 또는 실외에서 제한된 일부구역을 난방할 수 없다.

Guide **복사난방의 특징**
- 일반적으로 패널의 표면온도가 50℃ 이하를 저온식이라고 한다.
- 인체에 쾌감도가 가장 높은 난방방식이다.
- 실내층고가 높은 경우 상하 온도차가 작아 난방효과가 양호하다.

23 배관의 열 변형에 대응하기 위하여 사용하는 신축 이음쇠 중 고압에 잘 견디며 설치공간을 많이 차지하여 옥외배관에 많이 쓰이는 것은?

① 벨로스형 신축 이음쇠
② 슬리브형 신축 이음쇠
③ 스위블형 신축 이음쇠
④ 루프형 신축 이음쇠

Guide 루프형 신축 이음쇠는 곡관형 신축 이음쇠라고도 하며 고압에 잘 견디지만 응력이 생기기 쉬운 단점이 있다.

24 표준대기압을 나타내는 값으로 틀린 것은?

① 760mmHg   ② 10.33mAq
③ 101.325kPa ④ 14.7bar

Guide **표준대기압(atm)**
760mmHg = 10.33mAq = 101.325kPa
= 14.7psi = 1.013bar

정답 19 ② 20 ② 21 ④ 22 ③ 23 ④ 24 ④

25 호칭지름 13mm인 일반 배관용 스테인리스 강관(재질 304) 프레스식 관 이음쇠로 90° 엘보를 의미하는 것은?

① KS B 1547 13-90E-304
② KS B 1547 DN13-90E-304
③ KS B 1547 304-90E 13
④ KS B 1547 90E 13-304

Guide
- KS B 1547 : 일반 배관용 스테인리스 강관 프레스식 관 이음쇠
- 90E : 90° 엘보
- 13 : 호칭지름
- 304 재질 : 오스테나이트계 스테인리스 18% Cr - 8% Ni

26 동일 관로에서 관의 지름이 0.5m인 곳에서 유속이 4m/s이면, 지름 0.2m인 곳에서의 관 내 유속은?

① 9m/s   ② 10m/s
③ 12m/s ④ 25m/s

Guide 유속′ = $A_1 V_1 = A_2 V_2$이므로

$$\frac{3.14}{4} \times (0.5)^2 \times 4 = \frac{3.14}{4} \times (0.2)^2 \times V_2$$

$$\frac{\frac{3.14}{4} \times (0.5)^2 \times 4}{\frac{3.14}{4} \times (0.2)^2} = 25 \text{m/s}$$

27 이종관 이음에 대한 설명으로 맞는 것은?

① 재질이 다른 금속관의 이음은 부식에 주의한다.
② 강관과 주철관 이음은 나사 이음을 많이 사용한다.
③ 전해 작용으로 인한 부식은 거의 없다.
④ 신축은 흡수되므로 고려할 필요가 없고 강도와 중량 등은 고려한다.

Guide 이종관(재질이 서로 다른 관) 이음 시 전해작용으로 인한 부식이 발생하기 때문에 절연 부속 등을 사용해야 한다.

28 동관용 공구 중 직관에서 분기관 성형 시 사용하는 공구는?

① 익스팬더   ② 튜브커터
③ 티 뽑기   ④ 튜브벤더

29 스테인리스강관 몰코 이음 시 사용하는 공구로 맞는 것은?

① 전용 입착공구 ② 포밍 머신
③ 익스팬더   ④ 탄젠트 벤더

Guide 몰코 이음(SR 조인트)은 전용 공구인 압착 프레스를 이용하여 고무링과 스테인리스 배관의 링 삽입 부위를 균일하게 압착하여 접합하는 방식이다.

30 [보기]와 같은 배관 라인 인덱스에서 관에 흐르는 유체의 종류는?

[보기]
2-80A-PA-16-39-HINS

① 작업용 공기   ② 재생 냉수
③ 저압 증기   ④ 연료 가스

Guide Line Index 2-80A-PA-16-39-HINS
                    ㉠ ㉡ ㉢ ㉣ ㉤ ㉥
- ㉠ 장치번호
- ㉡ 배관호칭지름
- ㉢ 유체기호(PA : 작업용 공기)
- ㉣ 배관번호
- ㉤ 배관 종류별 기호
- ㉥ 보온, 보랭기호

31 관을 절단 후 관 단면의 안쪽에 생기는 거스러미를 제거하는 공구는?

① 플레어링 공구 ② 정형기
③ 파이프 리머   ④ 절단 토치

Guide 파이프 리머(Pipe Reamer)는 관의 내경을 경사지게 다듬질하며 배관 절삭 시 발생하는 거스러미(버, Burr)를 제거하는 데 사용된다.

정답 25 ④ 26 ④ 27 ① 28 ③ 29 ① 30 ① 31 ③

32 동관에서 플레어 이음은 일반적으로 관지름 몇 mm 이하의 관을 이음할 때 사용하는가?

① 20mm ② 32mm
③ 40mm ④ 50mm

33 석면시멘트관의 이음에서 2개의 고무링, 2개의 플랜지, 1개의 슬리브를 사용하여 이음하는 것은?

① 기볼트 이음
② 주철제 플랜지 이음
③ 주철제 칼라 이음
④ 심플렉스 이음

Guide 석면시멘트관의 이음법의 종류로는 칼라 이음, 심플렉스 이음, 기볼트 이음이 있으며 이 중 기볼트 이음은 2개의 고무링과 2개의 플랜지, 1개의 슬리브를 사용하는 이음법이다.

34 오스터형 114R(104)번 나사 절삭기로서 절삭할 수 있는 강관의 최대 호칭 지름은 얼마인가?

① 50A ② 65A
③ 80A ④ 100A

35 염화 비닐관의 고무링 이음법에 대한 설명 중 틀린 것은?

① 가열하거나 접착제를 사용해야 하므로 경비가 많이 든다.
② 시공이 간단하고 숙련도가 낮아도 시공이 가능하다.
③ 시공 속도가 빠르고 수압에 견디는 강도가 크다.
④ 신축 및 휨에 대하여 완전하며, 외부의 기후 조건이 좋지 않아도 이음이 가능하다.

36 테르밋 용접에서 테르밋은 무엇과 무엇의 혼합물인가?

① 규사와 납의 분말
② 붕사와 붕산의 분말
③ Al분말과 Mg의 분말
④ Al분말과 산화철의 분말

Guide 테르밋 용접은 산화철 분말과 알루미늄 분말을 3 : 1의 비율로 혼합 후 점화시켜 이때 발생되는 화학적인 열을 이용한 용접법으로 주로 기차 레일의 용접에 사용된다.

37 주철관의 기계식 이음(Mechanical Joint)의 특징에 관한 다음 설명 중 틀린 것은?

① 수중작업이 가능하다.
② 소켓 이음과 플랜지 이음의 장점을 택하였다.
③ 접합 작업이 간단하여 스패너 하나로 시공할 수 있다.
④ 굴곡이 조금만 있어도 누수가 심하다.

38 교류 아크 용접기의 2차 측 무부하 전압은 보통 얼마 정도로 유지하여야 하는가?

① 약 20~30V ② 약 40~50V
③ 약 70~80V ④ 약 180~400V

Guide 교류 아크 용접기는 무부하전압이 보통 70~80V로 직류 아크 용접기에 비해 무부하전압이 높아 감전의 위험이 있기 때문에 전격방지장치를 이용해 무부하 전압을 20~30V로 저하시켜 사용해야 한다.

39 건물 내의 배수 수평주관의 끝에 설치하여 공공하수관에서의 유독가스가 침입하는 것을 방지하는 데 가장 적합한 트랩은?

① 열동식 트랩 ② P 트랩
③ S 트랩 ④ U 트랩

정답 32 ① 33 ① 34 ① 35 ① 36 ④ 37 ④ 38 ① 39 ④

40 밸브 측면에서의 마찰이 적고 열팽창의 영향을 적게 받는 밸브로 고온, 고압에 가장 적합한 밸브는?

① 더블 디스크(Double Disk) 밸브
② 패러럴 슬라이드(Parallel Slide) 밸브
③ 웨이지 게이트(Wedge Gate) 밸브
④ 니들(Needle) 밸브

Guide 패러럴 슬라이드 밸브는 대형의 고온, 고압용 밸브로 디스크와 시트가 평행한 구조를 가지고 있다.

41 수도용 원심력 덕타일 주철관의 특징을 설명한 것으로 틀린 것은?

① 구상흑연 주철관이라고도 하며, 회주철관보다 수명이 길다.
② 정수두에 따라 고압관, 보통압관, 저압관으로 나눈다.
③ 변형에 대한 가용성 및 가공성이 낮다.
④ 재질이 균일하며 강도와 인성이 크다.

Guide 수도용 원심력 덕타일 주철관은 구상흑연 주철관이라고도 하며 재질이 균일하고 강도와 인성이 크며 변형에 대한 가용성 및 가공성이 다른 주철관에 비해 크다.

42 배관 재료 중에서 보통 흄관이라고 부르는 관은?

① 에터니트관
② 석면시멘트관
③ 프리스트레스트관
④ 원심력 철근콘크리트관

43 염화 비닐관에 관한 설명으로 가장 적합한 것은?

① PVC 파이프로 불리며 경질과 연질 2종류가 있다.
② -60℃에서도 취화하지 않으므로 한랭지에 알맞다.
③ 그랩링과 오링으로 특수 접합한다.
④ 엑셀 온돌 파이프라고도 하며 유연성이 아주 좋다.

Guide 염화비닐관(Polyvinyl-chloride Pipe)은 산, 알칼리에 강하고 해수, 약품의 내식성이 뛰어나며 60℃ 이상의 고온 또는 -10℃ 이하의 저온에서는 사용할 수 없다. 가볍고 값이 싸며 가공이 용이해 급수관, 배수관, 통기관 등에 사용되고 있다.

44 동관에 대한 설명으로 맞는 것은?

① 두께별 분류로 K 타입이 가장 두껍다.
② 굽힘, 변형성이 나빠 작업성이 좋지 않다.
③ 내식성은 좋지만 관 내면에 스케일이 잘 생긴다.
④ 열전도율이 낮아 복사난방용 코일재료로는 곤란하다.

Guide 동관은 두께별로 K, L, M 타입의 세 종류가 있으며 그중 K타입이 가장 두껍다. (두꺼운 정도 : K>L>M)

45 다음 중 유기질 보온재가 아닌 것은?

① 펠트   ② 규조토
③ 코르크   ④ 기포성 수지

Guide 유기질 보온재의 종류로는 펠트류, 텍스류, 폼류(기포성 수지), 탄화 코르크 등이 있다.

46 비철 금속관에 대한 설명 중 올바른 것은?

① 연관은 내산성 및 내알칼리성이 좋다.
② 동관은 굽힘 및 절단 등의 가공이 어렵다.
③ 알루미늄관은 순도가 높을수록 가공성이 좋다.
④ 주석관은 가격은 저렴하나 묽은 산에 침식된다.

Guide 알루미늄 등 일반적인 금속은 순도가 높은 경우 가공성이 좋은 반면 강도가 약하다.

정답 40 ② 41 ③ 42 ④ 43 ① 44 ① 45 ② 46 ③

47 보통 비스페놀과 에피크롤히드린을 결합해서 얻어지며 내열성, 내수성이 크고 전기절연성도 우수하며, 도료 접착제용 및 방식용으로 널리 사용되는 것은?

① 광명단 ② 알루미늄
③ 아스팔트 ④ 에폭시 수지

Guide 에폭시 수지는 철 표면과 각종 도금면에 강한 접착력이 좋고 내약품성이 좋은 반면 변색 및 작업성이 까다롭다.

48 다음은 강관 플랜지의 시트(Seat) 종류이다. 이 중 위험성이 있는 유체의 배관 또는 매우 기밀을 요구할 때 사용되는 것은 어느 것인가?

① 전면 시트 ② 대평면 시트
③ 소평면 시트 ④ 홈꼴형 시트

49 다음 배관 부속 중 배관설비에서 사용 중 분해 수리 및 교체가 필요한 곳에 사용하는 것은?

① 플러그 ② 유니언
③ 부싱 ④ 니플

50 일명 펙레스(Packless) 신축 이음쇠라고도 하며 설치공간을 많이 차지하지 않으나, 고압배관에 부적당한 신축 이음쇠는?

① 슬리브형 신축 이음쇠
② 벨로스형 신축 이음쇠
③ 스위블형 신축 이음쇠
④ 루프형 신축 이음쇠

51 그림과 같은 제3각법 정투상도에서 미완성된 평면도를 바르게 투상한 도면은?

52 이음쇠 끝 부분의 집합부 형상을 나타내는 기호 중 수나사가 있는 접합부를 의미하는 기호는?

① M ② F
③ C ④ P

Guide
• M : 나사가 밖으로 난 나사 이음 부속의 끝 부분
• F : 나사가 안으로 난 나사 이음 부속의 끝 부분
• C : 연결부속 내부로 동관이 들어가는 형태

53 아래의 배관제도에서 +3,200의 치수가 의미하는 것은?

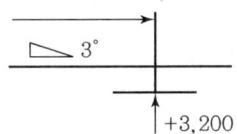

① 관의 윗면까지 높이 3,200mm
② 관의 중심까지 높이 3,200mm
③ 관의 아랫면까지 높이 3,200mm
④ 관의 3° 기울어진 길이 3,200mm

54 단면도의 표시에 관한 설명으로 틀린 것은?

① 가려져서 보이지 않는 부분을 알기 쉽게 나타내기 위하여 단면도로 도시할 수 있다.
② 단면도의 도형은 절단면을 사용하여 대상물을 절단하였다고 가정하고 절단면의 앞 부분을 제거하고 그린다.
③ 2개 이상의 절단면을 조합하여 하나의 단면도로 나타낼 수도 있다.
④ 얇은 단면의 경우 실제 단면 두께와 같은 선 굵기의 실선으로 표시한다.

정답 47 ④ 48 ④ 49 ② 50 ② 51 ② 52 ① 53 ③ 54 ④

55 그림과 같은 입체도의 제3각 정투상도로 가장 적합한 것은?

정면

① ②
③ ④

56 건설 또는 제조에 필요한 모든 정보를 전달하기 위한 도면으로 공정도, 시공도, 상세도로 구분되는 도면은 어느 것인가?
① 계획도 ② 제작도
③ 주문도 ④ 견적도

57 도면의 척도 값 중 실제 형상을 축소하여 그리는 것은?
① 100 : 1 ② $\sqrt{2}$: 1
③ 1 : 1 ④ 1 : 2

Guide ① 100 : 1(배척) ② $\sqrt{2}$: 1(배척)
③ 1 : 1(현척) ④ 1 : 2(축척)

58 배관 도시법에 있어 치수 기입법 중 높이 표시가 아닌 것은?
① EL ② BL
③ GL ④ FL

Guide
• EL : 배관 높이 표시 기준선
• GL : 지면의 높이기준
• FL : 건물의 바닥면 기준

59 나사 호칭 표시 "M20×2"에서 숫자 "2"의 뜻은?
① 나사의 등급 ② 나사의 줄 수
③ 나사의 지름 ④ 나사의 피치

Guide 나사부의 피치(Pitch)란 서로 인접한 나사산과 나사산 사이의 축 방향 거리를 의미한다.

60 외경 50mm인 증기관으로 오메가형 루프 이음을 설치할 경우 흡수해야 할 배관 길이를 10mm로 한다면 벤드의 전 길이는 얼마인가?
① 1.65mm ② 500mm
③ 22.36cm ④ 223cm

Guide 신축관의 길이$(l) = 0.073\sqrt{d \cdot \Delta l}$
$= 0.073\sqrt{50 \times 10} \fallingdotseq 1.65\text{m}$

정답 55 ③ 56 ② 57 ④ 58 ② 59 ④ 60 ①

2024년 2회차 시행

CBT(Computer Based Training)문제는 공개되지 않으므로 수험생들의 기억에 의해 복원된 문제임을 알려드립니다.

01 화씨온도 23°F를 섭씨온도로 환산하면 약 얼마인가?

① 19℃   ② −19℃
③ −5℃   ④ 5℃

Guide ℃(섭씨온도) = $\frac{5}{9} \times (°F - 32)$ 이므로

$\frac{5}{9} \times (23 - 32) = -5℃$

02 다음 중 수동용 나사절삭기의 형식이 아닌 것은?

① 리드형   ② 오스터형
③ 비버형   ④ 라쳇형

Guide 수동 나사절삭기의 종류
오스터형, 리드형, 비버형

03 No.107의 오스터형 오스터로 사용 가능한 관경은?

① 8A~32A
② 15A~50A
③ 40A~80A
④ 65A~100A

Guide 오스터형 오스터의 호칭번호별 사용관경
- No.102 : 8A~32A
- No.104 : 15A~50A
- No.105 : 40A~80A
- No.107 : 65A~100A

04 다음 동력 나사절삭기에 대한 설명 중 잘못된 것은?

① 가장 간단하여 운반이 쉽고 관지름이 적은 곳에 사용되는 것은 오스터식이다.
② 다이헤드식은 관의 절단, 나사절삭 및 거스러미 제거의 기능을 모두 가지고 있다.
③ 동력나사절삭기의 종류로는 다이헤드식, 호브식, 램식이 있다.
④ 호브식 동력나사절삭기에 사이드 커터를 장착하면 관의 나사절삭과 절단 작업이 동시에 가능하다.

Guide 동력나사절삭기의 종류
오스터식, 호브식, 다이헤드식

05 다음은 강관을 구부릴 때 쓰는 공구의 종류이다. 틀린 것은?

① 파이프 벤더   ② 유압식 벤더
③ 롤러식 벤더   ④ 앵글 벤더

Guide 앵글 벤더
임의의 모양으로 형강을 굽히는 기계
*형강(形鋼)이란 H형, L형 등 일정한 단면 모양으로 미리 성형된 긴 강철을 말한다.

06 동관의 플레어 접합은 호칭지름 몇 mm 이하의 관을 접합할 때 사용되는가?

① 20   ② 35
③ 50   ④ 85

Guide 동관의 접합법에는 플레어 이음, 납땜 이음, 플레어 이음 등이 있다. 이 중 플레어 이음(Flare Joint)은 압축접합의 한 형태로 플레어링 툴셋을 이용하여 나팔관 모양으로 벌려서 접합하는 방식이며 주로 20mm 이하의 관에서 사용된다.

정답 01 ③ 02 ④ 03 ④ 04 ③ 05 ④ 06 ①

07 다음 배관용 공구 중 연관을 구부리는 데 사용되는 공구는?
① 봄볼　② 로터리 벤더
③ 멜릿　④ 벤드벤

Guide 연공용 공구
봄볼(주관에 구멍을 뚫을 때 사용), 벤드벤(연관을 굽힐 때 사용)

08 다음 중 버니어 캘리퍼스의 용도로 잘못된 것은?
① 원호 및 원그리기　② 안지름 측정
③ 바깥지름 측정　④ 깊이나 두께 측정

Guide 버니어 캘리퍼스는 피측정물의 안지름, 바깥지름 및 깊이나 두께를 측정하는 데 사용된다.

09 강관의 슬리브 용접 이음 시 슬리브의 길이는 관지름의 몇 배 정도가 적당한가?
① 1.2~1.7배　② 2.0~2.5배
③ 2.5~3.0배　④ 2.2~2.7배

Guide 강관을 용접 접합하는 경우 맞대기 용접과 슬리브 용접 이음을 사용하며 슬리브 용접 이음하는 경우 슬리브의 길이는 관지름의 1.2~1.7배가 가장 적당하다. 슬리브는 특수 배관용 삽입 용접식 이음쇠를 사용하며 주로 스테인리스강 배관 이음에 사용한다. 분해할 필요가 많은 경우에는 사용되지 않는다.

10 일반적으로 관의 지름이 크고 분해할 필요가 있는 경우에 사용되는 파이프 이음으로 가장 적합한 것은?
① 턱걸이 이음　② 플랜지 이음
③ 유니언 이음　④ 신축이음

Guide 관을 분해할 필요가 있는 경우 유니언 이음(50A 이하)과 플랜지 이음(50A 이상)을 사용한다. 관의 지름이 큰 경우 일반적으로 플랜지 이음을 사용한다.

11 파이프 벤더로 벤딩 작업을 할 때의 주의사항으로 잘못된 것은?
① 굽힘각도 조절판에 각도 세팅을 반드시 확인한다.
② 기계의 굽힘 능력 이상의 관을 굽히지 않는다.
③ 긴 관을 벤딩하는 경우 회전방향에 따라 급속히 굽힌다.
④ 관이 미끄러지면 굽힘을 중단하고 재조정한다.

Guide 긴 관을 벤딩할 때 회전방향에 따라 급속히 굽히는 경우 관이 찌그러질 수 있다.

12 동관, PVC관, 폴리에틸렌관 등의 소켓이음에서 접합부의 삽입길이는 관지름의 몇 배 정도인가?
① 0.7~1.0배　② 2.0~2.5배
③ 1.5배　④ 2.5~3.0배

Guide 소켓이음의 접합부 삽입길이는 관지름의 1.5배 정도가 적당하다.

13 다음 중 동관 벤딩 시 적당한 가열온도는 몇 ℃인가?
① 400~500℃　② 600~700℃
③ 800~900℃　④ 900~1,000℃

Guide 동(Cu)의 용융점이 약 1,080℃라는 점을 감안한다면 600~700℃의 정도로 가열하는 것이 가장 적당하다.

14 배관을 몰코 이음쇠에 끼우고 전용 압착공구로 약 10초간 압착해 주는 방식이며 이음이 완료되는 스테인리스관의 이음방법으로 일명 SR조인트라고도 불리는 이음법은?
① 노허브 이음　② 몰코 이음
③ 빅토릭 이음　④ MR 이음

정답 07 ④　08 ①　09 ①　10 ②　11 ③　12 ③　13 ②　14 ②

Guide 몰코 이음법은 작업이 단순하고 화기를 사용하지 않아 화재의 위험이 없으며 경량배관 및 청결배관 시공이 가능하다.

15 땜납은 납(Pb)과 주석(Sn)의 합금으로 납의 양이 38%, 주석의 양이 62%일 때 가장 낮은 용융온도를 가지게 되며, 이 점을 공정점이라 부르는데 이때의 공정점의 온도는 몇 ℃인가?

① 150℃ ② 183℃
③ 232℃ ④ 327℃

Guide **공정점**
두 가지 이상 성분의 혼합 액체를 냉각시킬 때, 각 성분 물질이 순수 물질 모양으로 정출되는 현상을 공정반응이라고 하며 그 온도점을 공정점이라고 한다. 땜납이 가장 낮은 용융점을 가지게 될 때의 공정점은 183℃이다.

16 연관을 벤딩하는 경우 가장 적합한 예열온도는 몇 ℃인가?

① 80℃ ② 100℃
③ 180℃ ④ 200℃

Guide 납(Pb)의 용융점은 327℃이며 전연성이 풍부해 100℃로 예열 후 벤딩이 가능하다.

17 다음 중 콘크리트관 이음법의 종류에 해당되지 않는 것은?

① 콤포 이음
② 몰코 이음
③ 심플렉스 이음
④ 턴 앤드 글로브 이음

Guide 콘크리트관의 이음법에는 콤포 이음, 심플렉스 이음, 턴 앤드 글로브 이음법 등이 있다. 몰코 이음은 스테인리스관의 이음법에 속한다.

18 용접 작업 시 가접을 하는 이유로 가장 적당한 것은?

① 용접 시 발생하는 응력의 발생을 크게 하기 위하여
② 용접 자세를 편하게 하기 위하여
③ 제품의 치수를 크게 하기 위하여
④ 피용접물의 변형을 방지하기 위하여

Guide 가접(Tack welding)은 용접 작업 시 피용접물의 변형을 방지하기 위하여 실시한다.

19 아세틸렌가스가 산소공급원 없이 자연폭발하는 온도점은?

① 348℃ 이상 ② 406~408℃
③ 505~515℃ ④ 780℃ 이상

Guide 아세틸렌가스의 자연발화점은 406~408℃이며, 자연폭발온도점은 505~515℃이다.

20 가스용접기 팁의 종류 중 독일식 팁의 번호는 무엇을 나타내는가?

① 산소용기 니들 밸브의 지름
② 연강판의 용접 가능한 판두께
③ 산소분출구의 모양
④ 아세틸렌 분출구의 모양

Guide 가스용접기의 팁은 독일식과 프랑스식으로 구분되며 독일식 팁의 번호는 용접 가능한 판의 두께를 나타낸다.(프랑스식 팁번호는 단위시간당 분출되는 아세틸렌가스의 양)

21 가스용접 시 플럭스(용제)를 사용하는 이유는?

① 용접봉의 용융속도를 천천히 하기 위해
② 모재의 용융온도를 낮게 하기 위해
③ 용접 중 모재 표면의 산화막을 제거하기 위해
④ 질화작용이 발생될 수 있도록 하기 위해

Guide 가스용접 시 모재 표면의 산화막을 제거하기 위해 용재를 사용한다.(단, 연강 용접 시 사용하지 않음)

정답 15 ② 16 ② 17 ② 18 ④ 19 ③ 20 ② 21 ③

22 산소 아세틸렌 용접에서 박판의 용접에 적당한 용접법은?
① 전진법 ② 후진법
③ 가진법 ④ 도진법

Guide 박판의 용접 시 전진법이 사용되며 후판의 용접 시 후진법이 사용된다.

23 가스 절단에 영향을 미치는 요소에 포함되지 않는 것은?
① 모재의 재질
② 팁의 크기와 모양
③ 산소 압력
④ 아세틸렌의 압력

Guide 가스 절단 시 영향을 미치는 요소
팁의 크기 및 모양, 산소의 순도와 압력, 모재의 재질, 예열불꽃의 세기 및 온도, 팁의 거리 등이 있다.

24 다음 중 연소반응 시 발생하는 현상이 아닌 것은?
① 환원 ② 산화
③ 폭발 ④ 열분해

Guide 연소반응 시 환원, 산화, 열분해가 발생한다.

25 아스베스토스(Asbestos)를 주원료로 만들며 균열이 생기지 않고 부서지지 않아 진동이 심한 선박이나 탱크 노벽에 사용하는 무기질 단열재는?
① 탄산마그네슘 ② 석면
③ 암면 ④ 규조토

Guide 석면 보온재는 아스베스토스질 섬유로 되어 있으며 400°C 이하의 파이프, 탱크, 노벽 등의 보온재로 적합하다. 또한 석면은 사용 중 갈라지지 않으며 진동을 발생하는 장치의 보온재로 많이 사용된다.

26 밸브의 종류 중 하나인 콕(Cock)의 가장 중요한 장점은?
① 대유량 수송에 적당하다.
② 개폐가 빠르다.
③ 기밀을 유지하기 쉽다.
④ 고압 대유량에 적합하다.

Guide 콕은 고압 대유량에는 적합하지 않으나 개폐가 빨라 가정집 등에서 일반적으로 사용되고 있다.

27 공기조화방식의 분류에서 물-공기 방식에 속하지 않는 것은?
① 덕트 병용 팬코일 유닛 방식
② 이중 덕트 방식
③ 유인 유닛 방식
④ 덕트 병용 복사 냉방 방식

Guide 이중 덕트 방식은 전-공기 방식으로 열매체로 공기만을 사용하는 방식이다. 냉·온풍 2개의 공급 덕트와 1개의 환기 덕트로 구성되어 있으며, 실내의 취출구 앞에 설치한 혼합상자에서 룸 서모스탯에 의해 냉, 온풍을 조절하여 송풍량으로 실내 온도를 유지하는 방식이다. 이 방식은 개별 제어가 가능하다.

28 유체를 증기 또는 장치 중의 폐열 유체로 가열하여 필요한 온도까지 상승시키기 위하여 사용하는 열 교환기는?
① 예열기 ② 가열기
③ 재비기 ④ 증발기

Guide 가열기는 폐열 유체를 사용하여 가열하며 필요한 온도까지 상승시키기 위해 사용하는 열교환기이다.

29 증기와 응축수의 열역학적 특성에 따라 작동되는 증기트랩은?
① 디스크형 트랩 ② 버킷형 트랩
③ 플로트형 트랩 ④ 바이메탈형 트랩

정답 22 ① 23 ④ 24 ③ 25 ② 26 ② 27 ② 28 ② 29 ①

> **Guide** 열역학적 트랩의 종류
> 오리피스 트랩, 임펄스 트랩

30 다음 중 증기를 교축하는 경우 변화가 없는 것은 어느 것인가?
① 온도
② 엔트로피
③ 건도
④ 엔탈피

> **Guide** 증기교축은 등엔탈피의 변화라고도 하며 이때는 엔탈피의 변화 없이 엔트로피가 증가한다.
> • 엔탈피 : 어떤 물질이 가지고 있는 에너지양 또는 에너지 덩어리
> • 엔트로피 : 필요 없는 에너지(일을 하지 못하는 에너지)

31 보온 피복재 중 유기질 피복재가 아닌 것은?
① 코르크
② 암면
③ 기포성 수지
④ 펠트

> **Guide** 암면은 무기질 보온재로 400℃ 이하의 배관, 탱크의 보온재로 사용된다.
> • 유기질 보온재 : 펠트, 탄화코르크, 기포성수지 등
> • 무기질 보온재 : 암면, 규조토, 탄산마그네슘, 유리섬유, 슬래그섬유, 글라스울 폼 등

32 압력계에 대한 설명으로 가장 거리가 먼 것은?
① 현장지시 압력계의 설치 위치는 일반적으로 0.5m의 높이가 적당하다.
② 고압라인의 압력계에는 사이폰관을 부착하여 설치한다.
③ 유체의 맥동이 있을 경우에는 맥동 댐퍼를 설치한다.
④ 부식성 유체에 대해서는 격막 실(Seal) 또는 실 포트(Seal Port)를 설치하여 압력계에 유체가 들어가지 않도록 한다.

> **Guide** 압력계의 설치 높이는 점검자의 눈높이를 고려하여 지상에서 1.2m 높이가 적당하다.

33 액체가 습증기 상태를 거치지 않고 건증기로 변할 때의 압력을 무엇이라 하는가?
① 증발압력
② 포화압력
③ 기화압력
④ 임계압력

> **Guide** 임계압력이란 임계 온도에서 기체가 액화하는 최소의 압력이다. 임계온도와 임계압력이 만나는 점을 임계점이라 한다.

34 피복아크용접에서 루트간격이 크게 되었을 경우 보수하는 방법으로 틀린 것은?
① 맞대기 이음에서 간격이 6mm 이하일 때에는 이음부의 한쪽 또는 양쪽에 덧붙이를 하고 깎아내어 간격을 맞춘다.
② 맞대기 이음에서 간격이 16mm 이상일 때에는 판의 전부 혹은 일부를 바꾼다.
③ 필릿용접에서 간격이 1.5~4.5mm인 경우에는 그대로 용접해도 좋지만 벌어진 간격만큼 각장을 작게 한다.
④ 필릿 용접에서 간격이 1.5mm 이하일 때에는 그대로 용접한다.

> **Guide** 루트간격이 1.5~4.5mm인 경우에는 벌어진 간격만큼 각장을 크게 한다.

35 유량 7m³/s의 주철제 도수관의 지름은?[단, 평균유속(V)은 3m/sec이다.]
① 680
② 1,312
③ 1,723
④ 2,163

> **Guide** 유량(Q) = 관의 단면적(m²) × 유속(m/s)이므로
> $$7\text{m}^3/\text{s} = \frac{\pi d^2}{4} \times 3\text{m/s}$$
> 지름(d) = $\sqrt{\frac{4 \times 7}{3.14 \times 3}}$ = 1.723m

정답 30 ④ 31 ② 32 ① 33 ④ 34 ③ 35 ③

36 보일러의 과열에 의한 압궤(Collapse)의 발생부분이 아닌 것은?

① 노통 상부 ② 화실 천장
③ 연관 ④ 거싯스테이

Guide

• 팽출 : 횡연관보일러 동저부, 수관

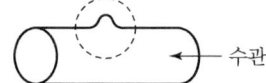

• 압궤 : 노통, 연소실, 관판 등

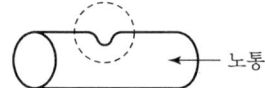

37 결정조직을 조정하고 연화시키기 위한 열처리 조작으로 용접에서 발생한 잔류응력을 제거하기 위한 것은?

① 뜨임(Tempering)
② 풀림(Annealing)
③ 담금질(Quenching)
④ 불림(Normalizing)

Guide 풀림 열처리는 내부 잔류응력을 제거하고 재질을 연화시키는 목적으로 실시하는 열처리법 중 하나이다.

38 프라이밍 및 포밍이 발생한 경우 조치방법으로 틀린 것은?

① 압력을 규정압력으로 유지한다.
② 보일러수의 일부를 분출하고 새로운 물을 넣는다.
③ 증기밸브를 열고 수면계의 수위 안정을 기다린다.
④ 안전밸브, 수면계의 시험과 압력계 연락관을 취출하여 본다.

Guide 프라이밍(비수, 물방울 혼입), 포밍(물거품 발생)의 발생 시 증기밸브를 차단한다.

39 SI단위계에서 물리량과 기호가 틀린 것은?

① 질량 : kg
② 온도 : ℃
③ 물리량 : mol
④ 광도 : cd

Guide 온도(K), 시간(S), 전류(A), 길이(m)

40 보온재 시공 시 주의해야 할 사항으로 가장 거리가 먼 것은?

① 사용개소의 온도에 적당한 보온재를 선택한다.
② 보온재의 열전도성 및 내열성을 충분히 검토한 후 선택한다.
③ 사용처의 구조 및 크기 또는 위치 등에 적합한 것을 선택한다.
④ 가격이 가장 저렴한 것을 선택한다.

Guide 보온재 시공 시 어느 정도 강도가 있고 수명이 길며 가격이 경제적인 것을 선택하여야 한다. 내구성, 내식성, 내열성 등을 종합적으로 고려하여 적당한 보온재를 선택하여야 한다.

41 열역학 제1법칙은 기본적으로 무엇에 관한 내용인가?

① 열의 전달
② 온도의 정의
③ 엔트로피의 정의
④ 에너지의 보존

Guide 열역학 제1법칙은 에너지 보존의 법칙에 대한 내용이다.

정답 36 ④ 37 ② 38 ③ 39 ② 40 ④ 41 ④

42 스트레이너는 배관에 설치되는 밸브, 트랩 등 중요 기기 앞에 설치하여 관 속의 유체에 섞여 있는 이물질을 제거하는데, 그 종류에 속하지 않은 것은?

① Y형　　　　② S형
③ U형　　　　④ V형

> **Guide** 스트레이너의 종류 : Y형, U형, V형

43 엘보는 유체의 흐름방향을 바꿀 때 사용되는 이음쇠로 25mm(1″) 강관에 사용하는 용접이음용 롱엘보의 곡률반경은 몇 mm인가?

① 25　　　　② 32
③ 38　　　　④ 45

> **Guide** 25mm 강관에 사용하는 용접이음용 롱엘보의 곡률반경은 38mm이다.

44 비중이 공기보다 커서 바닥으로 가라앉는 가스는?

① 프로판　　　　② 아세틸렌
③ 수소　　　　④ 메탄

> **Guide** 가스의 분자량 비교
> - 프로판(C_3H_8) : 44
> - 아세틸렌(C_2H_2) : 26
> - 수소(H_2) : 2
> - 메탄(CH_4) : 16

45 급수 설비에서 많이 발생하는 수격작용 방지법으로 틀린 것은?

① 관경을 작게 하고 유속을 빠르게 한다.
② 수전류 등의 폐쇄하는 시간을 느리게 한다.
③ 굴곡배관을 억제하고 될 수 있는 대로 직선배관으로 한다.
④ 기구류 가까이에 공기실을 설치한다.

> **Guide** 수격작용(워터해머링)은 파이프의 밸브를 갑자기 닫은 경우와 같이 파이프 내에 순간적인 압력이 발생하는 일종의 충격파 발생 현상을 말한다. 이를 방지하기 위해 파이프의 관경을 크게 하고 유속을 느리게 조정한다.

46 배수관을 설계하는 경우 고려해야 할 사항으로 틀린 것은?

① 배수관이 막히는 현상이 없을 것
② 중력 흐름식으로 할 것
③ 배수할 때 유체의 저항을 최대화할 것
④ 배수할 때 배수관에서 소음이 일어나지 않을 것

> **Guide** 배수관의 계통을 설계하는 경우 유체의 저항은 최소화될 수 있도록 한다.

47 완성검사에 사용하는 파괴시험법이 아닌 것은?

① 비중시험
② 화학시험
③ 천공검사
④ 낙하시험

> **Guide** 용접부 완성검사에는 비중시험, 화학시험, 낙하시험 등의 파괴시험이 있다.

48 급수배관을 설치하는 방식 중 수도 본관의 수압을 이용하여 소규모 건축물에 급수하는 방식은 어떤 방식인가?

① 수도직결식
② 옥상탱크식
③ 압력탱크식
④ 왕복펌프식

> **Guide** 급수배관법의 종류에는 수도직결식, 옥상탱크식, 압력탱크식의 세 가지가 있으며 이 중 수도 본관의 수압을 이용하여 소규모 건축물에 급수하는 방식은 수도직결식이다.

정답　42 ②　43 ③　44 ①　45 ①　46 ③　47 ③　48 ①

49 온수난방의 배관을 시공하는 경우 배관의 구배는 얼마 이상으로 하는가?

① 1/100   ② 1/150
③ 1/200   ④ 1/250

> **Guide** 1 : 100 참고그림 경사도(구배)의 표시는 %나 분수로 표시하며 온수배관 시공 시 배관의 구배는 1/250 이상으로 한다.

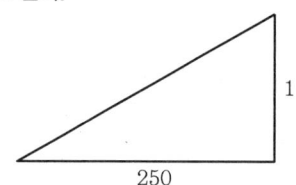

50 통기 수직관의 상부는 상층의 가장 높은 기구의 수면보다 몇 mm 이상 높이의 신정 통기관에 연결하여야 하는가?

① 10   ② 50
③ 100   ④ 150

> **Guide** 통기관은 배관 내 공기가 잘 흘러감으로 배수가 원활하게 되도록 배수관에 설치하며 통기 수직관의 상부는 최상층의 가장 높은 기구의 수면보다 150mm 이상의 높이에 연결하여 설치한다.

51 용기 모양의 대상물 도면에서 아주 굵은 실선을 외형선으로 표시하고 치수 표시가 ∅int 34로 표시된 경우 가장 올바르게 해독한 것은?

① 도면에서 int로 표시된 부분의 두께 치수
② 화살표로 지시된 부분의 폭방향 치수가 ∅34mm
③ 화살표로 지시된 부분의 안쪽 치수가 ∅34mm
④ 도면에서 int로 표시된 부분만 인치단위 치수

> **Guide** 치수 표시 ∅int 34는 화살표 지시부의 안쪽 치수를 나타낸다.

52 도면에 그려진 길이가 실제 대상물의 길이보다 큰 경우 사용한 척도의 종류인 것은?

① 현척   ② 실척
③ 배척   ④ 축척

> **Guide**
> • 현척(실척) : 실제 크기로 나타낸 것
> • 배척 : 실제 크기보다 크게 나타낸 것
> • 축척 : 실제 크기보다 작게 나타낸 것

53 KS기계 재료 표시기호 "SS 400"의 400은 무엇을 나타내는가?

① 경도
② 연신율
③ 탄소함유량
④ 최저 인장강도

> **Guide** 재료기호를 표시하는 기호 뒤에 나오는 숫자는 최저인장강도 값(N/mm^2)을 나타낸다.

54 치수기입의 원칙에 관한 설명 중 틀린 것은?

① 치수는 필요에 따라 기준으로 하는 점, 선 또는 면을 기준으로 하여 기입한다.
② 대상물의 기능, 제작, 조립 등을 고려하여 필요하다고 생각되는 치수를 명료하게 도면에 지시한다.
③ 치수 입력에 대해서는 중복 기입을 피한다.
④ 모든 치수에는 단위를 기입한다.

> **Guide** 도면에 표시되는 치수의 단위는 mm이며, 이때 도면에는 단위를 기입하지 않는다.

55 그림과 같은 입체를 제3각법으로 나타낼 때 가장 적합한 투상도는?(단, 화살표 방향을 정면으로 한다.)

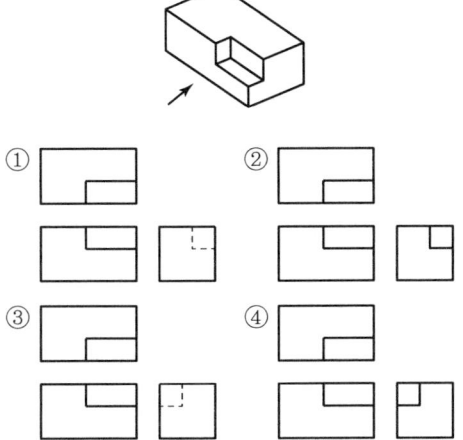

56 그림과 같은 입체도에서 화살표 방향이 정면일 경우 좌측면도로 가장 적합한 것은?

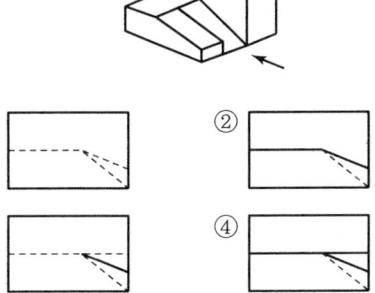

57 도면의 마이크로필름 촬영, 복사 등의 편의를 위해 만든 것은?

① 중심마크　② 비교눈금
③ 도면구역　④ 재단마크

Guide 도면의 마이크로필름 촬영, 복사 등의 편의를 위하여 도면에 중심마크를 하며, 중심마크는 용지 네 변의 중앙에 그린다.

58 원호의 길이 치수 기입에서 원호를 명확히 하기 위해서 치수에 사용되는 치수 보조기호는?

① (20)　② C20
③ 20　④ ⌢20

Guide
• (20) : 참고치수
• C20 : 모따기 치수

59 용접부의 도시기호가 "a4▷3×25(7)"일 때의 설명으로 틀린 것은?

① ▷ - 필릿용접
② 3 - 용접부의 폭
③ 25 - 용접부의 길이
④ 7 - 인접한 용접부의 간격

Guide "3"은 단속필릿용접의 개수를 나타낸다.

60 바퀴의 암(Arm), 림(Rim), 축(Shaft), 훅(Hook) 등을 나타낼 때 주로 사용하는 단면도로서, 단면의 일부를 90° 회전하여 나타낸 단면도는?

① 부분 단면도
② 회전도시 단면도
③ 계단 단면도
④ 곡면 단면도

Guide 암(Arm), 림(Rim), 축(Shaft), 훅(Hook)과 구조물에 사용하는 형강 등의 절단면은 일반 투상법으로 표시하기 어려우므로 물체를 수직인 단면으로 절단하여 90°로 회전시켜 투상도의 안이나 밖에 그린다.

정답　55 ④　56 ②　57 ①　58 ④　59 ②　60 ②

2025년 2회차 시행

CBT(Computer Based Training)문제는 공개되지 않으므로 수험생들의 기억에 의해 복원된 문제임을 알려드립니다.

01 열역학 제1법칙은 기본적으로 무엇에 관한 내용인가?

① 열의 전달
② 온도의 정의
③ 엔트로피의 정의
④ 에너지 보존

Guide 열역학 제1법칙은 에너지 보존의 법칙으로 일과의 관계에서 에너지의 일종이며 기계적인 일은 열로 변환할 수 있고 또 열은 그 일부가 기계적 일로 변환될 수 있다는 법칙이다.

[참고]
- 열역학 제0법칙(The Zeroth Law of Thermodynamics) : 열평형 상태의 법칙
- 열역학 제2법칙(The 2nd Law of Thermodynamics) : 열 이동방향의 법칙
- 열역학 제3법칙(The 3rd Law of Thermodynamics) : 절대온도에 관한 법칙

02 80℃의 물 100kg과 50℃의 물 50kg을 혼합한 물의 온도는 약 몇 ℃인가?(단, 물의 비열은 일정하다.)

① 70
② 65
③ 60
④ 55

Guide $Q = (80 \times 1 \times 100) + (50 \times 1 \times 50) = 10,500$ kcal

이므로, 평균온도 $= \dfrac{10,500}{100 \times 1 + 50 \times 1} = 70℃$

03 자동제어의 종류 중 주어진 목표값과 조작된 결과의 제어량을 비교하여 그 차를 제거하기 위해 출력 측의 신호를 입력 측으로 되돌려 제어하는 것은?

① 피드백 제어
② 시퀀스 제어
③ 인터록 제어
④ 캐스케이드 제어

Guide 피드백 제어란 목표값과 제어량을 비교하여 그 차를 제거하기 위해 출력 측의 신호를 입력 측으로 되돌려 수정 동작이 가능한 제어이다.

04 국제단위계(SI)를 분류한 것으로 옳지 않은 것은?

① 기본단위
② 유도단위
③ 보조단위
④ 응용단위

Guide 국제단위계에서는 7개의 기본단위가 정해져 있다. 이것을 SI 기본단위(국제단위계 기본단위)라고 한다.

물리량	이름	단위
길이	미터(Meter)	m
질량	킬로그램(Kilogram)	kg
시간	초(Second)	s
전류	암페어(Ampere)	A
열역학적 온도	켈빈(Kelvin)	K
물질량	몰(Mole)	mol
광도	칸델라(Candela)	cd

05 증기난방의 설명 중 틀린 것은?

① 단관 중력 환수식은 환수관이 별도로 없어서 방열기 상부에 공기빼기 장치가 필요하다.
② 기계 환수식은 응축수를 일단 급수탱크에 모아서 펌프를 사용하여 보일러로 급수한다.
③ 진공 환수식은 방열기마다 공기빼기 장치가 필요하다.
④ 진공 환수식은 대규모 설비에서 사용되며 방열량이 광범위하게 조절된다.

Guide 진공 환수식 증기난방은 공기빼기 장치가 필요하지 않다(진공도가 100~250mmHg). 공기빼기 장치가 필요한 것은 중력 환수식에 해당한다.

정답 01 ④　02 ①　03 ①　04 ④　05 ③

06 비접촉식 온도측정방법 중 가장 정확한 측정을 할 수 있으나 연속 측정이나 자동제어에 응용할 수 없는 것은?

① 광고온도계
② 방사온도계
③ 압력식 온도계
④ 열전대 온도계

Guide 광고온도계는 열원으로부터 복사되는 빛의 강도를 비교하여 온도를 측정하기 때문에 열원으로부터 떨어져서 측정할 수 있어 편리하고 1,600도 이상의 고온에서도 온도 측정이 가능하지만, 연속 측정이나 자동제어에 응용이 어렵다는 단점을 가지고 있다.

07 화씨(°F)와 섭씨(°C)의 눈금이 같게 되는 온도는 몇 °C인가?

① 40
② 20
③ −20
④ −40

Guide $°C(t) = \frac{5}{9}(t_{F°} - 32) = \frac{5}{9}(-40 - 32) = -40°C$

08 램식 파이프 벤딩기에 대한 설명으로 옳은 것은?

① 수동식(유압식)은 50~80A까지의 관을 상온에서 굽힘할 수 있다.
② 수동식(유압식)은 50~100A까지의 관을 상온에서 굽힘할 수 있다.
③ 모터를 부착한 동력식은 100A 이상의 관을 상온에서 굽힘할 수 있다.
④ 모터를 부착한 동력식은 100A 이하의 관을 상온에서 굽힘할 수 있다.

Guide 현장용으로 사용되는 램식 파이프 벤딩기의 수동식은 50A, 동력식은 100A 이하의 관을 상온에서 벤딩할 수 있다.

09 볼 밸브의 특징에 대한 설명으로 틀린 것은?

① 유로가 배관과 같은 형상으로 유체의 저항이 적다.
② 밸브의 개폐가 쉽고 조작이 간편하여 자동조작밸브로 활용된다.
③ 이음쇠 구조가 없기 때문에 설치공간이 작아도 되며 보수가 쉽다.
④ 밸브대가 90° 회전하므로 패킹과의 원주방향 움직임이 크기 때문에 기밀성이 약하다.

Guide 볼 밸브는 패킹과의 원주방향 움직임이 적어 기밀성이 크다.

10 보온재의 열전도율이 작아지는 조건으로 틀린 것은?

① 재료의 두께가 두꺼워야 한다.
② 재료의 온도가 낮아야 한다.
③ 재료의 밀도가 높아야 한다.
④ 재료 내 기공이 작고 기공률이 커야 한다.

Guide 재료의 밀도가 높으면 열전도율이 증가한다(공기층이 감소되면 열전도율이 증가).

11 라미네이션의 재료가 외부로부터 강하게 열을 받아 소손되어 부풀어 오르는 현상을 무엇이라고 하는가?

① 크랙
② 압궤
③ 블리스터
④ 만곡

Guide 라미네이션(Lamination)이란 압연 공정 중에서 강괴 내의 개재물이나 유황 편석 등이 압연 방향을 따라 납작하게 퍼져나가 층상으로 된 일종의 박리층 현상을 말한다. 이러한 재료가 외부로부터 강한 열을 받게 되면 라미네이션 부위의 표면이 부풀어 오르는 블리스터(Blister)가 발생하게 된다.

정답 06 ① 07 ④ 08 ④ 09 ④ 10 ① 11 ③

12 맞대기 용접은 용접방법에 따라서 그루브를 만들어야 한다. 판의 두께가 50mm 이상인 경우에 적합한 그루브의 형상은?(단, 자동용접은 제외한다.)

① V형   ② H형
③ R형   ④ A형

Guide 그루브(Groove)
효율적으로 용접하기 위하여 용접하는 모재 사이에 만들어진 가공부를 말한다. 판 두께, 용접법 등에 따라 여러 가지 형상으로 구분된다.

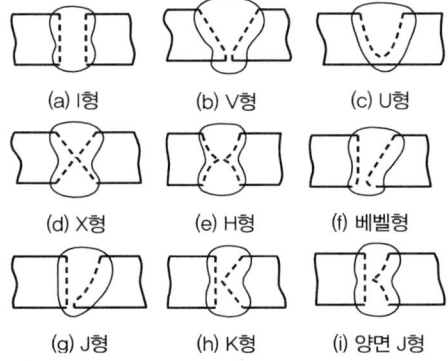

(a) I형 (b) V형 (c) U형
(d) X형 (e) H형 (f) 베벨형
(g) J형 (h) K형 (i) 양면 J형

판의 두께가 가장 두꺼운 경우(50mm 이상) H형을 사용한다.

13 다음 중 경질염화비닐관의 이음방법이 아닌 것은?

① 나사 이음
② 플랜지 이음
③ 용접 이음
④ 빅토릭 이음

Guide 경질염화비닐관(PVC) 이음법의 종류
나사 이음, 열간 접합, 플랜지 접합, 용접 이음 등

참고 빅토릭 이음
주철관 이음법의 한 종류로 고무링과 금속제 칼라(Collar)로 접합하며 이음의 압력이 증가함에 따라 고무링이 더욱 관벽에 밀착되어 누수가 되지 않는 장점을 가지고 있다.

14 내용적 40L인 산소용기의 압력계에 9MPa의 가스압력이 확인된다면 이때 산소용기 내에 들어 있는 산소의 양은?

① 3,600L   ② 4,000L
③ 5,200L   ④ 9,000L

Guide 1Mpa = 10kg/cm²
산소의 양 = 내부용적 × 충전압력
= 40 × 90 = 3,600L

15 양수 펌프의 양수관에서 수격작용을 방지하기 위해 글로브 밸브 아래에 설치하는 밸브로 워터해머리스 체크 밸브라고도 하는 것은?

① 스윙 체크 밸브
② 리프트형 체크 밸브
③ 스톱 밸브
④ 스모렌스키 체크 밸브

Guide 스모렌스키 체크 밸브는 워터해머리스 체크 밸브라고도 하며 펌프의 양수관에서 수격작용을 방지하기 위한 목적으로 사용된다.

16 일반적인 배수 및 통기배관 시험방법이 아닌 것은?

① 수압시험   ② 기압시험
③ 박하시험   ④ 연기시험

Guide 배수 및 통기배관의 시험법에는 만수시험, 기압시험, 기밀시험법(연기, 박하시험 포함) 등이 있다.

17 다음 중 백 필터(Bag Filter)를 사용하는 집진장치는?

① 원심력식   ② 중력식
③ 전기식   ④ 여과식

Guide 여과식 집진장치는 백 필터를 이용하여 미세먼지를 포집하는 장치이다.

18 목표값이 시간의 변화, 외부조건의 영향을 받지 않고 일정한 값으로 제어되는 방식으로 보일러, 냉난방장치의 압력제어, 급수탱크의 액면제어 등에 사용되는 자동제어는?

① 추치제어
② 정치제어
③ 프로세스제어
④ 비율제어

Guide 자동제어의 한 종류인 정치제어는 목표값이 시간에 관계없이 일정한 제어를 의미한다.

19 배기가스의 현열을 이용하여 급수를 예열하는 보일러 부속장치는?

① 증기 예열기(Steam Preheater)
② 공기 예열기(Air Preheater)
③ 재열기(Reheater)
④ 절탄기(Economizer)

Guide 보일러 배기가스 폐열 회수장치의 종류로는 과열기, 재열기, 급수 예열기(절탄기), 공기 예열기 등이 있다.

20 다음 보온재 중 진동이 있는 곳에의 사용에 가장 부적합한 것은?

① 펠트
② 규조토
③ 석면
④ 글라스 울

Guide 규조토
규조토에 1.5% 이상의 석면섬유 또는 마를 혼합하여 물반죽 시공하며, 진동이 있는 곳에 사용하면 균열이 발생하므로 사용이 불가능하다.

21 연단을 아마인유와 혼합한 것으로 밀착력이 강하여 페인트 밑칠 및 다른 도료의 초벽으로 사용하는 페인트는?

① 광명단 도료
② 알루미늄 도료
③ 산화철 도료
④ 합성수지 도료

Guide 광명단 도료는 연단에 아마인유를 혼합한 것으로 밀착력이 강하고 가격이 저렴하여 다른 착색도료의 밑칠용으로 적합하다.

22 최고사용압력 75kgf/cm²인 배관에 인장강도는 38kgf/cm인 강관을 사용하는 경우, 다음 중 가장 적합한 스케줄 번호는?(단, 인장강도에 대한 안전율은 4이다.)

① Sch No. 40
② Sch No. 60
③ Sch No. 80
④ Sch No. 120

Guide $\text{Sch No.} = 10 \times \dfrac{P}{S}$

(여기서 P : 사용압력, S : 허용응력)

허용응력 = $\dfrac{\text{인장강도}}{\text{안전율}}$

따라서, $\text{Sch No.} = 10 \times \dfrac{75}{\frac{38}{4}} = 78.95 \approx 80$

23 지름 25cm인 파이프 내부를 흐르는 유체의 유량이 0.4m³/s라고 한다면 이때의 유속은 몇 m/s인가?

① 2.74
② 5.68
③ 7.45
④ 8.15

Guide $Q = A \times V = \dfrac{\pi D^2}{4} \times V$

[여기서 A : 배관의 단면적, V : 유속
D : 배관의 지름(mm)]

$V = \dfrac{4Q}{\pi \times D^2} = 8.148$

24 부력은 그 물체가 배제한 유체의 중량과 같은 힘을 수직 방향으로 받는 것을 말하는데 이는 어떤 원리인가?

① 아르키메데스
② 파스칼
③ 뉴턴
④ 오일러

정답 18 ② 19 ④ 20 ② 21 ① 22 ③ 23 ④ 24 ①

> **Guide** 아르키메데스의 원리
> 부력은 그 물체가 배제한 유체의 중량과 같은 힘을 수직 상방으로 받는 원리이다.

25 5L의 물을 0℃에서 30℃로 가열하는 데 필요한 열량은 몇 kcal인가?

① 15
② 25
③ 150
④ 200

> **Guide** $Q = G \times C \times \Delta T = 5 \times 1 \times (30-0) = 150$

26 배관의 부분조립도를 의미하는 영문표기는?

① U.F.D
② Plot Plan
③ P.I.D
④ Spool Drawing

> **Guide** 스풀 드로잉(Spool Drawing)은 배관설비의 부분조립도를 의미한다.

27 1층 바닥면을 기준면에서 관 밑면까지 높이를 3,000mm라고 할 때 치수 기입법으로 적합한 것은?

① BOP FL 3000
② TOP EL 3000
③ BOP GL 3000
④ TOP GL 3000

> **Guide**
> - BOP(Bottom Of Pipe) : 관 바깥지름의 아랫면을 기준을 표시
> - FL(Floor Line) : 1층 바닥면을 기준으로 하여 높이를 표시

28 배관도에 각 장치와 유체를 구분해서 번호를 부여하는데 번호를 붙인 라인 인덱스 중에서 관내 유체 기호 IA는?

① 고압증기
② 작업용 공기
③ 계기용 공기
④ 프로세스 유체

> **Guide**
>
> | 기호 | 종류 | 기호 | 종류 |
> |---|---|---|---|
> | P | 프로세스 유체 | PA | 작업용 공기 |
> | IA | 계기용 공기 | N | 질소 |
> | HS | 고압증기 | LS | 저압증기 |
> | CW | 재생냉수 | SW | 해수 |

29 배관 내에 흐르는 유체의 종류 중 기름을 나타내는 기호는?

① A
② G
③ O
④ S

> **Guide**
>
> | 유체의 종류 | 문자기호 | 색상 |
> |---|---|---|
> | 공기 | A | 백색 |
> | 가스 | G | 황색 |
> | 기름 | O | 황적색 |
> | 수증기 | S | 암적색 |
> | 물 | W | 청색 |

30 용접 후 용접변형을 교정하는 방법에 속하지 않는 것은?

① 역변형법
② 박판에 대한 점수축법
③ 가열 후 해머링하는 방법
④ 가열 후 압력을 주어 수냉하는 법

> **Guide** 역변형법은 용접작업 전 변형을 방지하기 위한 방법에 속한다.

정답 25 ③ 26 ④ 27 ① 28 ③ 29 ③ 30 ①

31 관의 끝부분에 나사박음식 캡 및 나사박음식 플러그가 결합되어 있을 때 해당부분의 배관 길이 치수가 표시하는 위치에 관한 설명으로 가장 적합한 것은?

① 나사박음식 캡은 캡의 끝면까지를 치수로 표시하며, 나사박음식 플러그는 관의 끝면까지를 치수로 표시한다.
② 나사박음식 캡은 관의 끝면까지를 치수로 표시하며, 나사박음식 플러그는 플러그의 끝면까지를 치수로 표시한다.
③ 나사박음식 캡 및 나사박음식 플러그는 모두 캡 및 플러그의 끝면까지를 치수로 표시한다.
④ 나사박음식 캡 및 나사박음식 플러그 모두 관의 끝면까지를 치수로 표시한다.

> **Guide** 배관의 길이를 치수로 표시하는 경우 나사박음식 캡과 플러그는 모두 관의 끝면까지를 치수로 표시한다.

32 건축배관에서 가장 높은 급수밸브에서의 필요 최저압력이 0.3kgf/cm², 1층 주관에서 가장 높은 급수밸브까지 수직 높이가 8m, 급수밸브까지의 관마찰 손실수두가 3m이면 1층 주관에서 옥상탱크까지의 최저높이는 얼마인가?

① 5m   ② 7m
③ 9m   ④ 14m

> **Guide** $h = h_1 + h_2 + h_3 = (0.3 \times 10) + 8 + 3 = 14$

33 배수 통기배관의 시공상 주의사항을 바르게 설명한 것은?

① 배수 트랩은 반드시 2중으로 한다.
② 냉장고의 배수는 반드시 간접배수로 한다.
③ 배수 입관의 최하단에는 트랩을 설치한다.
④ 통기관은 기구의 오버플로선 이하에서 통기 입관에 연결한다.

> **Guide** 배수 통기배관 시공상 주의사항
> • 배수트랩은 2중으로 하지 않는다.
> • 냉장고 배수관은 반드시 간접 배관을 하여 물을 일단 루프에 받아 모아 하류 배수관으로 배출시킨다.
> • 통기관은 기구의 오버플로선보다 150mm 이상으로 입상시킨 후 수직관에 연결한다.
> • 배수 입관의 최상단에 트랩을 설치한다.

34 도시가스 배관 시공 시 유의할 사항을 잘못 설명한 것은?

① 내식성이 있는 공급관은 하중에 견딜 수 있도록 지면으로부터 충분한 깊이로 매설한다.
② 유지 관리상 가능한 경우 콘크리트 내 매설을 해주는 것이 좋다.
③ 가능하면 곡선 배관은 적게 시공한다.
④ 옥내배관은 유지 관리 측면에서 건물 지하에는 배관하지 않는다.

> **Guide** 콘크리트 내 배관 매설 시 배관 및 부속이 부식될 우려가 있고 유지 관리가 곤란하므로 노출배관을 원칙으로 한다.

35 창이나 벽, 처마, 지붕에 물을 뿌려 수막을 형성함으로써 인접 건물에 화재가 발생될 때 본 건물의 화재 발생을 예방하는 설비는?

① 스프링클러
② 서지 옵서버
③ 프리액션 설비
④ 드렌처

> **Guide** 드렌처는 화재 발생 시 창이나 벽, 처마, 지붕에 물을 뿌려 수막을 형성함으로써 인접 건물에 화재가 확대 발생하는것을 예방하기 위한 설비이다.

36 상온에서 중성인 물의 pH값은?

① pH>7   ② pH<7
③ pH=7   ④ pH<5

정답 31 ④ 32 ④ 33 ② 34 ② 35 ④ 36 ③

> **Guide** pH도가 7보다 크면 알칼리이고 작으면 산성이다. 상온에서 중성인 물의 pH값은 7과 같다.

37 유체의 층류 흐름과 난류 흐름의 구분에 사용되는 수는?
① 프로드수 ② 레이놀즈수
③ 아보가드로수 ④ 웨버수

> **Guide** 유체의 층류 흐름과 난류 흐름의 구분에 사용되는 수는 레이놀즈수이다(Re＜2,100 : 층류, Re＞4,000 : 난류, 2,100＜Re＜4,000 : 천이영역).

38 배관 용접부에 방사선 투과시험을 하는 경우 도면에 표시하는 기호는?
① VT ② UT
③ CT ④ RT

> **Guide** 방사선 투과시험은 비파괴시험의 일종이며, 비파괴시험의 종류 및 기호는 아래와 같다.
> • 육안검사 : VT(Visual Teat)
> • 침투검사 : PT(Penetrant Test)
> • 자기검사 : MT(Magnetic Test)
> • 방사선 투과 검사 : RT(Radiographic Test)
> • 초음파 탐상 검사 : UT(Ultrasonic Test)

39 배관 도면을 작성할 때 건물의 바닥면을 기준선으로 하여 높이를 표시하는 기호는?
① EL ② GL
③ FL ④ CL

> **Guide** 관의 높이 표시방법
> • EL(Elevation Line) : 해수면에 기준선을 설정하여 이 기준선으로부터의 높이를 표시
> • GL(Ground Line) : 지표면을 기준으로 하여 높이를 표시
> • FL(Floor Line) : 1층 바닥면을 기준으로 하여 높이를 표시

40 도관의 이음은 일반적으로 모르타르만을 채워서 이음하는 방법이 많이 사용되며 얀을 사용할 때는 단단히 꼬아서 소켓 속에 약 몇 mm 정도로 넣는 것이 가장 적당한가?
① 10 ② 20
③ 30 ④ 40

> **Guide** 도관의 이음에서 얀(Yarn)을 사용하는 경우 단단히 꼬아서 소켓 속에 약 10mm 정도 삽입하는 것이 적당하다.

41 라인 인덱스(Line Index)에 4－2B－N－15－39－CINS로 기재되어 있는 경우 배관의 관지름을 표시한 것은?
① 4 ② 2B
③ 15 ④ 39

> **Guide** 4－2B－N－15－39－CINS의 라인 인덱스
> • 4 : 장치번호
> • 2B : 배관의 호칭지름
> • N : 유체의 기호
> • 15 : 배관번호
> • 39 : 배관 종류별 기호
> • CINS : 보냉기호(HINS : 보온)

42 점용접(Spot Welding)의 3대 요소가 아닌 것은?
① 통전 시간
② 가압력
③ 용접 전류
④ 도전률

> **Guide** 점용접은 전기의 저항발열을 이용한 용접법으로 두 전극 사이에 얇은 금속판을 위치한 후 일정한 시간 동안 전류와 압력을 가해 접합하는 것으로 접합부위가 바둑알처럼 된다.

정답 37 ② 38 ④ 39 ③ 40 ① 41 ② 42 ④

43 가스배관의 보수 또는 연장 작업 시 배관 내에 가스를 차단하는 경우 다음 중 가장 적합한 것은?

① 모래
② 가스팩(Gas Pack)
③ 코르크(Cork)
④ 슈링크 튜브(Shrink Tube)

> **Guide** 도시가스 저압 배관을 보수 및 연장하는 경우 배관에 구멍을 뚫고 가스팩을 관 내로 삽입한 후 공기 펌프 등으로 가스팩을 팽창시켜 가스를 차단한다.

44 제조 공장에서 정제된 가스를 저장하여 가스의 품질을 균일하게 유지하며 제조량과 수요량을 조절하는 저장탱크를 무엇이라 하는가?

① 정제기
② 가스 홀더
③ 정압기
④ 스토브

> **Guide** 가스 홀더(Gas Holder)는 가스제조소에서 제조된 가스를 저장하여 제조량과 수요량을 조절하는 저장 시설이다. 종류로는 유수식, 무수식, 중고압식 등이 있다.

45 폴리에틸렌관의 이음 방법 중 슬리브 너트와 캡 너트가 사용되는 것은?

① 융착 슬리브 이음
② 테이퍼 조인트 이음
③ 인서트 조인트 이음
④ 기볼트 조인트 이음

> **Guide** 폴리에틸렌관(PE관)은 유연하여 소구경(90mm 이하)의 경우 롤관으로 50m, 100m로도 제작이 가능하며 시공이 용이하고 충격에 강하다. 이음법 종류로는 융착 슬리브, 테이퍼 조인트, 인서트 등이 있다. 기볼트 조인트 이음은 석면시멘트관(에터너트관)의 이음법이다.

46 배관용접부의 비파괴시험 검사법이 아닌 것은?

① 외관 검사
② 초음파 탐상법
③ 인장시험
④ X선 투과 시험법

> **Guide** 인장시험법은 시험재료를 파단 시점까지 인장시키는 시험으로 파괴시험법에 속한다.

47 다음 배관용 연결 부속 중에서 분해 조립이 가능하도록 사용할 수 있는 것으로 짝지어진 것은?

① 엘보, 티
② 리듀서, 부싱
③ 캡, 플러그
④ 유니언, 플랜지

> **Guide** 유니언과 플랜지는 모두 동일 관경의 배관을 연결하는 경우 사용하며 분해 조립이 가능하다. 유니언은 주로 50A 이하의 작은 관경의 배관 연결에 주로 사용된다.

48 간접 가열식 중앙 급탕법에 대한 설명 중 잘못된 것은?

① 가열용 코일이 필요하다.
② 고압 보일러가 필요하다.
③ 대규모 급탕 설비에 적당하다.
④ 저탕조 내부에 스케일이 잘 생기지 않는다.

> **Guide** 간접 가열식은 저장 탱크 내부에 가열 코일을 설치하여 증기 또는 열탕을 순환시켜 탱크 내의 물을 간접적으로 가열하는 것으로 저압 보일러로도 사용이 가능하다.

49 표준대기압에서 일반적인 원심펌프의 실용적인 흡입 양정으로 가장 적합한 것은?

① 7m
② 10m
③ 11m
④ 15m

> **Guide** 표준대기압에서 흡입 양정은 이론적으로는 10m로 설정하고 있으나 실용 양정은 7m로 한다.

정답 43 ② 44 ② 45 ② 46 ③ 47 ④ 48 ② 49 ①

50 저압 증기 난방에서 환수관이 고장난 경우 보일러의 물이 유출되어 저수위 사고가 발생하는 것을 방지하기 위한 배관 연결법은?

① 리프트 피팅 연결법
② 하트포드 연결법
③ 역환수식 배관법
④ 직접리턴 방식

Guide 하트포드 연결법(Hartford Connection)은 증기관과 환수관 사이에 밸런스관(균형관)을 설치하여 안전 저수면보다 높은 위치에 환수관을 접속하는 배관법이다.

51 안전상 유류배관 설비의 기밀시험을 할 때 사용해서는 안 되는 가스는?

① 질소
② 산소
③ 탄산가스
④ 암모니아

Guide 산소는 지연성(조연성)가스이기 때문에 유류배관의 기밀시험에 사용하는 경우 폭발사고가 발생할 우려가 있다.

52 온수난방의 장점에 대한 설명 중 잘못된 것은?

① 유량을 제어하여 방열량을 조절할 수 있다.
② 온수 보일러는 증기 보일러보다 취급이 용이하다.
③ 증기 트랩을 사용하지 않아서 고장이 적다.
④ 예열 시간이 짧아서 단시간에 사용하기 편리하다.

Guide 온수난방법은 가열(예열) 시간이 길지만 잘 식지 않으므로 증기난방에 비해 배관의 동결 우려가 적다.

53 다음 동력전동장치 중 가장 재해가 많은 것은?

① 기어
② 차축
③ 커플링
④ 벨트

Guide 동력전동장치 중 재해가 가장 많이 발생하는 부분은 벨트부이다.

54 보통 방열기 주위 배관에 사용하는 신축 이음으로 설비비가 싸고, 쉽게 조립해서 만들 수 있는 것으로 회전 이음이라고도 불리는 신축 이음쇠의 형식은?

① 슬리브형
② 벨로스형
③ 볼조인트형
④ 스위블형

Guide 스위블형 이음은 일명 회전 이음이라고도 하며, 2개 이상의 엘보를 사용하여 이음부의 나사 회전을 이용해 배관의 신축을 흡수한다.

55 배관용 탄소강관의 KS 기호는?

① SPP
② SPCD
③ STKM
④ SAPH

Guide
• SPP : 배관용 탄소강관
• SPPS : 압력배관용 탄소강관
• SPPH : 고압배관용 탄소강관
• SPHT : 고온배관용 탄소강관
• STKM : 기계구조용 탄소강관

56 제도에 사용되는 문자 크기의 기준으로 맞는 것은?

① 문자의 폭
② 문자의 높이
③ 문자의 대각선 길이
④ 문자의 높이와 폭의 비율

Guide 제도에서는 문자의 크기를 문자의 높이로 정하여 사용한다.

정답 50 ② 51 ② 52 ④ 53 ④ 54 ④ 55 ① 56 ②

57 나사 표시기호 "M50×2"에서 2는 무엇을 나타내는가?

① 나사산의 수 ② 나사 피치
③ 나사의 줄 수 ④ 나사의 등급

Guide 문제에세 제시된 기호는 미터나사 직경 50mm, 나사의 피치가 2mm임을 의미한다.

58 다음 중 펌프에서 공동현상의 피해와 가장 관계가 없는 것은?

① 소음, 진동이 발생한다.
② 부식이 발생한다.
③ 운전불능이 된다.
④ 양정 및 효율이 상승한다.

Guide 공동현상 또는 캐비테이션(Cavitation)이란 펌프에서 순간적으로 낮은 압력이 생기는 현상으로 양정과 효율이 감소한다.

59 기계제도의 치수 보조 기호 중에서 Sϕ는 무엇을 나타내는 기호인가?

① 구의 지름 ② 원통의 지름
③ 판의 두께 ④ 원호의 길이

Guide 기계제도의 치수 보조기호

기호	의미	기호	의미
ϕ	지름 치수	Sϕ	구 지름 치수
R	반지름 치수	SR	구 반지름 치수
T	판 두께	□	정사각형 변의 치수
C	45° 모떼기	⌒	원호 길이
( )	참고 치수	▯	이론적으로 정확한 치수

60 재료 기호가 "SM400C"로 표시되어 있을 때 이는 무슨 재료인가?

① 일반구조용 압연강재
② 용접구조용 압연강재
③ 스프링 강재
④ 탄소 공구강재

Guide 재료 기호 표시법

영문 첫 번째는 재질 S(Steel), 두 번째는 규격이나 제품명, 형상 등, 세 번째는 종류번호, 항복강도, 탄소함유량 등, 끝자리는 강종 기호, 열 처리 기호 등을 나타낸다.
- 일반구조용 강재 : SS400
- 용접구조용 강재 : SM275
- 기계구조용 강재 : SM30C[탄소함유량이 0.25~0.35%(0.3×100=30) 범위의 탄소강]

정답 57 ② 58 ④ 59 ① 60 ②

PART

04

CBT 실전 모의고사

CBT 모의고사 제1회
CBT 모의고사 제2회
CBT 모의고사 제1회 정답 및 해설
CBT 모의고사 제2회 정답 및 해설

CBT 모의고사 제1회

01 피복 아크 용접봉에서 피복제의 역할에 관한 설명으로 옳지 않은 것은?

① 전기절연작용을 한다.
② 모재 표면의 산화물을 제거한다.
③ 용융 금속의 응고와 냉각 속도를 촉진시켜 준다.
④ 용융 금속에 필요한 합금 원소를 첨가하여 준다.

02 일반 배관재로 사용하는 강관, 동관, 스테인리스관, 합성수지관의 특성에 관한 설명으로 옳지 않은 것은?

① 위생성은 강관이 가장 좋지 않다.
② 내식성은 동관과 스테인리스관이 좋다.
③ 인장강도가 가장 우수한 관은 스테인리스관이다.
④ 열전도율이 가장 우수한 관은 스테인리스관이다.

03 전기 피복 금속 아크 용접과 비교하였을 때 가스 용접의 장점으로 옳지 않은 것은?

① 열효율이 높고, 열집중성이 좋다.
② 유해 광선 발생이 전기 용접보다는 적다.
③ 장거리 운반이 편리하고 설비비가 저렴하다.
④ 응용 범위가 넓고 가열 조절이 비교적 자유롭다.

04 다음 중 동력 파이프 나사 절삭기가 아닌 것은?

① 호브식   ② 로터리식
③ 오스터식   ④ 다이헤드식

05 그래브링(Grab Ring)과 O-링 부분에 실리콘 윤활유를 발라준 후 파이프를 연결 부속재에 가벼운 힘으로 수평으로 살며시 밀어 넣어 접합하는 관은?

① 폴리에틸렌관
② 폴리부틸렌관
③ 폴리프로필렌관
④ 폴리에스테르관

06 주철관 이음에서 소켓 이음을 혁신적으로 개량한 것으로, 스테인리스강 커플링과 고무링만으로 쉽게 이음을 할 수 있는 접합방법은?

① 빅토릭 접합   ② 기계적 접합
③ 플랜지 접합   ④ 노 허브 접합

07 배관용 스테인리스 강관의 프레스식 관 이음쇠의 특징이 아닌 것은?

① 작업 시간을 단축할 수 있다.
② 작업의 숙련도가 필요 없다.
③ 배관 시공 단가를 줄일 수 있다.
④ 화기를 사용하여 접합하므로 화재의 위험성이 크다.

08 동관의 납땜 이음에서 경납땜을 할 때 사용되는 것이 아닌 것은?

① 주석납(Sn+Pb)
② 은납(Cu+Zn+Ag)
③ 황동납(Cu+Zn)
④ 양은납(Cu+Zn+Ni)

09 배관용 패킹 재료를 선택할 때 고려하여야 할 사항으로 가장 거리가 먼 것은?

① 패킹 재료의 보온성
② 관 속에 흐르는 유체의 화학적인 성질
③ 관 속에 흐르는 유체의 물리적인 성질
④ 진동, 충격 등에 대한 기계적인 조건

10 신축으로 인한 배관의 좌우, 상하 이동을 구속하고 제한하는 목적으로 사용되는 리스트 레인트(Restraint)의 종류가 아닌 것은?

① 행거
② 앵커
③ 스토퍼
④ 가이드

11 수도 직결 급수방식에서 수도 본관의 최저 필요 수압을 구하는 식으로 옳은 것은?(단, P_0는 수도 본관 최저 수압(kgf/cm²), P_1은 기구별 최저 소요압력(kgf/cm²), P_2는 관 내 마찰손실 압력(kgf/cm²), h는 수전고(m)이다.)

① $P_0 \geq P_1 + P_2 + \dfrac{h}{10}$
② $P_0 \geq P_1 + P_2 - \dfrac{h}{10}$
③ $P_0 \geq P_1 - P_2 + \dfrac{h}{10}$
④ $P_0 \geq P_1 - P_2 - \dfrac{h}{10}$

12 아크 광선에 의해 눈에 전광성 안염이 생겼을 경우 안전 조치사항으로 가장 적합한 것은?

① 비눗물로 눈을 닦아낸다.
② 온수에 찜질을 하거나 염산수로 눈을 닦는다.
③ 2일이 지나면 자연히 회복되므로 그대로 방치하여 둔다.
④ 냉수에 찜질을 하거나, 붕산수로 눈을 닦고 안정을 취한다.

13 집진장치 배관에서 함진가스를 방해판 등에 충돌시키거나 흐름을 반전시켜 기류의 급격한 방향 전환을 행하게 함으로써 분진을 제거하는 방식은?

① 세정식 집진법
② 관성력식 집진법
③ 여과식 집진법
④ 원심력식 집진법

14 강관의 굽힘 작업 시 안전사항으로 옳지 않은 것은?

① 냉간 굽힘 시에는 벤딩 머신의 굽힘 능력 이상 관을 굽히지 않는다.
② 긴 관을 굽힐 때에는 주변에 장애물이 없는지 반드시 확인한다.
③ 열간 굽힘 시 관 가열부에 화상을 입지 않도록 각별히 주의한다.
④ 냉간 굽힘 후 관이 벤딩 포머에서 빠지지 않을 때에는 쇠 해머로 포머에 충격을 가해서 관을 빼낸다.

15 배관 지지쇠 종류 중 배관의 벤딩 부분과 수평 부분을 영구히 고정시켜 배관의 이동을 구속시키는 것은?

① 파이프 슈(Pipe Shoe)
② 리스트 레인트(Restraint)
③ 리지드 서포트(Rigid Support)
④ 스프링 서포트(Spring Support)

16 내부 에너지 400kJ, 압력 300kPa, 체적 2m³인 계의 엔탈피는 몇 KJ인가?

① 700
② 800
③ 900
④ 1,000

17 일반적인 경우 중앙식 급탕기와 비교한 개별식 급탕법의 장점으로 가장 적합한 것은?
① 배관길이가 짧아 열손실이 적다.
② 값싼 중유, 벙커C유 등의 연료를 사용하여 급탕비가 적게 든다.
③ 대규모 설비이므로 열효율이 좋다.
④ 기계실에 설치되므로 관리가 쉽다.

18 소화설비 중 탄산가스 설비의 특징으로 옳지 않은 것은?
① 무해, 무취하고, 절연성이 높다.
② 소화 후 소화물에 대하여 오염, 손상 등이 없다.
③ 유지비가 많이 들고, 펌프 등 압송장치가 필요하다.
④ 저장 기간 동안 변질이 없고 반영구적으로 사용할 수 있다.

19 가스 배관의 보수 또는 배관을 연장할 경우 가스팩 사용에 대한 설명으로 옳지 않은 것은?
① 가스팩을 설치할 때는 2m 이상의 방출관을 설치하여야 한다.
② 가스를 차단할 경우는 유효기간이 지나지 않은 가스팩을 사용하여야 한다.
③ 팩을 제거할 때는 상류 측을 먼저 빼내고 차단부의 공기를 방출시킨 후 하류 측을 제거한다.
④ 가스팩에는 공기를 $1kgf/cm^2$ 이상부터 관의 지름이 클수록 $10kgf/cm^2$까지 높은 압력으로 사용한다.

20 펌프 설치 및 주위 배관에서 흡입 배관 시공에 필요로 하지 않는 것은?
① 사이펀 관
② 스트레이너
③ 진공 게이지
④ 리프트형 체크 밸브

21 보일러 급수에 용해되어 있는 산소, 이산화탄소 등의 용존 기체를 제거하는 장치는?
① 환원기   ② 탈기기
③ 증발기   ④ 절탄기

22 진공 환수관 증기난방에서 진공 펌프가 환수주관보다 높은 위치에 있거나, 방열기보다 높은 곳에 환수주관을 배관하는 경우 응축수를 끌어올리기 위하여 설치하는 것은?
① 리프트 피팅
② 고압 트랩장치
③ 저압 트랩장치
④ 플래시 레그장치

23 각 층 배수 수직관의 공기 혼합 이음쇠와 배수 수평 분기관 및 배수 수직관의 기초 부분의 공기 분리 이음쇠로 구성되어 있으며, 수직관 안에서 배수와 공기를 억제시키고, 배수 수평 분기관으로부터 들어오는 배수와 공기를 수직관 안에서 혼합하는 역할을 하는 방식을 무엇이라 하는가?
① 1관식방식   ② 2관식방식
③ 소벤트방식   ④ 섹스티아방식

24 도시가스의 성분 중 가연성가스가 아닌 것은 무엇인가?

① H_2 ② CH_4
③ CO_2 ④ CO

25 증발기에서 증발한 냉매를 기계적인 압축이 아닌 용액으로의 흡수 및 방출에 의해 냉동시키는 것은?

① 압축식 냉동기
② 흡착식 냉동기
③ 흡수식 냉동기
④ 증기분사식 냉동기

26 석면시멘트관의 이음에서 칼라 속에 2개의 고무링을 넣고 이음하는 방식으로 고무 개스킷 이음이라고도 하는 것은?

① 콤포 이음
② 고무링 이음
③ 플레어 이음
④ 심플렉스 이음

27 동관 공작용 공구 중 직관에서 분기관을 성형할 때 사용하는 공구는?

① 리머(Reamer)
② 티 뽑기(Extractors)
③ 튜브 벤더(Tube Bender)
④ 사이징 툴(Sizing Tool)

28 강관의 가스 절단에 대한 원리를 가장 정확하게 설명한 것은?

① LPG와 강관의 융화 반응을 이용하여 절단한다.
② 질소와 강관의 탄화 반응을 이용하여 절단한다.
③ 산소와 강관의 화학 반응을 이용하여 절단한다.
④ 아세틸렌과 강관의 역화 반응을 이용하여 절단한다.

29 벤더로 관의 굽힘 작업을 할 때 관이 파손되었다면 그 원인으로 가장 적합한 것은?

① 굽힘 반지름이 너무 작다.
② 성형틀의 홈이 관의 지름보다 크다.
③ 클램프 또는 관에 기름이 묻어 있다.
④ 안내틀 조정이 너무 약하게 되어 저항이 작다.

30 20A(3/4″) 강관에서 2개의 45° 엘보를 사용해서 그림과 같이 연결하려면 빗면 연결 부분 직관의 실제 소요 길이는 약 얼마인가?(단, 20A 엘보의 바깥 면에서 중심까지의 길이는 25mm, 엘보 물림 나사부 길이는 15mm로 한다.)

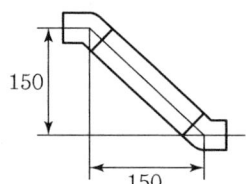

① 152mm ② 172mm
③ 192mm ④ 212mm

31 관이나 기기 속의 물의 온도가 공기 노점온도보다 낮을 때 관 등의 표면에 수분이 응축하는 현상을 무엇이라고 하는가?

① 보랭 ② 결로
③ 보온 ④ 단열

32 중량물을 인력(人力)에 의해 취급할 때의 일반적인 주의사항으로 옳지 않은 것은?

① 들어 올릴 때는 가급적 허리를 내리고 등을 펴서 천천히 올린다.
② 안정하지 않은 곳에 내려놓지 말 것이며, 높은 곳에 무리하게 올려놓지 않는다.
③ 운반하는 통로는 미리 정돈해 놓고, 힘겨운 물건은 기중기나 운반차를 이용한다.
④ 공동 작업을 할 때는 체력이나 기능 수준이 자신과 전혀 다른 사람을 선택하여 운반한다.

33 배관 안지름이 1,000mm이고, 유량이 7.85 m³/s일 때, 이 파이프 내의 평균 유속은 약 몇 m/s인가?

① 10 ② 50
③ 100 ④ 150

34 화학장치용 재료의 구비 조건으로 옳지 않은 것은?

① 저온에서도 재질의 열화가 없을 것
② 가공이 용이하고 가격이 저렴할 것
③ 고온, 고압에 대하여 기계적 강도가 클 것
④ 접촉 유체에 대하여 내식성이 크고 크리프(Creep) 강도가 작을 것

35 정지하고 있는 물체의 뒷면에 진공 부분이 발생하게 되면 물체는 그로 인해 공기의 흐름 방향대로 힘을 받게 된다. 그 힘의 방향으로 가속도를 얻으면서 서서히 움직이게 되는데 이 원리를 응용한 것은 무엇인가?

① 공기 수송기
② 터보형(원심식) 압축기
③ 공기압식 전송기
④ 분리기 및 후부 냉각기

36 다음 중 열교환기의 사용 용도에 해당되지 않는 것은?

① 응축 ② 냉각 및 가열
③ 폐열 방출 ④ 증발 및 회수

37 게이지 압력이 1.4기압(kgf/cm²)일 때 정수두는 몇 m인가?

① 0.14 ② 1.4
③ 14 ④ 140

38 LPG 저장설비 중 구형 저장 탱크의 특징을 열거한 것이다. 아닌 것은?

① 구조가 간단하고 시설비가 싸다.
② 강도가 크고 동일 용량으로는 표면적이 가장 크다.
③ 드레인(Drain)이 쉽고 악천후에도 유지 관리가 용이하다.
④ 단열성이 높아서 −50℃ 이하의 산소, 질소, 메탄, 에틸렌 등의 액화가스 저장에 적합하다.

39 배관의 세정방법 중 기계적(물리적) 세정방법에 해당하는 것은?

① 순환 세정법 ② 피그 세정법
③ 침적 세정법 ④ 스프레이 세정법

40 가스 배관 설비의 보수에서 잔류가스를 처리하기 위한 방출관의 높이는 지상에서 몇 m 이상 높이로 설치하는가?

① 3 ② 4
③ 5 ④ 6

41 다음 중 제3각법을 설명한 것으로 틀린 것은?
① 저면도는 정면도 밑에 도시한다.
② 평면도는 정면도의 상부에 도시한다.
③ 좌측면도는 정면도의 좌측에 도시한다.
④ 우측면도는 평면도의 우측에 도시한다.

42 구멍에 끼워 맞추기 위한 구멍, 볼트, 리벳의 기호 표시에서 현장에서 드릴 가공 및 끼워 맞춤을 하고 양쪽면에 카운터 싱크가 있는 기호는?

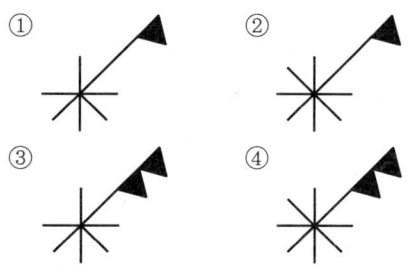

43 그림과 같은 배관 도시 기호가 있는 관에는 어떤 종류의 유체가 흐르는가?

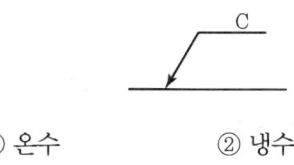

① 온수   ② 냉수
③ 냉온수 ④ 증기

44 도면을 용도에 따른 분류와 내용에 따른 분류로 구분할 때, 다음 중 내용에 따라 분류한 도면인 것은?
① 제작도   ② 주문도
③ 견적도   ④ 부품도

45 대상물의 일부를 떼어낸 경계를 표시하는 데 사용하는 선의 굵기는?
① 굵은 실선
② 가는 실선
③ 아주 굵은 실선
④ 아주 가는 실선

46 다음 중 리벳용 원형강의 KS 기호는?
① SV   ② SC
③ SB   ④ PW

47 다음 입체도의 화살표 방향 투상도로 가장 적합한 것은?

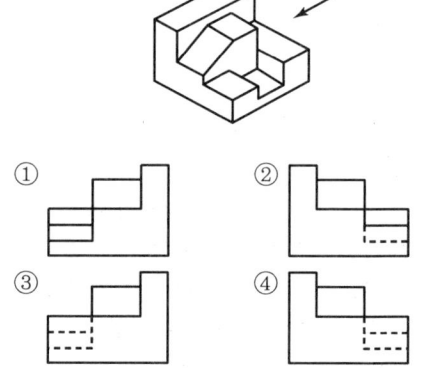

48 연단에 아마인유를 배합한 것으로 밀착력이 좋고 풍화에 강하며 다른 도료의 밑칠용 및 녹 방지용으로 사용하는 것은?
① 산화철 도료
② 알루미늄 도료
③ 광명단 도료
④ 합성수지 도료

49 다음 중 유기질 보온재에 해당하는 것은?
① 석면
② 규조토
③ 암면
④ 코르크

50 다음 치수 표현 중에서 참고 치수를 의미하는 것은?
① Sϕ24
② t=24
③ (24)
④ □24

51 스테인리스강의 부동태피막(보호피막)은 크롬(Cr)과 무엇이 결합하여 형성되는가?
① 질소 또는 수산기
② 산소 또는 수산기
③ 질소 또는 염산기
④ 산소 또는 염산기

52 다음 중 동관에 대한 설명으로 옳지 않은 것은?
① 동관은 강관보다 내식성이 좋다.
② 두께가 가장 두꺼운 것은 M형이다.
③ 열전도도가 크고 굴곡성이 풍부하다.
④ 담수에 대한 내식성은 크나, 연수에는 부식된다.

53 오토매틱 워터 밸브(Automatic Water Valve)에 관한 설명으로 틀린 것은?
① 주 밸브와 보조 밸브로 구성되어 있다.
② 중추식 안전 밸브와 지렛대식 안전 밸브가 대표적인 오토매틱 워터 밸브이다.
③ 적용 유체의 자체 압력을 이용한 것으로 수위 조절 밸브, 감압 밸브, 1차 압력 조절 밸브에 사용된다.
④ 유체가 흐르지 않은 상태에서는 주 밸브의 자체중량과 스프링의 힘으로 닫혀져 있다.

54 합성수지관의 공통적인 특성에 관한 설명으로 옳지 않은 것은?
① 경량이다.
② 전기절연성이 우수하다.
③ 내압성과 내마모성이 좋다.
④ 작업성이 좋아 시공이 쉽다.

55 흄(Hume)관이라고도 부르며, 배수관 및 송수관 등에 사용되는 관은?
① 도관
② 라이닝 주철관
③ 석면시멘트관
④ 원심력 철근콘크리트관

56 밸브의 종류별 설명으로 옳지 않은 것은?
① 슬루스 밸브는 유량 조정용으로 적당하다.
② 정지 밸브는 유체에 대한 저항이 크나 가볍다.
③ 체크 밸브는 유체를 일정한 방향으로만 흐르게 한다.
④ 콕은 유체의 저항을 줄이고 흐름을 급속히 개폐할 수 있다.

57 증기 트랩의 종류 중 열역학적 트랩에 해당되는 것은?
① 플로트 트랩
② 버킷 트랩
③ 열동식 트랩
④ 디스크형 트랩

58 다음 중 수도용 원심력 사형 주철관의 최대 사용 정수두가 45m인 관은?
① 저압관
② 중압관
③ 고압관
④ 보통압관

59 다음 밸브 기호는 어떤 밸브를 나타내는가?

① 풋 밸브　　② 볼 밸브
③ 체크 밸브　④ 버터플라이 밸브

60 다음 그림과 같은 용접방법 표시로 맞는 것은?

① 삼각 용접　② 현장 용접
③ 공장 용접　④ 수직 용접

CBT 모의고사 제2회

01 석유계 저급탄화수소의 혼합물이며, 주요 성분으로는 프로판, 부탄, 부틸렌, 메탄, 에탄 등으로 이루어진 액화석유가스의 약자는?
① CNG
② LPG
③ LCG
④ LNG

02 액화천연가스에 관한 설명으로 옳지 않은 것은?
① 공기보다 무겁다.
② 액화 온도는 −162℃이다.
③ 메탄(CH_4)이 주성분이다.
④ 대규모 저장 시설이 필요하다.

03 배관을 지지하는 점에서 이동 및 회전하는 것을 방지하기 위하여 사용되는 리스트레인트의 종류는?
① 앵커
② 리지드 행거
③ 방진기
④ 스프링 서포터

04 손으로 물건을 들어 올릴 때의 주의사항으로 틀린 것은?
① 절대로 장갑을 착용하지 말 것
② 거스러미 및 날카로운 모서리는 제거할 것
③ 기름기가 묻어 있는 물건은 기름기를 제거할 것
④ 물건을 들 때는 허리에 힘을 주고 바른 자세를 취할 것

05 보일러가 급수 부족으로 과열되었을 때의 안전 조치로 가장 적합한 방법인 것은?
① 댐퍼를 닫고 물을 모두 배출시킨다.
② 냉각수를 급속히 급수하여 냉각시킨다.
③ 화실에 물을 부어서 급히 소화 및 냉각시킨다.
④ 소화 후 안전 밸브를 이용한 안전장치를 작동시키면서 서서히 증기를 배출시키며 냉각시킨다.

06 전처리 작업 및 도장 시공에서 용해 아연(알루미늄) 도장 시공 시 가장 적당한 온도와 습도는?
① 온도 10℃ 내외, 습도 46% 정도
② 온도 10℃ 내외, 습도 76% 정도
③ 온도 20℃ 내외, 습도 46% 정도
④ 온도 20℃ 내외, 습도 76% 정도

07 액화석유가스 저장 탱크 내벽에 10cm² 정도의 다공성 알루미늄 합금 박판을 설치하는 주된 이유는?
① 폭발을 방지하기 위하여
② 액화와 기화를 돕기 위하여
③ 액화가스의 기화를 돕기 위하여
④ 재액화를 방지하여 증발을 돕기 위하여

08 가스 용접과 절단 시 안전사항에 대한 설명으로 틀린 것은?

① 용기는 뉘어 두거나 굴리는 등 충동, 충격을 주지 않는다.
② 가스 호스 연결부에 기름이 묻지 않도록 한다.
③ 가스 용기는 화기에서 1m 정도 떨어지게 한다.
④ 직사광선이 없는 곳에 가스용기를 보관한다.

09 원심력 집진법에 관한 설명으로 옳지 않은 것은?

① 원심력으로 분진 입자를 분리하여 공장 등에서 많이 이용된다.
② 분진 자체 중력에 의해 자연 침강시켜 집진하며 구조가 간단하다.
③ 원심력 집진장치 중 대표적인 것은 사이클론(Cyclone)을 들 수 있다.
④ 여러 개의 소형 사이클론을 병렬로 설치해서 성능을 향상시킨 것을 멀티 사이클론(Multi Cyclone)이라 한다.

10 가스 배관 설치 후 잔류가스 처리방법에 관한 설명으로 옳지 않은 것은?

① 흡수 처리는 중화, 흡수, 흡착 등의 방법을 이용한다.
② 잔류가스의 연소 처리 시에는 가연성 성질을 지닌 암모니아, 시안화수소 등에 주의하며 연소시킨다.
③ 대기 방출 시 가스 방출관은 지상 1m의 높이 또는 탱크 정상부의 50cm 높이에서 가스를 서서히 방출한다.
④ 불활성가스로 치환하려면 질소, 이산화탄소, 수증기 등의 불활성 기체를 압축기로 압입하면서 설비 상부로 방출한다.

11 오물 정화조의 설치 순서로 옳은 것은?

① 부패조 → 여과조 → 산화조 → 소독조
② 부패조 → 산화조 → 여과조 → 소독조
③ 소독조 → 여과조 → 산화조 → 부패조
④ 소독조 → 산화조 → 여과조 → 부패조

12 펌프에서 캐비테이션(Cavitation)의 발생 조건이 아닌 것은?

① 흡입 양정이 짧을 경우
② 유체의 온도가 높을 경우
③ 날개 차의 원주 속도가 클 경우
④ 날개 차의 모양이 적당하지 않을 경우

13 옥외 소화전 7개를 설치하고자 한다. 수원의 저수량은 얼마인가?(단, 옥외 소화전 방수량은 350L/min을 20분 이상 방출하여야 하고, 2개 이상인 경우는 2개로 간주한다.)

① 6,000L 이상
② 10,000L 이상
③ 12,000L 이상
④ 14,000L 이상

14 다음 중 인화성이 강한 가스 배관의 누설 검사에 가장 적합한 것은?

① 경유   ② 비눗물
③ 아세톤 ④ 암모니아

15 다음 중 개방식 팽창 탱크에 연결되는 관이 아닌 것은?

① 배기관
② 팽창관
③ 안전관
④ 압축공기관

16 도시가스 부취(付臭) 설비에서 증발식 부취에 대한 설명으로 틀린 것은?

① 부취제의 증기를 가스 흐름 중에 혼합하는 방식으로 시설비가 싸다.
② 설치 장소는 압력 및 온도의 변화가 적고 관내의 유속이 빠른 곳이 적당하다.
③ 부취제 첨가율을 일정하게 유지할 수 있으므로 가스량 변동이 큰 대규모 설비에 사용된다.
④ 바이패스방식을 이용하므로 가스량의 변화로 부취제 농도를 조절하여 조절범위가 한정되고 혼합 부취제는 쓸 수 없다.

17 설비 배관 도면에서 배관 내의 유체에 대한 도시 기호의 연결이 옳지 않은 것은?

① 물 - S   ② 공기 - A
③ 유류 - O   ④ 가스 - G

18 배관의 화학적 세정방법에서 부식억제제로 가장 적합한 것은?

① 구연산
② 인히비터
③ 설퍼민산
④ 제3인산소다

19 파형판과 평판을 교대로 겹쳐 배열시켜 두 판 사이로 유체가 흐르도록 한 것으로 전열면적이 크고 무게가 가벼워 최근 많이 사용하는 열교환기는?

① 판형 열교환기
② 2중관식 열교환기
③ 코일형 열교환기
④ U자관형 열교환기

20 다음 중 배수 트랩의 봉수가 없어지는 원인이 아닌 것은?

① 모세관 현상
② 자기 사이펀 작용
③ 감압에 따른 흡인 작용
④ 온도차에 다른 역류 작용

21 배관 용접 후 맞대기 용접 부위를 방사선 투과시험하여 결함 여부를 판단하려고 할 때 표시하는 기호는?

① PT   ② UT
③ MT   ④ RT

22 내부용적 40L의 산소병에 90kgf/cm² 라고 압력 게이지에 나타났다면 이때 산소병에 들어 있는 산소의 양은?

① 3,600L   ② 4,000L
③ 5,200L   ④ 9,000L

23 수공구인 해머(Hammer)는 일반적으로 크기를 무엇으로 구분하는가?

① 머리부의 지름
② 머리부의 지름과 자루의 길이
③ 자루를 제외한 머리부의 무게
④ 자루와 머리부의 길이를 합한 값

24 다음 중 경질 염화비닐관의 이음방법이 아닌 것은?

① 나사 이음
② 플랜지 이음
③ 용접 이음
④ 빅토릭 이음

25 스테인리스 강관 이음 중 MR 이음의 특징이 아닌 것은?
① 관의 나사내기 프레스 가공 등이 필요 없다.
② 배관 시공 시 작업이 복잡하여 숙련이 필요하다.
③ 화기를 사용하지 않기 때문에 기존 건물 배관 공사에 적당하다.
④ 접속에 특수한 공구를 사용하지 않고 스패너만으로 간단히 접속시킨다.

26 다음 중 콘크리트관 이음에 속하지 않는 것은?
① 칼라 신축 이음
② 인서트 이음
③ 콤포 이음
④ 턴앤드 글로브 이음

27 석면시멘트관의 이음방법으로 2개의 플랜지, 2개의 고무 링, 1개의 슬리브로 이루어진 접합방법은?
① 칼라 이음
② 콤포 이음
③ 기볼트 이음
④ 턴앤드 글로브 이음

28 배관 설비 시공 시 강관을 접합하는 일반적인 방법이 아닌 것은?
① 압축 접합   ② 용접 접합
③ 나사 접합   ④ 플랜지 접합

29 나사용 패킹 재료가 아닌 것은?
① 납   ② 페인트
③ 일산화연   ④ 액상 합성수지

30 동관의 용도로 가장 거리가 먼 것은?
① 급수용   ② 냉난방용
③ 배수용   ④ 열교환기용

31 자연 순환식 수관 보일러의 종류에 속하지 않는 것은?
① 다쿠마 보일러
② 스틸링 보일러
③ 야로 보일러
④ 벨로스 보일러

32 개방식 팽창 탱크의 설치 위치는 최고층 방열기보다 몇 m 이상 높게 설치하는가?
① 0.1m   ② 0.3m
③ 0.5m   ④ 1.0m

33 화재 발생 시 덕트를 통해 화재가 번지는 현상을 막기 위하여 덕트 내 특정 온도에 도달하면 퓨즈가 녹아서 덕트를 차단하는 구조로 되어 있는 것을 무엇이라고 하는가?
① 캔버스
② 가이드 베인
③ 방화 댐퍼
④ 풍량 조절 댐퍼

34 진공환수식 증기 난방법에서 환수관을 방열기 위쪽에 배관하거나 진공 펌프를 환수주관보다 높은 위치에 설치할 경우 가장 적합한 배관법은?
① 하트포드 배관
② 리프트 피팅 배관
③ 바이패스 배관
④ 파일럿 라인 배관

35 섭씨온도 32°C를 절대온도로 환산하면 약 얼마인가?
① 241K ② 273K
③ 305K ④ 345K

36 강관의 용접 이음방법에 대한 설명 중 틀린 것은?
① 슬리브 용접 이음은 누수될 염려가 가장 크다.
② 맞대기 용접을 하기 위해서는 관 끝을 베벨 가공한다.
③ 플랜지 이음은 주로 65A 이상의 관에 주로 사용한다.
④ 플랜지 이음의 볼트 길이는 완전히 조인 후 1~2산 남도록 한다.

37 다음 중 2개의 체이서로 구성되어 소구경 강관의 나사 절삭에 사용되는 수공구의 형식인 것은?
① 리드형 ② 오스터형
③ 호브형 ④ 다이헤드형

38 납용해용 냄비, 파이어 포트, 납물용 국자, 산화납 제거기, 클립, 코킹정 등은 어떤 작업에 사용되는가?
① 동관의 확관 작업
② 주철관의 소켓 작업
③ 콘크리트관의 접합 작업
④ 강관의 용접식 플랜지 작업

39 램식 파이프 벤딩기에 대한 설명으로 옳은 것은?
① 수동식(유압식)은 50~80A까지의 관을 상온에서 굽힘할 수 있다.
② 수동식(유압식)은 80~100A까지의 관을 상온에서 굽힘할 수 있다.
③ 모터를 부착한 동력식은 100A 이상의 관을 상온에서 굽힘할 수 있다.
④ 모터를 부착한 동력식은 100A 이하의 관을 상온에서 굽힘할 수 있다.

40 다음 중 교류 용접기의 용량이 400A일 때 용접기와 홀더 사이의 케이블 단면적으로 적합한 것은?
① $30mm^2$ ② $60mm^2$
③ $80mm^2$ ④ $90mm^2$

41 다음 중 앵글 밸브에 관한 설명으로 옳은 것은?
① 스톱 밸브라고 한다.
② 슬루스 밸브라고도 부른다.
③ 극히 유량이 적거나 고압일 때 사용한다.
④ 엘보와 글로브 밸브의 조합형으로 직각형이다.

42 수도용 경질염화비닐 이음관에 관한 설명으로 옳지 않은 것은?
① 수도용 경질염화비닐 이음관에는 경질염화비닐 이음관과 내충격성 경질염화비닐 이음관이 있다.
② 경질염화비닐 이음관은 염화비닐 중합체에 안정제, 안료 등을 첨가한 것이다.
③ A형 이음관은 압출성형기로, B형 이음관은 사출성형기로 성형된 원관을 가공하여 제조한 것이다.
④ 내충격성 경질염화비닐 이음관은 염화비닐 중합체에 안정제, 안료, 개질제 등을 첨가한 것이다.

43 배관의 중간이나 밸브, 펌프, 열교환기 등 각종 기기의 접속 및 기타 보수 점검을 위하여 관의 해체, 교환을 필요로 하는 곳에 사용되는 이음쇠는?

① 티 ② 엘보
③ 니플 ④ 플랜지

44 합성수지 또는 고무질 재료를 사용하여 만든 다공질 제품으로 부드럽고 불연성이며 보온성과 보랭성이 우수한 것은?

① 펠트
② 코르크
③ 기포성 수지
④ 탄산마그네슘

45 다음 중 비금속관에 관한 설명으로 옳지 않은 것은?

① 원심력 철근콘크리트관은 흄관이라고도 한다.
② 석면시멘트관은 $1kgf/cm^2$ 이하에만 이용된다.
③ 석면시멘트관은 보통 에터니트관이라고도 한다.
④ 석면시멘트관은 금속관에 비해 내식성이 크며 내알칼리성이 우수하다.

46 일반적으로 경화제를 섞어서 사용하는 도료로 내열성, 내수성 및 전기절연이 우수하여 도료 접착제, 방식용으로 사용되는 것은?

① 아스팔트
② 에폭시 수지
③ 산화철 도료
④ 알루미늄 도료(은분)

47 수도용 입형 주철관의 관 표시방법에서 보통 압관의 표시 기호는?

① A ② B
③ LA ④ HA

48 가요관이라 하며, 스테인리스강의 가늘고 긴 벨로스의 바깥을 탄력성이 풍부한 구리망, 철망 등으로 피복한 것으로 굴곡이 많은 장소나 방진용으로 사용하는 신축 이음쇠는?

① 플렉시블 튜브
② 루프형 신축 이음쇠
③ 스위블형 신축 이음쇠
④ 볼 조인트형 신축 이음쇠

49 열동식 트랩에 관한 설명으로 옳지 않은 것은?

① 열동식 트랩은 열역학적 트랩이다.
② 일반적으로 사용 압력은 $1kgf/cm^2$까지도 가능하다.
③ 열동식 트랩은 실로폰 트랩, 방열기 트랩으로 부르기도 한다.
④ 저온의 공기도 통과시키는 특성이 있어 에어 리턴식이나 진공 환수식 증기 배관의 방열기나 관말 트랩에 사용된다.

50 스테인리스 강관의 일반적인 특성에 관한 설명으로 옳지 않은 것은?

① 위생적이어서 적수, 백수, 청수의 염려가 없다.
② 한랭지 배관이 가능하며 동결에 대한 저항이 크다.
③ 내식성이 우수하여 계속해서 사용해도 안지름이 축소되는 경향이 적다.
④ 나사식, 몰코식, 용접식, 타이톤식 이음법 등의 특수 시공법을 사용하면 시공이 간단하다.

51 다음 중 치수 보조 기호로 사용되지 않는 것은 어느 것인가?
① π
② Sφ
③ R
④ □

52 다음 중 그림과 같은 도면의 해독으로 잘못된 것은?

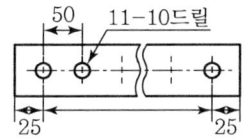

① 구멍 사이의 피치는 50mm
② 구멍의 지름은 10mm
③ 전체 길이는 600mm
④ 구멍의 수는 11개

53 나사의 감김 방향의 지시방법 중 틀린 것은 무엇인가?
① 오른나사는 일반적으로 감김 방향을 지시하지 않는다.
② 왼나사는 나사의 호칭방법에 약호 "LH"를 추가하여 표시한다.
③ 동일 부품에 오른나사와 왼나사가 있을 때 왼나사에만 약호 "LH"를 추가한다.
④ 오른나사는 필요하면 나사의 호칭방법에 약호 "RH"를 추가하여 표시할 수 있다.

54 다음 냉동장치의 배관 도면에서 팽창 밸브는?

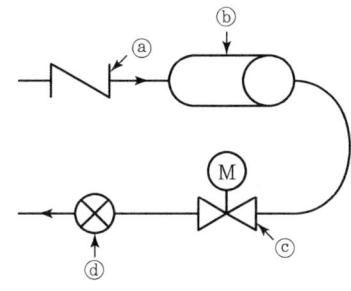

① ⓐ   ② ⓑ
③ ⓒ   ④ ⓓ

55 다음 중 단면도에 대한 설명으로 틀린 것은?
① 부분 단면도는 일부분을 잘라내고 필요한 내부 모양을 그리기 위한 방법이다.
② 조합에 의한 단면도는 축, 핀, 볼트, 너트류의 절단면에 대한 이해를 위해 표시한 것이다.
③ 한쪽 단면도는 대칭형 대상물의 외형 절반과 온단면도의 절반을 조합하여 표시한 것이다.
④ 회전 도시 단면도는 핸들이나 바퀴 등의 암, 림, 훅, 구조물 등의 절단면을 90도 회전시켜서 표시한 것이다.

56 그림과 같이 제3각법으로 정투상한 도면에 적합한 입체도는?

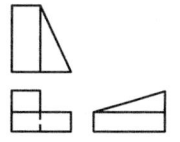

① 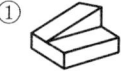   ②
③ 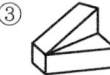   ④

57 다음 중 일반적인 판금 전개도의 전개법이 아닌 것은?

① 다각전개법 ② 평행선법
③ 방사선법 ④ 삼각형법

58 다음 중 열간 압연 강판 및 강대에 해당하는 재료 기호는?

① SPCC ② SPHC
③ STS ④ SPB

59 동일 장소에서 선이 겹칠 경우 나타내야 할 선의 우선순위를 옳게 나타낸 것은?

① 외형선＞중심선＞숨은선＞치수보조선
② 외형선＞치수보조선＞중심선＞숨은선
③ 외형선＞숨은선＞중심선＞치수보조선
④ 외형선＞중심선＞치수보조선＞숨은선

60 3각법으로 그린 투상도 중 잘못된 투상이 있는 것은?

①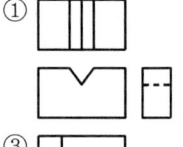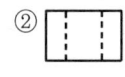
③ 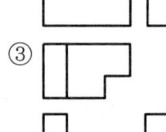 ④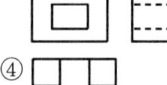
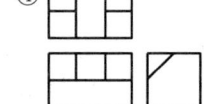

CBT 모의고사 제1회 정답 및 해설

01	02	03	04	05	06	07	08	09	10
③	④	①	②	②	④	④	①	①	①
11	12	13	14	15	16	17	18	19	20
①	④	②	④	①	④	①	③	④	④
21	22	23	24	25	26	27	28	29	30
②	①	③	③	③	④	②	③	①	③
31	32	33	34	35	36	37	38	39	40
②	④	①	④	①	③	③	②	②	③
41	42	43	44	45	46	47	48	49	50
④	④	②	④	②	①	③	③	④	③
51	52	53	54	55	56	57	58	59	60
②	②	②	③	④	③	④	③	①	②

01
피복 아크 용접봉의 피복제는 표면에 점성이 작은 슬래그를 생성시키며 용융 금속의 응고와 냉각 속도를 느리게 하여(급랭 작용) 이로 인한 균열을 방지한다.

03
가스 용접은 일반적으로 아세틸렌가스(가연성가스)와 산소(지연성가스)를 이용한 일명 산소 용접을 말하는 것으로 전기 피복 금속 아크 용접에 비해 열효율이 낮고 열의 집중성이 낮은 것이 단점이다.

04
동력 파이프 나사 절삭기의 종류
호브식, 오스터식, 다이헤드식

[암기법] **오.호.다** = 파이프 벤딩 머신의 종류 : 램식, 로터리식('ㄹ' 모양은 파이프가 벤딩된 형상을 연상)

05
폴리부틸렌관(PB관)은 에이콘관이라고도 하며 이음쇠 안쪽에 내장된 그래브 링(Grab Ring)과 O-링에 의한 삽입 접합이며, 이종관과의 접합 시에는 커넥터(Connector) 및 어댑터(Adapter)를 사용하여 나사 이음하는 방식을 사용한다.

06
주철관 접합법의 종류에는 소켓 접합, 플랜지 접합, 기계적 접합, 타이톤 접합, 빅토릭 접합 등이 있으며, 소켓 이음을 혁신적으로 개량한 노 허브 이음은 스테인리스 커플링과 고무링을 이용한 새로운 접합법이다.

07
몰코 이음의 특징
- 작업이 단순해 숙련이 필요 없다.
- 화기를 사용하지 않아 화재의 위험이 없다.
- 경량 배관 및 청결 배관을 할 수 있다.
- 몰코 이음쇠에 끼우고 전용 압착 공구로 10초간 압착해 주는 간단한 방식으로 접합이 이루어진다.

08
납땜의 종류에는 납땜 작업의 온도에 따라 경납땜(450℃ 이상)과 연납땜(450℃ 이하)이 있으며 주석납은 대표적인 연납땜의 재료이다(인두납땜).

09
패킹재료의 사용목적
배관의 기밀, 수밀, 유밀 유지

10
리스트레인트의 종류
- 앵커 : 이동/회전방지
- 스토퍼 : 일정한 방향의 이동/회전 구속
- 가이드 : 축/직각방향의 이동 구속 및 안내

13
대기 중에 포함된 먼지를 제거하는 집진장치의 종류에는 전기식, 중력식, 관성식, 원심력식, 여과식 등이 있다. 이 중 관성력식 집진장치를 이용한 집진법은 기류의 급격한 방향 전환으로 분진을 제거하는 방식이다.

참고 집진효율이 가장 우수하며 함진가스의 처리량이 많아 대용량 고성능 집진장치로 적합한 것은 전기식 집진법이다.

15
서포트(Support)의 종류
서포트란 바닥 배관 등의 하중을 밑에서 위로 떠받치는 지지기구이다.
- 파이프 슈(Pipe Shoe) : 관에 직접 접속하는 지지기구이며 수평배관과 수직배관의 연결부에 사용하며 벤딩 부분과 수평 부분을 영구 고정
- 리지드 서포트(Riged Support) : H빔이나 I형 빔으로 받침을 만들어 지지
- 스프링 서포트(Sprong Support) : 스프링의 탄성에 의해 상하 이동을 허용
- 롤러 서포트(Roller Support) : 관의 축 방향의 이동을 허용

16
엔탈피 = 내부에너지(U) + (압력(P) × 체적(V))
   = 400kJ + (300kPa × 2m³) = 1,000kJ

17
개별식 급탕법은 긴 배관이 필요치 않으며 급탕 개소가 적을 경우 시설비가 경제적인 장점이 있다(예 순간온수기).

18
탄산가스 자체가 인체에 무해(독성가스는 아니나 밀폐된 공간에서 다량 흡입 시 위험)하고 저장 기간 동안 변질 없이 반영구적으로 사용할 수 있어 설비의 유지비가 저렴한 편이다.

19
④ 가스팩은 가스배관의 보수 또는 연장 작업 시 배관 내에서 가스를 차단할 때 사용하며 관의 지름이 클수록 낮은 압력으로 사용한다.

20
펌프의 흡입 배관은 주로 수직 배관이 사용되기 때문에 수평 배관 전용으로 사용되는 리프트형 체크 밸브(역류방지용)는 필요 없다.

21
탈기기가 보일러 급수 중의 산소, 이산화탄소 등의 기체를 제거하는 장치이다.

22
증기난방의 경우 낮은 쪽의 응축수를 높은 곳으로 올리는 리프트 피팅이 가능하다.

23
통기관의 종류를 묻는 문제로 특수 통기방식 중 하나인 소벤트방식은 별도의 통기관을 사용하지 않고 신정통관만으로 배수와 통기를 겸하는 방식이다.

24
③ CO_2(이산화탄소) : 불연성가스

26
석면시멘트관은 석면과 시멘트를 혼합하여 제조한 관으로 에테니트관(Eternit Pipe)이라고도 하며 접합법의 종류로는 심플렉스 이음, 기볼트 이음, 칼라 이음의 세 가지 종류가 있다. 이 중 심플렉스 이음은 칼라 속에 2개의 고무링을 넣은 이음으로 굽힘성과 내식성이 우수한 접합법이다.

27
동관을 직관에서 분기하는 경우 티 뽑기라는 공구를 사용한다.

28
강관의 가스 절단은 산소와 아세틸렌(또는 LPG)을 이용하여 강관을 예열한 후, 고압의 산소를 흘려 용융 부위를 산화시켜 절단하는 방식이다.

29
관의 벤딩 시 굽힘 반지름은 관경의 2.5배 이상이 되어야 하며 재료에 결함이 있거나 압력이 저항에 비해 과대한 경우 관이 파손될 수 있다.

30
- 부속의 공간길이 = (부속 중심선에서 단면까지 거리) - (나사부 물리는 최소길이)이므로 25 - 15 = 10mm
- 빗면 직관의 길이 : $150\sqrt{2} = 150 \times 1.414 = 212.1$
- 직관의 길이에서 양쪽 부속의 공간길이를 빼주면 실제 소요길이가 산출된다.
  212.1 - (10 + 10) = 192.1mm

31
결로는 공기가 차가운 관이나 기기 등의 표면에 접촉하여 물방울이 되어 벽면에 부착되는 현상이다.

32
④ 공동 작업을 하는 경우 체력의 수준이 비슷한 다른 사람과 작업하도록 한다.

33
- 유량(Q) = 관의 단면적(A) × V(유속)
- V(유속) = $\dfrac{\text{유량}(Q)}{\text{관의 단면적}(A)}$
- 원의 면적(관의 단면적) = $\dfrac{\pi d^2}{4}$
- 배관 안지름 단위 환산(1,000mm = 1m)

$$\dfrac{7.85}{\dfrac{3.14}{4} \times 1^2} = \dfrac{7.85}{0.785} = 10\text{m/s}$$

34
크리프 강도란 재료에 일정한 온도를 가했을 경우의 기계적인 강도를 말하며, 화학배관설비에 사용되는 재료는 크리프 강도가 커야 한다.

35
공기 수송기는 분체수송기라고도 하며 유지 관리를 위한 비용과 인건비를 절감할 수 있으나 대용량, 장거리 이송 시에는 효율성이 떨어진다.

36
열교환기의 종류와 특징
- 가열기 : 유체를 가열하여 필요한 온도까지 유체의 온도를 상승시키는 목적으로 사용되며 가열원은 폐열 유체를 사용한다.
- 예열기 : 유체를 가열하여 유체온도를 상승시키는 목적으로 사용한다.
- 과열기 : 가열된 유체를 다시 가열하여 과열상태로 만드는 열교환기이다.
- 증발기 : 유체를 가열하여 잠열을 주어 증발시켜 발생한 증기를 사용하는 열교환기이다.
- 응축기 : 응축성 기체를 사용하여 잠열을 제거해 액화시키는 열교환기이다.
- 냉각기 : 정수, 해수 등의 열매체로 필요한 온도까지 유체온도를 강하시키는 열교환기이다.

37
정수두란 물이 정지 상태에 있을 때 상하수면의 높이차를 말한다.
정수두(m) = 10 × 게이지 압력(kgf/cm²)
= 10 × 1.4 = 14m

38
LPG 저장설비 중 구형 저장 탱크의 특징
- 구조가 간단하고 시설비가 싸다.
- 드레인(Drain)이 쉽고 악천후에도 유지 관리가 용이하다.
- 단열성이 높아서 -50℃ 이하의 산소, 질소, 메탄, 에틸렌 등의 액화가스 저장에 적합하다.
- 동일 용량일 때 표면적이 작아 압력을 쉽게 분산시킬 수 있는 구조이기 때문에 프로판이나 부탄 등 LPG 저장시설 등에 사용된다.

39
플랜트 배관의 기계적 세정방법
- 피그 세정법 : 탄환 모양의 피그물질을 배관 내 삽입하고 고압으로 통과시켜 배관을 세정하는 방식
- 물분사기 세정법
- 샌드 블라스트 세정법
- 숏 블라스트 세정법

40
잔류가스 처리용 방출관의 높이는 지상에서 5m 이상으로 설치한다.

41
④ 제3각도법에서 우측면도는 정면도의 우측에 도시한다.

참고 정투상법에서는 정면도를 기준으로 하여 모든 방향의 측면도를 도시한다.

43
C : Cool Water(냉수)

44
- 용도에 따른 구분 : 제작·주문·견적을 하기 위한 용도
- 내용에 따른 분류 : 조립도, 부품도, 배선도, 배관도, 장치도 등 도면에 기재되는 내용으로 구분

45
파단선의 예
파이프의 일부를 떼어낸 경계를 양단의 파단선으로 나타내었다.

46
기계 재료의 표시 기호

명칭	KS 기호	명칭	KS 기호
일반 구조용 압연 강재	SB	기계 구조용 탄소 강재	SM
일반 배관용 압연 강재	SPP	합금 공구강 (주로 절삭, 내충격용)	STS
냉간 압연 강관 및 강재	SBC	탄소 주강품	SC
용접 구조용 압연 강재	SWS	일반 구조용 탄소강관	SPS
기계 구조용 탄소강관	STKM	회주철품	GC
고속도 공구강재	SKH	구상흑연주철	DC
탄소공구강	STC	흑심 가단주철	BMC
리벳용 압연강재	SV	백심 가단주철	WMC
보일러용 압연 강재	SBB	스프링강	SPS

48
방청용 도료의 종류와 특징

종류	특징
산화철 도료	산화철과 아마인유 등을 혼합 사용하며 저렴하나 방청(녹방지)효과가 불량
광명단 도료	• 연단과 아마인유 등을 혼합한 것으로 방청효과가 우수해 일반적으로 많이 사용됨 • 도료의 밑칠용 녹방지용으로 사용
알루미늄 도료	은분이라고도 하며 특유의 광택이 있고 내열성을 가짐
합성수지 도료	보일러, 압축기 등의 도장용으로 사용

49
- 무기질 보온재 : 유리 섬유, 탄산마그네슘, 규조토, 석면, 암면 등
- 유기질 보온재 : 펠트, 코르크, 기포성 수지(폼류) 등

암기법 기.펠.코 합격한다 유

51
스테인리스강은 철(Fe)에 크롬(Cr)을 11% 이상 합금한 강으로 산소의 분위기 중에서 표면에 크롬 산화막(보호 피막)이 형성되어 금속의 산화를 방지하는데, 이러한 현상은 반드시 산소 또는 산소와 수소가 결합한 원자단의 분위기 가운데서 발생한다.

암기법 스테인리스강의 부동태피막 : 산.수

52
동관은 두께별로 K형, L형, M형, N형의 4가지 종류가 있으며 두께가 두꺼운 순서는 K>L>M>N이다.

53
오토매틱 워터 밸브는 정수위 조절 밸브라고도 하며 안전 밸브와는 성격이 다르다.

참고 **안전 밸브** : 고압의 유체를 취급하는 배관에 설치하여, 규정하는 한도에 달하면 자동으로 열려 외부로 압력을 방출하여 관 압력을 일정 수준으로 유지해 주는 장치이다.

54
합성수지관은 금속관에 비해 내압성(압력에 견디는 성질)과 내마모성(마모에 견디는 성질)이 떨어지는 단점을 가지고 있다.

55
흄관은 원심력 철근콘크리트관을 지칭하는 것으로 흄(Hume)이라는 사람이 고안하였다고 하여 이름 붙여진 관이다. 원형으로 조립된 철근을 강제형 형틀에 넣고 소정량의 콘크리트를 투입하여 제조한 관으로 형태에 따라 직관과 이형관으로 구분되는 관이다.

56
① 슬루스 밸브는 게이트 밸브라고도 하며 유량 조정용이 아닌 개폐용으로 적당하다.

[암기법] 쓸.개 개폐용

57
증기 트랩
보일러에서 발생한 응축수를 배출시키고 증기를 차단하는 장치로 종류는 다음과 같다.

- 기계식 : 플로트식 트랩, 버킷 트랩
- 온도 조절식 : 바이메탈식, 벨로스식, 액체 팽창식
- 열역학식 : 오리피스형, 디스크형

58
정수두란 물이 정지 상태에 있을 때 상하수면의 높이차를 말하는 것이며 수도용 원심력 사형 주철관의 사용 정수두가 45m 이하인 관을 저압관이라 한다.

59

부속의 종류	기호	부속의 종류	기호
엘보	┕	밸브 일반	⋈
티	┬	콕 일반	⋈
리듀서	▷	체크 밸브	⋈ 또는
슬루스 밸브 (게이트 밸브)	⋈	앵글 밸브	⊿
글로브 밸브 (스톱 밸브)	⋈●	안전 밸브	⋈

CBT 모의고사 제2회 정답 및 해설

01	02	03	04	05	06	07	08	09	10
②	①	①	①	④	④	①	③	②	③
11	12	13	14	15	16	17	18	19	20
①	①	④	②	④	③	①	②	①	④
21	22	23	24	25	26	27	28	29	30
④	①	③	④	②	②	③	①	①	③
31	32	33	34	35	36	37	38	39	40
④	④	③	②	③	①	①	②	④	②
41	42	43	44	45	46	47	48	49	50
④	③	④	③	②	②	①	①	①	④
51	52	53	54	55	56	57	58	59	60
①	③	③	④	②	②	①	②	③	④

01

액화석유가스(LPG, 프로판)
LPG란 프로판, 부탄, 프로필렌, 부틸렌 등을 주성분으로 하는 석유계 저급 탄화수소의 혼합물을 말하며, 통상 LPG는 프로판과 부탄을 지칭한다. 일반적 성질은 다음과 같다.

- 공기보다 무겁기 때문에 누설 시 대기 중으로 확산되지 않고 낮은 곳으로 체류하여 인화하기 쉽다.
- 액체 상태의 LPG는 물보다 가볍다.
- 기화, 액화가 용이하다.
- 기화하면 체적이 커진다(프로판은 약 250배, 부탄은 약 230배).
- 증발 잠열(기화열)이 크다.

02

액화천연가스(LNG)는 메탄(CH_4)을 주성분으로 하고 있으며 LPG(액화석유가스)와 다르게 공기보다 가볍다.

03

배관의 지지방법 중 하나인 리스트레인트장치는 배관의 열팽창이나 진동에 의한 관의 이동과 회전을 방지하는 것으로 열팽창이 생기는 부분에 설치하며 종류로는 **앵커, 스토퍼, 가이드** 등이 있다.

[암기법] 리스트레인트의 종류 : 앵~ 가.스

04

고속으로 회전하는 드릴 작업 시에는 장갑을 착용하지 않지만 물건을 들어 올릴 때에는 장갑을 착용한다.

05

보일러에 급수가 부족하면 보일러가 과열되어 고장 및 화재의 위험이 있기 때문에 소화를 시킨 후 안전장치를 작동시키면서 서서히 증기를 배출하며 냉각시켜야 한다.

06

배관 재료의 경우 내부식성을 부여하기 위해 아연이나 알루미늄 등의 재료로 배관재의 표면에 도금처리를 하는데, 시공 시 온도는 20℃ 내외로 하며 습도는 76% 정도를 유지하여야 한다.

07

액화석유가스(LPG) 저장 탱크 벽면의 국부적인 온도상승에 따른 저장 탱크의 파열을 방지하기 위하여 저장 탱크 내벽에 열전도도가 높은 다공성 알루미늄 합금 박판을 설치한다.

08

③ 가스 용기는 화기에서 5m 이상 떨어지게 한다.

09
집진장치는 공기 중에 포함된 유해물질을 분리하여 대기 오염으로 인한 공해 방지를 목적으로 하는 필수적인 장치이다. 종류로는 중력식, 관성력식, 원심력식, 여과식, 세정식, 전기식 등이 있으며 분진 자체의 중력에 의해 자연 침강시켜 집진하는 방식은 중력식 집진법에 대한 설명이다.

10
잔류가스 처리용 방출관의 높이
탱크의 **정**상부에서 2m **이**상, **지**상에서 5m **이**상
[암기법] 우리 부부가 잘 사는 비결은 바로 **정.이.지.오**

11
오물 정화조 설치 순서
부패조 → 여과조 → 산화조 → 소독조
[암기법] 정화조의 오물정화 처리(설치) 순서 : **부.예.산.소**

12
캐비테이션 발생 원인
유체의 온도가 높은 경우, 흡입 양정이 높을 경우, 날개 차의 원주 속도가 클 경우, 날개 차의 모양이 적당하지 않을 경우
[참고] 캐비테이션 현상은 공동 현상이라고도 하며 원심 펌프 등에서 액체가 고속 회전하는 경우 압력이 낮아지는 부분이 생기면서 기포가 생기는 것으로 진동과 소음을 유발하며 펌프의 효율을 낮게 하는 현상이다.

13
[수원의 저수량 = 소화전의 개수 × 소화전의 방수량 × 방출 시간]이며, 옥외 소화전의 개수가 2개 이상인 경우는 2개로 간주하므로 2 × 350 × 20 = 14,000

14
인화성이 강한 가스 배관의 누출 여부는 비눗물 검사를 하는 것이 안전하다.

15
팽창 탱크는 개방형과 밀폐형의 두 가지가 있으며 운전 중 장치 내 온도 상승으로 물의 체적이 팽창하면 그 압력을 흡수하여 온수의 온도를 일정하게 유지하기 위해 설치한다. 팽창 탱크에는 팽창관과 오버플로관 안전 밸브, 물 보급장치, 배기관 등을 갖추고 있다.

16
부취설비는 가스가 누설될 경우, 이를 초기에 발견하고 중독과 폭발사고를 방지하기 위해 위험농도 이하에서도 냄새로 충분히 누설을 감지할 수 있도록 하는 장치이다. 종류로는 액체주입식(대규모 설비용), 증발식(소규모 설비용) 등이 있다.
[암기법] 증발하면 그 양이 소(小)소해진다. – 소규모 설비용

17
물(W, Water), 증기(S, Steam)

18
인히비터(Inhibitor, 반응억제제)는 산처리로 인한 부식을 억제할 목적으로 산처리액에 첨가하여 산처리의 과잉을 방지하는 약품이다.

19
판형 열교환기는 파형판과 평판을 사용한 열교환기로 무게가 가볍고 전열면적이 커서 최근 많이 사용하고 있다.

20
배수 트랩의 봉수
화장실의 세면대 아래쪽에 S자 형태로 배관이 구부러진 것이 바로 배수 트랩이다. U자 부분에는 물이 차 있어 배수관으로부터의 악취를 막아주는데, 이 물을 봉수라고 한다. 봉수가 없어지는 원인은 모세관현상, 자기 사이펀 작용, 감압에 따른 흡인작용과 분출 증발에 의한 것이 원인이다.

21
- PT : 침투시험
- UT : 초음파탐상시험
- MT : 자분탐상시험
- RT : 방사능투과시험

22
[산소의 양 = 내부용적 × 충전압력]
= 40 × 90 = 3,600

24
주철관 접합법의 종류
소켓 접합, 플랜지 접합, 기계적 접합, 타이톤 접합, 빅토릭 접합 등

25
MR 조인트 이음은 나사가공이나 용접 등의 방법을 이용하지 않고 청동 주물제 이음쇠 본체에 스테인리스 강관을 삽입하고 동합금제 링을 너트로 죄어 고정시키는 방식의 이음법이며 작업이 간단하여 숙련이 필요하지 않다.

26
인서트 이음은 폴리에틸렌관(PE관)의 이음법이다.

27
석면시멘트관(에터니트관)의 이음
- 기볼트 이음(Gibolt Joint)
- 칼라 이음(Collar Joint)
- 심플렉스 이음(Simplex Joint)

[암기법] 석면시멘트관 : **칼.심.기**

28
압축 접합은 전연성이 풍부한 동관의 접합 시 사용된다.

29
나사용 패킹 재료
액상 합성수지, 페인트, 일산화연 등

30
동관은 열전도와 내식성이 우수하여 냉난방 급수용, 열교환기용으로 사용된다.

31
강제순환식 수관보일러 : 라몬트 보일러, 벨로스 보일러

[암기법] **강.제.라.벨**

32
개방식 팽창 탱크의 설치 위치는 최고층 방열기보다 1m 이상 높은 곳에 설치한다.

34
진공환수식 증기 난방법
- 응축수의 유속이 빠르므로 환수관경을 작게 할 수 있다.
- 중력식에 비해 배관구배를 작게 할 수 있다.
- 낮은 쪽의 응축수를 높은 곳으로 올릴 수 있는 리프트 피팅(Lift Fitting)이 가능하다.
- 진공환수식 증기 난방은 방열기의 설치 위치에 제한을 받지 않는다.

35
K(절대온도) = ℃(섭씨온도) + 273이므로,
32 + 273 = 305K

36
강관 용접 이음의 종류
- 맞대기 용접 이음 : 관 끝을 베벨 가공 후 용접한다.
- 플랜지 용접 이음 : 배관의 보수나 점검을 하는 경우, 65A 이상의 관에 주로 사용된다.
- 슬리브 용접 이음 : 삽입 용접 이음쇠(슬리브)를 사용하며 누수의 염려가 없어 압력 배관, 고압 배관 등의 용접에 사용된다.

37
수동 나사 절삭기의 종류
- 오스터형 : 4개의 날이 1조로 구성
- 리드형 : 2개의 날이 1조로 구성

38
소켓을 이용한 주철관의 접합 시 관과 소켓 사이에 납을 삽입하는데, 이때 납과 물이 직접 접촉하는 것을 방지하기 위해 얀을 함께 삽입하여 시공한다.

39
램식 파이프 벤딩기의 수동식(유압식)은 50A, 모터를 부착한 동력식은 100A 이하의 관을 상온에서 굽힐 수 있다.

40
교류용접기의 용량이 400A인 경우 용접기와 홀더 사이(출력 측, 2차)의 케이블은 단면적이 $60mm^2$인 것을 사용한다.

41
슬루스 밸브 = 스톱 밸브

42
③ 경질염화비닐관(PVC) A형 이음관은 사출성형기로, B형 이음관은 압출성형기로 성형된 원관을 가공하여 제조한 것이다.

43
플랜지
기기의 접속, 보수 점검을 위해 관의 해체 및 교환을 필요로 하는 곳에 사용한다.

44
기포성 수지는 합성수지나 고무질 재료를 사용하여 다공질 제품으로 만든 것이며 열전도율이 낮고 굽힘성이 좋아 보온/보랭성 보온재로 널리 사용된다.

46
에폭시 수지는 내열 내수성이 크며 전기절연도가 우수하여 방식용 재료로 널리 사용되고 있다.

48
플렉시블(Flexible) 튜브
구부릴 수 있는 가요성의 튜브로 굴곡이 많은 장소나 방진용으로 사용하는 신축 이음쇠이다.

49
증기 트랩의 종류로는 열역학적 트랩, 열동식(온도 조절식) 트랩, 기계식 트랩의 세 종류가 있으며 이 중 열동식 트랩은 증기와 응축수의 온도 차이를 이용한 트랩이다.

50
④ 타이톤식 이음법은 주철관의 접합법이다.

51
① π(파이라고 읽으며 대략적으로 3.14의 값을 가짐)는 수학기호이다.

52
- 전체의 길이 = 양쪽 끝단부의 길이 + 좌측 첫 번째 구멍과 우측 마지막 구멍 사이의 거리
- 좌측 첫 번째 구멍과 우측 마지막 구멍 사이의 거리 = 구멍의 개수(11)에서 1을 뺀 개수(10)에 피치인 50을 곱한다.
  = (25 + 25) + (50 × 10) = 550mm

55
단면도란 물체의 절단면을 그린 도면으로 단면표시를 하여도 큰 의미가 없는 축, 핀, 볼트, 너트류 등의 단면을 표시한다.

57
전개도
정육면체, 각뿔 등 입체적인 형상의 면을 펼쳐서 2차원의 공간에 나타낸 것이다.
- 평행선 전개도법 : 원기둥이나 각기둥의 전개에 사용
- 방사선 전개도법 : 원뿔, 각뿔의 전개에 사용
- 삼각형 전개도법 : 전개하기 어려운 입체 형상의 전개에 사용

58
배관에 사용되는 금속재료 기호

SPHC	열간압연 강판	SPCD	냉간압연 강판	SC	탄소 주강품
SPPS	압력 배관용 탄소강관	STPW	수도 도복장 강관	SPS	일반 구조용 탄소강관
SS	일반 구조용 압연강재	SM	용접 구조용 압연강재	STS	합금공구 강재
STM	기계 구조용 탄소강재	SKH	고속도 공구강재	SPHT	고온 배관용 강관
SBB	보일러용 압연강재	SPPH	고압 배관용 탄소강관	SPLT	저온 배관용 강관

59
외형선과 숨은선
물체의 보이는 부분과 보이지 않는 부분을 나타낼 때 사용하는 우선순위가 높은 선의 종류이다.

PART

05

배관기능사 실기

국가기술자격검정 실기시험문제
지급 재료 목록
출제 도면 예시 1
출제 도면 예시 2
출제 도면 예시 3
출제 도면 예시 4

국가기술자격검정 실기시험문제

자격 종목	배관기능사	과제명	종합응용배관작업

※ 문제지는 시험종료 후 본인이 가져갈 수 있습니다.

비번호		시험일시		시험장명	

※ 시험시간 : 4시간

1. 요구사항
1) 지급된 재료를 이용하여 도면과 같이 각 배관의 조립작업을 하시오.
   - 관을 절단할 때는 수험자가 지참한 수동공구(수동파이프 커터, 튜브 커터, 쇠톱 등)를 사용하여 절단한 후 파이프 내의 거스러미를 제거해야 합니다.
   - 시험 종료 후 작품의 수압시험 시 누수 여부를 감독위원으로부터 확인받아야 합니다.

2. 수험자 유의사항
1) 시험시간 내에 작품을 제출하여야 합니다.
2) 수험자 인적사항 및 답안작성은 검은색 필기구만 사용해야 하며, 그 외 연필류, 유색 필기구, 지워지는 펜 등을 사용한 답안은 채점하지 않으며 0점 처리됩니다.
3) 수험자가 지참한 공구와 지정된 시설만을 사용하며, 안전수칙을 준수하여야 합니다.
4) 수험자는 시험 시작 전 지급된 재료의 이상 유무를 확인 후 지급 재료가 불량품일 경우에만 교환이 가능하고, 기타 가공, 조립 잘못으로 인한 파손이나 불량 재료 발생 시 교환할 수 없으며, 지급된 재료만을 사용하여야 합니다.
5) 재료의 재지급은 허용되지 않으며, 잔여재료는 작업이 완료된 후 작품과 함께 동시에 제출하고 작업대 주위를 깨끗하게 청소하여야 합니다.
6) 수험자 지참공구 중 배관 꽂이용 지그와 동관 CM어댑터 용접용 지그는 사용 가능하나, 그 외 용접용 지그[턴테이블(회전형) 형태 등]는 사용불가 합니다.
7) 작품의 수평을 맞추기 위한 재료(모재, 시편 등)는 지참 및 사용이 가능합니다.
8) 작업 시 안전보호구 착용 여부 및 사용법, 재료 및 공구 등의 정리정돈 등 안전수칙 준수도 채점대상이 됩니다.
9) 지참한 공구 중 작업이 수월하여 타수험자와의 형평성 문제를 일으킬 수 있는 공구는 사용이 불가합니다.

10) 다음 사항은 실격에 해당하여 채점 대상에서 제외됩니다.
    가. 수험자 본인이 시험 도중 포기의사를 표하는 경우
    나. 시험시간 내에 작품을 제출하지 못한 경우
    다. 도면과 상이한 작품인 경우
    라. 수압시험 시 3kgf/cm^2(0.3 MPa) 이하에서 누수가 있는 경우
    마. 변형이 심하여 외관 및 기능도가 극히 불량한 경우
    바. 도면치수 중 부분 치수가 ±15mm 이상의 오차가 있는 경우
    사. 가로 또는 세로 방향의 전장치수에서 ±30mm 이상의 오차가 있는 경우
    아. 평행도가 30mm 이상 차이나는 경우
    자. 지급된 재료 이외의 다른 재료를 사용했을 경우
    차. 밴딩 작업 시 도면상 표기된 기계 벤딩(MC)과 상이하게 열간 벤딩한 경우

지급 재료 목록

번호	재료명	규격	단위	수량	비고
1	배관용 탄소강관(SPP)	20A×1,200	개	1	KS 규격품
2	배관용 탄소강관(SPP)	15A×1,000	〃	2	〃
3	동관(연질 직관 L형)	15A×500	〃	1	〃
4	PB관	15A×800	〃	1	〃
5	스테인리스 주름관	15A×300	〃	1	〃
6	강관용 90° 엘보(가단주철제)	20A	〃	1	〃
7	강관용 90° 이경엘보(가단주철제)	20A×15A	〃	3	〃
8	강관용 90° 엘보(가단주철제)	15A	〃	5	〃
9	강관용 45° 엘보(가단주철제)	15A	〃	1	〃
10	강관용 이경티(가단주철제)	20A×15A	〃	2	〃
11	강관용 티(가단주철제)	15A	〃	2	〃
12	강관용 유니언(가단주철제)(F형)	20A	〃	1	〃
13	유니언 개스킷(합성고무제품)	유니언 20A용(t1.5mm)	〃	1	
14	동관용 엘보(C×C형)	15A	〃	1	KS 규격품
15	동관용 어댑터(C×M형)	15A	〃	2	
16	인동납 용접봉(B Cup-3)	φ2.4×500	〃	1	
17	붕사(동관 브레이징용)	200g	통	1	30인 공용
18	PB관용 (삼방)티	15A	개	1	KS 규격품
19	PB관용 밸브소켓(M형)	15A	개	3	〃
20	PB관용 서포트 슬리브	15A	개	6	
21	스테인리스 주름관용 밸브소켓	15A	〃	2	〃
22	실링 테이프	t 0.08×12×10,000	〃	5	
23	산소	120kg/cm^2(내용적 40l)	병	1	30인 공용
24	아세틸렌	3kgf	병	1	30인 공용
25	동력나사 절삭기용 체이서	15~20A용	조	1	15인 공용
26	절삭유(중절삭용)	활성 극압유(3.5L)	통	1	30인 공용

※ 국가기술자격 실기시험 지급 재료는 시험 종료 후(기권, 결시자 포함) 수험자에게 지급하지 않습니다.

출제 도면 예시 1

| 자격 종목 | 배관기능사 | 과제명 | 종합응용배관작업 | 척도 | NS |

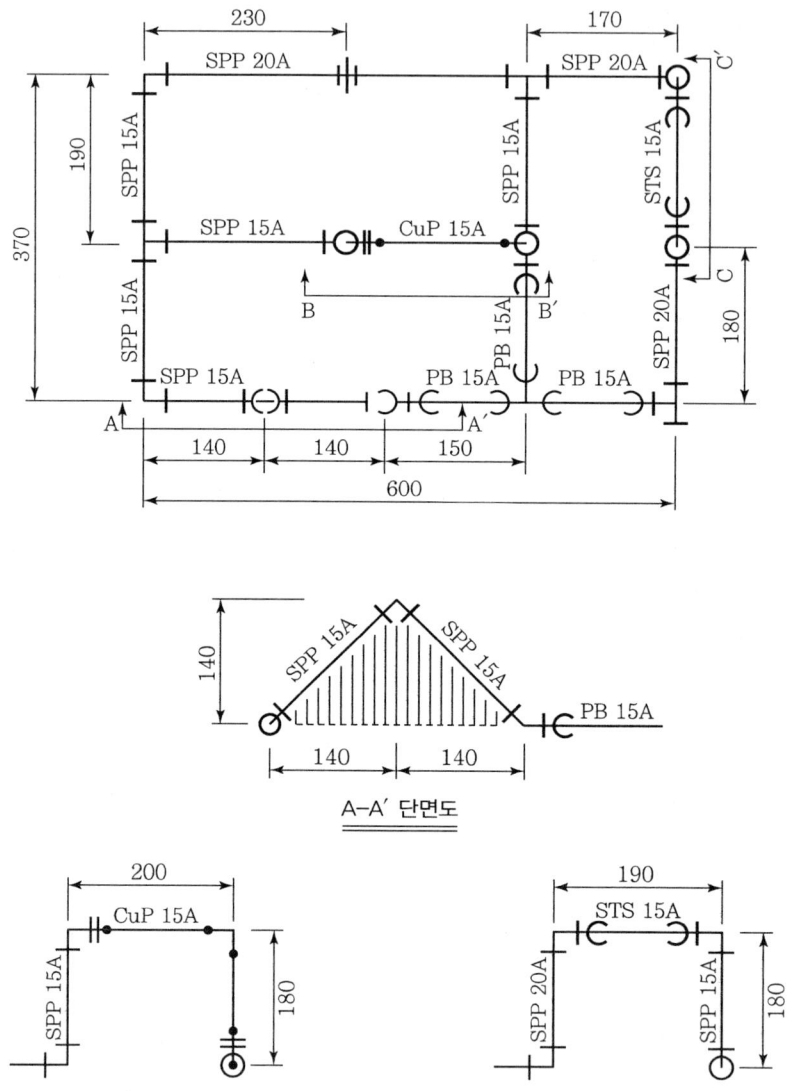

출제 도면 예시 2

| 자격 종목 | 배관기능사 | 과제명 | 종합응용배관작업 | 척도 | NS |

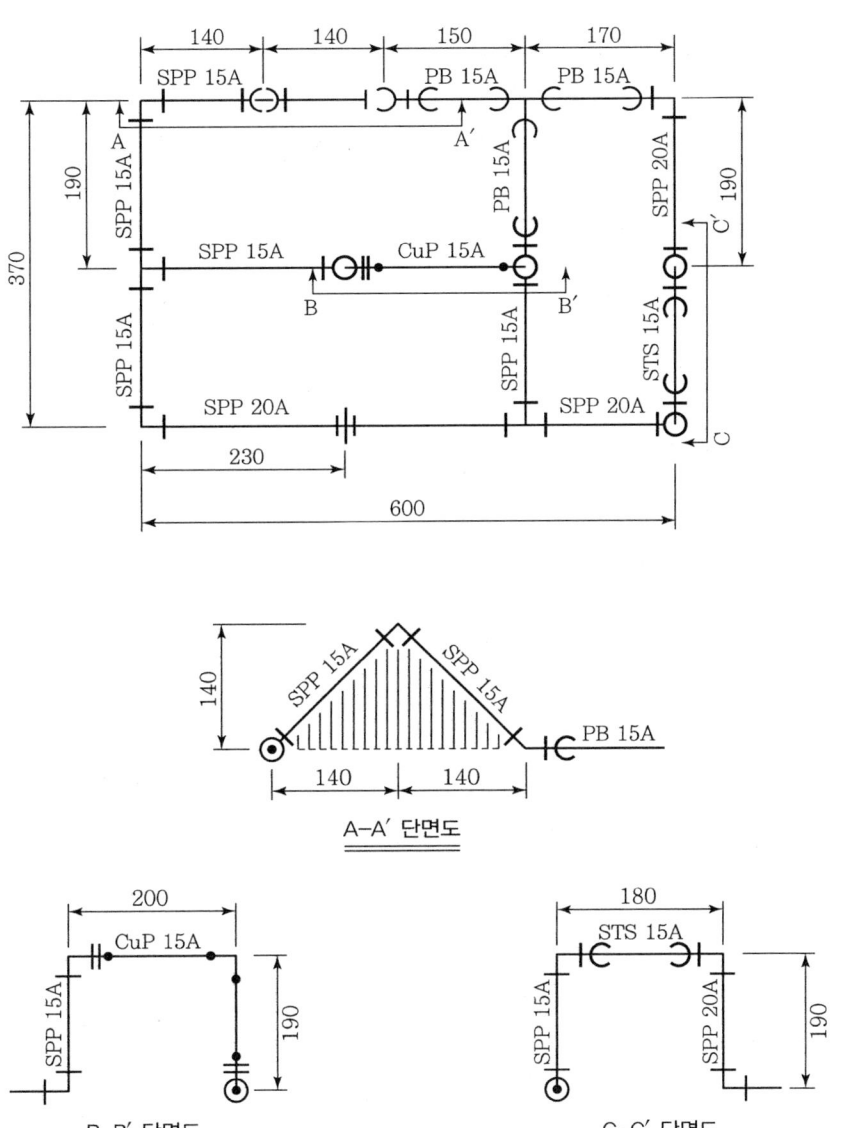

본 도면의 저작권은 한국산업인력공단에 있으며 시험에 출제되는 추가 도면은 큐넷 홈페이지(고객지원 → 자료실＞공개문제)에서 확인 가능합니다.

출제 도면 예시 3

| 자격 종목 | 배관기능사 | 과제명 | 종합응용배관작업 | 척도 | NS |

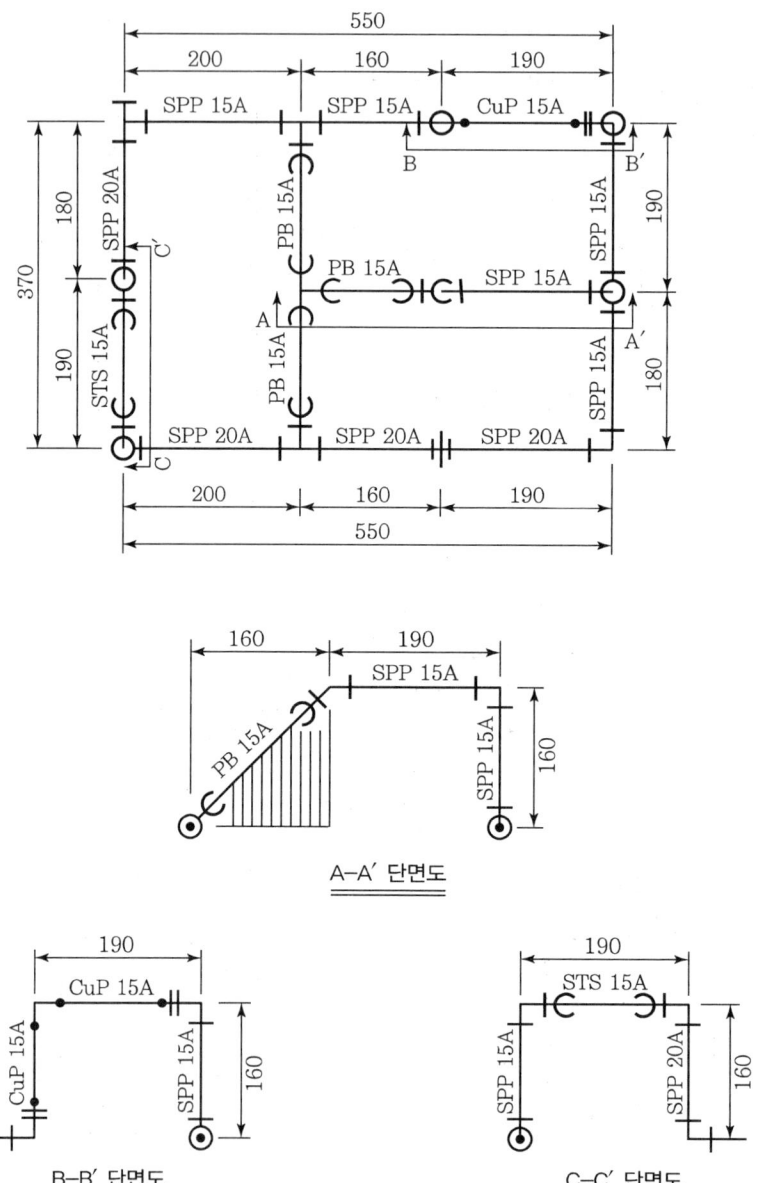

A-A′ 단면도

B-B′ 단면도

C-C′ 단면도

본 도면의 저작권은 한국산업인력공단에 있으며 시험에 출제되는 추가 도면은 큐넷 홈페이지(고객지원 → 자료실 > 공개문제)에서 확인 가능합니다.

출제 도면 예시 4

| 자격 종목 | 배관기능사 | 과제명 | 종합응용배관작업 | 척도 | NS |

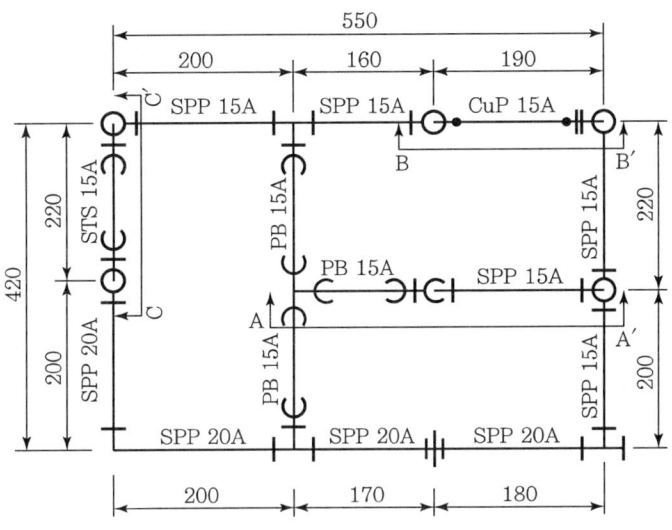

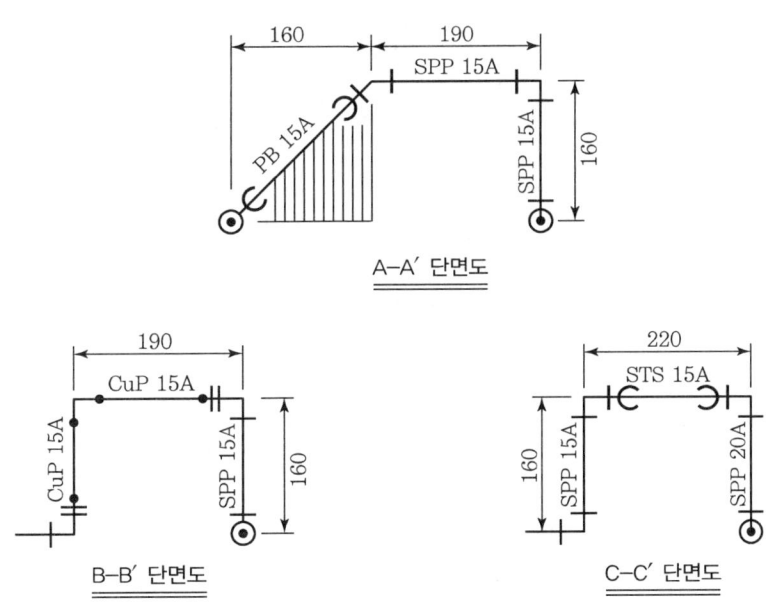

A-A′ 단면도

B-B′ 단면도 C-C′ 단면도

본 도면의 저작권은 한국산업인력공단에 있으며 시험에 출제되는 추가 도면은 큐넷 홈페이지(고객지원 → 자료실 > 공개문제)에서 확인 가능합니다.

배관기능사 필기+실기 한권 완성

발행일	2024. 1. 30	초판발행
	2024. 3. 30	초판 2쇄
	2024. 5. 30	초판 3쇄
	2025. 1. 10	개정 1판 1쇄
	2025. 4. 10	개정 1판 2쇄
	2026. 1. 20	개정 2판 1쇄

저 자 | 국가기술자격시험연구회
발행인 | 정용수
발행처 | 예문사

주 소 | 경기도 파주시 직지길 460(출판도시) 도서출판 예문사
T E L | 031) 955-0550
F A X | 031) 955-0660
등록번호 | 11-76호

- 이 책의 어느 부분도 저작권자나 발행인의 승인 없이 무단 복제하여 이용할 수 없습니다.
- 파본 및 낙장은 구입하신 서점에서 교환하여 드립니다.
- 예문사 홈페이지 http://www.yeamoonsa.com

정가 : 23,000원

ISBN 978-89-274-5908-8 13540